Angelika Hofmann

Als das Auto fliegen lernte

Angelika Hofmann

Als das Auto fliegen lernte

Die Geschichte der Junkers F13

lau verlag

**Bibliografische Information
der Deutschen Nationalbibliothek**
Die Deutsche Nationalbibliothek verzeichnet diese
Publikation in der Deutschen Nationalbibliografie;
detaillierte bibliografische Daten sind
im Internet über http://dnb.d-nb.de abrufbar.

Mit 332 Abbildungen

ISBN 978-3-95768-209-3

Internet: www.lau-verlag.de

Umschlagentwurf: pl, Lau-Verlag, Reinbek
Umschlagabbildung: © Alexander M. Kaiser alias A. M. Cay
Archiv Bernd Junkers, Coswig/Anhalt
Satz und Layout: pl, Lau-Verlag, Reinbek
Druck und Bindung: GK Druck Gerth und Klaas GmbH & Co. KG, Hamburg
Printed in Germany

Inhalt

Vorwort

Werde ich gefragt, wo ich aufgewachsen bin, antworte ich heute: in der Geburtsstadt des Weltluftverkehrs – in Dessau.

Die fragenden Blicke kann man mit wenigen Worten in staunende Gesichter verwandeln. Dessau selbst ist weltbekannt – oder besser sein kulturhistorisches Erbe. Insbesondere die Schlösser im Georgium oder Mosigkau, die weitläufigen Gärten der Wörlitzer Parklandschaft oder das ebenfalls von der Unesco als Weltkulturerbe ausgezeichnete Bauhaus mit seinen Meisterhäusern. Weniger bekannt hingegen ist die Tatsache, dass der geschichtliche Ursprung der heutigen Lufthansa AG – wenn auch nicht zivilrechtlich – in der erzwungenen Fusion der Junkers Luftverkehrs AG mit der Deutsche(n) Aero Lloyd im Jahre 1926 zu finden ist.

Die daraus entstandene Deutsche Luft Hansa AG gründete sich auf Maschinen älteren und neueren Typs verschiedener Hersteller. Eine der wichtigsten Stützen des konsolidierten deutschen Luftverkehrs war die zu diesem Zeitpunkt bereits international bekannte F 13. Deren Vordenker, Hugo Junkers, hatte sich das hohe Ziel gesetzt, Flugzeuge zu nutzen, um Menschen und Nationen näher zu bringen.

Der wesentlichste Baustein dieser Vision war, den Passagierflug zu einem angenehmen, komfortablen und vor allem sicheren Erlebnis zu machen. Dafür war ein wetterresistentes, schnelles und stabiles Fluggerät notwendig. Die meisten Maschinen der damaligen Zeit, geschaffen aus Holz, Stoff, Leim und alles verspannenden Drähten, waren meist abenteuerliche Konstruktionen. Durchaus stabil, aber keine Grundlage für eine zivile Nutzung.

Hugo Junkers entschied sich im Rahmen seiner Forschung daher, ein Flugzeug ganz aus Metall zu schaffen. In der F 13 fand sich dabei die entscheidende erste große Evolutionsstufe hin zur modernen Luftfahrt. Im Sommer 1919 erhob sich das erste Exemplar nach kurzem Anlauf majestätisch in den Himmel, um Geschichte zu schreiben. Silvester 1918 entworfen, am 11. Januar 1919 freigegeben und bereits am 3. Februar in Bau, war die Entwicklung ähnlich rasant, wie die von Rekord zu Rekord eilende restliche Geschichte des zunächst als J 13 bezeichneten Tiefdeckers.

Wer nun auf umfassende Dokumentationen über Leistungsdaten, Spannweiten oder Typenbezeichnungen hofft, dem empfehle ich, seine

Recherchen auf das Internet mit seinen vielfältigen und ergiebigen Quellen zu konzentrieren. Sollten Sie sich jedoch für die spannende Geschichte eines kleinen, aber äußerst vielfältigen Flugzeuges interessieren, dann nimmt Sie die Autorin mit auf eine erlebnisreiche Reise rund um die F 13.

Der Streifzug reicht von den spannenden Details um die Entstehung, über mitreißende Momente im Augenblick neuer Rekorde bis hin zu den Bemühungen um den Aufbau neuer Märkte und Fluglinien. Nicht zu vergessen die Menschen, welche hinter einem der ehrgeizigsten Projekte der 20er-Jahre des vergangenen Jahrhunderts standen. Hier porträtiert die Autorin wichtige Zusammenhänge, Ideen und Ergebnisse der Personen, welche der F 13 am nächsten standen. Sie nimmt Sie aber vor allem mit zu Abenteuern abseits der faktenorientierten Ausführung bisheriger bekannter Veröffentlichungen, spannt hierfür einen Bogen von den amerikanischen Kontinenten bis nach Russland und wieder zurück nach Europa.

Weltweit treten jährlich inzwischen mehr als 4 Milliarden Menschen eine Flugreise an, Tendenz steigend. Den wenigsten dürfte dabei bewusst sein, dass der Ursprung dieser Freiheit zum einen Professor Junkers' Ideen, Otto Reuters konstruktivem Geschick, aber insbesondere auch der F 13 als erstem Passagierflugzeug der Welt ganz aus Metall zu verdanken ist.

Hugo Junkers eingangs erwähnte Vision, die Welt zu verbinden, ist inzwischen mehr denn je Realität geworden. Ich wünsche Ihnen viel Spaß beim Erforschen der Anfänge dieser Realität!

Jan Christiansen

Hugo Junkers und der Flugzeugbau

Am 3. Dezember 1909 skizzierte der Aachener Hochschulprofessor Hugo Junkers eine Idee, die nach ihrer praktischen Ausführung im Jahre 1915 den Flugzeugbau in eine völlig neue Richtung lenken sollte.

Wie kam ein »Professor für die Leitung des maschinentechnischen Laboratoriums«, als der der 38-jährige »Civilingenieur« Hugo Junkers am 13. September 1897 an die Technische Hochschule Aachen berufen worden war, dazu, einen Grundstein für den modernen Flugzeugbau zu legen? Und das zu einem Zeitpunkt, als die ersten Wagemutigen in Deutschland es mit Mühe und Not schafften, sich mit ihren abenteuerlichen Konstruktionen gerade mal ein paar Meter in die Luft zu erheben, und die froh über jede Minute waren, die sie sich dort hielten?

Seine Lebensaufgabe sah Hugo Junkers im Jahre 1909 keineswegs darin, über die technische Eroberung des Luftraumes nachzudenken. Im Mittelpunkt seines Interesses stand die Verwirklichung des Gegenkolben-Dieselmotors, für den er zwei Jahre zuvor ein Patent erhalten hatte. Zur praktischen Umsetzung dieses Patentes hatte er sich in einer ehemaligen Maschinenhalle in der Aachener Königstraße eine private Versuchsanstalt eingerichtet, die er mit den Einnahmen aus seiner Dessauer Badeofenfabrik finanzierte.

Diese private Versuchsanstalt weckte auch das Interesse seines Kollegen Reissner. Professor Hans Reissner war an der Hochschule für das Lehrgebiet Technische Mechanik zuständig und interessierte sich lebhaft für das Flugproblem. Er hatte sich im Sommer 1907 in Paris bei dem gerade erst gegründeten ersten europäischen Flugzeugbau-Unternehmen der Gebrüder Voisin nach seinen Entwürfen einen Doppeldecker bauen lassen, mit dem er aerodynamische Versuche anstellen wollte. Da aber weder Reissner noch die Gebrüder Voisin ausreichende Erfahrungen im Bau von Motorflugzeugen hatten, war der Reissner'sche Apparat nicht flugfähig. Für Umbauarbeiten bei Voisin fehlte Reissner das Geld. In dieser Situation fiel ihm die Versuchsanstalt seines Kollegen Junkers ein. Dort könnte sein Flieger untergestellt, repariert und mit Hilfe von Versuchen und Umbauarbeiten bis zur Flugfähigkeit gebracht werden. Im Oktober 1907 bot er deshalb Junkers eine Zusammenarbeit auf flugtechnischem Gebiet an. Die Anschubfinanzierung des gemeinsamen Unternehmens sollte Junkers übernehmen, später sollten die Kosten geteilt werden.[1]

(1) Professor Hugo Junkers im Jahre 1919

Hugo Junkers kam das Angebot zu diesem Zeitpunkt nicht ungelegen. Auch ihm war die Bedeutung des neuen Forschungsgebietes »Aerodynamik« bewusst, jedoch hatte ihm bisher Zeit und Geld gefehlt, sich mit der Materie ausgiebig zu beschäftigen. Inzwischen aber habe er sich »mit vieler Mühe eine feste Existenz verschafft«, die es ihm erlauben würde, auf das Angebot einzugehen, ließ er Reissner wissen.[2] Im November 1907 ließen beide von einem Rechtsanwalt einen Vertrag aufsetzen, in dem Rechte und Pflichten niedergelegt wurden, und sie begannen noch im gleichen Monat mit ihren aerodynamischen Versuchen.

In den Anfangsjahren des Motorfluges war man der Auffassung, dass Motor und Tragflächen dem Flugzeug soviel Auftrieb geben müssen, dass das Eigengewicht des Flugzeuges überwunden werden konnte. Bei der damals verfügbaren Motorkraft lag der Gedanke nahe, dieses Eigengewicht so gering wie möglich zu halten. Man verwendete deshalb als Baumaterial ein Gerippe aus leichtem Balsaholz, das mit Stoff überzogen wurde. Damit die Flügel im Flug nicht wegknickten, wurden sie mit Spanndrähten und Holzlatten stabilisiert.

Auch bei den beiden Aachener Hochschulprofessoren war die Gestaltung der Tragflächen ein heißes Diskussionsthema. Im Gegensatz zu vielen anderen Aviatikern der damaligen Zeit waren beide jedoch davon überzeugt, dass der zu überwindende Luftwiderstand bei der Konstruktion unbedingt berücksichtigt werden müsse.

Mit Hilfe von kleinen Modellen und einem Rundlaufapparat wollte man die Form der Tragfläche mit dem geringsten Luftwiderstand herausfinden. Reissner kam dabei zu der Erkenntnis, dass Tragflächen aus dünnem Wellblech der Luft weniger Widerstand entgegensetzten als die bisher verwendeten Holz-Stoff-Konstruktionen, da sie formstabil waren und keine besondere Versteifungen benötigten. Diese Erkenntnis ließ er sich am 5. November 1908 patentieren.[3]

Zur praktischen Umsetzung dieser Erkenntnis war der inzwischen umgebaute und erfolgreich geflogene Doppeldecker nicht geeignet. Deshalb entschlossen sich Reissner und Junkers im Herbst 1909 zum Neubau eines Flugapparates. Angestrebt wurde ein Flugzeug »von minimalem Luftwiderstand, elastisch u. mit möglichst wenig Spanndrähten, von größter Stabilität, mit allen Steuerflächen ohne Druck an möglichst großen Hebelarmen«.[4]

Mit der Beschaffung von Wellblechtafeln beauftragte Junkers den Leiter seiner Aachener Versuchsanstalt Wilhelm Scheller. Dieser fand jedoch keine Firma, die bereit war, ein paar Quadratmeter Wellblech zu Versuchszwecken herzustellen. Einem Freund schrieb er am 18. Oktober: »Die Sache ist die folgende: Zu einer Konstruktion brauche ich Wellblech nach anliegender Skizze in Aluminium, da es sich zunächst um einen Versuch handelt, bei dem etwa 30 qm gebraucht werden schreiben mir sämtliche Firmen daraufhin ab, bezw. wollen nur für den Fall eines Bedarfs von mehreren 1000 qm auf die Sache eingehen. Ich bin also gezwungen, falls ich die Sache durchführen will, mir das Wellblech selbst zu machen. Nun habe ich mir bereits eine gute Einrichtung zum Wellen von Blechen gemacht, welche auch gut arbeitet, aber das Bombieren will nicht.«[5]

Junkers entschloss sich daraufhin, die Wellbleche in seiner Badeofenfabrik »Junkers & Co.« (Jco) in Dessau herstellen zu lassen, da die dort beschäftigten Klempner mehr Erfahrungen mit Metallarbeiten hatten. Er selbst suchte nach einem geeigneten Verfahren zur Bearbeitung des Wellbleches und konnte Reissner am 5. Januar 1910 mitteilen, dass er eine Methode zur Herstellung der gefalteten und gleichzeitig gebogenen Bleche gefunden habe.[6] Seine Mitarbeiter in Dessau wies er an, Reissner bei der Anfertigung der Wellblechplatten in jeder Weise zu unterstützen und zu beraten.[7] Nach längerer Diskussion über die zweckmäßigste Ausführung der Wellen einigte man sich auf die Herstellung von 40 m^2 Tragfläche aus 0,3 mm dünnem Aluminium.[8]

Die fertigen Tragflächen trafen am 13. Juni 1910 bei Reissner in Aachen ein und das Flugzeug wurde in der Versuchsanstalt von Junkers im Laufe des Sommers 1910 gebaut.

Dieser Reissner-Eindecker mit seinen Wellblechflügeln und dem Stahlrohrrumpf kann mit Fug und Recht als welterstes Ganzmetallflugzeug bezeichnet werden. Er war aber, wie es sich bald herausstellen sollte, nicht flugfähig. Erst ein völliger Umbau des Flugzeuges hatte Erfolg. Bei dieser zweiten Variante lag der Pilotensitz nicht mehr unter der Tragfläche, sondern befand sich im hinteren Teil des Rumpfes mit Blickrichtung auf das Höhenleitwerk, das vorn lag. Diesen Flugzeugtyp nannte man »Ente«.[9] Diese Reissner-Ente war flugfähig, sie absolvierte ihren Erstflug am 23. Mai 1912 und wurde im September 1912 in Johannisthal der Öffentlichkeit vorgeführt.

Im gleichen Jahr legte Junkers sein Lehramt an der TH Aachen nieder und schied aus dem preußischen Staatsdienst aus. Seine Forschungen setzte er nun in seiner privaten Versuchsanstalt in Aachen und später in Dessau fort.

(2) Wellblechtragfläche bei Jco

(3) Reissner-Eindecker aus dem Jahre 1910

(4) Reissner-Ente aus dem Jahre 1912

(5) Rückansicht der Reissner-Ente von 1912

Der Weg zur F 13

Der dicke Flügel

Beim Nachdenken über die Tragflächengestaltung des neuen Eindeckers stellte sich Junkers die Frage, ob sein Kollege Reissner wirklich die günstigste Form gefunden hatte. War mit den dünnen und eigenstabilen Tragflächen das Ziel des geringsten Luftwiderstandes erreicht? Reichte der Auftrieb dieser Tragflächen aus, um sich mit der damals verfügbaren geringen Motorkraft von etwa 70 PS mit dem Apparat in die Luft zu erheben?

Bei seinen Überlegungen kam Junkers zu dem Schluss, dass Reissner seinen Eindecker zu sehr nach statischen Gesichtspunkten konstruiert und das Problem des geringsten Luftwiderstandes nicht vollständig gelöst hatte. Vor allem störte ihn, dass der Motor dem freien Luftstrom ausgesetzt war. Eine Stabilität des Flügels war seiner Ansicht nach auch zu erreichen, wenn man die obere und untere Tragfläche eines Doppeldeckers miteinander verbinden und zu einem Hohlraum ausbilden würde. In diesen Hohlraum könnte man den Motor unterbringen. Diesen Gedanken skizzierte er am 3. Dezember 1909 folgendermaßen:

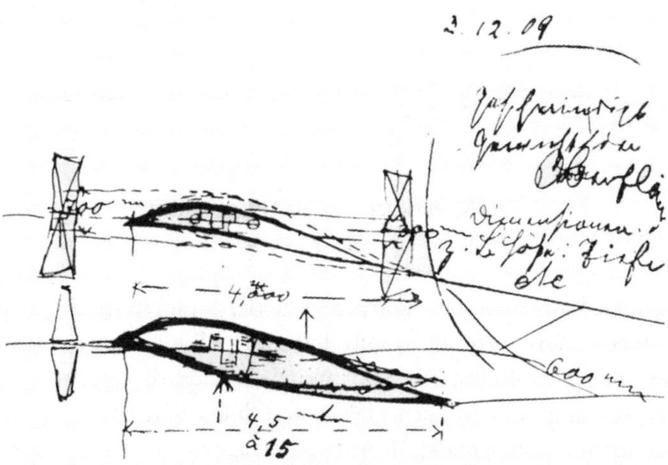

(6) Ideenskizze zum Gleitfliegerpatent

Dem stand entgegen, dass die Unterbringung des Motors in den Tragflächen zu einem reichlich dicken Flügel führen würde. Würde das nicht wiederum alle bisherigen Erkenntnisse über den Haufen werfen, die besagten, dass Flügel möglichst dünn sein müssen?

Bei seinen Literaturrecherchen stieß Junkers auf Berichte über Windkanalversuche der »Modellversuchsanstalt für Aerodynamik«, die 1907 von Ludwig Prandtl in Göttingen gegründet worden war. Auch der Erbauer des Pariser Eiffelturms Gustave Eiffel hatte Untersuchungen zum Strömungswiderstand von rechteckigen und ovalen Platten gemacht. Die Ergebnisse dieser Versuche ließ ihn hoffen, dass ein dicker Flügel nicht extrem mehr Luftwiderstand als ein dünner erzeugen würde. »Auch ich hatte die Idee, daß man mit einem dünnen Flügel die besten Wirkungen bezüglich Auftrieb und Widerstand erziele«, bekannte er in einem Vortrag vor der Wissenschaftlichen Gesellschaft für Luftfahrt am 10. Dezember 1919 in Berlin, »und ich hätte wohl kaum den Mut gehabt, an solche dicken Flügel mit einiger Aussicht auf Erfolg heranzugehen, wenn nicht schon damals hochinteressante Ergebnisse von Göttinger und Eiffelschen Versuchen vorgelegen hätten, die zeigten, daß der Widerstand des Körpers in der Luft durchaus nicht in erster Linie von dem Querschnitt senkrecht zur Luftströmung abhängt.«[1]

Ein solch dicker Flügel hätte ein höheres Gewicht und würde wahrscheinlich mit einem Motor nicht auskommen, dachte er sich und skizzierte dazu ein zweimotoriges Flugzeug:

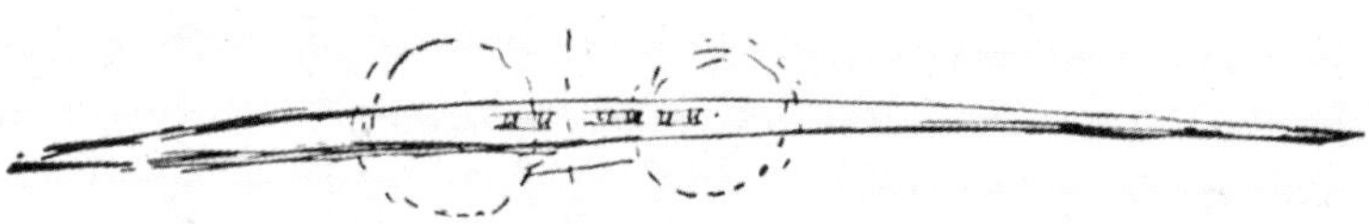

(7) Ideenskizze zum Gleitfliegerpatent

Bei dem Gedanken an die Unterbringung der Motoren im Flügel blieb er nicht stehen. Wenn man die Tragflächen zu Hohlräumen ausbilden würde, könnte man gleichzeitig ein Maximum an Auftrieb erzeugen. In diese Hohlräume könnte man auch gleich die Piloten und Passagiere und alle nicht Auftrieb erzeugenden Konstruktionselemente wie Holme, Stiele, Spannseile und Lasten unterbringen. Damit der Flügel nicht zu dick würde, bräuchte er dementsprechende Ausbuchtungen.

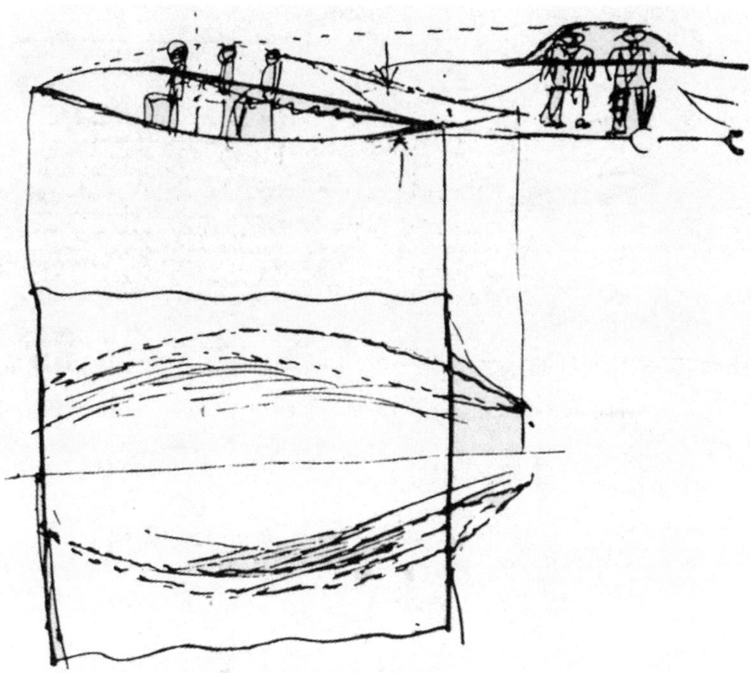

(8) Ideenskizze zum Gleitfliegerpatent

Zwischen diese Zeichnungen schrieb er:
»*Patent über eine körperliche statt flächige Gestaltung der Tragflächen.*

Der Zweck ist: Schaffung eines großen Widerstandsmomentes der Tragflächen gegen vertikal und auf Verdrehung wirkende Angriffsmomente, indem die beiden durch Gurtungen in geeigneter Weise zu verbindenden Flächen einen ›Träger‹ bilden.

Schaffung eines Hohlraumes zur Aufnahme von mitzuführenden Gegenständen (Maschinen, Behältern, Nutzlasten, Personen usw.) zum Zweck der möglichsten Verringerung des Luftwiderstandes unter gleichzeitiger Ausnutzung der bedeckenden Flächen zum Heben (d. h. als Tragflächen).

Die Tragflächen erhalten zu dem Zweck eine etwa fischförmige Gestalt. Um an einzelnen Stellen des Hohlraumes besonders hohe Körper aufnehmen zu können, ohne den Hohlraum im ganzen den Höhendimensionen dieser Körper entsprechend zu gestalten, können an diesen Stellen Ausbauten angebracht werden, welche sich ebenfalls entsprechend den Forderungen kleinsten Widerstands bei größter Tragkraft und geringstem Gewicht zu gestalten sind.«[2]

(9) Handschriftliche Aufzeichnungen von Hugo Junkers vom 3. Dez. 1909

Diese Ideenskizze reichte er an seinen Oberingenieur Emil Wergien weiter, der am 11. Dezember 1909 daraus folgende Patentansprüche formulierte:

»*Ansprüche:*

1. Tragflächen für Flugapparate, dadurch gekennzeichnet, dass dieselben als Hohlräume ausgebildet werden.
2. Tragflächen für Flugmaschinen nach Anspruch 1, dadurch gekennzeichnet, dass die Flächen infolge ihrer körperlichen Gestaltung in sich versteift sind und als Träger wirken.
3. Tragflächen für Flugmaschinen nach Anspruch 1 und 1, dadurch gekennzeichnet, dass die Hohlräume der Tragflächen so ausgebildet sind, daß sie zur Aufnahme von Personen und Gegenständen (Maschinen, Behältern, Betriebsstoffen, Nutzlasten) benutzt werden können.«[3]

Diese Fassung befriedigte Hugo Junkers nicht ganz. Auf der Bahnfahrt zum Sanatorium »Weißer Hirsch« in Dresden am 28. Dezember 1909 überdachte er den Patententwurf noch einmal und schrieb in sein Notizbuch:

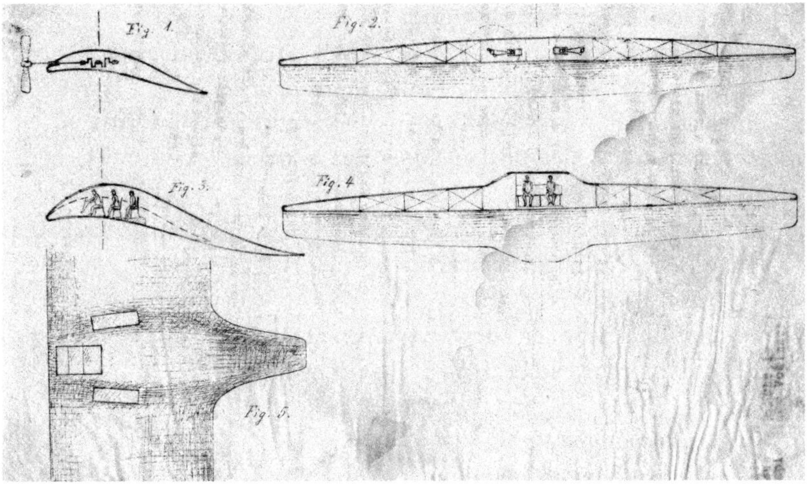

(10) Zeichnung zum Patententwurf vom 11. Dez. 1909

»*Fliegerpatent. (körperliche Tragflächen).*
Bei den bisherigen Fliegern trennt man die Tragflächen von den mitzuführenden Gegenständen. Die vorliegende Erfindung bezweckt /oder besteht darin/, daß die mitzuführenden Gegenstände so gestaltet, resp. in solcher Weise mit Oberflächen bedeckt werden, daß sie möglichst wenig Widerstand bieten und gleichzeitig die oberen Flächen als Tragflächen ausgenützt werden.

In weiterer Verfolgung dieses Prinzips kann man die üblichen dünnen Tragflächen selbst so gestalten, daß sie neben der Funktion des Tragens auch die Verringerung des Luftwiderstandes der körperlichen Gegenstände übernehmen. Die Verbindung dieser beiden Aufgaben führt zu einer hohlen Gestalt von etwa fischförmigem Querschnitt, deren Form nach den jeweils maßgebenden Einflüssen (u. a. Luftreibung, Geschwindigkeit ...,) und auf Grund von Versuchen in bekannter Weise leicht zu ermitteln ist.

Die doppelflächige Form der Tragflügel gestattet zugleich, die Flächen durch Ausbildung zu Trägern zur Aufnahme und Übertragung von Kräften geeignet zu machen und dadurch das zur Versteifung der Tragflächen übliche Gitterwerk entweder entbehrlich zu machen oder doch dasselbe in die körperlichen Tragflächen hinein zu verlegen und dadurch den Widerstand, den derselbe dem Durchgang der Luft entgegensetzt, zu vermindern.

An geeigneter Stelle ist noch anzuführen:

1) daß die Verringerung des Luftwiderstands umso wichtiger ist, je höher die Geschwindigkeit sein soll, auch die Höhenfestigkeit, Widerstandsfähigkeit der körperlichen Tragflächen gegen den Winddruck ist von umso größerer Bedeutung, je höher die Geschwindigkeit ist, welche erzielt werden soll.
2) daß der Widerstand der körperlichen Flächen nicht viel größer ist als derjenige der üblichen einfachen.«[4]

Nach seiner Rückkehr aus Dresden wurde dann am 29. Januar 1910 an das Patentamt Berlin folgende Fassung eingereicht:

»*Patentansprüche*
Gleitflieger, dadurch gekennzeichnet, daß zur Aufnahme von nicht Auftrieb erzeugenden Teilen (Maschinen, Behältern, Konstruktionsteilen) sowie von Personen und Nutzlasten Hohlkörper angebracht sind, deren Wandungen als Auftrieb erzeugende Gleitflächen mit geringem Luftwiderstand ausgebildet sind.

Gleitflieger nach Anspruch 1, dadurch gekennzeichnet, daß die Gleitflächen des Fliegers oder Teile derselben als zur Aufnahme von Konstruktionsteilen, Personen, Nutzlasten dienende Hohlkörper ausgebildet sind.

Gleitflieger nach Anspruch 1, dadurch gekennzeichnet, daß die hohlen Gleitflächen als selbständige zur Aufnahme von Kräften und Momenten geeignete Träger (freitragend) ausgebildet sind.«[5]

In diesem eingereichten Patent wurde die von Wergien verwendete Bezeichnung »Tragflächen« durch »Gleitflieger« ersetzt, offensichtlich wollte man damit den Patentanspruch auch auf nichtmotorisierte Flugzeuge ausdehnen. Erkenntlich ist das auch aus der neu hinzugefügten Fig. 3.

Die Patentansprüche wurden mehrmals aufgrund von Einsprüchen durch die Vorprüfer abgelehnt, durch Junkers entsprechend abgeändert und neu eingereicht. Die Idee, dass Motoren und Personen in als Hohlkörpern ausgebildeten Tragflächen untergebracht werden können, stellte sich als nicht so neu heraus, auch die eingebauchte (konkave) Form der Tragflächenunterseite sei bekannt und selbsttragende Gitterträgerverbände nach Anspruch 3 gäbe es bereits bei einem Antoinette-Flugzeug[6], wurde Junkers entgegengehalten.

Der für Patentsachen zuständige Oberingenieur Wergien erklärte dem Patentamt immer wieder geduldig, dass das Neue der Erfindung die strom-

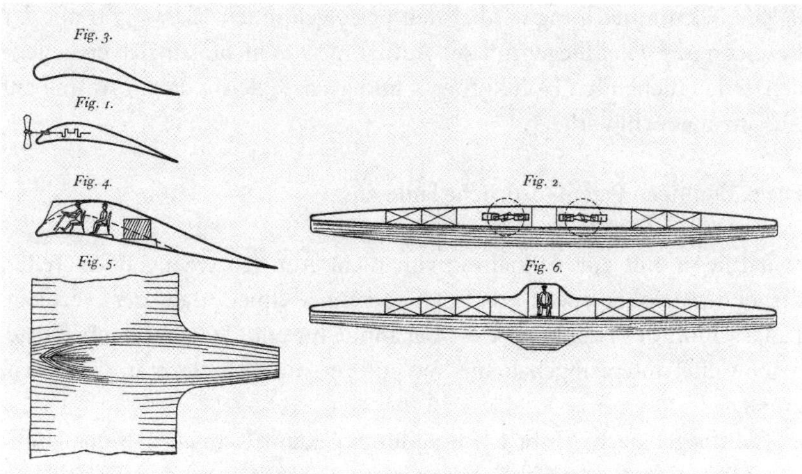

(11) Zeichnung zur Patentschrift Nr. 253788

linienförmige Gestalt des Hohlkörpers sei, die selbst Auftrieb erzeugen konnte: »Nicht die Umhüllung an sich, auch nicht eine solche Umhüllung, welche geeignet ist, den Luftwiderstand der umschlossenen Teile zu vermindern, wird als neu beansprucht, sondern eine solche Umhüllung, welche geeignet ist, Auftrieb zu erzeugen. Eine derartige Umhüllung darf sogar und wird vielfach auch mehr Luftwiderstand besitzen als die umschlossenen Teile für sich, aber nicht in zweckloser Weise, vielmehr unter Vermehrung des Auftriebes und unter Verbesserung des Verhältnisses von Auftrieb zu Widerstand, worauf es allein ankommt. Die Erzielung dieser Vorteile hat zunächst mit der Gestaltung der Hauptflügel gar nichts zu tun; letztere können ganz beliebig gestaltet sein.«[7]

Zwei Jahre nach der Einreichung erklärte sich das Kaiserliche Patentamt endlich zur Bekanntgabe des Patentes bereit, forderte aber noch einige Änderungen:

»Die am 31. Januar 1910 eingegangene Patentanmeldung des Professor Hugo Junkers in Aachen, Frankenburg, wird bekannt gemacht werden, wenn Anmelder sich innerhalb zwei Wochen mit den noch vorgenommenen Änderungen der Unterlagen einverstanden erklärt und die Anlagen (Beschreibung in Urschrift, Patentansprüche in Reinschrift) zurückreicht.

Der Anspruch 1 ist zur Vermeidung einer unnötigen Beschränkung in zwei Ansprüche zerlegt worden; Anspruch 3 ist gemäß Eventualantrag gestrichen worden.

Die Bekanntmachung wird alsdann erfolgen in der Klasse 77 h mit der Bezeichnung: ›Gleitflieger mit zur Aufnahme von nicht Auftrieb erzeugenden Teilen dienenden Hohlkörpern‹ und zwar sogleich, da ein Antrag auf Aussetzung nicht vorliegt.«

Die endgültigen Patentansprüche lauteten:

»Gleitflieger mit zur Aufnahme von nicht Auftrieb erzeugenden Teilen dienenden Hohlkörpern, dadurch gekennzeichnet, daß der vertikale Längsschnitt der Hohlkörper die bekannte, für eine Tragfläche günstigste, geschweifte, unten eingebauchte Keulenform, mit dem dickeren Teile vorn, erhält.

Gleitflieger nach Anspruch 1, dadurch gekennzeichnet, daß der Hohlkörper eine große Ausdehnung quer zur Fahrtrichtung durch seitlichen Anschluß an Tragflächen erhält, so daß der seitliche Abfluß der Luft verringert wird.

Gleitflieger nach Anspruch 1, dadurch gekennzeichnet, daß die Gleitflächen des Fliegers oder Teile derselben als zur Aufnahme von Konstruktionsteilen, Personen, Nutzlasten dienende Hohlkörper ausgebildet sind.«[8]

Später wurde dieses Patent auch in den Junkerswerken als Nurflügel-Patent bezeichnet, was jedoch so nicht stimmt. »In der Patentbeschreibung und -zeichnung ist das neue System nur soweit erklärt und angedeutet, wie es für die Zwecke der Patentierung notwendig war ohne konstruktive Durcharbeitung«, erklärte Junkers selbst in seinem Vortrag »Eigene Arbeiten auf dem Gebiete des Metall-Flugzeugbaues« im Dezember 1919. Patentiert sei nur die Grundidee, »daß man nicht nur möglichst alle Teile mit einer Hülle in Stromlinienform umkleiden, sondern daß man diese Umhüllungen zu Hohlräumen ausbilden soll, welche bei möglichst geringem Widerstand zugleich ein Maximum an Auftrieb erzeugen … Diese Grundidee ist deshalb von entscheidender Bedeutung, weil sie zeigt, wie höchste Wirtschaftlichkeit des Flugzeuges als Transportmittel am besten erreicht wird.«

Mit diesem Patent lenkte Junkers die noch junge Flugtechnik in eine völlig neue Richtung: aus einem Sportinstrument wurde ein neues Verkehrsmittel, mit dem Personen und Lasten unabhängig von Schienen, Straßen und Wasser über weite Strecken transportiert werden konnten.

Die Eisenflugzeuge

Ursprünglich hatte Hugo Junkers keineswegs vor, sein Gleitfliegerpatent selbst in die Praxis umzusetzen. Nach Bekanntgabe des Patentes am 14. November 1912 verhandelte er über ein Jahr lang mit dem Flugzeugfabrikanten Edmund Rumpler über eine Zusammenarbeit bei der technischen Umsetzung des Patentes. Beide konnten sich jedoch nicht einigen, wer bei dieser Zusammenarbeit das Sagen hat: »Wenn ich mein Patent unter Verzicht auf eigene Disposition und seine weitere Entwicklung, Ausweitung und Verwertung in fremde Hände legen soll, so müßte ich … die unbedingte Garantie haben, daß dasselbe seiner vollen Bedeutung entsprechend ausgebeutet wird. … Die Erfahrung zeigt, daß selbst beim besten Willen und bei anerkannter bester Erfüllung der Bedingung für ein gutes Gedeihen der Erfindung, Umstände und Verhältnisse eintreten können, welche einen Konflikt der Interessen schaffen« befürchtete Junkers.[9]

Rumpler wollte sich aber von Junkers beim Bau eines Flugzeuges nach dem Gleitfliegerpatent nicht hineinreden lassen: »Herr Rumpler macht geltend, daß Schwierigkeiten entstehen können in dem Fortgang der Arbeit, wenn Js. versäume, rechtzeitig sich zu äußern, und legt Wert darauf, im Interesse der Sache selbständig entscheiden zu können.«[10] Hinzu kam, dass Rumpler selbst forschte und ein ähnliches Patent angemeldet hatte.

Mit dem Ausbruch des Ersten Weltkrieges im August 1914 war eine Verwertung des Gleitfliegerpatentes als Lizenzvergabe ohne praktischen Nachweis der Ausführbarkeit so gut wie unmöglich geworden. Damit es wegen Nichtausführung nicht verfiel, musste Junkers nun selbst daran gehen, ein verspannungsloses Flugzeug mit dicken Flügeln zu bauen. Er stellte Ende September / Anfang Oktober 1914 ein »Arbeitsprogramm für Flugtechnische Aufgaben« auf und notierte Überlegungen zu einem Flugzeug als Transportmittel für Personen und Lasten.[11] In einem eigens dafür errichteten Windkanal in Aachen ließ er das Verhältnis von Auftrieb und Widerstand bei den verschiedensten Flügelformen untersuchen, um die günstigste Form zu ermitteln.

Als Baustoff für einen innen hohlen Flügel kam wegen der leichten Formbarkeit seiner Überzeugung nach nur Metall in Frage. Da im Kriege das leichte Duralumin für die Luftschiffe gebraucht wurde und daher schwer zu beschaffen war, entschied sich Junkers für das in seiner Badeofenfabrik reichlich vorhandene Eisenblech.

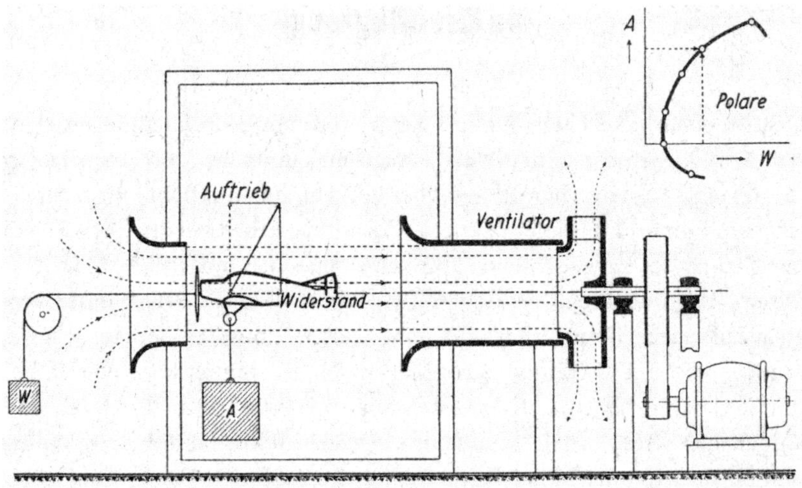

(12) Schema des Windkanals

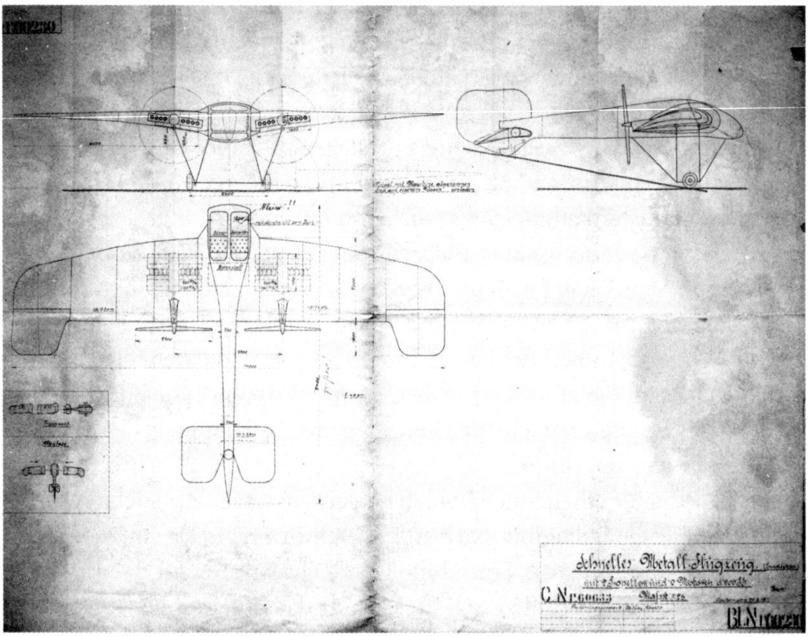

(13) Entwurf Schnelles Metall-Flugzeug vom 25. März 1915

Der erste Entwurf, den seine Konstrukteure am 25. März 1915 anfertigten, war eine weitgehende Umsetzung der Leitgedanken des Gleitfliegerpatentes. Es war ein zweisitziger verspannungsloser Mitteldecker mit zwei Propellern und zwei Motoren von je 200 PS. Die Spannweite betrug 14 m, die Länge 5 m. Über den Sitzen war ein durchsichtiges Dach vorgesehen. Die Motoren waren in abnehmbaren Flügeln untergebracht, die Propeller lagen am hinteren Rand der Tragflächen.[12] Die gesamte Form des Flugzeuges zielte auf eine weitgehende Verminderung des Luftwiderstandes hin.

Praktisch umgesetzt werden konnte dieser Entwurf zu jener Zeit nicht, denn 200-PS-Flugmotoren standen in Deutschland damals nicht zur Verfügung. Der Nachweis, dass ein verspannungsloses Metallflugzeug mit dickem Flügel sich in die Luft erheben konnte, musste deshalb erst einmal mit einem einmotorigen Kleinflugzeug erbracht werden.

Junkers erinnerte sich: »Ein Flugzeug ganz aus Metall zu machen, war ein Problem, dessen Lösung für unmöglich galt. Meine Freunde fragten sich: Wie kommt Junkers dazu, sich mit solch phantastischen Problemen zu beschäftigen? Eisen kann doch nicht fliegen, ein Flugzeug muß doch leicht sein! Man hielt mir vor, daß ich mit größter Wahrscheinlichkeit den bisher mit Erfolg betriebenen aussichtsreichen Motoren- und Apparatebau ruinieren würde, wenn ich ihm Arbeitskraft und Geldmittel entzöge. Aber alles, was mir die Freunde entgegenhielten – sie entzogen mir tatsächlich ihr Vertrauen –, folgerten sie aus dem, wie sie gewohnt waren, zu rechnen. Ihre Geschäfte waren in ihrem Ablauf, da sie sich immer wiederholten, bekannt, und unbekannte Faktoren traten dabei kaum auf. Was ich aber hier wie sonst bei meinen Arbeiten wollte, war ein Vorstoßen in unbekanntes Land, eine Pionieraufgabe.«[13]

Im Frühjahr 1915 begannen die Klempner in der Badeofenfabrik »Junkers & Co.« (Jco) mit der Herstellung von Versuchsflügelstücken für das Metallflugzeug. Als Baumaterial standen ihnen dabei nur 0,1 bis 0,2 mm dünne Eisenplatten zur Verfügung, die den Materialvorräten für die Badeöfen entstammten. »Ein Stück Blech, 2 mm [sic!] stark, 1½ m breit und 8 m lang, einseitig eingespannt, sich selbst überlassen, das hängt doch herunter wie ein Lappen. Hier sollte es einen Träger bilden, der pro qm einen Mann trägt. Das ist doch ein Ding der Unmöglichkeit!«, berichtete Junkers später. »Nun, einen leisen Schimmer von Hoffnung gab uns die Überlegung, daß die Festigkeit eines Trägers um so grösser ist, je weiter das Material auseinander gezogen wird. Denkt man sich das 2 mm starke Blech in zwei Tafeln von 1 mm aufgeteilt und so geformt, daß das Ganze aus einer Fläche zu einem Hohlkörper wird, dann bekommen wir den sogenannten dicken

(14) Das erste Versuchsstück

Flügel, in dessen Innerem gleichzeitig noch Holme und Verstrebungen untergebracht werden können, die sonst außerhalb der Haut dem Fahrtwind großen schädlichen Widerstand entgegensetzten.«[14]

Um diesen papierdünnen Metallstreifen die nötige Druck- und Knickfestigkeit zu geben, wurde innen eine Wellblechschicht aufgetragen. Hier kamen den Klempnern die Erfahrungen aus der Wellblechherstellung für die Tragflächen des Reissner-Eindeckers zugute.

Nachdem das erste Versuchsflügelstück von 40 cm Breite fertiggestellt war, lud Junkers am 18. Mai 1915 die Sachverständigen des Kriegsministeriums ein, seine Aerodynamische Versuchsanstalt in Aachen und das Versuchsflügelstück zu besichtigen. In der Einladung erläuterte er noch einmal das Neuartige seiner Idee: »Das fragliche Flugzeug, welches sich im Übrigen an die bisherigen Konstruktionen anlehnt, unterscheidet sich von diesen dadurch wesentlich, dass es an Stelle der dünnen Tragflächen mit ihren Streben und Spanndrähten hohle körperliche Tragflächen ohne jegliche Verspannung und an Stelle von Holz und Stoff ausschließlich Metall als Baumaterial verwendet. Die hohle Form der Flügel ermöglicht die denkbar vollkommenste Ausnutzung des Materials, indem sie den das Flugzeug angreifenden Kräften eine große elastische Widerstandskraft und eine den Bruch verhütende große Zähigkeit entgegensetzt. Es handelt sich also nicht etwa um den mehrfach versuchten Ersatz des hölzernen Gerippes durch ein eisernes, auch nicht etwa um den bloßen Ersatz der als Windfläche dienenden Stoffdecke durch eine ebensolche aus Metall (wie z. B. bei dem

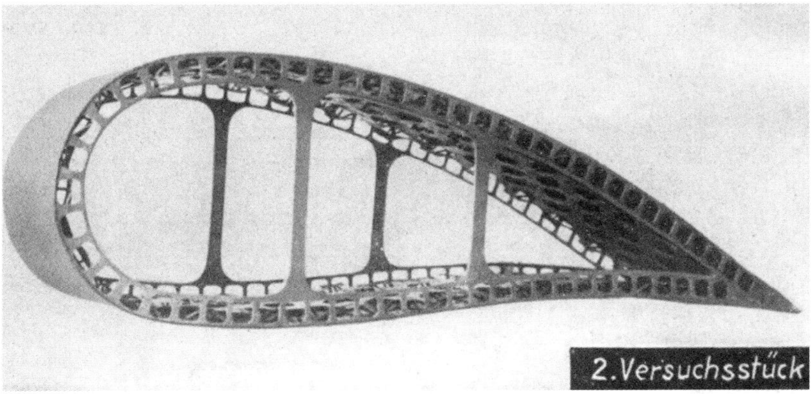

(15) Zweites Versuchsstück

Reissner'schen Flugzeug) unter Beibehaltung der nach Art der Gitter- oder Hängebrücken gebildeten Tragkonstruktion, sondern um dicke Hohlflügel, deren Wandungen aus Metall gebildet sind und direkt die Zug-, Druck und Schwerkräfte aufnehmen und eine solche Festigkeit haben, dass sie den üblichen Flugzeugen nicht nur nicht nachstehen, sondern als viel geeigneter erscheinen in der Überwindung der Beanspruchungen, welche das Flugzeug im Betriebe ausgesetzt sind.«[15]

Am 20. Juni 1915 reiste Junkers zusammen mit seinem Forschungsleiter Dr. Mader selbst nach Döberitz zur Prüfanstalt der Inspektion der Fliegertruppen, um sein Anliegen zu vertreten und für sein neuartiges Flugzeug zu werben. Das Kriegsministerium war von soviel Hartnäckigkeit beeindruckt und entsandte eine Woche darauf drei Vertreter – Ingenieur Beldiman, Graf Oppersdorff und Hauptmann Wilck – zur Besichtigung der Anlagen in Dessau und Aachen. Dort wurden ihnen die Vor- und Nachteile von Ein- und Zweideckern anhand aerodynamischer Versuche erläutert und Probestücke des Flugzeuges in verkleinerter und Originalgröße vorgeführt. Offenbar hatten die Versuchsflügel von Junkers einen gewissen Eindruck gemacht, denn die Militärs standen dem Metallflugzeugbau nun aufgeschlossener gegenüber, man wollte weitere Versuche abwarten.

Nach der Besichtigung liefen die weiteren Versuche bei »Junkers & Co.« in Dessau auf Hochtouren. In kürzester Zeit schuf die mit 14 Arbeitern besetzte Abteilung Flugzeugbau der Jco mit einfachsten Mitteln Spezialmaschinen für Zerreiß- und Knickversuche, erprobten Schweißmethoden

(16) Werkstatteinrichtung für den Flugzeugbau in der Jco,
rechts im Bild ein Eisen-Versuchsflügel in Schalenbauweise

(17) Prüfung des ersten, aus Eisenblech zusammengeschweißten Versuchsflügels
von 2 m Länge auf Biegungsfestigkeit mit Sandsäcken (250 kg)

und stellten Versuchsstücke her. »In systematischer Weise erfolgte die Zusammenstellung einzelner Stücke: von Spant und Decke zum Schuss, von Schuss an Schuss zum Flügelteil. Auftretende Fabrikationsmängel (wie mangelhafte Schweißung, Wellen der Bleche) wurden Schritt für Schritt beseitigt.«[16]

Die Bauweise – später als Schalenflügel bezeichnet – wurde unter der Bezeichnung »Abdeckung von Flugzeugtragflächen und dergleichen« patentiert (Patent Nr. 310040). Es sollte aber noch viele Jahre dauern, bis diese »Idealform des freitragenden Flügels« im Flugzeugbau allgemein zur Anwendung kam.[17]

Zwecks engerer Verbindung zwischen Forschung und Fabrikation wurde der Hauptteil der Versuchsanstalt Aachen nach Dessau verlegt und hier als »Forschungsanstalt Professor Junkers« unter Leitung von Dr. Otto Mader weitergeführt. Außerdem wurde ein zweiter von der Witterung unabhängiger Windkanal in der Dessauer Fabrik aufgestellt. In der Badeofenfabrik »Junkers & Co.« wurde, um den Geheimhaltungsvorschriften zu genügen, eine Ecke abgeteilt und erste Versuchsstücke angefertigt. Der erste Versuchsflügel von 2 Metern Länge hielt am 10. Juli 1915 einer Belastung mit 250 kg schweren Sandsäcken stand und lieferte bei seiner Vorführung vor den Vertretern des Kriegsministeriums den Beweis der praktischen Ausführungsmöglichkeit. Nach dieser eindrucksvollen Demonstration lenkte auch das Kriegsministerium ein und erklärte sich am 20. Juli 1915 bereit, das Junkers-Metallflugzeug käuflich zu erwerben, wenn es bei der Vorführung im Flug den Bedingungen für Heeresflugzeuge genügen würde.[18] Im September 1915 begannen 15 Arbeiter mit dem Bau der J 1. Über einer hölzernen Formschablone wurde der Rumpf zusammengeschweißt und ein Tragflügel in Originalgröße in Angriff genommen. Schmale Blechstreifen wurden mit einer innenliegenden Wellblechschicht versehen und mit Spanten versteift. Die einzelnen Blechsegmente wurden anschließend zusammengeschweißt und ergaben die Außenhaut des Flügels. Ihre Form erhielt die Tragfläche durch Eisenrippen im Abstand der Streifenbreite. Im Oktober war auch das dritte Versuchsstück mit einer Halbspannweite von ca. 6 Metern fertiggestellt. Es wurde einer Belastungsprobe von Sandsäcken mit insgesamt 1000 kg Gewicht unterzogen, die erfolgreich war: Der Hohlflügel hielt der enormen Belastung stand. Damit war der erste freitragende Hohlflügel aus Metall Wirklichkeit geworden. Voller Stolz auf ihre Leistung ließen sich alle am Bau Beteiligten (Zeichner, Konstrukteure und Arbeiter), vorsichtig mit gespreizten Beinen auf den Querspanten stehend, auf diesem Flügel fotografieren.

(18) Bau der J 1

(19) Flügelaufbau der J 1

(20) Flügelaufbau der J 1

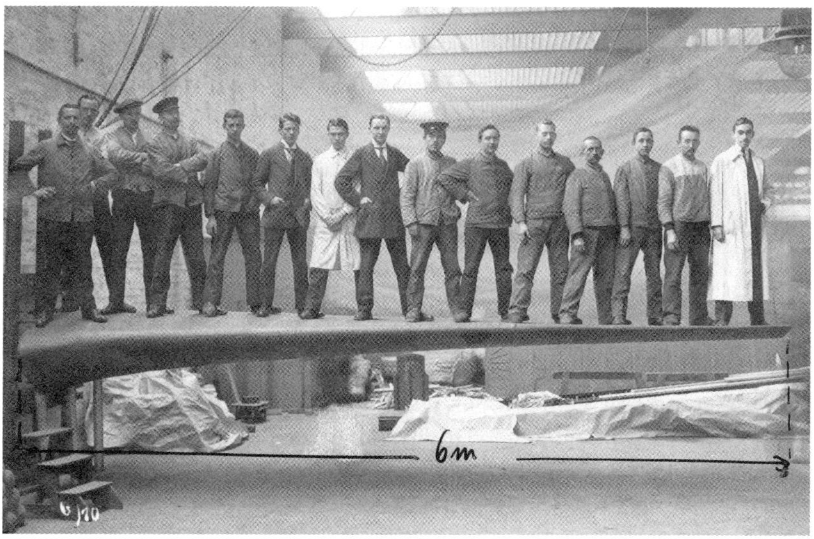

(21) Belastung des Ganzmetallflügels mit 15 Personen

Auch Junkers war erleichtert und stolz auf diese Leistung seiner Mitarbeiter. Er richtete noch im gleichen Monat an das Kriegsministerium die Bitte um eine gründliche Überprüfung seines Metallflugzeuges und eine davon abhängige weitere Unterstützung.[19] Das Ministerium sagte daraufhin weitgehendste Unterstützung zu und versprach nach erfolgreichem Probeflug die Erteilung eines Auftrages.

Noch im Oktober wurde der Personalbestand im Flugzeugbau auf 20 Beamte und 60 Arbeiter erhöht und zwei Monate später stand das weltweit erste flugfähige, freitragende, verspannungslose Metallflugzeug in Döberitz zum Probeflug bereit.

»Niemand wollte glauben, daß der Blechesel fliegen könne«, berichtete Junkers. »Auch als der unheimliche Geselle dann doch geflogen war, hat er noch lange im Stall gestanden. Ein sehr bekannter Kriegsflieger fragte seinen Kameraden, der den Eiseneindecker flog: ›Sie sind wohl des Lebens überdrüssig, im Flugzeug ohne Drahtverspannung zu fliegen?‹«

Am 12. Dezember 1915 führte Leutnant Mallinckrodt vorsichtig die ersten Sprünge aus. Er berichtete später darüber: »Am Vormittage des 12. Dezember war alles, was Beine hatte, am Flugplatz versammelt, unter den Zuschauern befand sich auch der damalige Flugschüler und spätere Meisterflieger Leutnant Manfred Frhr. von Richthofen. Ebenfalls erschienen waren Professor Junkers mit seinen Herren und Offizieren, sowie Ingenieuren der PuW. Nachdem der Motor abgebremst worden war, rollten wir an den vorgesehenen Startplatz an der Chaussee, machten linksum und gaben Vollgas. Auf das übliche Tiefensteuer kam der Rumpf willig hinten hoch und kurz darauf hob sich die Maschine leicht vom Boden ab, als ob das schwere Baumaterial gar kein Gewicht mehr habe. In etwa Hallenhöhe wurde die ›J 1‹ von einer schwachen Bö gefaßt. Wir fühlten, wie die Maschine den Steuerorganen nicht sauber gehorchte und damit begann für uns der Kampf um die Landung. In schräger Lage vermochten wir die Maschine zur Erde zu bringen und nach einigen Bumsern stand die ›Kiste 1‹. Der erste Flug mit dem ersten freitragenden Ganzmetallflugzeug war zu Ende.

Wir sahen den Professor mit den bei ihm versammelten Herren auf uns zukommen, er war gänzlich geknickt, ungeachtet der freudestrahlenden Glückwünsche von seiten der stark beeindruckten Militäringenieure. Alles drängte um die Maschine und jetzt besahen wir uns auch den ›Blechladen‹. Während der Rumpf in der Normallage stand, hatte der durchgehende Flügel seine Normallage aufgegeben, er schleifte rechts fast am Boden und starrte links schräg in die Luft. Jetzt war uns auch klar, warum die Maschine

(22) Junkers J 1 auf dem Flugplatz Döberitz

(23) Junkers J 1 bei der Vorführung auf dem Flugplatz Döberitz

(24) Einbau des Motors in die J 2

(25) Bau der Junkers J 2

vorher bei den Rollversuchen so merkwürdig geschlingert und mit den Tragdecks so stark schwingend um sich gewedelt hatte. Im Schwünge der Begeisterung für das Nurflügelflugzeug hatte man übersehen, den durchgehenden Tragflügel in starre Verbindung mit dem Rumpf zu bringen, so daß der Flügel sich im Rumpf um die Längsachse hatte bewegen können.«[20]

Nach der Reparatur verliefen die weiteren Flüge mit der J 1 im Januar 1916 ohne weitere Probleme und Junkers erhielt den Auftrag auf weitere sechs Flugzeuge.

Vor Baubeginn der J 2 musste jedoch das Problem der Verbindung von Tragfläche und Rumpf noch gelöst werden. Um eine größere Stabilität zu erreichen, wurde der Flügelanschluss weiter nach außen verlegt. Dadurch ergab sich nun eine Dreiteilung des Gesamtflügels. Das Flügelmittelstück wurde nun unterhalb des Pilotensitzes in den Rumpf integriert und die Außenflügel durch vier Kugelverschraubungen angeschlossen. Diese Tiefdecker-Anordnung wurde zu einem weiteren prägenden Konstruktionsmerkmal der Junkersflugzeuge.

Die J 2 war ein elegantes und durch gelungene aerodynamische Formgebung auch schnelles Flugzeug (es erreichte eine Geschwindigkeit von 250 km/h) – aber es hatte einen Nachteil: Es war zu schwer. Von einem Jagdflugzeug erwartete man inzwischen vor allem eine schnelle Steigfähigkeit und dazu war das Eisenflugzeug auch nach Änderungen der Konstruktion und Einbau stärkerer Motoren einfach nicht in der Lage. Die Militärbehörde war deshalb nach Lieferung der sechs Flugzeuge an einer weiteren Auftragsvergabe nicht interessiert.

Hugo Junkers ließ sich davon nicht beirren. In einer Unterredung bei der Inspektion der Fliegertruppen am 11. August 1916 vertrat er standhaft weiterhin die Auffassung, dass die Flugzeuge seines Systems »sowohl in Bezug auf Fahrtgeschwindigkeit und Steigzeit als auch in Bezug auf Sicherheit und Wendigkeit beim Fluge wesentliche Fortschritte gegenüber allen bisherigen Flugzeugen zu erwarten sind«, wies aber die Behörden in den folgenden Wochen immer wieder darauf hin, dass seine bisher aufgewandten finanziellen Mittel »zur Aufrechterhaltung des Forschungsinstitutes, zur Durchführung der Fabrikation, Weiterbildung der Konstruktion und zur Einrichtung neuer Werkstätten« inzwischen erschöpft seien und bat dringend um Unterstützung, um seine Arbeit fortsetzen zu können.[21]

Die ersten Leichtmetallflugzeuge

Das Leichtmetallflugzeug J 3

Als Umsetzung seines Gleitfliegerpatentes schwebten Hugo Junkers große Flugzeuge vor, mit dem wie vorgesehen Lasten oder Personen transportiert werden können. Nachdem er mit dem Eisenflugzeug J 1 bewiesen hatte, dass Ganzmetallflugzeuge fliegen können, plante er noch vor Baubeginn der J 2 den Bau eines dreisitzigen »R-Flugzeuges« für militärische Zwecke mit dazugehörigem Motor.[22] »Es ... befindet sich ein Riesenflugzeug in Bearbeitung, das analog dem Einsitzer-Flugzeug als verspannloser Einsitzer ausgeführt werden soll und hinter diesem bezüglich Geschwindigkeit nicht zurückbleiben wird ... Gegenwärtig wird an einem 400 P.S. Motor gearbeitet, welcher in das erste R-Flugzeug eingebaut werden soll«, schrieb er am 10. April 1916 an seinen Freund Mettegang.[23]

Hugo Junkers hatte bereits zu Kriegsbeginn den wachsenden Bedarf an Flugmotoren vorausschauend erkannt und einen liegenden Doppelkolben-Dieselmotor konstruieren lassen. Sein Ziel war, »einen Motor größerer Leistung von geringstem Gewicht zu schaffen, welcher keine feuergefährlichen Brennstoffe als Treibmittel benutzt«.[24] Der als M 0,3 bezeichnete Dieselflugmotor wurde auch 1915 in Dessau gebaut, die Versuchsläufe blieben jedoch erfolglos.[25] Da die Militärbehörde benzingetriebene Motoren verlangte, wurden weitere Versuche in dieser Richtung erst einmal hinten angestellt. Junkers, der bisher nur schwere, langsam laufende Schiffsdieselmotoren gebaut hatte, machte sich auf die Suche nach einem Motorenfachmann, der sich mit leichten, schnelllaufenden Kleinmotoren auskannte. Er fand ihn in dem jungen Diplomingenieur Otto Reuter, der in seinem Flugzeugbau bald eine bedeutende Rolle spielen sollte.[26]

Für Junkers war von Anfang an klar, dass die Verwendung von Eisenblech nur eine Notlösung sein konnte. Die Steigleistung solcher Flugzeuge war für militärische Zwecke viel zu gering, für Großflugzeuge schied dieser Baustoff ohnehin aus. Bereits als die ersten Blechtafeln der J 1 zusammengeschweißt wurden, notiert er, dass Bezugsquellen für Leichtmetall ermittelt werden müssten.[27]

Als besonders geeignet hierfür erschien das 1906 von Alfred Wilms entwickelte und am 19.3.1909 patentierte Duraluminium, eine Aluminiumlegierung, die sich durch hohe Festigkeit auszeichnet. Es fand seit 1911

(26) Otto Reuter

Anwendungen im Luftschiffbau, war aber im Krieg gerade deshalb schwer zu bekommen. Im April 1916 notierte Junkers: »leichtes Metall, wie seinerzeit angeboten, zur Probe! Woher bezogen? Es ist von größter Bedeutung für die Flugzeuge meines Systems«.[28]

Nachdem es noch im Frühsommer gelungen war, einige Tafeln und Rohre Duralumin zu organisieren, erhielt Ingenieur Otto Reuter die Aufgabe übertragen, daraus einen Gerüstflügel zu konstruieren. Für die Tragdecke sollte gewellte Außenhaut verwendet werden.[29] Im August des Jahres wurde mit dem Bau eines ersten Versuchsflügels begonnen. Ein weiterer Gerüstflügel von 10 Meter Spannweite wurde im September fertiggestellt und mit 200 kg/qm belastet. Zu Demonstrationszwecken wurde dieser Flügel noch einmal mit 42 Personen belastet. Dabei wurde der Aufbau des Gerüstflügels aus Geheimhaltungsgründen geschwärzt.

Da der für das Flugzeug vorgesehene 400-PS-Gegenkolbenflugmotor FO.2 im Versuchsstadium steckenblieb, wurden die Arbeiten am R-Flugzeug nicht fortgesetzt.

Die schnelle Entwicklung der Flugeigenschaften – besonders des Steigvermögens – führt dazu, dass die J.2 nach Fertigstellung im Juli 1916 den Anforderungen in Bezug auf Steigleistung nicht mehr entsprach. Reuter erhielt deshalb die Aufgabe, schnelle Ein- und Zweisitzer für die damals erhältlichen 160-PS-Motoren zu konstruieren.

Am 22. September 1916 legte Ingenieur Reuter vier Entwürfe für Leichtmetall-Einsitzer und -Zweisitzer vor, die wahlweise mit Stand- oder Rotationsmotoren von 160 PS ausgerüstet werden konnten und als Jagdflugzeuge geeignet waren.

Der im Oktober 1916 begonnene Versuchsbau des Einsitzers J 3 bestätigte Junkers in der Annahme, dass es möglich war, das Gewicht des Flugzeuges durch Einsatz von Duralumin herabzusetzen: »An dem neuesten in Arbeit befindlichen Typ, der bereits eine Gewichtsminderung von etwa 200 kg aufweisen wird, ist in sehr weitgehendem Maße durch andere Konstruktion und neues Material Vorsorge hiergegen getroffen worden«, erklärt er bei einem Besuch von Fokker am 22. Dezember 1916 in Dessau.[30]

Für diese Projekte konnte Junkers vom Kriegsministerium jedoch keinen Auftrag mehr erlangen. Die von den anderen Flugzeugfirmen hergestellten Doppeldecker aus Holz und Stoff hatten nach Auffassung der Militärbehörde bereits ihre hervorragende Eignung als Jagdflugzeuge bewiesen. Um den rasant steigenden Bedarf zu decken, hatte das Kriegsministerium beschlossen, »nur zu fabrizieren, keine Zeit auf Ausbildung von Neuerungen zu verwenden«.[31]

(27) Gerüstflügel von 8 qm mit Wellblechbeplankung

(28) Belastung eines 10-m-Flügels mit 200 kg/qm (Foto vom 30.09.1916)

(29) Belastung eines 10-m-Flügels mit 42 Personen am 2. Oktober 1916

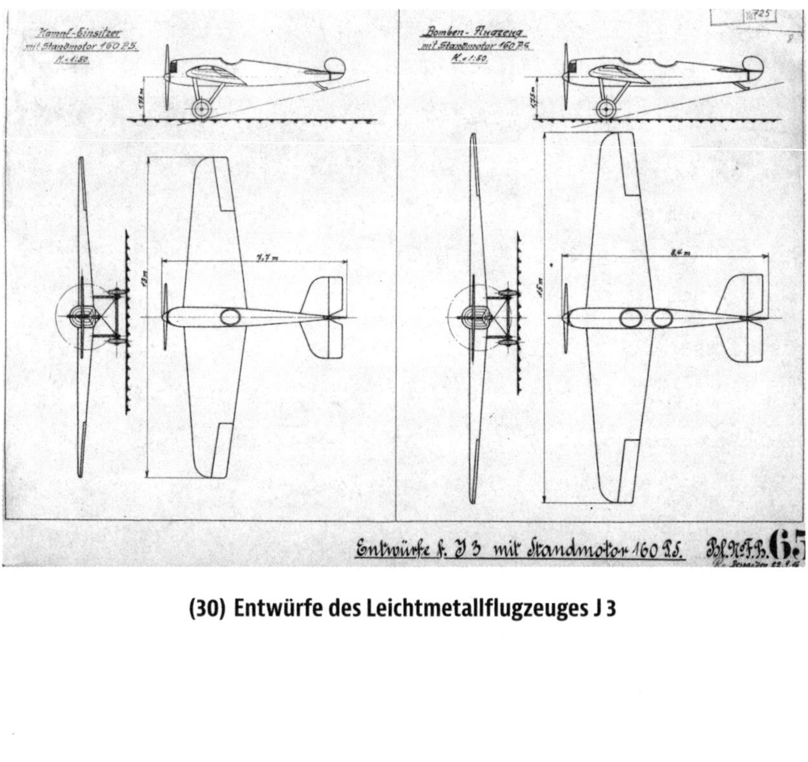

(30) Entwürfe des Leichtmetallflugzeuges J 3

(31) Duralumin-Gerüstflügel und der Gitterrumpf der J 3 am 8. Dezember 1916

Junkers, der sich in seiner Überzeugung nicht beirren ließ, dass dem Leichtmetallflugzeug in Eindeckerbauweise die Zukunft gehörte, setzte die Forschungsarbeiten im Leichtmetallflugzeugbau vorerst mit eigenen Mitteln fort. Für ihn war der Eindecker aus Duralumin nur eine Vorstufe zu einem großen Verkehrsflugzeug, für das nach dem Kriege sicher ein großer Bedarf bestehen würde.

Am 14. November 1916 hielt er in seinem Notizbuch fest: »Es ist zu betonen, und nachzuweisen, daß die Versuchsflugzeuge nicht umsonst gebaut worden sind, sie haben die glänzende Eigenschaft der Flügelform bestätigt, auch die Festigkeitseigenschaften sind durchaus befriedigend gewesen. Das Einzige, was zunächst noch nicht erreicht ist, ist geringes Gewicht. Eine ganz neue Konstruktion liefert unter gleichzeitiger wesentlicher weiterer Verbesserung der Festigkeitseigenschaften bedeutend verringertes Gewicht, und es ist kein Zweifel, daß das Gewicht bei weiterer Ausbildung auf dasjenige der leichtesten Flugzeuge herabgemindert werden kann.«[32] Wenig später gingen ihm jedoch die Mittel aus und der Bau des Leichtflugzeuges J 3 blieb im Versuchsstadium stecken.

Der Panzerdoppeldecker J 4 mit Leichtmetallflügeln

Bereits Ende August 1916 hatte Junkers nach Ablieferung der J 2 das Kriegsministerium dringend um Erteilung weiterer Aufträge gebeten, um die Arbeiten am Leichtmetallflugzeug J 3 finanzieren zu können: »Trotzdem alle in Betracht kommenden Stellen der Heeresverwaltung mich in entgegenkommender Weise unterstützt haben, u. A. durch Erteilung eines Probeauftrages von sechs Flugzeugen, habe ich zur Aufrechterhaltung des Forschungsinstitutes, zur Durchführung der Fabrikation, Weiterbildung der Konstruktion und zur Einrichtung neuer Werkstätten sehr bedeutende Kosten aufwenden müssen. Da ich zur Beschaffung dieser meine eigenen Mittel und meinen Kredit bis auf's Äußerste anspannen musste, so bitte ich heute das Königliche Preußische Kriegsministerium, mir … noch weitere Hilfe zukommen zu lassen.«[33] Die Behörde sah sich jedoch außerstande, weitere Forschungsvorhaben des Professors zu unterstützen. In einem Rundschreiben vom 6. Oktober 1916 wies die Inspektion der Fliegertruppen alle Flugzeugfirmen darauf hin, dass die zahlenmäßige Überlegenheit des Gegners an der Westfront und der bevorstehende Winter durchgreifende Maßnahmen erzwinge. Die Zahl der Flugzeugtypen müsse wesentlich eingeschränkt werden, weil die Beschaffung der Ersatzteile die Heeresverwaltung überfordere. Die Inspektion würde deshalb aus den vorhandenen Typen eine Anzahl auswählen, die in Großserie hergestellt werden solle.

Der Firma Junkers wurde in diesem Zusammenhang der Serienbau von gepanzerten Infanterieflugzeugen vorgeschlagen. Hier käme die Metallbauweise besonders vorteilhaft zur Geltung, da diese Flugzeuge auch bei niedriger Flughöhe nicht so leicht abgeschossen werden konnten wie solche aus Holz und Stoff.

Junkers blieb schon aus finanziellen Gründen nichts anderes übrig, als diesen Auftrag anzunehmen, auch wenn er dafür von dem eingeschlagenen Weg abweichen und die Ausführung der J 3 verschieben musste. In einer Besprechung am 30. Oktober 1916 wurden die Konstruktionsprinzipien festgelegt. Dabei wurde die Frage diskutiert, ob das Flugzeug als Eindecker oder als Doppeldecker konstruiert werden sollte. Sehr schnell kamen die Mitarbeiter der Forschungsanstalt dabei zu der Überzeugung, dass die Eindeckerbauweise bei einem Panzerflugzeug nicht von Vorteil sei, da sich durch die hohe Masse der Panzerwanne eine zu große Flächenbelastung ergäbe, das Fahrgestell sehr hoch ausfallen würde und auch die Sichtverhältnisse sehr ungünstig seien. Außerdem könnte sich die Besatzung bei einem Überschlagen des Flugzeuges nicht mehr selbst befreien. Ein Doppeldecker

(32) Gerüstflügel und Panzerwanne der J 4

(33) Gerüstflügel der J 4 mit Wellblechbeplankung

wäre zwar aerodynamisch ungünstiger, aber baulich am leichtesten durchführbar und würde auch am ehesten die Zustimmung der Inspektion der Fliegertruppen finden.[34]

Als Kompromisslösung einigte man sich schließlich auf einen Anderthalbdecker mit Duraluminflügeln. Auf diese Weise war es dem verantwortlichen Konstrukteur Otto Reuter möglich, die Arbeiten an seinem Gerüstflügel aus Leichtmetall fortzuführen und den durchgehenden Flügel als kräfteaufnehmendes und -verteilendes Element in der Praxis zu erproben.

Nach zweimonatiger Bauzeit stand der Prototyp am 12. Januar 1917 fertig in der Halle von »Junkers & Co.« Das Flugzeug traf am 19. Januar in Döberitz zur Erprobung ein und absolvierte am 28. Januar 1917 seinen Erstflug.

Die Inspektion der Fliegertruppen war nach den Erfahrungen mit dem Bau der J 2 inzwischen zu der Auffassung gelangt, dass die Firma Junkers als Forschungsinstitut gute Dienste leiste, aber für einen Serienbau nicht geeignet sei. Sie suchte deshalb nach einer geeigneten Firma, die den Serienbau des Panzerflugzeuges J 4 übernehmen könnte.

Im Dezember 1916 hatte die Inspektion der Fliegertruppen bereits ein erstes Treffen von Junkers mit dem Flugzeugindustriellen Anthony Fokker organisiert. Fokker, dessen Flugzeuge zu dieser Zeit den Anforderungen der Heeresverwaltung nicht genügten, war nicht abgeneigt, die Serienproduktion der Junkersflugzeuge zu übernehmen, wenn sie frontfähig wären und die Heeresverwaltung einen Großauftrag erteilen würde.

Die Verhandlungen zwischen Fokker und Junkers zogen sich fast ein Jahr hin, weil sie sich über die Lizenzgebühren nicht einigen konnten und Junkers auch hier wieder den Wert seiner Forschungsarbeit nicht genügend gewürdigt sah. Erst als Fokker ihm gleichberechtigte Zusammenarbeit vorschlug und die Verhandlungen mit anderen Firmen gescheitert waren, ging Junkers darauf ein. Beide gründeten am 20. Oktober 1917 die »Junkers-Fokker-Werke A.G.« (Jfa), die die Serienproduktion der J 4 übernahm, während sich die Firma Junkers & Co. auf die Versuchsbauten beschränkte.[35]

(34) Serienherstellung der J 4

(35) Seitenansicht der J 4

(36) Rückansicht der J 4 mit Wellblechflügeln aus Duralumin

Die Leichtmetallflugzeuge J 7 bis J 11

Nach Erteilung des Auftrages auf das Panzerflugzeug J 4 forderte der Forschungsleiter Dr. Mader in einer Besprechung am 20. Dezember 1916, »daß die Arbeiten für die Fortentwicklung des Eindeckers nunmehr schleunigst in Angriff genommen werden müßten«.[36] Als Änderung gegenüber dem J-3-Entwurf von Reuter wurde gefordert, den Sitz höher zu legen, um die Sicht zu verbessern und den Flügel unter dem Mittelstück durchlaufen zu lassen. Als Termin für die Fertigstellung wurde der 15. Februar 1917 ins Auge gefasst.

Im Januar legte Reuter den Entwurf des Eindeckers J 5 vor, der mehrfach geändert, dann aber verworfen wurde. Auch der von Junkers favorisierte Entwurf eines Großflugzeuges für eine Besatzung von 5 Personen mit 4 x 260-PS-Motoren, die im Fluge zugänglich und wartbar sein sollten, konnte mangels Auftrag nicht ausgeführt werden.[37]

An seinem im Felde befindlichen Mitarbeiter Hermann Mierzinsky schrieb Junkers Ende Januar 1917: »Viel größere Bedeutung hat aber meiner festen Überzeugung nach der verspannungslose Metalleindecker. Dessen schnelle Einführung leidet sehr an der augenblicklich herrschenden Vorliebe für Doppeldecker. Es befinden sich zur Zeit ein Kampfeindecker (Einsitzer) und ein Rieseneindecker (für 10 000 Gesamtladung) in Bearbeitung. Für beide besteht bei maßgebenden Fachleuten ein großes Interesse. Besonders gilt das für den Rieseneindecker, welcher ausgezeichnete flugtechnische Eigenschaften und militärische Vorzüge mit sonstigen großen Vorzügen verbindet und zweifellos auch später im Frieden für Verkehrszwecke eine große Rolle spielen wird.«[38]

Am 18. Juli 1917 konnte endlich Dr. Mader die Mitteilung an Junkers senden, dass »ein mit allen Mitteln beschleunigter Bau des Eindecker-Einsitzers gemäß dem Entwurf des Herrn Reuter«[39] in Angriff genommen worden ist. »Als Flügelkonstruktion soll zuerst die einfache Form mit freitragenden Klappen und veränderlicher V-Form gebaut werden. Ein zweites Flügelpaar mit normaler Klappenanordnung ist daneben im Auge zu behalten und möglichst bald danach fertigzustellen.«[40]

Im Unterschied zu den bisherigen Leichtmetallflugzeug-Entwürfen lief der Flügel unter dem Rumpf hindurch. Diese sogenannte Tiefdeckerbauweise in Verbindung mit der Duralumin-Wellblech-Außenhaut sollte von nun an zum Kennzeichen der Junkers-Flugzeuge werden.

Zwei Monate später war es dann endlich so weit: Am 17. September 1917 startete das weltweit erste flugfähige freitragende Leichtmetallflugzeug J 7 zum Erstflug.

Die Tiefdeckeranordnung ließ sich Junkers am 13. März 1918 patentieren. Das Patent 310610 »Eindeckerflugzeug mit selbsttragenden Flügeln« gehört neben dem Gleitfliegerpatent zu den grundlegenden Neuerungen im Flugzeugbau und war später vor allem für Verkehrsflugzeuge von großer Bedeutung.

Junkers' Teilhaber Fokker hatte bereits bei einem Probeflug mit der J 7 am 4. Dezember 1917 sofort deren hervorragende Eigenschaften erkannt und fürchtete um den Absatz seiner eigenen Jagdflugzeuge beim bevorstehenden Vergleichsfliegen in Adlershof. Um die Vorführung der J 7 in Adlershof zu verhindern, rollte er die Maschine beim Landen auf dem Flugplatz Dessau in einen Graben und beschädigte sie dabei so, dass die Reparatur mehrere Wochen in Anspruch nahm. Auch wenn ihm Junkers bei der nachfolgenden Besprechung auf den Kopf zusagte, dass die Beschädigung absichtlich herbeigeführt worden war, beweisen konnte man es Fokker nicht.[41]

Um zukünftig eine Beschädigung des Rumpfes durch Bruch des Fahrgestelles zu vermeiden, schlug Junkers anschließend vor, am damals noch starren Radfahrwerk eine Sollbruchstelle einzufügen.[42] Bei einer Notlandung konnte so das Fahrwerk wegknicken und das Flugzeug machte eine Bauchlandung.

(37) Motorvorbau und Flügelmittelstück der J 7

(38) Junkers J 7

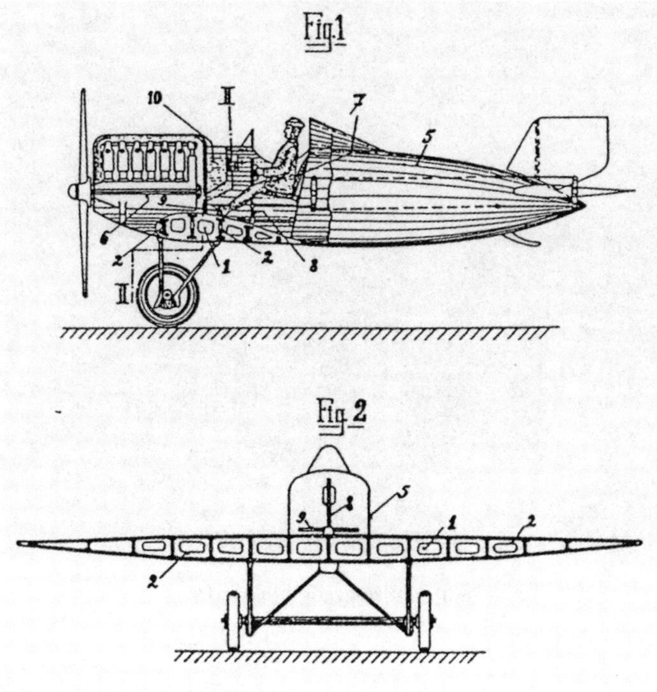

(39) Zeichnung aus der Patentschrift zum Junkers-Tiefdeckerpatent DRP 310619

Mit einer verbesserten J 7 und ihrer Weiterentwicklung J 9 nahm Junkers am nächsten Vergleichsfliegen im Juli 1918 in Adlershof teil. Der Pour-le-Mérite-Flieger Theo Osterkamp, der beide Flugzeuge testete, bezeichnete die J 7 als »glänzend« und dem Fokkerflugzeug D VII, das er ebenfalls getestet hatte, weit überlegen[43]. Die Inspektion der Fliegertruppen stellte Junkers daraufhin einen großen Serienauftrag in Aussicht, der jedoch durch das Kriegsende nicht mehr zur Ausführung kam.

Auch die zweisitzige Schlachtflugzeugvariante J 8, deren Serienausführung J 10 (militärische Bezeichnung (CL I) und die Schwimmervariante J 11 (militärische Bezeichnung CLS I), die zu den ausgereiftesten Flugzeugen des ersten Weltkrieges gehörten, kamen bei den Kampfhandlungen nicht mehr zum Einsatz. Sie wurden in den Jahren nach dem Ersten Weltkrieg in leicht variierter Form als Post-, Kurier- und Militärflugzeuge A 20, A 35 und K 53 in großer Stückzahl gebaut und in mehrere Länder exportiert.

(40) Jagdflugzeug Junkers J 9

(41) Schlachtflugzeug Junkers J 10

(42) Junkers J 11

(43) Junkers A 20 aus dem Jahre 1923

(44) Fabrikhalle der Jfa im August 1918

(45) Gruppenaufnahme Direktion Jco und Jfa. Personen: Becker, Lottmann, Sonnleithner, Maybaum, Schmidt, Prof. Junkers, Dir. Schleissing, Schäfer, Dir. Spaleck. Im Hintergrund die Flugzeuge J 10 und J 4

Das Verkehrsflugzeug F 13

Das Ende des Ersten Weltkrieges und der Flugzeugbau

Mit dem Ende des Ersten Weltkrieges brach über die während des Krieges aufgeblühte Flugzeugindustrie die Katastrophe herein. Die Heeresaufträge fielen von heute auf morgen weg, ein Luftverkehr existierte noch nicht. Hinzu kamen die Arbeiterunruhen der Novemberrevolution, welche die Werke vor zusätzliche Probleme stellten.

Auch in den Junkerswerken war die Lage äußerst prekär. Noch im Sommer des Jahres 1918 war man zuversichtlich gewesen, dass die neu entwickelten Metallflugzeuge auch in den kommenden Friedenszeiten guten Absatz finden würden. In der Denkschrift »Entwicklung der Unternehmungen von Hugo Junkers« vom 4. Juli 1918 heißt es: »Für die kommende Friedenszeit bieten sich dem Metall-Flugzeugbau reiche Entwicklungsmöglichkeiten. Es ist heute die Überzeugung fast aller maßgebenden Fachleute, dass dem Metallflugzeug die Zukunft gehört. Obgleich mit Eintritt des Friedenszustandes ein erheblicher Rückgang des Heeresbedarfes zu erwarten ist, braucht der Metall-Flugzeugbau nicht zu befürchten, davon ernstlich betroffen zu werden, denn er trägt die Zukunft in sich.« Große Hoffnung setzte Junkers dabei auf seine schon während des Krieges projektierten Großflugzeuge. »Besonders für den Überseeverkehr wird das Flugzeug – und zwar hier nur das Riesenflugzeug – große Bedeutung gewinnen«, heißt es in der erwähnten Junkers-Denkschrift.

Am 3. Oktober 1918 wurde Prinz Max von Baden zum Reichskanzler ernannt. Als Befürworter eines Reichsfriedens richtete er unmittelbar nach Amtsantritt ein Waffenstillstandsangebot an den US-Präsidenten Wilson.

Mit solch schnellem Kriegsende hatten die Junkersleute nicht gerechnet. Die Entwicklung ihrer Jagd- und Infanterie-Flugzeuge war zu diesem Zeitpunkt gerade abgeschlossen, bei einem Vergleichsfliegen in Adlershof Mitte Oktober wollte man die Militärs von den hervorragenden Eigenschaften dieser Leichtmetall-Eindecker überzeugen und dann zur Serienproduktion übergehen. Von den zu erwartenden Einnahmen wollte Junkers seinen Teilhaber Fokker ausverkaufen, um endlich selbst den Gewinn aus seiner jahrelangen Forschungsarbeit ziehen zu können. Dies war nun so nun nicht mehr möglich, das Heer hielt sich jetzt begreiflicherweise mit Aufträgen zurück.

In einem vertraulichen handschriftlichen Schreiben an den Jco-Direktor Spaleck forderte Junkers am 6. Oktober 1918 nun Zurückhaltung in weiteren Dispositionen: »Wenn der Krieg tatsächlich zu Ende gehen sollte und ein großer Auftrag auf Flugzeuge nicht mehr zu erwarten sein sollte, so geraten wir in eine schwierige Lage. Diese macht sich schon jetzt geltend, indem die Beschaffung des zum Ausverkauf Fokkers bestimmten Kapitals, welche noch vor einigen Wochen glatt und billig vor sich gegangen wäre, jetzt einer starken Zurückhaltung der Kapitalisten begegnet und von der weiteren Entwicklung der kriegerischen und politischen Verhältnisse abhängig gemacht wird. Ich habe hier noch gar keine Lösung. Auch behördlicherseits müssen wir auf starke Zurückhaltung rechnen. Drängen würde die Lage noch verschlimmern.«[1]

Wenige Tage später berief Junkers eine Konzernbesprechung ein, an der die Direktoren der Jco und der Forschungsanstalt sowie sein Generalbevollmächtigter Carl Seitz teilnahmen. Beraten wurde darüber, ob der Flugzeugbau der Junkers-Fokker-Werke aufgegeben oder weitergeführt werden soll. »Es wird eine geraume Zeit vergehen, ehe sich der Flugzeugbau den Friedensverhältnissen angepaßt hat und neue Typen ausgebildet sind«, stellte Junkers fest. Er beauftragte seine Mitarbeiter »vorsichtig einmal [zu] kalkulieren, ob wir nach dem Kriege noch Aufträge auf Flugzeuge erwarten können. An Versuchsflugzeugen zur Ausbildung der Friedenstypen ist nichts verdient. Ehe der fertige Typ vorliegt, vergehen Monate.«[2]

Als »Friedenstyp« schwebte Hugo Junkers, wie schon in der Denkschrift vom 4. Juli 1918 erwähnt, ein Großverkehrsflugzeug vor (damals noch Riesenflugzeug oder abgekürzt R-Flugzeug genannt), das Länder und Kontinente auf dem Luftwege miteinander verbinden sollte. Für die Entwicklung und den Bau eines solchen Flugzeuges waren jedoch erhebliche Mittel notwendig, die Junkers nach dem zu erwartenden Wegfall der Heeresaufträge nicht mehr aufbringen konnte.

Am 30. Oktober 1918 reisten der Junkers Generalbevollmächtigter Carl Seitz und Jco-Direktor Paul Spaleck nach Berlin, um bei ihrem bisherigen Auftraggeber, dem Kriegsministerium, die Lage zu sondieren. Dort musste man die Junkersleute enttäuschen: »Die Aussichten für den Frieden hält Herr Direktor Dieterich zunächst nicht für günstig. Es sei fraglich, ob das R-Flugzeug, da es doch vor allem für den Personenverkehr bestimmt ist, in absehbarer Zeit die Beliebtheit und das Zutrauen bei der Bevölkerung sich verschaffe, die für die Einführung als Reisemittel unbedingt nötig sei. Die

Anwendung des R-Flugzeuges für den Überseeverkehr sei vorläufig wohl kaum zu erwarten.« Aber auch im Kriegsministerium hatte man bereits darüber nachgedacht, wie Massenentlassungen in der Flugzeugindustrie vermieden werden könnten und einen möglichen Ausweg gefunden: »Größere Aussichten biete die Verwendung des Flugzeuges für den Postverkehr. Es handele sich um die Schaffung von Flugzeugen großer Lebensdauer in kleineren Abmessungen. Diese Flugzeuge sind sowohl für den Verbraucher wie für die Fabrik ein aussichtsvolles Objekt als große Flugzeuge, da sie billiger sind und leichter herzustellen.«[3]

Nach Unterzeichnung des Waffenstillstandes am 11. November stand Junkers vor der Entscheidung, die Jfa zu übernehmen oder den Flugzeugbau ganz aufzugeben. Der Arbeiterstand der Jfa betrug bei Waffenstillstand ca. 2000 Personen, im Flugzeugbau der Jco waren noch 267 Leute beschäftigt. Wenn Junkers die Jfa übernehmen wollte, mussten an Fokker 2 300 000 Mark ausgezahlt werden. Alle Versuche, diese Summe herunterzuhandeln, schlugen fehl. Fokker lehnte es auch deshalb ab, die Jfa zu übernehmen, weil er die Konkurrenz der Jco befürchtete, die das Jagdflugzeug J.9 weiterbauen wollte. Erschwerend kam hinzu, dass die neue Regierung der Volksbeauftragten der Industrie die Auflage erteilte, keine Arbeiter zu entlassen. Die bisher erteilten und genehmigten Flugzeugaufträge müssten deshalb gestreckt werden. Auch wurde der Acht-Stunden-Tag eingeführt.

Hugo Junkers, der im Interesse seiner Angestellten auch die kleinste Chance auf Weiterbeschäftigung nutzen wollte, beriet mit seinen Mitarbeitern, welche der bisher gebauten Flugzeuge noch verwendungsfähig wären: »Da es nicht angängig ist, die im jetzigen Flugzeugbau beschäftigten Arbeiter knall und fall zu entlassen und da die Einführung neuer Artikel auch bei angestrengtesten Bemühungen eine gewisse Zeit in Anspruch nehmen wird, so bleibt keine andere Wahl, als zunächst noch im Flugzeugbau weiterzuarbeiten, und es tritt die Frage auf, was unter den oben geschilderten Verhältnissen gebaut werden soll.«[4]

Chefkonstrukteur Otto Reuter erarbeitete ein Gutachten über den Umbau von J 4 und J 10 zu Verkehrsflugzeugen und kam zu dem Ergebnis, dass die J 4 auch mit leichter Duraluminwanne aufgrund ihres hohen Gewichtes für solche Zwecke nicht geeignet sei, während bei dem zweisitzigen Infanterieflugzeug J 10 durch Verlängerung der Flügel auf 12 m die Nutzlast auf 327 kg gesteigert werden könne.

Am 26. November 1918 wurde eine Konzernbesprechung über die Umstellung der Werke auf Friedensfabrikation durchgeführt. Es wurde u. a. beschlossen, dass der Bau der J 4 sofort eingestellt und dafür die noch vorhandenen J-10-Flugzeuge zu Postflugzeugen umgebaut werden sollen. »Mader soll sofort Skizzen eines Postflugzeuges herstellen. Zum Postflugzeug werden voraussichtlich geschlossene Kabinen verlangt, ferner müssen sich die Mitfahrer leicht bewegen können. Seitz könnte mit Skizze maßgebende Stellen aufsuchen. Wenn man sieht, daß bereits in dieser Richtung gearbeitet wurde, werden die Wege eher geebnet«, heißt es im Protokoll.

Gleich nach dieser Besprechung meldete sich Seitz bei Geheimrat Lerche vom Postministerium an, um ihn dazu zu bewegen, die früheren Bestellungen des Kriegsministeriums zu übernehmen und die Flugzeuge für Postzwecke umarbeiten zu lassen. Doch dieser Versuch, sich den Staat als Abnehmer zu erhalten, schlug fehl. Lerche sei der Auffassung, »dass man beim gegenwärtigen Stand der Technik bei der Postbeförderung auf dem Luftwege nicht mit derjenigen Regelmäßigkeit rechnen könne, welche Hauptfaktor für die Verwendbarkeit sei. Aus diesem Grunde könnten die Flugzeuge die Konkurrenz mit Schnellzügen nicht aufnehmen. Mittel zu Versuchszwecken stehen der Post nicht zur Verfügung«, berichtete der enttäuschte Carl Seitz seinem Vorgesetzten. Das einzige, was Seitz erreicht hatte, war »dass die Firma Gelegenheit erhält, nachzuweisen, dass ihre Typen besonders zu Verkehrsflugzeugen sich eignen«.[5]

Nach der Rückkehr von Seitz entschloss sich Junkers endgültig dazu, das Wagnis einzugehen und die Jfa zu übernehmen. In seinen Notizen begründet er diesen Entschluss damit, dass »nur eine umfangreiche und eigene Massenproduktion die Forschungsanstalt zu einem wirtschaftlichen Unternehmen macht, was sie doch sein soll«.[6] Die Jco sei aber allein nicht überlebensfähig, da sie große Bankschulden hätte und ihr Grundstück belastet sei. Die Jfa hingegen habe keine Bankschulden, sondern noch erhebliche Forderungen und verfüge über eine gut organisierte Fabrik mit vorzüglichem Personal.[7]

Am 3. Dezember 1918 wurden im Notariat Dr. Hugo Alexander-Katz die Verträge zum Austritt von Fokker aus der Jfa abgeschlossen. Als Abfindungssumme wurde 1 490 000 Mark vereinbart.

Die Junkers-Fokker-Werke waren nicht die einzigen, die sich über die Zukunft des Flugzeugbaues im Unklaren waren und bei den staatlichen Stellen um Rat nachsuchten. Auch den übrigen Flugzeugwerken fehlte in der neuen Regierung ein Ansprechpartner. Deshalb verordnete der Rat der Volksbeauftragten am 28. November 1918, dass das Reichsamt des Innern die Verhältnisse der Luftfahrt provisorisch ordnen und zur Ausführung der Aufgabe ein Reichsluftamt errichten soll. Als Leiter wurde August Euler bestimmt.

Euler erließ am 7. Dezember 1918 eine Verordnung, nach der Flugzeuge nur dann im Luftverkehr eingesetzt werden durften, wenn sie von den Behörden zugelassen worden waren. Die Flugzeuge mussten verkehrssicher sein, für den Piloten wurde ein Führerschein vorgeschrieben, und Luftverkehr, Flugplätze und Luftsportveranstaltungen waren genehmigungspflichtig. Bei der deutschen Flugzeugindustrie machte sich sofort die Hoffnung breit, dass ein staatlich organisierter oder wenigstens subventionierter Luftverkehr ihre Werke am Leben erhalten könnte, denn private Abnehmer waren weit und breit nicht in Sicht.

Auch bei Junkers schöpfte man wieder Zuversicht. Kurz vor Weihnachten wurde eine Besprechung einberufen, in welcher beschlossen wurde, mit Unterstaatssekretär Euler sofort Fühlung zu nehmen, um dort entscheidenden Einfluss zu gewinnen. Junkers sei führend im Metallflugzeugbau und dürfe deshalb bei den Festlegungen für die Zukunft keinesfalls unberücksichtigt bleiben. Wenn der Staat oder eine staatlich subventionierte Luftverkehrsgesellschaft einen Bedarf an Verkehrsflugzeugen anmelden würde, wollte Junkers mit einem guten Angebot an vorderster Stelle stehen. »Das Wichtigste ist, einen Typ für Verkehrsflugzeuge auszuarbeiten; Sportflugzeuge kommen erst in zweiter Linie in Betracht. Wir müssen, wenn sich Interessenten aus dem Ausland melden, etwas Neues zeigen können; wir dürfen uns nicht von anderen Firmen überholen lassen. Ein Verkehrsflugzeug soll mit verhältnismäßig kleinem Motor viel leisten und viel schleppen können, genügend Raum für Nutzlasten besitzen, nicht zu teuer sein. Verkehrsflugzeug lässt kleineren Sicherheitsfaktor zu, da Sturzflüge und andere Kunststückchen nicht verlangt werden. Nutzlast kann also bedeutend erhöht werden. Beim Verkehrsflugzeug braucht Flieger nicht frei zu sitzen, es kann oben vollkommen geschlossen sein.«[8]

Die Entwürfe der F 13

In einer weiteren Besprechung am 30. Dezember 1918 wurden bereits detaillierte Konstruktionsmerkmale für das neue Verkehrsflugzeug vorgegeben:

»Für Verkehrszwecke wird ein großer Rumpf verlangt. Gute Festigkeitskonstruktion des Rumpfes, Fenster müssen herausschlagbar und durchschlagbar sein oder auf andere Weise die Möglichkeit lassen, den Rumpf zu verlassen; mit Möglichkeit rechnen, dass ein Knicken an den Fensterausschnitten in erster Linie stattfindet. Folgen eines Fahrgestellbruches mit in Betracht ziehen. … Das Flugzeug soll großen Rumpf und vergrößerte Tragflächen erhalten. Wir müssen natürlich mit dem Risiko rechnen, dass wir mit einem Schlage nicht das Richtige treffen. Unter Berücksichtigung des Zweckes des Flugzeuges wird es für das Richtige gehalten, die Objekte unterhalb der Flügel anzubringen, dann tragen sie besser.«[9]

Die bisherigen Bedenken von Junkers, dass eventuell längere Entwicklungszeiten notwendig seien, bis das richtige Verkehrsflugzeug geschaffen sei, stellten sich schnell als haltlos heraus. Bereits einen Tag nach der Besprechung entwarf der Chefingenieur Otto Reuter ein Verkehrsflugzeug, das dem Flugzeugbau völlig neue Wege wies.

Das Flugzeug besaß wie gefordert einen großen Rumpf, dessen Maße im Wesentlichen denen der späteren F 13 entsprachen. Der Motorvorbau war höher als beim Prototyp, das Flugzeug wirkte dadurch insgesamt gedrungener. In den Flügeln war auf jeder Seite ein Tank für je 175 Liter Benzin vorgesehen. Besatzung und Passagiere waren in einer geschlossenen Kabine untergebracht, die unterhalb der Flügel angeordnet worden war.

Die Schulterdecker-Anordnung schien den Konstrukteur nicht ganz zu befriedigen, denn er entwarf am 3. Januar 1919 das gleiche Flugzeug noch einmal als Tiefdecker. Die tiefliegenden Flügel erforderten bei der damals noch spärlichen Instrumentierung des Cockpits einen schlankeren Motorvorbau und eine offene Pilotenkanzel, damit der Pilot eine ungehinderte Sicht nach unten und vorn hatte. Damit entsprach dieses Flugzeug bis auf Tür- und Fenstergestaltung in den Grundzügen schon der später ausgeführten J 13/F 13; Leistungen und Gewichte waren dieselben wie bei der Schulterdecker-Ausführung.

Um das Gewicht des Flugzeuges etwas zu verringern, fertigte Reuter am 7. Januar 1919 noch einen zweiten Entwurf der J 13 mit tiefliegenden Flügeln an. Dieses Flugzeug hatte einen niedrigeren Rumpf, die Fenster der Passagierkabine waren nach oben verlegt und offen. Damit sollte bei einer eventuellen Bruchlandung ein ungehinderter Ausstieg ermöglicht werden. Auf die Tür wurde verzichtet. Das Flugzeug hatte damit einen 20 kg leichteren Rumpf, die sonstigen Leistungen und Gewichte waren die gleichen wie beim 1. Entwurf.

Konstrukteur Reuter gab folgende Erläuterungen zu diesen drei Zeichnungen:

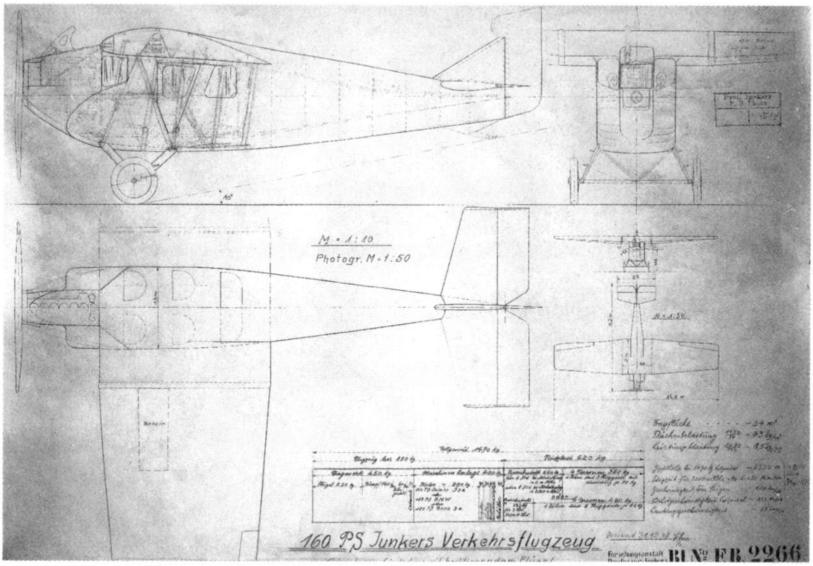

(46) Entwurf Nr. 2266 vom 31.12.1918

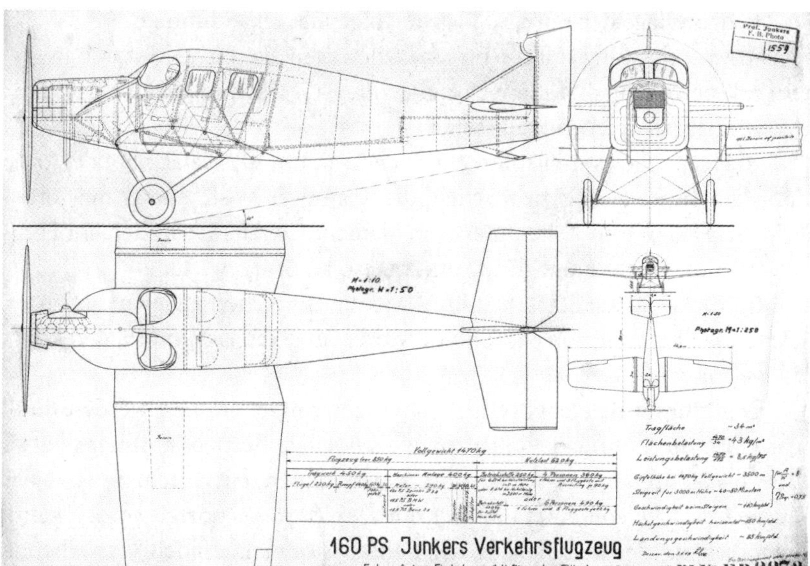

(47) Entwurf Nr. 2273 vom 03.01.1919

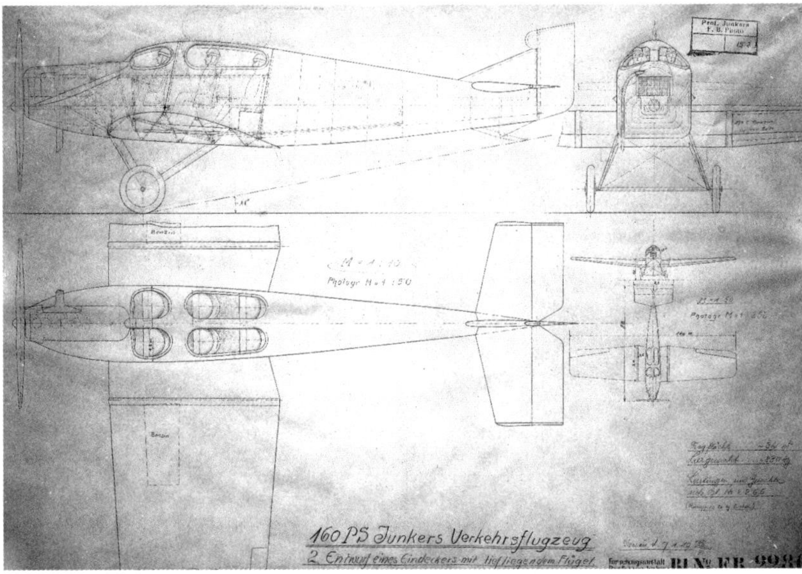

(48) Entwurf Nr. 2280 vom 07.01.1919

»*160 PS Junkers-Verkehrsflugzeug. Zu Bl. Nr. F.B. 2266, 2273, 2280*

Als Grundlage der Entwürfe wurde folgendes angenommen.

Die Motorleistung soll 160 bis 185 PS betragen, da solche Motoren in erster Linie verfügbar sind. Eine Horizontalflug-Geschwindigkeit von 150 km/Std. wird als ausreichend angesehen.

Die Flächenbelastung soll nicht hoch sein, um die Gefahr bei der Landung möglichst gering zu machen, die Spannweite soll jedoch mit Rücksicht auf Hallen und Zelte unter 15 m bleiben. Hieraus ergab sich ein Flugzeug von ca. 34 qm Flügelfläche und ca. 850 kg Leergewicht.

Mit Rücksicht auf Start, Landung und die aus Sicherheitsgründen zu erreichende Flughöhe von ca. 3000 m wurde eine Nutzlast von ca. 620 kg als zulässig angesehen.

Als geringste Betriebsstoffmenge, welche mitgenommen werden muß, wurde ca. für 3 Std. bei Vollleistung; als höchste Betriebsstoffmenge etwa für 6 bis 8 Stunden bei Vollleistung angenommen, entsprechend etwa der Flugzeit, welche von einem Führer ohne Ablösung erwartet werden kann. Entsprechend der nach Abzug der Betriebsstoffmenge noch verbleibende Nutzlast muß das Flugzeug für 2 bis 5 Personen außer dem Führer Platz bieten.

Der Führer soll nach vorn, vorn unten und nach beiden Seiten möglichst gut sehen, um sich ohne Hilfe orientieren zu können (Ein Kompaß soll ihm selbstverständlich zur Verfügung stehen.).

Die Fluggäste sollen den Luftraum und das Gelände möglichst gut übersehen können, jedoch müssen die Rücksichten auf gute Aussicht wahrscheinlich den wichtigeren Rücksichten auf Sicherheit und Leistung des Flugzeuges untergeordnet werden.«[10]

Die Entscheidung fiel am Nachmittag des 11. Januar 1919 in einer Direktoren-Konferenz im Hauptbüro der Junkerswerke am Kaiserplatz. Forschungsdirektor Otto Mader notierte unter Punkt 2 des Protokolls, dass die Tiefdecker-Variante gewählt worden sei, und hielt auch Änderungswünsche von Hugo Junkers fest, die bei der endgültigen Konstruktion berücksichtigt werden sollten:

»Betr.: Type für 1 Verkehrsflugzeug. An Hand der Zeichnungen Bl. Nr. F.B. 2266, 2273, 2280 wird als richtig angesehen:

1.) 160 PS-Mercedes-Motor beibehalten.
2.) Tiefliegenden Flügel vorerst anwenden.
3.) B/T entspricht 6/1.
4.) Flügelform entweder rein rechteckig oder besser trapezförmig.
5.) Vorderkante aus Herstellungsrücksichten gerade. (Js.)
6.) Flügelprofil mit gleicher Dicke (Dickenverhältnis) bis zum Ende durchlaufend. (Js.)
7.) Querruder mit verlegter Achse werden von Prof. Js. gewünscht. Auf Schwierigkeit der Konstruktion wird hingewiesen. Gewünschte Form: [Zeichnung]; Kanalstromversuche dazu sollen fertiggestellt werden.
8.) Sicherheit, bes. bei Landung ist wichtig.
9.) Dazu Flächenbelastung klein, auf Kosten der Geschwindigkeit.
10.) Horizontalflug bei normaler Belastung bei bestem A/W (Js).
11.) Einschaltung von Bauteilen zur Aufnahme von Formänderungsarbeit, bes. bei Fahrgestell erwägen.
12.) Großes Gleitvermögen für Landung ev. durch Luftbremse vermindern.
13.) Führerausblick für Landung links (Sa.)«[11]

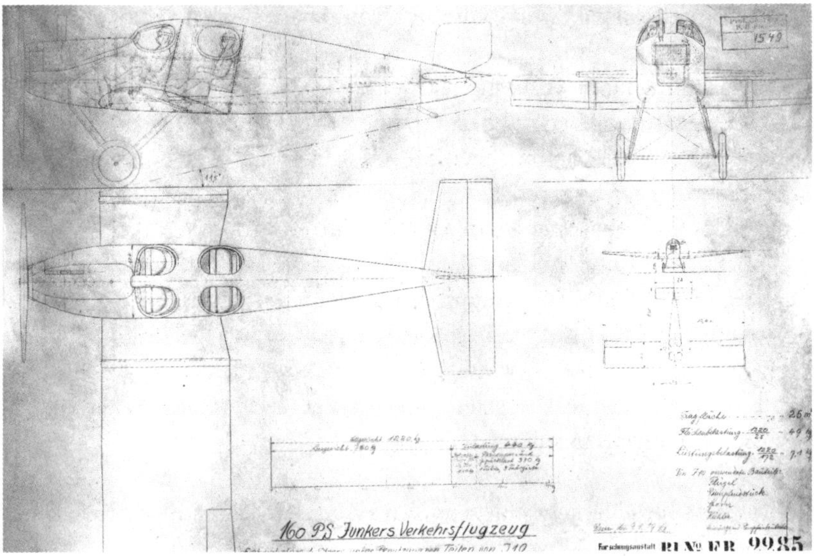

(49) Entwurf eines Verkehrsflugzeuges aus Teilen der J 10 (F.B. 2285) vom 09.01.1910

Am 9. Januar 1919 wurde noch ein zusätzlicher Entwurf für ein Verkehrsflugzeug angefertigt, der die Verwendung von Teilen der J 10 vorsah. Dieser Entwurf wurde später als J 12 und Vorläufer der F 13 bezeichnet, ist jedoch nachweisbar erst nach den Entwürfen zur J 13 entstanden.[12]

Möglicherweise sollte dieser Entwurf nur eine Übergangslösung bis zur Fertigstellung der F 13 sein. Drei Tage vor der Anfertigung dieser Zeichnung hatte ein Gespräch mit Unterstaatssekretär Euler über die Zulassung der Junkerswerke zum Luftverkehr stattgefunden. Zur Genehmigung des Antrages brauchte man dringend ein Flugzeug. Also wurde die J 10 in aller Eile etwas umkonstruiert und die Kabine dabei soweit vergrößert, dass auch zwei bis drei Passagiere mitgenommen werden konnten. Die offenen Fenster lagen wie beim 2. F-13-Entwurf oben und dienten auch als Zu- und Ausstieg. Rumpfendstück, Flügel, Kühler und andere Teile sollten von der J 10 übernommen werden. Das Flugzeug war kleiner und leichter als die der vorherigen Entwürfe.

Diese Version wurde jedoch nicht ausgeführt, da der Bedarf für den Transport mehrerer Passagiere anfangs nicht da war. Für den im Frühjahr 1919 von Junkers zeitweise betriebenen Kurierdienst von Dessau nach Weimar reichte eine einfache Überdachung des Passagiersitzes der J 10 aus.

Der Bau der ersten beiden F 13

Das Landflugzeug *Herta*

Der Bau des Prototyps

Nachdem die Entscheidung zugunsten des Tiefdeckers gefallen war, konnte der Bau des ersten Junkers-Verkehrsflugzeugs in Angriff genommen werden.

Die werksinterne Typenbezeichnung lautete »J 13«, international bekannt wurde das Flugzeug jedoch unter der Vertriebsbezeichnung »F 13«.[1]

Wenig bekannt ist, was sich hinter dieser Vertriebsbezeichnung verbirgt. Sie geht zurück auf einen Vorschlag des Jfa-Direktors Hans Sachsenberg im Jahre 1923, nach welchem die Junkers-Flugzeuge, beginnend mit der J 13, eine »buchstabenmäßige Bezeichnung entsprechend der Zahl der vorgesehenen Sitzplätze« erhalten sollten.[2] Die »J 13« erhielt also den 6. Buchstaben des Alphabets als Typenbezeichnung. Für die nachfolgenden Junkers-Flugzeugtypen wurde erst anlässlich der Göteborger Ausstellung 1923, bei der eine einheitliche Typenbezeichnung für die Werbeprospekte erforderlich wurde, ebenfalls eine Buchstabenbezeichnung gewählt, die willkürlich war, damit »Außenstehende aus dieser Bezeichnungsweise keinerlei Rückschlüsse auf die Maschinenklasse ziehen können«.[3] Zumindest bis zu diesem Zeitpunkt wurde die Bezeichnung »J 13« im werksinternen Schriftwechsel beibehalten, nach außen hin wurde sie nur als Type »F« bezeichnet.

Am 25. Januar 1919 war die erste Knotenstück-Zeichnung fertiggestellt worden und am 3. Februar – dem 60. Geburtstag von Hugo Junkers – konnte mit dem Bau des Prototyps begonnen werden.

Am 10. Februar 1919 stellte Forschungsdirektor Dr. Mader den Entwurf des 160-PS-Verkehrsflugzeuges den Vertretern der Inspektion der Fliegertruppen (Idflieg) in Berlin vor. Begleitet wurde er vom Generalbevollmächtigten Carl Seitz. Von Seiten der Idflieg nahmen an der Besprechung teil: Major Felix Wagenführ, der kurze Zeit zuvor in den Aufsichtsrat der Junkers-Fokker-Werke[4] gewählt worden war, ein Hauptmann Hahn und der flugerfahrene Oberleutnant Hermann Göring. Die erwartete Begeisterung blieb aus. Major Wagenführ hielt den »Postverkehr, bei dem eventuell jemand einmal mitfliegen kann, für aussichtsreicher als reinen Personen-

(50) Flügel- und Rumpfgerüst am 5. April 1919

(51) Motorvorbau und Flügelmittelstück am 8. Mai 1919

verkehr. Gelegenheitsflüge (z. B. Warnemünde – Berlin) sind eher rentabel wie fahrplanmäßiger Verkehr. Verkehr über Wasser scheint auch ihm am nächsten liegend …«. Letztendlich hielt jedoch auch er das Metallflugzeug für das Flugzeug der Zukunft.

Dr. Mader protokollierte das Ergebnis der Besprechung: »Erstes Verkehrsflugzeug. 6 Personen scheinen viel für 100 PS-Motor[5] (6 x 85 kg und Gepäck). Sicherheit (›des Kommerzienrates‹) ist die Hauptsache, auch bei Notlandungen. Zugänglichkeit des Motors während der Fahrt wird von anderer Seite angestrebt. Gute Orientierungsmöglichkeit, Sicht des Führers nach beiden Seiten für Landung. … Gute Innenausstattung empfehlenswert. Geräusch abdämpfen.«[6]

Der Erstflug

Am 25. Juni 1919 war der Prototyp mit der Werknummer 531 flugbereit und führte auf dem Dessauer Werksflugplatz seine ersten vier Versuchsflüge durch.

In den *Junkers-Nachrichten* 1959 Nr. 2 wurden über diese Versuchsflüge folgende Angaben veröffentlicht:

1. Versuchsflug: Flugzeugführer, Betriebsstoff, Ballast. Fluggewicht = 1151 kg, Flughöhe knapp 500 m. Flugdauer 6 min.
2. Versuchsflug: Flugzeugführer, Beobachter, Betriebsstoff, Ballast. Fluggewicht = 1239 kg, Flughöhe 550 m
3. Versuchsflug: vier Personen, Betriebsstoff für 3 Stunden, Ballast. Fluggewicht = 1402 kg, Flughöhe 2000 m in 13 Minuten erreicht.
4. Versuchsflug: sechs Personen, Betriebsstoff für 3 Stunden, Ballast (40 kg). Fluggewicht = 1518 kg, Flughöhe 2000 Meter in 15 Minuten erreicht.
   Am darauffolgenden Tag fand noch ein fünfter Versuchsflug statt, bei dem folgende Ergebnisse erreicht wurden:
5. Versuchsflug: Flugzeuggewicht 951 kg, Betriebsstoff für 6 1/2 Std. = 279 kg. 6 Personen und 40 kg Ballast = 410 kg, Fluggewicht 1640 kg. Flughöhe 3300 Meter in 45 Minuten. Nutzlast 43 % des Fluggewichtes.

Nach den ersten Versuchsflügen arbeitete die Forschungsanstalt weiter an der Verbesserung der F 13. So wurde unter anderem an einer Trimmanlage gearbeitet, eine Methode, die es ermöglichen sollte, die Schwerpunktlage eines Flugzeuges während des Fluges auszugleichen und damit die Steuerung zu erleichtern. Dr. Mader berichtete darüber am 1. Juli 1919 an die Abt. Patente: »Es wird an einer Hilfsanlage gearbeitet, mit der es möglich

(52) Rumpfendstück der ersten F 13

(53) Der Prototyp kurz vor der Fertigstellung am 4. Juni 1919

sein soll, eine durch ungleichmäßige Belastung entstandene Kopf- resp. Schwanzlastigkeit des Flugzeuges auch im Fluge zu beheben. Dazu wird nahe dem Rumpfende ein Ballast-(Brennstoff)tank vorgesehen, dessen Füllung und Gewicht mit einer Allweiler-Handpumpe auf Kosten der Haupttanks vermehrt oder vermindert werden kann. Eine für den Führer sichtbare (Benzin)uhr ermöglicht die Überwachung des Tankinhaltes.«[7]

Die Abnahmeprüfung

Das Hauptbüro der Junkerswerke hatte sich inzwischen telefonisch mit dem Reichsluftamt in Verbindung gesetzt. Man befürchtete, dass das Flugzeug vom Flugzeugbauverbot des Versailler Vertrages betroffen sein könnte und wollte in Erfahrung bringen, ob die Gefahr einer Beschlagnahme durch die Entente bestand. Über das Ergebnis des Telefonats berichtet Mierzinsky am 26. Juni 1919 an Junkers: »Das Reichsluftamt sieht im allgemeinen nicht pessimistisch. Man glaubt, daß Verkehrsflugzeuge von Auslieferung frei blieben und daß es sich nur um solche Maschinen handelt, die ausgesprochen für Kriegszwecke erbaut sind, so daß auch die umgeänderten ehemaligen Kampfflugzeuge nicht in Betracht kämen. Euler selbst ist ›persönlich‹ sogar der Hoffnung, daß auch das Verbot, Flugzeuge zu bauen, sich nicht auf die Herstellung von Friedensflugzeugen beziehe und daß überhaupt alles nicht so schlimm kommen wird, wie wir es fürchten. Das Reichsluftamt veranlaßte uns, sofort an die Deutsche Versuchsanstalt (Professor Bendemann) ein Gesuch nebst Unterlagen zu richten, daß unser neuer Typ hier an Ort und Stelle besichtigt und für den Luftverkehr freigegeben wird.«[8]

Am 5. Juli 1919 begann die Typenprüfung und knapp zwei Wochen später erteilte die DVL den Junkerswerken einen vorläufigen Bescheid über die Zulassung der F 13:

»Das Verkehrsflugzeug ›J 13‹ der Forschungsanstalt Professor Junkers, Dessau bezw. des Junkers-Flugzeugwerkes, Dessau, nämlich ein Land-Personen-Fracht-Eindecker mit 1 Motor (D III a oder BMW IIIa) und 1 Schraube (E pta b a 016 09 48 Nr. 01 19)[9] ist von der Deutschen Versuchsanstalt für Luftfahrt in der Zeit vom 5. Juli 19 bis … Juli 1919 einer abgekürzten Musterprüfung für Flugzeuge unterzogen worden und wird für insgesamt drei Ausführungen als hinreichend verkehrssicher befunden. Das ausführliche Gutachten wird nach Fertigstellung nachgereicht. Bis zur Aushändigung dieses Gutachtens gilt dieser vorläufige Bescheid als Ausweis der bestandenen Prüfung.«[10]

(54) Der fertige Prototyp am 25. Juni 1919 auf dem Flugplatz der Jfa

(55) Die F 13 mit den sechs Insassen nach dem 5. Versuchsflug am 26. Juni 1919

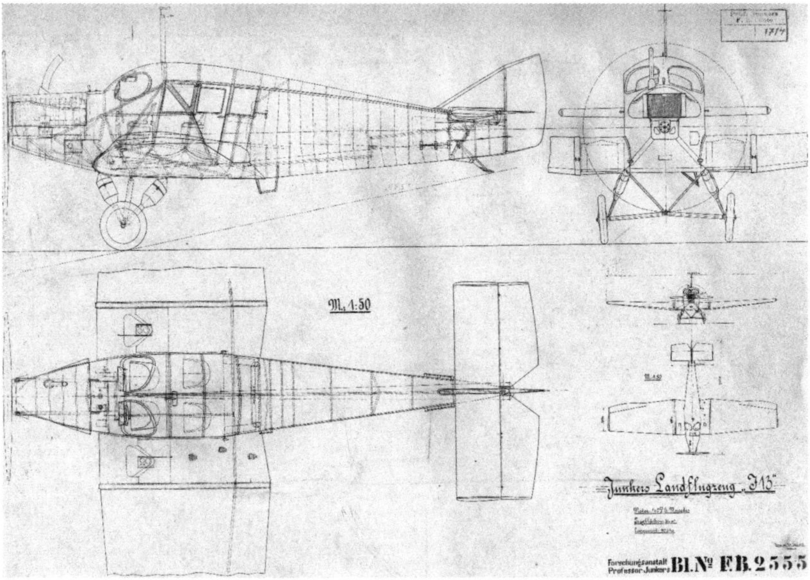

(56) Geänderte Konstruktionszeichnung der F 13 vom 23. Juni 1919

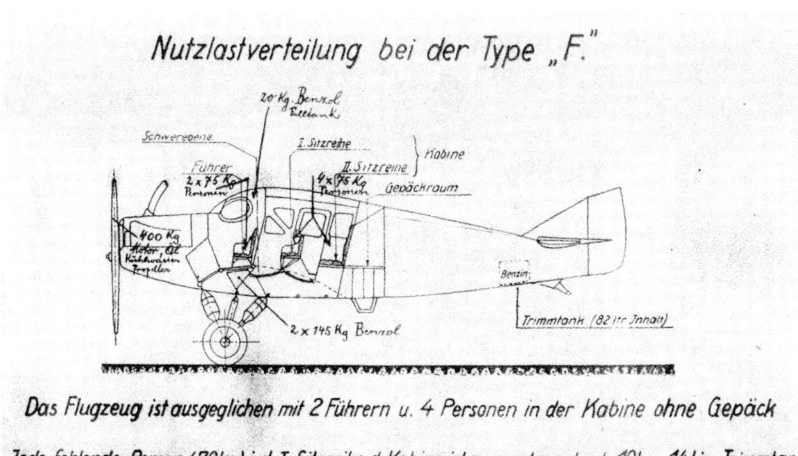

(57) Trimmtankanlage der F 13[11]

(58) Cockpit der ersten F 13

(59) Konstrukteur Otto Reuter (links) im Passagierraum während der Typenprüfung

(60) F 13 *Herta* auf dem Gelände der Jfa

Ein unverbrennbares Verkehrsflugzeug. Der Eindecker ist ganz aus Metall hergestellt und hat keinerlei Verspannungen; er vermag sechs Personen zu befördern, und zwar in einer Stundengeschwindigkeit von 175 Kilometern, obwohl er nur einen Motor von 160 Pferdekräften hat. Das Flugzeug ist 15 Meter breit und 10 Meter lang.

(61) Abb. aus »Reclams Universum« Nr. 47 vom 21. 8. 1919

Nach der Typenprüfung fanden weitere Versuchsflüge mit der *Herta* statt. Johannes Viehweger berichtete über einen solcher Flüge: »Meine während des Fluges mit J 13 am 17. ds. Mts. gemachten Beobachtungen lege ich in folgenden Punkten nieder: 1) Bis 2000 m Höhe war es mir in der geschlossenen Kabine zu warm. Es wäre mir angenehm gewesen, wenn ich die Seitenfenster hätte öffnen können, um frische Luft zu bekommen. 2) In 2000 m Höhe zog ich Rock und Weste aus. Während des ganzen Fluges habe ich selbst in 4000 m Höhe in Hemdsärmeln nicht gefroren. Ehe man Versuche mit Heizvorrichtungen macht, sollte man erst noch gründlich ausprobieren, ob es wirklich nötig ist. 1 Fußsack, 1 Decke und schlimmstenfalls etwa Kognak werden nach meiner Ansicht auch bei größerer Kälte für die Passagiere vollkommen ausreichen. 3) Beide Seitentüren öffnete ich etwa 20 cm weit mehreremals in 2000 und 4000 m Höhe ohne große Kraftanstrengung. 4) Die Stabilisierungsfläche vibrierte öfter etwas stark.«[12]

Am 29. Juli 1919 übersandte das Hauptbüro der Jfa die endgültige »Zulassungsbescheinigung für das Junkers-Verkehr-Flugzeug Typ F Nr. 531 (J 13)« und bat, die Zulassungsbezeichnung »D 183« am Flugzeug anzubringen.[13]

Einen Tag später erteilte Hugo Junkers die Genehmigung, die Verkehrsflugzeuge mit Namen zu bezeichnen. Die erste F 13 erhielt den Namen *Herta* nach der ältesten Tochter der Familie Junkers, die noch im Bau befindliche zweite F 13 sollte später nach der zweitältesten Tochter *Annelise* benannt werden.[14]

Die Fotoaufnahmen der *Herta* wurden in mehreren deutschen Zeitungen veröffentlicht, die ebenfalls angefertigten Filmaufnahmen sollten Teil eines Junkers-Industriefilmes werden, den der Schriftsteller Hans Dominik produzierte. Erste Werbebroschüren des Junkers-Verkehrsflugzeuges wurden angefertigt.

Das weitere Schicksal der F 13 *Herta*

Die F 13 *Herta* verblieb anfangs als Werksflugzeug auf dem Flugplatz Dessau. Mit ihr wurden Versuchs- und Vorführungsflüge ausgeführt. Bei einem dieser Flüge ereignete sich ein kleinerer Unfall, der das Flugzeug für einige Zeit außer Gefecht setzte.

Am 2. Februar 1920 erhielt Pilot Monz den Auftrag, zusammen mit Jfa-Direktor Hans Sachsenberg ein Notlandungsgelände in der Gegend von Tornau zu suchen. Es war der 79. Flug der *Herta*. Kurz nach dem Start ließ die Motorleistung plötzlich nach, der Tourenzähler zeigte nur noch 1200

JUNKERS-
METALL-FLUGZEUGE
FÜR VERKEHRSZWECKE

JUNKERS-FLUGZEUGWERK A.-G.

DESSAU

FERNSPR. 199, 201, 202, 219, 273 TELEGRAMMANSCHRIFT: IFA (DESSAU)

BÜRO BERLIN: BERLIN SW 11
SCHÖNEBERGER STR. 11 (AM ANHALTER BAHNHOF)
FERNSPR. LÜTZOW 5781.

J. W. – D. 58. 200321.

(62) Titel der ersten Werbebroschüre

(63) F 13 D 1 mit Schneekufen (18.12.1920)

Umdrehungen und Monz versuchte, zum Werksflugplatz zurückzukehren. Noch halb in der Kurve fiel die Motorleistung rapide ab, Monz schaffte es gerade noch, die Bäume zu überfliegen, dann sackte das Flugzeug aus 10 m Höhe ab. Die in dem damals noch nicht einziehbaren starren Fahrwerk eingebauten Sollbruchstellen ließen das Fahrwerk wegknicken und die *Herta* legte buchstäblich eine »Bauchlandung« hin. Dabei wurde die Kabine nur leicht beschädigt, die Insassen blieben unverletzt.

Die Ursache dieser Notlandung war eigentlich banal: Nach der Auswechslung einer undichten Benzinleitung vor dem Flug hatte eine Überwurfmutter nicht richtig gepasst und war deshalb nicht fest angezogen worden. Dadurch hatte die Benzinzufuhr versagt.[15] Vom 14. Februar bis zum 28. Juli 1920 wurde das Flugzeug repariert und bei dieser Gelegenheit grundlegend überholt. Die Reparaturkosten beliefen sich auf 45 810,50 Mark.[16] Während der Reparaturzeit wurden die alten Zulassungsbescheinigungen durch neue ersetzt, wobei strengere Maßstäbe angelegt wurden. Bei dieser Neuzulassung erhielt die F 13 *Herta* die Kennung »D 1«.

Nachdem der Bau einer größeren Serie F 13 in Angriff genommen worden war, sah man davon ab, die Flugzeuge nach den Töchtern von Junkers zu benennen und entschloss sich ab dem dritten Exemplar für die Verwendung von Vogelnamen. Der D 1 wurde nachträglich der Name *Nachtigall* zugeteilt.

Die D 1 verblieb noch bis zum 1. Juli 1923 im Besitz der Jfa und diente als Erprobungs- und Vorführungsflugzeug. Mit ihr wurde im Dezember 1920 auch ein Skifahrwerk erprobt, das für den Einsatz im schwedischen Luftverkehr gedacht war.

(64) Unfall der F 13 *Herta*

(65) F 13 *Herta* mit der Kennung D 1 (Foto vom 11.4.1921)

Am 1. Juli 1923 wurde sie von Junkers in den Bayerischen Luftlloyd eingebracht und ging am 1. Januar 1926 in den Besitz der Deutschen Lufthansa über.

Im Jahre 1934 erhielt die *Nachtigall* die Kennung D-OJOP, die jedoch nicht auf das Flugzeug aufgemalt wurde. Rein äußerlich blieb sie die »D-1«.

Am 27. Juni 1940 wurde der Prototyp an die Luftwaffe abgegeben und erhielt dort die militärische Kennung TV+00. Nach nur kurzer Dienstzeit wurde sie nach einem Sturmschaden am 5. November 1940 außer Dienst gestellt und an die Luftfahrtsammlung in Berlin, Lehrter Bahnhof, abgegeben. Dort fiel sie im Januar 1943 einem Bombenangriff zum Opfer.

(66) F 13 D 1 der Lufthansa auf der ILA 1928

Das Wasserflugzeug *Annelise*

Ein geplanter Transatlantikflug

Die zweite F 13 namens *Annelise* wurde statt mit einem 160-PS-Mercedes- mit einem 185-PS-BMW IIIa-Motor ausgerüstet. Dies hatte seinen besonderen Grund: Die *Annelise* war als Wasserflugzeug geplant worden.

Anfang des Jahres 1919 hatte die Zeitschrift *Daily Mail* einen Preis von 10 000 Pfund Sterling für einen Ozeanflug von Europa nach Amerika ausgesetzt. Der Dessauer Jagdflieger und Pour-le-Mérite-Träger Theo Osterkamp war nach Kriegsende auf der Suche nach einer neuen Herausforderung und machte Hugo Junkers Anfang April auf diesen Wettbewerb aufmerksam. Junkers griff diese Idee sofort auf und machte sich am 9. April erste Notizen zum Bau eines geeigneten Flugzeuges. Wichtig sei ein geringer Widerstand, betonte er. Dazu sollten Modellversuche stattfinden zur Ermittlung der besten Beziehungen zwischen Flugzeug, Anstellwinkel, Motorleistung und Flughöhe bei den in Betracht kommenden verschiedenen Belastungen.[17]

Am 27. April 1919 fand eine Besprechung von Hugo Junkers mit Leutnant Osterkamp statt. Dieser hatte einen Leutnant namens Becht mitgebracht, der der eigentliche Urheber der Idee gewesen sei, mit einem Junkers-Flugzeug über den Atlantik zu fliegen.[18] Leutnant Becht hatte bei dieser Besprechung auf Professor Junkers einen ausgezeichneten Eindruck gemacht und so entschloss sich Junkers, seine leitenden Angestellten in das Projekt einzuweihen. Diese stimmten in einer weiteren Besprechung am 5. Mai 1919 dem Plan eines Ozeanfluges zu.[19]

Für Modellversuche zur Konstruktion eines geeigneten Flugzeuges reichte die Zeit nicht aus, deshalb wurde beschlossen, auf vorhandene Konstruktionszeichnungen aufzubauen. Die Forschungsanstalt stellte Berechnungen an, welche Veränderungen an der im Bau befindlichen F 13 vorgenommen werden müssten, damit sie als Transozeanflugzeug dienen konnte. Dabei wurde festgestellt, dass die Leistung des beim Prototyp verwendeten 160-PS-Mercedes-Motors nicht ausreichte, um mit den Schwimmern vom Wasser abheben zu können. Es wurde deshalb beschlossen, einen 185-PS-BMW-Motor einzubauen, mit dem vorübergehend eine Leistung von 230 PS erreicht werden konnte. Das wurde für ausreichend gehalten, um vom Wasser aus starten zu können. Zusätzlich sollten die Flügel vergrößert werden.[20]

Am 12. Mai 1919 zog Junkers einen größeren Teil seiner Mitarbeiter zum Projekt des Amerikafluges hinzu. Als Zweck des Fluges gab er bekannt: »Propaganda und Anknüpfung wirtschaftlicher Beziehungen gegenüber Amerika. Daneben können weitere Zwecke (z. B. Sammlung wissenschaftl. Erfahrungen usw.) verfolgt werden.«[21]

Der Zeitplan sah folgendermaßen aus: Der Flug sollte spätestens Ende September des Jahres stattfinden, deshalb sollte das Flugzeug etwa am 15. Juli für Flugversuche zur Verfügung stehen. Für die Forschungsanstalt bedeutete dies, dass die Konstruktion bereits am 20. Mai, also eine Woche nach dieser Besprechung, fertig sein musste. Es wurde ein Arbeitsverteilungsplan aufgestellt und den Beteiligten die einzelnen Aufgaben zugewiesen.

Zum Schluss wurde die Frage der Geheimhaltung besprochen und festgelegt, dass die Bezeichnung »Amerika- bzw. Transatlantikflug« vermieden und der Flug nach außen hin nur als »Fernflug« bezeichnet werden solle. Als Zwischenlandeplätze wurden Stationen in Lissabon, auf den Kanarischen und Kapverdischen Inseln und in Pernambuco festgelegt, zu denen Vorbereitungstrupps, bestehend aus je einem Sprachkundigen und einem Motorenschlosser, entsandt werden sollten.

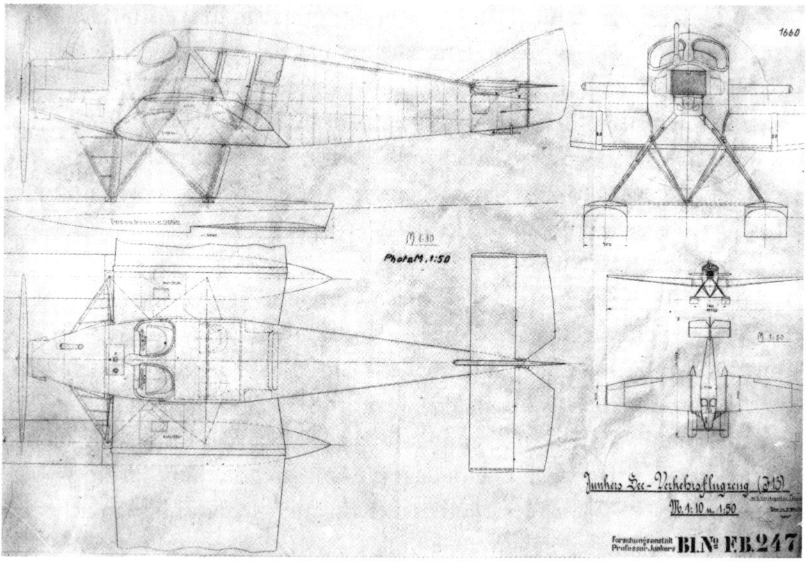

(67) Zeichnung des Junkers-Seeverkehrsflugzeuges J 13 mit verlängertem Flügel (Spannweite 17,76 m)

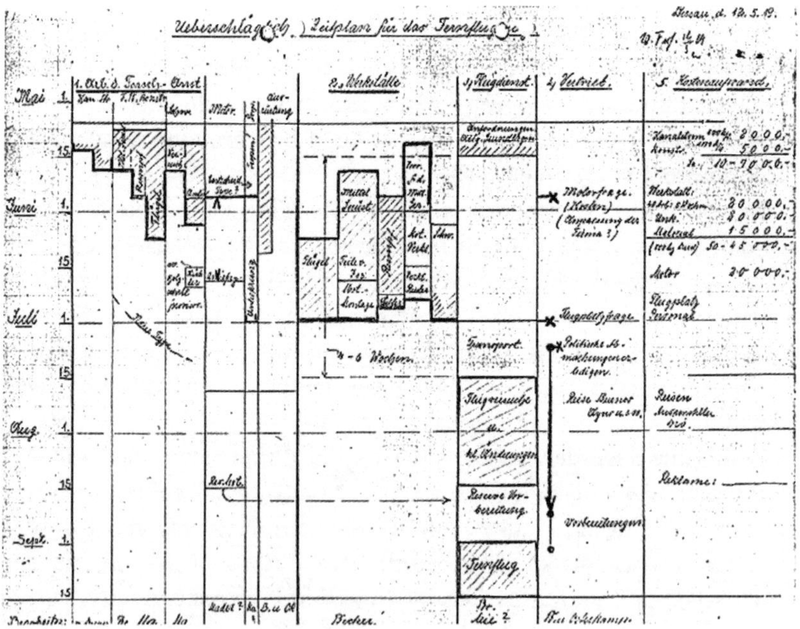

(68) Zeitplan für den Fernflug[22]

Mitten in diese Vorbereitungen platzte am 20. Mai 1919 die Nachricht, dass die erste Überquerung des Atlantischen Ozeans im Flugzeug gelungen sei.[23] Die *Leipziger Neuesten Nachrichten* berichteten, dass Captain Albert Cushing Read mit einem Curtiss-Flugboot NC-4 und einer fünfköpfigen Besatzung auf der Flugroute Neufundland-Azoren-Lissabon erstmalig den Atlantik in Etappen überquert hatte. Am darauffolgenden Tag brach Hugo Junkers die Vorbereitungen zum Transozeanflug ab und zog stattdessen einen Überlandflug nach Japan in Erwägung.[24]

Der Plan der Atlantiküberquerung mit einer Junkers F 13 erscheint aus heutiger Sicht sehr unrealistisch und war es sicher auch. Er wurde jedoch nie ganz aufgegeben und er gelang neun Jahre später auch. Am 12./13. April 1928 überquerten Köhl, Fitzmaurice und Hünefeld im Nonstop-Flug als erste den Nordatlantik in Ost-West-Richtung. Der dabei verwendete Flugzeugtyp W 33 war eng mit der F 13 verwandt, er war aus einer 1926 anlässlich des Seeflugwettbewerbs zum Frachtflugzeug umgebauten F 13 entstanden.

Der Plan, die zweite F 13 als Wasser-Verkehrsflugzeug auszuführen, wurde auch nach Aufgabe des Fernflugprojektes vorerst beibehalten, denn inzwischen hatte sich ein schwedischer Kaufinteressent eingefunden, der das Flugzeug kaufen wollte und mit der Jfa einen Vorvertrag abschloss. Die Svenska Lufttransport AB wollte damit einen Luftverkehr von Schweden nach Finnland einrichten.[25]

Es fand sich aber trotz eifrigen Suchens keine Firma, die Metallschwimmer herstellen konnte, sodass die Jfa die Herstellung nach Entwürfen der Forschungsanstalt selbst in die Hand nehmen musste. Bis zur Lösung dieses Problems wurde der zweiten F 13 ein Landfahrgestell untergebaut.[26]

Am 28. August 1919 fanden die ersten Probeflüge mit dem Radfahrwerk statt. An einem dieser Flüge nahm auch der damals sehr bekannte Luftfahrtpublizist John Rozendaal[27] teil, der sich gerade bei Junkers als Vertreter bewarb. »Nachmittags wurde Herr Rozendaal durch Mie. [Mierzinsky] zum Flugplatz begleitet und nahm hier an einem Probeflug von J 13/2 teil. Nachdem der Flug zunächst wegen Unklarheit der Benzinpumpe verzögert war, konnte um 6.15 Uhr mit 7 Personen gestartet werden. 6.45 Uhr mußte wieder gelandet werden, da der B.M.W.-Motor noch nicht einwandfrei arbeitete. Herr Rozendaal war mit dem Flug außerordentlich zufrieden …«[28]

Für Mitte Oktober wurde die Vorführung der F 13 in Schweden geplant. Das Flugzeug sollte von Dessau über Kopenhagen nach Stockholm fliegen. In Kopenhagen und Stockholm sollten etwa einen Monat lang Schau- und Rundflüge veranstaltet werden.[29] Doch dazu kam es nicht.

(69) Einfüllen des Brennstoffes bei der zweiten F 13 (Foto vom 19.8.1919)

(70) Arbeiten an der Ölpumpe der zweiten F 13 (Foto vom 27.08.1919)

(71) Anschrauben der Tragflächen (Foto vom 27.08.1919)

Der Höhenrekord

Bereits bei den ersten Probeflügen hatte sich herausgestellt, dass *Annelise* mit BMW-Motor und vergrößerten Flügeln mindestens sieben Personen befördern konnte. Damit lag ein Welthöhenrekord, der bei 6100 Metern lag[30], im Bereich des Möglichen: »Nach den Vorausberechnungen auf Grund des Fluges vom 10.9.19 … ist zu erwarten, dass das Flugzeug mit etwa 1600 kg Fluggewicht und 41 kg pro qm Flächenbelastung eine Höhe von 6000 m sicher erreicht. (Gewichtsangabe gilt für 6000 m Höhe.) Es wird beabsichtigt, diesen Nachweis mit einer möglichst großen Anzahl von Personen (8) im Gesamtgewicht von 500 bis 530 kg im Beisein einer unparteiischen Sportkommission (Deutsche Versuchsanstalt für Luftfahrt) zu führen. Als Termin wird der 13.9. in Aussicht genommen.«[31]

Sofort wurde die Deutsche Versuchsanstalt für Luftfahrt (DVL) benachrichtigt und es wurden Gutachter angefordert. Am 12. September 1919 trafen der Leiter der Instrumenten-Abteilung der DVL, Robert Gsell, und sein Mitarbeiter Dipl.-Ing. Fritz Müller in Dessau ein. Am gleichen Tag wurde mit der *Annelise* ein Probeflug durchgeführt und dabei etwa 6300 m erreicht. An Motor und Flugzeug gab es keinerlei Beanstandungen.

Der Rekordflugversuch fand wie geplant am 13. September 1919 statt. Geführt wurde das Flugzeug von Emil Monz, außer den beiden DVL-Gutachtern nahmen die Junkers-Mitarbeiter Dipl.-Ing. Friedrich Brandenburg, Dipl.-Ing. Georg Madelung, Techniker Kurt A. Erfurth, Dipl.-Ing. Duckstein und der Jfa-Buchhalter Rudolph Müller teil. Letzterer kam nur deshalb in Genuss dieses Fluges, weil er 47 kg wog. Nach den Bestimmungen der F.A.I. (Féderation Aéronautic International) für Höhenrekordflüge musste das Durchschnittsgewicht der mitfliegenden Personen mindestens 65 kg betragen. Da die wichtigsten Teilnehmer des Fluges – Pilot Emil Monz und die beiden Gutachter von der DVL – zwischen 69 und 73 kg wogen, musste man deren Gewicht nach unten hin ausgleichen, wenn man wie geplant acht Personen befördern wollte. Mit diesen acht Personen wurde die bisher erreichte Höhe von 6000 m noch weit überboten, es wurde die Weltrekordhöhe von 6750 m erreicht. Damit wurde die Leistung des gleichfalls mit 8 Personen besetzten, mit zwei 260-PS-Motoren ausgestatteten AEG-Doppeldeckers vom 30. Juli um 650 m übertroffen.[32]

Der jüngste Teilnehmer des Fluges, der 20-jährige Buchhalter Rudolph Müller, berichtete über diesen Rekordflug: »Auf 6 Uhr ist der Start festgesetzt. Ein wunderbar ruhiger Septembermorgen. Um 1/2 6 bringt uns das Auto in schnellem Tempo durch das noch schlafende Dessau hinaus auf den Flugplatz, der weit vor den Toren der Stadt liegt.

Die Startmannschaft ist bereits fieberhaft tätig, hat die *Anneliese* schon aus dem Schuppen herausgebracht und nochmals werden Motor, Kühlwasser und Benzinvorrat geprüft. Inzwischen wird das Gewicht der 7 Fluggäste und des Flugzeugführers festgelegt, die Versicherung der Personen abgeschlossen und dann erfolgt das Kommando zum Einsteigen.

Die sehr geräumige und geschmackvoll ausgestattete Kabine nimmt 6 Personen auf, während der Verfasser draußen neben dem Flugzeugführer auf dem zweiten Führersitz Platz nimmt. Die Kabineninsassen sind gegen Luftzug absolut geschützt, sodass sie keine besondere Kleidung anzulegen brauchen. Nachdem der Flugzeugführer eingestiegen ist und sich sämtliche Personen angeschnallt haben, wird der Motor angeworfen. Ein kurzer Probelauf und das Flugzeug rollt in seine Startbahn. Ein letzter Blick auf sämtliche Instrumente, der Gashebel wird auf Vollgas gestellt und bald hebt sich die *Anneliese* 6.45 sicher vom Boden ab.

In schnellem Flug geht's über die nahen Wälder und Dessau hinweg, dessen Sicht durch einen leichten Bodennebel leider etwas beeinträchtigt ist. Die Anlage der beiden Führersitze ist derart ideal gelöst, dass man ohne Schutzbrille fliegen kann, jedoch wiederum ein evtl. ›Schieben‹ der

(72) F 13 *Annelise* nach dem Rekordflug. V. l. n. r.: Vor der F 13 sitzend der Konstrukteur Otto Reuter, Forschungsleiter Dr. Otto Mader, Jfa-Direktor Hans Sachsenberg und fünf weitere Mitarbeiter der Jfa - auf der linken Tragfläche: Kurt Erfurth, Dipl.-Ing. Fritz Müller, Robert Gsell. Auf dem Motorvorbau Emil Monz, auf der rechten Tragfläche: Rudolph Müller, Duckstein, Friedrich Brandenburg, Georg Madelung

Maschine durch seitlichen Wind deutlich bemerken kann. In stetigem Steigen erreicht die Maschine bald 1000 m Höhe, von 500 zu 500 m werden die notwendigen Ablesungen vorgenommen. Ein Blick rückwärts durch eine Cellonscheibe sind die befriedigten Gesichter der Kabineninsassen zu erkennen.

Langsam steigt der Höhenmesser weiter, unter uns dehnt sich der Horizont immer weiter aus, Häuser, Straßen, Eisenbahnen, Wälder und Felder werden kleiner und kleiner. Langsam nimmt die Außentemperatur ab. Mit einer Geschwindigkeit von 125 km/Std. nähern wir uns einer Höhe von 2000 m. Der Umdrehungszeiger zeigt 1380 Touren in der Minute. Ein Hebelgriff und der Vergaser des Motors ist auf Höhengas eingestellt, sodass die Touren des Propellers auf 1460 hinauf gehen. Rastlos arbeitet der Motor weiter, bald ist eine Höhe von 3000 m erreicht, es wird weiteres Höhengas gegeben. Nach 9 Minuten sind 4000 m erreicht, worauf der Vergaser vollkommen auf Höhengas eingestellt wird. Nach weiteren 12 Minuten zeigt der Höhenmesser 5000 m an.

Die Städte und Häuser – wir befinden uns eben über Cöthen – sind zu Spielzeugen geworden, Wälder sind kaum noch von Rübenfeldern zu unterscheiden. Das große Elbknie ist jedoch immer deutlich erkennbar und dient uns als Orientierung, damit wir uns nicht zu weit weg von unserem Startplatz entfernen. Da wir keine Sauerstoffapparate mitgenommen haben, hat sich in der Kabine bereits die Höhenluft bemerkbar gemacht. Ein Insasse ist blasser und blasser geworden und opfert schließlich, dieses mal allerdings nicht dem Meeres-, sondern dem Luftgott. Das hindert die anderen Teilnehmer nicht, ihre Beobachtungen und Eindrücke weiter schriftlich niederzulegen.

Wir nähern uns 6000 m Höhe. Die Außentemperatur ist inzwischen auf 10° C. gesunken, sodass man jetzt sehr wohl den dicken Fliegerpelz vertragen kann. Auch in der Kabine ist die Temperatur entsprechend gesunken. Der darin sitzende zweite Zeuge zündet sich eine Zigarette an und stellt fest, dass sie in dieser Höhe doppelt so lange vorhält, wie auf dem Erdboden, ein Grund, bei den heutigen Tabakspreisen nur in 6000 m Höhe zu rauchen. Langsam steigt die *Anneliese* weiter, sie liegt derartig ruhig und sicher in der Luft, dass der Flugzeugführer zeitweise die Steuerung loslassen kann. Es entspinnt sich nun zwischen Verfasser und Flugzeugführer eine lebhafte Zeichendebatte über den Benzinvorrat. Die Uhr zeigt bereits nicht mehr an und immer steigen wir noch.

Um 8.10 haben wir 6750 m Höhe erreicht und entschließen uns schweren Herzens nur mit Rücksicht auf den geschwundenen Benzinvorrat zur Landung. Ein Hebelgriff und die Maschine geht sicher in den flachen Gleitflug über. Wir schweben über Coswig im großen Bogen auf Dessau zu. Der Höhenmesser sinkt schnell auf 5000, 4000, 3000 m. Ab und zu wird der Motor wieder angestellt und sofort richtet sich die Maschine auf. Die Temperatur steigt wieder langsam, sodass die erstarrten Fuß- und Fingerspitzen allmählich wieder warm werden. Bald wird die Gegend deutlicher, noch einige große Runden über Dessau und dann schwebt die Maschine über dem Startplatz und ist 8.32 wieder glatt gelandet. Kurz danach bleibt auch bereits der Motor stehen, das Benzin ist restlos verbraucht, sodass der Tank erst aufgefüllt werden muss, bevor die Maschine zur Halle gerollt werden kann.

Befriedigt verlassen inzwischen die Insassen die Kabine und erreichen bald zu Fuß den Startplatz, wo bereits ein mit auserlesenen Likören besetzter Tisch auf sie wartet, um die Wirkung der Höhenluft zu beseitigen. Wir sind uns alle einig, dass deutsche Technik und Fleiß wieder einen Triumpf errungen haben, denn eine mit einem 185 PS Motor ausgerüstete Maschine mit 8 Personen, im Gesamtgewicht von 520 kg, in 84 Minuten auf 6750 m

Höhe zu bringen, stellt einen Rekord an Ökonomie und Steigfähigkeit dar. Es ist zu erwarten, dass diese Maschine in dem kommenden Luftverkehr eine führende Rolle einnehmen wird.«[33]

Der Moskau-Flug

Zwei Wochen nach diesem Flug erhielt Professor Junkers, der sich zur Erholung in seinem Landhaus in Bayrischzell aufhielt, ein dringendes Telegramm zugestellt: »Oberleutnant Hesse hat Gelegenheit politischen Flug mit Sechssitzer nach Rußland mit Unterstützung Deutscher und Sowjetregierung auszuführen Vorschlägt dringend Ausnutzung für Verwertung Punkt Maier Haller als unser Vertreter vorgesehen Abflug allerspätestens Sonnabend nötig Punkt Empfehlen einstimmig Flug auszuführen Dringdrahtet Entscheidung. Semalüreusamie.«[34]

Die etwas mysteriöse Unterschrift »Semalüreusamie« war die Abkürzung der Familiennamen von sechs Personen, die alle zum Leitungspersonal der Junkerswerke gehörten: Carl Seitz (Leiter des Hauptbüros), Otto Mader (Leiter der Forschungsanstalt), Matthias Lürken (Direktor des Kaloriferwerkes, zu dieser Zeit auch Mitarbeiter in der Abt. Patentverwertung), Otto Reuter (Chefkonstrukteur), Hans Sachsenberg (Direktor der Jfa) und Hermann Mierzinsky (Leiter der Abt. Patentverwertung).

Der Veranlasser des Telegramms, der in Dessau geborene Oberleutnant Hans Hesse, war weit über die Grenzen seiner Heimat hinaus als »Bagdad-Flieger« bekannt. Er hatte während des ersten Weltkrieges als Jagdflieger in der Türkei gegen die Engländer gekämpft und im Jahre 1917 mit einem Langstreckenflug Berlin-Bagdad auf einem einmotorigen Albatros-Doppeldecker Aufsehen erregt.

Hesse war befreundet mit dem Kunsthistoriker Friedrich Sarre und seiner Frau Maria, einer Tochter des bekannten Archäologen und Ausgräbers des Pergamonaltars Carl Humann.[35] Beide hielten in ihrem Haus in Babelsberg zwei ehemalige Minister des im Ersten Weltkrieg untergegangenen Osmanischen Reiches versteckt, die wegen ihrer Verantwortung an der Vertreibung und Ermordung von über einer Million Armenier während der Kämpfe um die Ölmetropole Baku in Abwesenheit zum Tode verurteilt worden waren.

Einer der beiden Türken, der ehemalige Kriegsminister Enver Pascha, hatte im Exil den Plan gefasst, die Reste seiner Armee mit der Sowjetarmee zu vereinigen und den Kampf gegen die Engländer, die die Ölfelder von

Baku erobern wollten, fortzusetzen. An dem Flug sollte auch Bahattin Şakir teilnehmen, ein Arzt und Lehrer an der Universität Konstantinopel, der zusammen mit Enver aus der Türkei geflohen war, weil er ebenfalls Mitverantwortung am Armeniergenozid trug.

Hugo Junkers war dem Plan eines Moskaufluges gegenüber aufgeschlossen. Bereits im Mai 1919 hatte er in einer Besprechung mit seinem Vertreter in Petersburg, Maier-Haller, die Ansicht geäußert, dass Deutschland, Japan und Rußland durch Luftverkehrsstrecken miteinander verbunden werden sollten.[36] Junkers Generalbevollmächtigter Carl Seitz hatte deshalb Beziehungen zu japanischen Fliegeroffizieren aufgenommen, die in Deutschland weilten, und sie zu einem Besuch nach Dessau eingeladen. Gelänge es nun noch, die Russen von einem Ankauf der F 13 zu überzeugen, könnte mit diesem Verkehrsflugzeug ein Luftverkehr nach dem Osten aufgezogen werden, der dem Zugriff der Alliierten entzogen war.

Zum Zeitpunkt des Telegrammeinganges standen nur zwei fertiggestellte F 13 zur Verfügung, die *Herta* und die *Annelise*. Den Prototyp wollte man nicht aus der Hand geben, er wurde in Dessau für Vorführungsflüge gebraucht. Die *Annelise* war bereits an die Svenska Lufttransport vergeben, aber noch nicht bezahlt worden. Für Mitte Oktober war mit ihr ein Flug nach Stockholm geplant, dort sollten etwa einen Monat lang Schau- und Rundflüge veranstaltet werden.[37] Bis zu diesem Zeitpunkt könnte Hesse mit der »Annelise« von Moskau zurück sein, rechnete man sich aus.

Neben den beiden Türken nahmen auch zwei Junkers-Mitarbeiter an dem Flug teil: der Monteur Marusczyk und der aus Russland stammende Ingenieur Abraham Fränkel. Letzterer sollte für Enver Pascha als Dolmetscher dienen. Er nahm diese Gelegenheit gern wahr, um seine Familie in Russland zu besuchen.

Der Flug wurde problemlos von den deutschen und russischen Behörden genehmigt. »Durch Vermittlung Rathenaus erhielten alle, die den Flug mitmachen wollten, die sichersten Ausweise für Russland. Sie wurden von Karl Radek ausgefertigt, der zu dieser Zeit im Moabiter Gefängnis inhaftiert war.«[38] Um einen reibungslosen Flug zu gewährleisten, schaltete Frau Sarre auch noch ihren Bruder, Korvettenkapitän Hans Humann, ein, der Leiter der Nachrichtenabteilung beim Reichsmarineamt war. Dieser erwirkte beim Kriegsministerium eine Genehmigung des Fluges.[39] Dort sah man eine gute Gelegenheit, General Rüdiger von der Goltz, der sich in Schaulen (Šiauliai) in Litauen aufhielt, eine wichtige vertrauliche Nachricht zu überbringen. Der Inhalt dieser Nachricht ist nicht bekannt, lässt sich aber vermuten.

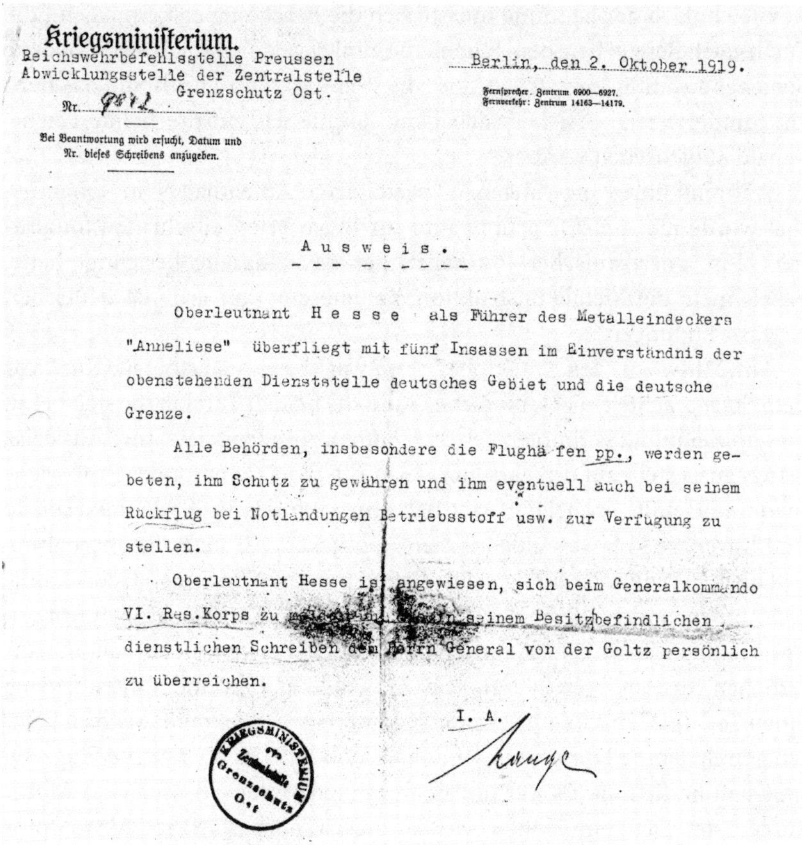

Kriegsministerium.
Reichswehrbefehlsstelle Preussen
Abwicklungsstelle der Zentralstelle
Grenzschutz Ost.
Nr. 9812

Bei Beantwortung wird ersucht, Datum und Nr. dieses Schreibens anzugeben.

Berlin, den 2. Oktober 1919.

Fernsprecher: Zentrum 6900–6927.
Fernverkehr: Zentrum 14163–14179.

Ausweis.

Oberleutnant Hesse als Führer des Metalleindeckers "Anneliese" überfliegt mit fünf Insassen im Einverständnis der obenstehenden Dienststelle deutsches Gebiet und die deutsche Grenze.

Alle Behörden, insbesondere die Flughäfen pp., werden gebeten, ihm Schutz zu gewähren und ihm eventuell auch bei seinem Rückflug bei Notlandungen Betriebsstoff usw. zur Verfügung zu stellen.

Oberleutnant Hesse ist angewiesen, sich beim Generalkommando VI. Res.Korps zu [illegible] seinem Besitz befindlichen dienstlichen Schreiben dem Herrn General von der Goltz persönlich zu überreichen.

I. A.
[Unterschrift]

Kriegsministerium Zentralstelle Grenzschutz Ost

(73) **Bescheinigung des Kriegsministeriums für Pilot Hesse**

General v. d. Goltz kämpfte zusammen mit den Weißrussen in Lettland gegen die bolschewistische Armee und hatte versucht, Riga noch einmal in die Hand zu bekommen. Da sich die deutsche Regierung unter dem Druck der Alliierten aber verpflichtet hatte, das Baltikum zu räumen, wurde General von der Goltz im Oktober 1919 gezwungen, das Kommando über seine deutsch-lettischen Truppen abzugeben. Vermutlich sollte ihm das mit diesem Schreiben mitgeteilt werden.

Am Sonntag, den 5. Oktober 1919 um 11 Uhr 10 Minuten startete Hesse mit der *Annelise* auf dem Dessauer Flugplatz nach Berlin, 70 Minuten später landete er mit Marusczyk und Fränkel in Berlin-Johannisthal. Das Flugzeug wurde bei der Deutschen Luftreederei untergestellt.[39]

Gleich nach der Landung musste sich die Besatzung erst einmal auf die Suche nach Benzin begeben. Ingenieur Fränkel gelang es auch, verschiedene Schieber ausfindig zu machen, aber die Preise waren zu hoch und das Benzin minderwertig. Erst Dienstagabend konnte das entsprechende Leichtbenzin aufgetrieben werden.

Während ihres erzwungenen zweitägigen Aufenthaltes in Johannisthal wurde die *Annelise* gefilmt und für illustrierte Zeitschriften fotografiert. Ein amerikanischer Journalist, der das Flugzeug besichtigt hatte, bezeichnete die Metallkonstruktion als eine der fünf größten deutschen Kriegserfindungen.[40]

Am Mittwoch, den 8. Oktober 1919, war die F 13 startbereit. Kurz vor dem Start brachte ein geschlossenes Auto die beiden Türken, die sich bis zu diesem Zeitpunkt verborgen gehalten hatten, zum Flugplatz. Ihre Ausweise waren ausgestellt auf die Vertreter des türkischen Halbmondes Prof. Mehmed und Gehilfe, wobei der Arzt Bahattin Şakir den Prof. Mehmed spielte und Enver die Rolle des bulgarischen Apothekers Ali aus Sofia übernahm.

Die flugerfahrenen Junkersleute hatten nur das Nötigste an Gepäck mitgenommen; anders die beiden Türken: Jeder kam mit zwei großen Koffern und Handgepäck angereist, um für den bevorstehenden Aufenthalt im winterlichen Russland gerüstet zu sein. Obwohl der Pilot die Türken zwang, einen Teil des Gepäcks zurückzulassen, war der Gepäckraum bis zum Letzten gefüllt. Um 12 Uhr und 15 Minuten erhob sich das überladene Flugzeug mühsam in die Luft. Es war nur noch mit einem 160-PS-Mercedes-Motor ausgerüstet. Der beim Höhenweltrekord verwendete stärkere BMW-Motor war ausgebaut worden, weil er von der Entente für die F 13 nicht zugelassen war. Man wollte den Alliierten keinen Grund für eine Beschlagnahme geben.

Eine kleine Erleichterung für den Piloten bot der erstmals eingebaute Trimmtank, mit dem die Schwanzlastigkeit der Maschine, verursacht durch das umfangreiche Gepäck, ausgeglichen werden konnte. Sobald in den Hauptbehältern der Betriebsstoff verbraucht war, pumpte der Monteur Benzin aus dem hinteren Trimmtank nach vorne, so dass die Maschine ruhig in der Luft lag. Trotzdem blieb die Überlastung des Flugzeuges nicht ohne Folgen: Nach zwei Stunden Flugzeit wurde der Kühler undicht und die Benzinpumpe versagte, sodass Hesse um eine Notlandung nicht herumkam.

An Dramatik gewann das Ganze noch, als sich bei der Landung auch noch die Steuerseile des Höhen- und Seitenruders verklemmten. Ein Kurvenflug war daher unmöglich; Hesse konnte die Maschine nicht mehr zum

(74) Pressefoto: Pilot Hesse im Cockpit der F 13 *Annelise*

Landen gegen den Wind drehen und musste sie ihrem Schicksal überlassen. Dank der günstigen Tragflächenform, durch die das Flugzeug das Bestreben hatte, stets in die normale Fluglage zu gelangen, schwebte die *Annelise* jedoch langsam und sicher der Erde entgegen und landete sanft – nur eben nicht wie vorgesehen auf einem Stoppelacker, sondern auf einem frischgepflügten Feld.

Zwar überstand das starre Fahrwerk diese Belastung, aber nach 17 Metern Auslauf geriet die Maschine in eine tiefe Furche und stellte sich auf den Kopf – was einen Bruch des Propellers zur Folge hatte. Ein recht glimpfliches Ende einer Fast-Katastrophe: Alle Insassen waren unverletzt. Wie Hesse nach der Landung feststellte, befanden sie sich in der Nähe von Czersk, ca. 100 km südwestlich von Danzig.

Die Reparatur des Propellers war kein großes Problem: Hesse hatte in weiser Voraussicht einen Reservepropeller eingepackt. Nur die Ursache für das Verklemmen der Steuerseile war nicht so leicht zu finden. Hesse schrieb dazu an Hugo Junkers: »Betreffs des Czersker Steuerunglücks habe ich festgestellt, daß man in Dessau die Pedale für mich in das 6. Loch von oben, für den Monteur in das 7. gestellt hat, dadurch kam die unglückliche Verhakung beider Steuerungen. Es ist ein Wunder, daß nichts Schlimmeres passiert ist.«[41]

Obwohl der Schaden nur gering war, erzwangen die Reparaturarbeiten einen zweitägigen Aufenthalt. Erst am Vormittag des 10. Oktober 1919 konnte das Flugzeug wieder starten. Dieses Mal dauerte der Flug nur eine Stunde, dann musste Hesse bei Dirschau [ab 1920 Tczew] wieder notlanden. Er beklagte sich einen Tag später in dem oben erwähnten Schreiben an Hugo Junkers: »Kurz nach dem Start in Czersk fraß die Gasdrossel fest, so daß ich dauernd 1480 Touren hatte und nur mit Mühe den 800 m hohen Wolken entgehen konnte. Dazu kam, daß der Kühler hinter Dirschau ein großes Leck bekam. Also Zündung heraus und landen. An 8 Stellen ist der Kühler jetzt gelötet, es ist ein jammervoller Rekord. Meine nächste Panne wird der Auspufftopf sein, der mir nach 100 km sicher abfliegt. Für große Überlandflüge ist die Maschine also noch nicht ganz spruchreif.«

Dank der bereitwilligen Hilfe eines dort am Platze befindlichen Schlossers gelang es dem Monteur Marusczyk, den Kühler sowie den Vergaser wieder einigermaßen zu flicken. Fränkel forderte jedoch sicherheitshalber von Dirschau aus einen neuen Kühler in Dessau an und ließ ihn zur nächsten Station Königsberg senden. Am Montag, den 13. Oktober 1919 um 11 Uhr, konnte der Flug fortgesetzt werden. Ohne weitere Zwischenfälle erreichte die *Annelise* eine Stunde später Königsberg und landete auf dem dortigen Militärflugplatz. Der Austausch des Kühlers und Einbau eines neuen Vergasers verzögerte den Weiterflug um weitere zwei Tage, denn der gesandte Kühler stimmte – wahrscheinlich wegen des Motoraustausches – nicht mit der unteren Motorhaube überein und machte Anpassungsarbeiten erforderlich.

Am Mittwoch, den 15. Oktober 1919, startete das Flugzeug um 12.45 Uhr bei trübem Wetter, um nach nur anderthalb Stunden Flugzeit in Schaulen (Šiauliai) in Litauen erneut zu landen. Dieses Mal war kein technischer Defekt der Grund, sondern Pilot Hesse musste sich, wie in seinem Ausweis angegeben, bei General Rüdiger von der Goltz melden, der hier sein Hauptquartier haben sollte. Goltz war aber nicht anwesend und so wurde die gesamte F-13-Besatzung von der dort ebenfalls stationierten 1. Fliegertruppe der weißrussischen Koltschak-Armee vorsichtshalber erst einmal verhaftet, jedoch auf Anweisung v. d. Goltz schnell wieder freigelassen und zur Wiedergutmachung ins Offizierskasino eingeladen. Währenddessen wurde vom den in der Nähe stationierten Fliegergeschwader des Pour-le-Mérite-Fliegers Gotthard Sachsenberg (16), das mit Junkersflugzeugen J 9 und J 10 flog, Benzin und Öl für den Weiterflug organisiert.

Inzwischen war es schon nach 15 Uhr und die russischen Fliegeroffiziere machten Hesse darauf aufmerksam, dass es in dieser Gegend zeitiger dunkel wird und dass es besser wäre, in Schaulen zu übernachten. Die Türken drängten jedoch energisch auf einen Weiterflug. Sie fühlten sich offensichtlich in dieser Gegend nicht sehr sicher, denn die Alliierten gewannen in Litauen immer mehr die Oberhand. Hesse glaubte, bis zum Abend wenigstens die russische Grenze noch erreichen zu können.

Um 15 Uhr 10 verabschiedeten sich die Reisenden von den gastfreundlichen Russen und starteten zum Weiterflug. Bald erschwerte ein heftiger Gegenwind ein schnelles Fortkommen. Durch mühsame Umgruppierung des Gepäcks und der Insassen erreichte die F 13 gerade mal eine Höhe von 600 Meter, die Fluggeschwindigkeit war sehr gering.

Das Wetter wurde immer schlechter, langsam wurde es dunkel und nach zwei Stunden Flugzeit sah Hesse auch noch eine dunkle Gewitterwand heraufziehen. Nach seiner Generalstabskarte befand er sich immer noch auf litauischem Gebiet, in ca. 60 km Entfernung lag Dünaburg. Da eine Landung auf freiem Felde nicht ratsam war, wollte er wenigstens Dünaburg erreichen, welches nach seiner militärischen Karte zur Hälfte von den sowjetrussischen Truppen besetzt sein sollte. Allerdings war die Stadt seit Wochen heftig umkämpft, die Frontlinie zwischen Litauern und Russen änderte sich laufend, und die Lage des Flugplatzes war auch nicht so recht klar.

Der Gegenwind war inzwischen so heftig geworden, dass Hesse nur noch 500 Meter Flughöhe halten konnte. Eine Umfliegung der Gewitterwand war auch nicht mehr möglich. Um das Leben seiner Passagiere nicht zu gefährden, entschloss sich Hesse zur Landung auf einer Waldwiese. Am nächsten Morgen sollte die Reise fortgesetzt werden.

Nach der Landung suchten Pilot Hesse und Ingenieur Fränkel die nächstliegende Ortschaft Abeli, eine Gemeinde im Landkreis Jakobstadt (Jekabpils) auf, um einige Wachtposten für das Flugzeug aufzutreiben, denn die Türen der *Annelise* waren nicht abschließbar. Beide fanden dort nur eine litauische Kompanie vor, dessen Führer nicht zugegen war. Der Feldwebel gab ihnen fünf Soldaten mit und empfahl, bei dem deutschen Tierarzt Dr. Ney um eine Übernachtung nachzusuchen.

Dr. Ney empfing Hesse und Fränkel freundlich. Eine Übernachtung sei kein Problem. Er stellte ihnen sogar einen Bauernwagen zur Verfügung, damit sie ihr Gepäck aus dem Flugzeug holen konnten. Auf dem Rückweg stießen sie auf eine berittene Mannschaft mit einem Offizier an der Spitze, der die inzwischen zum Flugzeug beorderte Wache seltsamerweise gegen eine andere austauschen wollte.

Kaum hatten sich die übermüdeten Reisenden im Hause des Tierarztes zur Ruhe gelegt, wurden sie vom inzwischen eingetroffenen litauischen

Kompanieführer und dessen Stellvertreter unsanft aus dem Schlaf gerissen. Die Litauer verlangten die Ausweise und teilten der Flugzeugbesatzung mit, dass keiner das Haus verlassen darf. Sie hatten Posten aufgestellt und diesbezüglich strenge Weisung erlassen. Nach einer Stunde kehrten die beiden litauischen Offiziere in Begleitung von zwei Offizieren der Kontr-Raswjedka zurück. Hesse und seine Fluggäste wurden samt Gepäck in das Polizeirevier überführt. Dort wurden sie gründlich durchsucht.

Bald erfuhr Fränkel auch den Grund für diese drakonischen Maßnahmen: Der lettische Geheimdienst hatte in Erfahrung gebracht, dass ein bolschewistisches Flugzeug aus Deutschland kommend nach Russland unterwegs sei. Dieses Flugzeug würde in Schaulen landen, wo sich in einem Teehaus deutsche Spartakisten mit den Bolschewisten treffen würden, um ihre Pläne untereinander abzustimmen. Da die F 13 aus Schaulen kam, wurde sie für das russische Flugzeug gehalten.

Nachdem sich herausgestellt hatte, dass die F-13-Besatzung offensichtlich nicht die gesuchten Bolschewisten waren, wurden Hesse und seine Leute freundlicher behandelt. Der aus Russland stammende und – wie er Fränkel vertraulich mitteilte – sehr schlecht bezahlte Chef der litauischen Geheimpolizei hatte außerordentlichen Gefallen am Fotoapparat des einen Türken und Fränkel riet dringend, ihm den Fotoapparat zu schenken, um dadurch eventuell freizukommen. Sein Vorschlag wurde leider nicht beachtet.

Am nächsten Morgen um vier Uhr wurden Fränkel und die beiden Türken unter Bewachung in einem Bauernwagen nach Rokiškis transportiert, wo sich der Sitz der Geheimpolizei befand. Hauptmann Hesse, Marusczyk und die beiden litauischen Offiziere legten dieselbe Strecke in der *Anneliese* zurück. In Rokiškis kam es zu einem heftigen Streit zwischen dem Chef der Geheimpolizei und dem Ortskommandanten. Der drogen- und alkoholabhängige Offizier wollte die Leute erschießen, Geld und Sachen behalten und nur das Flugzeug abliefern. Der Geheimdienstchef wollte sie am liebsten alle freilassen, da er sie für ungefährlich hielt, aber er musste die Gefangenen der Obrigkeit und der englischen Mission übergeben. Zur Beschleunigung der Angelegenheit wollte er mit ihnen aber nach Kowno reisen.

Fränkel versuchte Hesse, der mit den beiden litauischen Offizieren ebenfalls nach Kowno (Kaunas) fliegen sollte, davon zu überzeugen, unterwegs einfach die Route zu ändern und nach Königsberg zu fliegen, denn an Bord der F 13 befanden sich alle Ausweise, wichtige Papiere und Geld. Hesse wollte jedoch auf keinen Fall die beiden Türken gefährden und lehnte den Vorschlag ab.

(75) Die F 13 *Annelise* nach der Landung in Litauen

Die Türken und Fränkel erreichten Kowno unter Bewachung eines Obersten nach einer 36-stündigen Eisenbahnfahrt. Sie wurden im Hotel Berutas untergebracht und von einem Offizier und einem Unteroffizier bewacht; es wurde ihnen aber gestattet, in Begleitung auszugehen.

Inzwischen war auch Hesse mit der F 13 und den beiden litauischen Offizieren in Kowno eingetroffen. Er wurde ebenfalls im Hotel untergebracht. Während eines Spazierganges entwischte er seiner Begleitung und setzte sich mit der Deutschen Mission in Verbindung. Der diensthabende Offizier, der auch während des Krieges in der Türkei war, erkannte ihn sofort als den »Bagdad-Flieger« und versprach Hilfe, doch es verging Tag um Tag, ohne dass sich die Lage der F-13-Besatzung änderte.

Eines Tages erfuhr Hesse, dass die Litauer versuchen wollten, die *Annelise* zu fliegen. Daraufhin beschloss er, den Apparat fluguntüchtig zu machen. Er bot einem Offizier an, ihm das Flugzeug erklären zu wollen. Unter dem Vorwand, eine leckende Stelle abdichten zu wollen, erbat er sich Werkzeug und unterbrach bei der »Reparatur« die Benzinzufuhr zum Vergaser.

Inzwischen hatten auch die Junkerswerke von der Notlandung ihrer *Annelise* erfahren. Seitz versuchte sofort über das Auswärtige Amt die Freigabe von Flugzeug und Insassen zu bewirken, wurde aber hingehalten. Hesse bekam immer mehr den Eindruck, dass von der Deutschen Mission wenig Unterstützung zu erwarten sei und nahm die Angelegenheit selbst in die Hand.

Nachdem er das Flugzeug fluguntüchtig gemacht hatte, sah er es als seine nächste Aufgabe an, die beiden Türken in Sicherheit zu bringen. Bei einem Spaziergang lernte er zwei in lettischen Diensten stehende deutsche Piloten kennen. Diese klagten darüber, dass sie schon seit längerem keinen Lohn mehr bekommen hätten, weil der Einfluss der Entente in Litauen immer größer würde und man die Deutschen am liebsten los wäre. Der von Hesse gebotene hohe Lohn reizte den Fliegerhauptmann Harry Rother, aber ein Flug in das bolschewistische Russland kam für ihn nicht in Frage. Sie kamen deshalb überein, dass Rother mit einem DHW-Flugzeug beide Türken zurück nach Deutschland fliegen sollte.

Am 28. Oktober 1919 war es soweit. Hesse hatte einen Flugplatz am Rande der Stadt an einem Fluss ausfindig gemacht. Mit den beiden Türken und der litauischen Begleitung unternahm er einen Spaziergang dorthin. Am Flussufer schlug er eine Rast vor und beide Türken packten ein paar Tafeln Schokolade aus. Freigiebig gaben sie dem litauischen Soldaten eine davon ab, der sie auch mit großem Genuss verzehrte. Nach kurzer Zeit wurde er sehr schläfrig – der Arzt Bahattin Şakir hatte die Tafel mit Morphium präpariert. So bekam er auch nicht mehr richtig mit, dass auf der Wiese am Fluss ein alter DHW-Doppeldecker mit litauischem Kennzeichen landete, der die beiden Türken aufnahm und entschwand. Hesse tat natürlich so, als ob er mit der Sache nichts zu tun hätte und die beiden Türken von einem litauischen Flugzeug entführt worden wären. Es half ihm nichts, er und die beiden Junkers-Mitarbeiter wurden sofort unter verschärften Arrest gestellt und getrennt voneinander in verschiedene Gefängnisse gebracht.

Auch die Deutsche Mission wollte nach der Befreiung der Türken mit der ganzen Sache am liebsten nichts mehr zu tun haben. Auf Druck des Offizierskorps sah sich der deutsche Generalbevollmächtigte für Litauen, Exzellenz Zimmerle, genötigt, wenigstens die Befreiung von Hesse in die Wege zu leiten. Hesse gehörte immer noch der deutschen Armee an und war für den Moskau-Flug nur beurlaubt worden. Anfang November 1919 kehrte Hesse zu seiner militärischen Einheit nach Deutschland zurück, auch der Junkersmonteur Marusczyk wurde am 4. November 1919 freigelassen. Für den Ingenieur Abraham Fränkel sah es hingegen weniger gut aus. Die Litauer misstrauten ihm wegen seiner russischen Herkunft, zeitweise wurde er sogar für Radek persönlich gehalten. Er musste weiter in Haft bleiben. Erst nach fünfmonatiger Haftzeit und gegen Zahlung einer größeren Summe kam Fränkel am 11. März 1920 endlich frei und kehrte nach Dessau zurück.

Enver Pascha gelang es noch 1920, nach Russland zu gelangen. Er nahm in Buchara Verbindung mit den Führern der Basmatschen auf. Sein Ziel war es, die islamischen, turkstämmigen Völker Mittelasiens in einem Kalifat zu vereinigen, dessen Zentrum Samarkand sein sollte. Doch auch diesmal scheiterte seine politische und militärische Strategie. Der Aufstand der Basmatschen wurde von der Roten Armee niedergeschlagen und Enver fiel in einem erbitterten Gefecht am 4. August 1922 bei Baldschuan in Tadschikistan.

Auch der Arzt Dr. Bahattin Şakir hatte das Jahr 1922 nicht überlebt; er war bereits am 17. April in Berlin von einem Armenier erschossen worden.

Über das weitere Schicksal der F 13 *Annelise* geht aus den Akten der Junkerswerke folgendes hervor:

Der Fliegeroffizier Harry Rother begab sich nach seiner Ankunft in Berlin am 13. November 1919 in das dortige Büro der Junkerswerke und bot sich an, die F 13 *Annelise* aus Kowno zu herauszuholen. Carl Seitz setzte sich daraufhin mit dem Kriegsministerium in Verbindung.[42]

Dort sah man jedoch keine Möglichkeit der Rückführung, da sich das Auswärtige Amt inzwischen von dem gesamten Unternehmen distanziert hatte.[43]

Leutnant Lange, der Hesse ja immerhin bescheinigt hatte, im Auftrag des Kriegsministeriums nach Litauen zu fliegen, um General Goltz einen Brief zu übergeben, war die Sache unangenehm. Er bot sich an, auf eigenes Risiko nach Litauen zu fahren, um sich selbst um die Freigabe des Flugzeuges zu kümmern. Unter abenteuerlichen Umständen gelangte er bis Kowno. Dort musste er zu seinem Bedauern feststellen, dass das Flugzeug strengstens bewacht wurde und ein Herankommen gänzlich unmöglich war. Es blieb ihm nichts weiter übrig, als unverrichteter Dinge wieder umzukehren.[44]

Daraufhin sprach der Leiter des Berliner Büros Carl Seitz beim Auswärtigen Amt vor und bat Geheimrat v. Blücher eindringlich um Mithilfe zur Herausgabe des Flugzeuges. Es müsse um jeden Preis verhindert werden, dass das Flugzeug in die Hände der Entente fiele. Blücher, der sich eigentlich aus der ganzen Angelegenheit heraushalten wollte, weil das Auswärtige Amt bei der Planung des Fluges nicht informiert worden war, ließ sich überreden und sandte ein dringendes Telegramm an seine Mitarbeiter in Litauen.[45]

Am 26. April 1920 berichtete das Auswärtige Amt über das Ergebnis seiner Bemühungen: »Nach Auffassung der Litauischen Regierung ist die Beschlagnahme dadurch gerechtfertigt, daß das Flugzeug der Russischen Regierung als Muster für Lieferungen nach Russland verkauft werden sollte. Infolge des bestehenden Kriegszustandes hätte es beschlagnahmt

(76) Die F 13 *Annelise* nach der Beschlagnahme in Kowno

werden müssen und sei nunmehr Eigentum der Litauischen Regierung. Die Litauische Regierung ist aber nicht abgeneigt, das Flugzeug zu verkaufen und mit Ihrer Firma in Verhandlungen dieserhalb einzutreten.«[46] Seitz antwortete enttäuscht: »Wenn uns Schutz und Nachdruck von amtlicher Seite nicht gewährt werden kann, so bleibt uns allerdings nichts übrig, als mit der litauischen Regierung in Privatverhandlungen zu treten, um eine wertvolle Errungenschaft der deutschen Wissenschaft und Technik fremder Ausbeutung zu entziehen.«[47]

Inzwischen verhandelte der in Kowno ansässige Junkersvertreter Abramson mit der litauischen Regierung um die Herausgabe der *Annelise.* Die Litauer forderten jedoch eine so hohe Abfindungssumme, dass die Junkerswerke passen mussten.

Am 15. Juli 1920 teilte Rechtsanwalt Gluskin aus Eydtkuhnen mit, dass die F 13 *Annelise* schon zweimal geflogen sei[48]. Das Problem der unterbrochenen Benzinzufuhr hatten die Litauer durch Einbau eines neukonstruierten Falltank umgangen.[49]

Ein letztes Schriftstück zum Schicksal der F 13 *Annelise* ist datiert vom 7. September 1923. Der Junkersvertreter R. Baltschunas schrieb aus Kowno an die Abteilung Luftverkehr:

»Nach meiner Ankunft habe ich erfahren, daß ein Passagierflugzeug am 22. August ac. abgestürzt sei. Ich zog Erkundigungen ein, und es stellte sich heraus, daß unsere Anneliese Havarie erlitten hatte. Über die Ursache der Havarie gehen die verschiedensten Gerüchte, so daß ich bis zur Feststellung der Wahrheit über das Vorgefallene an B. ein kurzes Telegramm gesandt habe.

Die Ursache der Havarie: Die hauptsächliche Ursache war das Aussetzen des Motors und die Landung bei ungünstigen Verhältnissen. Der Apparat kam beim Landen in einen Graben und mit dem linken Flügel an einen Baum. Das Resultat: Bruch des Gestelles, starke Lädierung des vorderen Motorteiles, der linke Flügel zur Hälfte durchgeschnitten, im allgemeinen eine Menge mehr oder weniger Risse. Die Kabine ist fast unversehrt geblieben, von den Passagieren hat keiner gelitten.

Die Maschine wurde vom Piloten Dobnewitzsch geführt. In der Kabine befanden sich Monteure (Soldaten). Das Flugzeug befand sich auf einem zweiten Probeflug.

Über die Ursache des Motordefektes berichtet man offiziell, daß letzterer ein alter B.M.W. war. In Wirklichkeit war aber der Kühler zu klein, obgleich man denselben, soweit dies die Konstruktion erlaubte, vergrößert hatte, infolgedessen saugte sich der erste Zylinder fest. Trotzdem die Photographien des Apparates nicht verkauft werden dürfen, werde ich doch versuchen, Ihnen dieselben zu besorgen und zuzuschicken. Infolge des Bruches ist es gar nicht leichter geworden, den Apparat zu erhalten. Wenn es dem General Krawzewitsch nicht gelingen wird, den Apparat zu reparieren, so wird derselbe nach dem Museum des Kriegsministeriums kommen, von wo er nicht zu bekommen ist.«[50]

Nach Erinnerungen litauischer Veteranen soll das Wrack bis 1939 noch in den Hangars des Aeroclubs gestanden haben und dann während deutscher oder russischer Besetzung verschrottet worden sein.[51]

(77) Junkers-Werke-Hauptbüro in Dessau, Kaiserplatz 21

Die Suche nach Absatzmärkten

Der Aufbau einer Vertriebs- und Propaganda-Abteilung

Die Entscheidung von Hugo Junkers, den Flugzeugbau weiterzuführen und auf Verkehrsflugzeuge umzustellen, erforderte auch eine völlige Umgestaltung des Vertriebs.

Im Ersten Weltkrieg war der Hauptabnehmer der Flugzeuge und Flugmotoren, wie schon erwähnt, der Staat. Um ausreichend Aufträge zu erhalten, waren gute Beziehungen entweder zum regierenden Kaiserhaus oder zum Kriegsministerium notwendig. Aus diesem Grunde hatte Junkers am 28. Februar 1918 einen für ihn damals sehr wichtigen Mann eingestellt, den Hofmarschall des Prinzen Friedrich Leopold von Preußen, Major Carl Seitz. Dieser verfügte über beste Verbindungen zum Hofe und hatte u. a. dafür gesorgt, dass sich der preußische Prinz bis Kriegsende finanziell an den Junkerswerken beteiligte.

Auch nach Ende des Ersten Weltkrieges nutzte Seitz weiter seine Beziehungen zu den Offizieren des Kriegsministeriums und versuchte mit deren Hilfe und mit diplomatischem Geschick staatliche Stellen dazu zu bringen, Junkers-Flugzeuge zu erwerben. Dies erwies sich jedoch als aussichtsloses Unterfangen, da in der Nachkriegszeit viel zu wenig Bedarf an Post- und Verkehrsflugzeugen bestand. So mussten andere Mittel und Wege des Vertriebes gefunden werden, wenn Junkers selbst weiter Flugzeuge produzieren und absetzen wollte.

Am 16. Dezember 1918 wurde in der Verwaltungssitzung der Junkerswerke beschlossen, die Vertretungen der Junkerswerke in Berlin zu einem einheitlichen »Büro Berlin« mit Sitz in der Schöneberger Straße zusammenzuschließen. Zum Leiter dieses Büros wurde Carl Seitz ernannt, der gleichzeitig als Generalbevollmächtigter von Junkers fungierte.[1]

In Dessau wurde eine Zentrale, das so genannte Hauptbüro, geschaffen, das als Bindeglied zwischen den Dessauer Junkers-Betrieben und dem Berliner Büro fungieren sollte. Mit der Leitung des Hauptbüros wurde der ehemalige Leiter der Bauaufsicht der Junkers-Fokker-Werke Hans Sachsenberg beauftragt, der am 1. Dezember 1918 als Angestellter von Junkers übernommen worden war.

(78) Besuch Prinz Friedrich Leopold v. Preussen in Dessau. V. l. n. r.: v. Maltzahn, Carl Seitz, Herta Junkers, Prinzessin v. Preussen, Hugo Junkers, Prinz Friedrich Leopold v. Preussen, Hermann Schleissing

(79) Hermann Mierzinsky

(80) Hans Sachsenberg

Eine Woche später wurde diesem Hauptbüro noch eine Abteilung Patentverwertung angeschlossen, die hauptsächlich dazu dienen sollte, die Ergebnisse der Forschungsanstalt zu propagieren und zu verwerten. Zu deren Leiter wurde Dipl.-Ing. Hermann Mierzinsky ernannt, der vor dem Ersten Weltkrieg bereits im Konstruktionsbüro Schiffbau bei Junkers tätig gewesen war.[2]

Propagandistisch unterstützt werden sollte Mierzinsky von dem später sehr bekannten Science-Fiction-Schriftsteller Hans Dominik[3], der schon während des ersten Weltkrieges in der Zeitschrift *Die Woche* für die Junkers-Flugzeuge geworben hatte.[4]

Der Junkers-Luftverkehr Dessau – Weimar

Nach dem Wegfall des Staates als Abnehmer gab es für den Flugzeugabsatz nur noch zwei Möglichkeiten: entweder der Verkauf an private Gesellschaften oder die Einrichtung eines eigenen Luftverkehrs.

In Deutschland zeichnete sich zu dieser Zeit bereits die Gründung der ersten Luftverkehrsgesellschaften ab. Am 5. Januar 1919 wurde die Deutsche Luftreederei (DLR) als erste Gesellschaft mit der Zulassungsbescheinigung zum Luftverkehr Nr. 1 vom Unterstaatssekretär August Euler zum Luftverkehr zugelassen. Die DLR eröffnete am 5. Februar des Jahres einen Luftverkehr von Berlin nach Weimar, dem Tagungsort der Nationalversammlung. Außerdem bestand zwischen Weimar und Berlin ein Reichskurierdienst, der vom Kriegsministerium unterhalten und von der Fliegerabteilung 423 des Freiwilligen Landjägerkorps geflogen wurde. Aber sowohl die DLR als auch die Fliegerabteilung verfügten über genügend eigene Flugzeuge und kamen vorerst als Kunden für Junkersflugzeuge nicht in Betracht.

Anfang Februar 1919 beschlossen die Junkerswerke deshalb, bis zur Fertigstellung ihres neuen Verkehrsflugzeuges zu Propagandazwecken einen Kurierdienst für die Anhaltische Regierung von Dessau nach Weimar einzurichten. Zu diesem Zweck wurden die zweisitzigen Militärflugzeuge J 10 mit provisorischen Abdeckhauben für den Passagiersitz versehen.

Am 17. März 1919 erhielt Junkers eine Zulassung zum Luftverkehr, aber die Nachfrage blieb aus. Trotz aller Werbemaßnahmen bis hin zum Angebot der kostenlosen Beförderung war kein anhaltischer Beamter bereit, sich dem Risiko des Fliegens auszusetzen. Aktenkundig sind nur zwei Pas-

(81) Flug des Oberbürgermeisters Fritz Hesse mit der J 10 D 77 von Dessau nach Weimar

sagierflüge mit der umgebauten J 10 D 77: der Flug des Oberbürgermeisters Fritz Hesse am 17. Juni von Dessau nach Weimar[5] und des Geheimrates Siegfried vom Anhaltischen Landesernährungsamtes am 3. Juli 1919 von Dessau nach Weimar und zurück[6]. Ob und wie viel Post befördert worden ist, geht aus den Unterlagen nicht hervor.

Hinzu kamen die andauernden Schwierigkeiten bei der Beschaffung von Brennstoffen, die auch andere Luftverkehrsgesellschaften dazu zwangen, den Luftverkehr ganz oder teilweise einzustellen. Es schien den Junkerswerken deshalb die bessere Lösung zu sein, sich auf den Verkauf der im Bau befindlichen F 13 zu konzentrieren und den eigenen Luftverkehr aufzugeben.

Die Suche nach Kunden

Gute Aussichten für einen Absatz des neuen Verkehrsflugzeuges eröffneten sich bei ersten Verhandlungen mit holländischen Persönlichkeiten. Diese waren der Meinung, dass sich das Metallflugzeug hervorragend für den Einsatz in den holländischen Kolonien eignen würde. Für Junkers bot sich außerdem die Möglichkeit, die Montage der Flugzeuge im Bedarfsfall nach

Holland zu verlegen, falls der deutschen Flugzeugindustrie nach Ratifizierung des Friedensvertrages ein Bauverbot auferlegt werden sollte.

Dass diese Befürchtung nicht grundlos war, zeigte sich nach der Unterzeichnung des Versailler Vertrages am 28. Juni 1919 – drei Tage nach dem Erstflug der F 13. Der Vertrag enthielt einen Abschnitt über Luftstreitkräfte (Art. 198 bis 210), nach welchem sämtliche Flugzeuge und Flugzeugteile usw. ausgeliefert werden müssen, die für militärische Zwecke im Gebrauch sind, waren oder für solche bestimmt sind. Während sechs Monaten nach Inkrafttreten dieses Vertrages wurde unter anderem die Herstellung von Luftfahrzeugen und Teilen solcher vollkommen untersagt.

Mierzinsky reiste sofort nach Berlin und zog Erkundigungen über die Auswirkungen des Vertrages auf den Flugzeugbau und -Vertrieb ein. Im Reichsluftamt war man der Meinung, dass sich das Bauverbot nicht auf Verkehrsflugzeuge bezieht, auch beim Aero-Lloyd, bei der Waffenstillstandskommission und der Inspektion des Flugwesens war man optimistisch und hoffte auf eine baldige Revision des Vertrages. Ein Verkauf von Flugzeugen ins Ausland wäre jedoch ohne Genehmigung der Entente nicht möglich.[7]

Junkers, der sich in seinem Landhaus in Bayrischzell aufhielt und telegrafisch vom erfolgreichen Erstflug der F 13 informiert worden war, forderte die Jfa trotz des bestehenden Risikos auf, den Verkehrsflugzeugbau mit aller Kraft voranzutreiben. »Die Ergebnisse bestätigen, dass wir auf dem richtigen Wege sind. … Ich muss immer und immer wieder darauf hinweisen, dass wir ohne Verzögerung die Ausbildung eines tüchtigen Arbeiterstammes im Metallflugzeugbau mit allen Mitteln fördern müssen. Das Risiko, welches in den unsicheren inneren und äußeren politischen und wirtschaftlichen Verhältnissen liegt, müssen wir schon mit in Kauf nehmen, um gegebenenfalls wirklich leistungsfähig zu sein.«[8]

Obwohl die Deutsche Versuchsanstalt für Luftfahrt bei der Zulassung der F 13 im Juli nur den Bau von drei Exemplaren erlaubt hatte, beschloss Junkers nach seiner Rückkehr nach Dessau, vorerst den Bau von fünf Flugzeuge auf eigenes Risiko in Angriff zu nehmen. Für das kommende Jahr plante er eine umfangreiche Serienproduktion: »Flugzeugbau im Kleinen ist unwirtschaftlich. Man muss sich entscheiden, ob wir das Risiko, im großen Umfange zu bauen, tragen wollen, oder ob wir ganz verzichten. … Haben wir viel Reklame gemacht, erhalten daraufhin Bestellungen und können sie dann nicht ausführen, so ist das schlimmer, als wenn wir gar keine Reklame gemacht hätten. Dann werden sich die Abnehmer an andere Firmen wenden. … Wir müssen daher die Fabrikation erheblich fördern. Im Krieg 25 Flugzeuge, sollte noch gesteigert werden bis auf 50 Flugzeuge pro Monat. Innerhalb eines Jahres sollten wir wieder auf die alte Monatsproduktion kommen« erklärte er in einer Konferenz am 12. Juli 1919.[9]

Einen Monat später machten sich Hugo Junkers und seine Mitarbeiter in einer Besprechung jedoch ernsthaft Gedanken darüber, wie man sich hinsichtlich der zu erwartenden Eingriffe der Entente nach Inkrafttreten des Versailler Vertrages verhalten soll bzw. wie man sich diesen entziehen könnte.[10] Denkbar schien eine Fabrikation im neutralen Ausland. Da in Russland die politischen Verhältnisse noch zu unübersichtlich waren, rückten die nahegelegenen Niederlande in den Blickpunkt. Um das Interesse der dortigen Unternehmer und Kunden zu wecken, wollte man die F 13 an Ort und Stelle vorführen.

Eine passende Gelegenheit ergab sich durch die im Sommer 1919 stattfindende Luftverkehrsausstellung »ELTA« (Eerste Lucht-Tentoonstelling Amsterdam). Wenn Junkers auch eine Ausstellung des neuartigen Flugzeuges aus patentrechtlichen Gründen nicht in Betracht zog, versprach er sich aber Absatzmöglichkeiten nach Vorführungen an verschiedenen Orten. Geplant war, mit den beiden fertiggestellten F 13 *Herta* und *Annelise* zu reisen. Als Piloten waren Hans Hesse und Emil Monz vorgesehen.[11]

Junkers maß diesem Propagandaflug eine so große Bedeutung bei, dass er persönlich mit seiner Frau teilnehmen wollte. Er wollte selbst demonstrieren, dass man mit diesem Flugzeug als Geschäftsmann in Begleitung wie im Auto reisen kann, ohne dass eine gesonderte Fliegerbekleidung notwendig ist. Dazu erhielt die F 13 *Herta* in der Karosserie-Firma Schebera in Berlin-Tempelhof eine luxuriöse Innenausstattung, die an das Innere eines Automobils erinnerte und dazu beitragen sollte, das Vertrauen an das Flugzeug zu erhöhen. Die Passagiere sollten sich wie in einem fliegenden Automobil fühlen.

»Die Kabine wurde nach den Besprechungen in Stoff und die Führersitze in Leder ausgeführt. In der Kabine wurden folgende Teile angebracht: an der vorderen Wand eine Zeituhr, eine Kantine und eine leichte Tasche für Reiselektüre oder ähnliches. Die vorderen konstruktiven Ecken wurden mit künstlichen Blumen ausgeschmückt. Sonst wurden noch zwei Aschenbecher, zwei Einsteiggriffe, Sprachrohr, Zigarrenanzünder und eine elektrische Deckenlampe angebracht. Die Fenster sind statt mit Duraluminiumschienen mit Nussbaumleisten eingefasst.«

Auch der Anstrich wurde erneuert: »Hellblau, Motorlagerung, Bauchdecke, Flügel und Ruderorgane, auf Unterseite dunkelblau. Durch Silberstreifen abgesetzt. Name ›Junkers‹ in Silberbronze. Zulassungs-Nr. in schwarz auf weißem Felde D 183.«[12]

(82 | 83) Neuausgestattete Kabine der F 13 »D 183«

(84) F 13 »D 183« mit neuer Bemalung. Der Name *Herta* wurde durch *Junkers* ersetzt.

Die Teilnahme an einer ausländischen Luftfahrtausstellung gestaltete sich nach der Ratifizierung des Versailler Vertrages jedoch schwieriger als gedacht. Infolge ungeklärter Patent- und Versicherungsfragen wurde der Flug immer und immer wieder verschoben. Am 30. September 1919 endlich beantragte Büroleiter Carl Seitz beim Niederländischen Konsulat die Einreisegenehmigung für die am Hollandflug teilnehmenden Personen.[13] Da sich im Herbst die Witterungsbedingungen immer mehr verschlechterten, wurde der Flug Anfang November endgültig aufgegeben. Inzwischen hatten sich aussichtsreichere Möglichkeiten ergeben, den Versailler Vertrag zu umgehen.

Erste Verkäufe

Neben dem holländischen erschien auch der skandinavische Markt erfolgversprechend. Junkers-Vertreter Arved v. Schmidt hatte dort bereits im Januar 1919 versucht, die Junkers-Militärflugzeuge J 10 und J 11 als Postflugzeuge abzusetzen. Die neuartigen Metallflugzeuge erregten zwar das Interesse der Skandinavier, aber letztendlich wollten es sich weder die Dänen noch die Schweden wegen des Ankaufs deutscher Militärflugzeuge mit der Entente verderben.[14]

Nach Baubeginn ihres Verkehrsflugzeuges versuchten die Junkersleute erneut einen Vorstoß. Im neutralen Schweden waren zwei Luftverkehrsgesellschaften im Entstehen begriffen, die Svenska Lufttrafik AB und die Svenska Lufttransport AB. Arved v. Schmidt gelang es im Juli, den technischen Leiter der Svenska Lufttransport AB Kapitän v. Larsky nach Dessau zu lotsen. Nach einem Probeflug mit der F 13 *Herta* war v. Larsky von diesem Flugzeug restlos begeistert und stellte einen größeren Auftrag in Aussicht. Für die in Bau begriffene zweite F 13, die als Wasserflugzeug geplant war, schloss er im August einen Vorvertrag ab. Da eine sofortige Lieferung der Schwimmerversion nicht möglich war, überredeten die Junkersleute den schwedischen Interessenten, von einem Wasserflugzeug vorerst abzusehen und eine normale Ausführung mit Radfahrwerk zu bestellen. Später könne man ja das Radfahrwerk problemlos gegen Schwimmer austauschen, wurde ihm erklärt. Auch eine Version mit Skiern wurde angeboten.[15]

Den Termin für die vertragliche Lieferung der zweiten F 13, die inzwischen den Namen *Annelise* erhalten hatte, konnte Junkers nicht einhalten, da das Flugzeug auf seiner Reise nach Moskau in Litauen beschlagnahmt worden war und alle Bemühungen um eine Herausgabe erfolglos verliefen.

Inzwischen war es der Jfa gelungen, passende Schwimmer zu konstruieren und die dritte F 13 damit auszurüsten.

Anfang Dezember besuchte der Pilot der Svenska Lufttransport die Jfa und besichtigte das fertige Flugzeug, nahm es aber nicht mit. »Herr Eichler wird Ihnen auch darüber berichten, daß inzwischen unser Verkehrsflugzeug mit Schwimmern geprüft wurde und die erwarteten guten Erfolge gezeigt hat«, schrieb Jfa-Direktor Schleissing am 17. Dezember 1919 an die Svenska Lufttrafik. »Die Maschine ist zum Zweck der Wasserprüfung als Landmaschine von hier zum Seeflugplatz geflogen, dort ist das Räderfahrgestell gegen Fahrgestelle mit Schwimmern ausgewechselt worden. Nach Beendigung der Wasserflugversuche ist das Flugzeug dann wieder mit Landfahrgestell versehen nach Dessau überführt worden. Sie ersehen daraus, daß der Umtausch von Schwimmern gegen Räder ohne jede Schwierigkeit möglich ist. Ebenso können natürlich anstelle der Räder ohne Schwierigkeiten Skis angebracht werden.«[16]

Direktor v. Larsky war nämlich inzwischen aber zu Ohren gekommen, dass die ursprünglich bestellte *Annelise* auf dem Weg nach Russland von der Entente beschlagnahmt worden war und er befürchtete, beim Erwerb von deutschen Flugzeugen ebenfalls in Schwierigkeiten zu kommen. Der im Oktober abgesprochene Auftrag auf weitere vier F 13 kam deshalb nicht zustande.

(85) Bau von Schwimmern

(86) F 13 mit Schwimmern

(87) Abnahme der F 13 *Wasser* in Warnemünde (Mitte mit Hut: Otto Reuter, daneben rechts Pilot Richard Thiedemann)

Zwei der für die Svenska Lufttransport vorgesehenen F 13 wurden noch vor Jahresende 1919 an den Unternehmer Werner v. Heeringen verkauft, der damit Waren und Passagiere nach Russland transportieren wollte.

Für das letzte 1919 hergestellte Verkehrsflugzeug fand sich ein Käufer, der der Jfa beste Aussichten bot, in die von Junkers geforderte Massenfabrikation einzusteigen.

(88) Versuchsraum der Forschungsanstalt Prof. Junkers

(89) Zeichensaal der Forschungsanstalt Prof. Junkers

Abenteuer Amerika

Die Gründung der Junkers-Larsen-Gesellschaft

Nach der Beschlagnahme der F 13 *Annelise* in Litauen rückte Russland als Absatzmarkt und Produktionsstandort erst einmal in den Hintergrund. Auch von dem Vorhaben, wie Fokker in Holland eine Fabrikation aufzunehmen, trat Junkers zurück, denn inzwischen hatte sich eine neue, viel aussichtsreichere Absatzmöglichkeit eröffnet.

Am 22. September 1919 rief Direktor Rasch von den Zeppelinwerken bei Seitz im Berliner Büro an und teilte ihm mit, dass er in Warnemünde einen Amerikaner namens Larsen kennengelernt hätte. Dieser Larsen sei sehr wohlhabend und mit zwei eigenen Flugzeugen und Automobilen nach Europa gekommen. Er sei sehr interessiert an dem Rekordflugzeug F 13 und wolle sich mit Junkers in Verbindung setzen. Dr. Rasch riet Seitz, sich nicht ablehnend zu verhalten; Larsen sei ein vernünftiger Mann und Junkers solle versuchen, mit ihm irgendwie in Geschäft zu kommen.[1]

Eine Woche später traf Larsen mit einem Flugzeug der Deutschen Luftreederei in Dessau ein. Sofort wurde bei der Jfa eine Besprechung einberufen, an der Vertreter der Jfa und des Hauptbüros teilnahmen. Larsen teilte den Junkersleuten mit, dass er mit eigenem Flugzeug nach Europa gekommen sei und mit diesem mehrere Flüge in Skandinavien durchgeführt habe. Sein Ziel sei, amerikanische Flugzeuge in Europa einzuführen.

Pilot Hans Hesse, der sich wegen des beabsichtigten Moskauﬂuges gerade in Dessau aufhielt, führte dem Besucher die F 13 *Annelise* vor. Die Demonstration überzeugte Larsen. Er erkannte sofort die Überlegenheit der F 13 über die derzeitigen amerikanischen Flugzeuge und änderte sein Vorhaben. Nun wollte er das Junkers-Verkehrsflugzeug in Amerika einführen.

Bei Junkers war man vorsichtig. Erst einmal wurden Erkundigungen über Larsen eingeholt. Die diesbezüglichen Auskünfte waren positiv: »Er ist 45 Jahre alt, verheiratet und geborener Däne und beansprucht ein naturalisierter amerikanischer Bürger zu sein. Er ist von Beruf Ingenieur und wohnte vor einiger Reihe von Jahren in Chicago III als Fabrikant von Eismaschinen und Kälteerzeugungsanlagen. … L. beschäftigt sauber ein-

(90) Otto Mader, John M. Larsen und Otto Reuter vor der F 13 *Annelise*. Im Cockpit Pilot Hans Hesse.

gerichtete Büros unter dieser Adresse, er hat beträchtliche Erfahrungen hinsichtlich Fabrikation.«[2] Als vorhandenes Vermögen wurden 1 010 000 Dollar angegeben.

Ende Oktober 1919 traf Larsen wieder in Dessau ein. Er ließ sich auf keine langen Verhandlungen ein, sondern forderte den sofortigen Abschluss eines Vertrages, sonst würde er wieder abreisen.[3]

Warum Junkers, der bei derartigen Vertragsabschlüssen nach den Erfahrungen mit Fokker im Ersten Weltkrieg sehr vorsichtig geworden war, darauf einging, lässt sich nur vermuten. Ein Grund können die bis dahin ergebnislosen Vertriebsverhandlungen in Europa gewesen sein.

Bis Ende Oktober war es gerade mal gelungen, einen Vertrag über den Ankauf von vier F 13 mit einer schwedischen Luftverkehrsgesellschaft zu schließen. Dieser war aber nach der Beschlagnahme der zum Ankauf vorgesehenen *Annelise* in Litauen wieder rückgängig gemacht worden. Eine einzige F 13 war an v. Heeringen verkauft worden, eine zweite hatte dieser zwar bestellt, aber noch nicht bezahlt.

In Deutschland gab es nur eine einzige Luftverkehrsgesellschaft, die finanziell in der Lage war, mehrere F 13 zu erwerben, die Deutsche Luftreederei (DLR). Hinter ihr stand ein finanzkräftiges Unternehmen, die Allgemeine Electrizitäts-Gesellschaft (AEG). Mit deren Vertretern v. Rieben und Mackenthun waren im August 1919 intensive Verhandlungen geführt worden, die aber ergebnislos blieben. Man war höchstens bereit, eine F 13 zu bestellen, für eine größere Bestellung war der von Junkers geforderte Preis zu hoch und der Einsatz einer größeren Anzahl im Luftverkehr zu ungewiss. Die DLR wolle erst abwarten, ob die Regierung bereit war, den Luftverkehr zu subventionieren. Ohne diese Subventionierung sei ein Luftverkehr noch nicht möglich.[4]

Junkers war trotz all dieser Rückschläge der festen Überzeugung, dass nur eine Großserienproduktion zu einer Verbilligung der Metallflugzeuge und damit zu besseren Absatzmöglichkeiten führen würde. »Uns nützten alle die vielen Verhandlungen nichts, wenn wir nicht zuerst in der Lage seien, die Massenfabrikation einzurichten. Vom Verkauf einzelner Flugzeuge hätten wir gar nichts. Die Bestellungen würden schon von selbst kommen bezw. lägen bereits in der Luft, wenn wir nur in der Lage seien, zu liefern.«

Vor dem Eintreffen von Larsen hatten bereits aussichtsreiche Verhandlungen mit dem Amerikaner Gardener stattgefunden. Dieser hatte den Kauf von 1000 Flugzeugen in Aussicht gestellt, reduzierte die Bestellung jedoch nach einem Besuch in Dessau am 18. Oktober auf 62 Exemplare. Ihm war offensichtlich aufgegangen, dass die Jfa nicht auf eine Massenproduktion eingerichtet war. Er verlangte deshalb eine Baulizenz für ganz Nordamerika.[5] Junkers verwarf diesen Vorschlag am 28. Oktober: »Die Schwierigkeiten des Baues von Flugzeugen durch Lizenznehmern namentlich im Auslande seien ganz erheblich. Ein einziges selbstfabriziertes Flugzeug sei wertvoller als 100 auswärts fabrizierte. … Wir müssen soviel wie möglich Flugzeuge von hier aus liefern. Was wir nicht liefern können, müssen wir eventl. in Amerika fabrizieren, aber es ist Vorsicht geboten, dass wir uns dabei nicht eine zu große Konkurrenz erziehen.«[6]

Larsen hatte auf Junkers offensichtlich mehr Eindruck gemacht als Gardener: »Ein Mann wie Larsen hat Freude daran Schwierigkeiten zu überwinden, er will nicht bloß Geld machen, er ist in dieser Hinsicht anders wie die Amerikaner«, notierte Junkers am 21. Oktober.[7] In der Rückschau hieß es: »Nach den Verhandlungen mit ihm erschien er damals als der richtige Mann, um die Einführung des Junkers-Verkehrsflugzeuges in den Vereinigten Staaten in einer solchen Weise durchzuführen, wie sie Junkers als die geeignetste und für alle Beteiligten wirtschaftlichste vor Augen schwebte.«[8]

Ausschlaggebend für den Vertragsabschluss war wohl die Bereitschaft Larsens, mindestens 100 Flugzeuge aus Dessau zu beziehen. Damit wäre die Grundlage für den Aufbau der von Junkers nachdrücklich geforderten Großserienfabrikation gegeben.

Der unter Druck von Larsen am 1. November 1919 abgeschlossene Vertrag besagte, dass Junkers und Larsen in den Vereinigten Staaten eine Gesellschaft errichten wollen, deren Zweck »der Vertrieb, die Herstellung und sonstigen Verwertung der Junkers'schen Schutzrechte und Flugzeuge bildet«.[9]

Für den Anfang wollte Junkers ein Flugzeug zur Vorführung in den Vereinigten Staaten kostenlos zur Verfügung stellen. Nach Aufbau der Serienfabrikation sollte die Jfa weitere Flugzeuge liefern. Später sollten auch Lizenzen für die Fabrikation in Amerika vergeben werden können. »Wenn nach 12 Monaten nicht der erwartete Erfolg eingetreten ist, hat Prof. Junkers das Recht des Rücktrittes vom Vertrage. Den Maßstab für das Vorliegen des Erfolges bildet der Verkauf von etwa 100 Flugzeugen sowie der Beginn der ernstlichen Fabrikation von 100 Flugzeugen durch eine bedeutende Flugzeugfabrik und die Zahlung der Lizenzgebühr für diese 100 Flugzeuge«, hieß es im Vertrag. Zwecks Lizenzvergabe stellte Junkers seinem Vertragspartner seine diesbezüglichen amerikanischen Patente zur Verfügung. Die Gewinne aus dem Vertrag sollten je zur Hälfte geteilt werden. »Beide Parteien waren sich bei Vertragsabschluss darüber einig, dass das Vertragsverhältnis in erster Linie auf Vertrauen beruhen müsse, und nur dann ein fruchtbares sein könne, wenn jede der Parteien den anderen durch Dick und Dünn unterstützen würde.«[10]

Auf dem Rückflug von Dessau nach Berlin am 1. November 1919 mit der F 13 *Herta* überredete Seitz Larsen noch zu einem sofortigen Auftrag von zehn F 13 und besprach mit ihm das Aussehen des Reklameflugzeuges. Larsen bat, dass »dasselbe geschmackvoll grün mit schwarz gestrichen wird (Nase schwarz)«. Das Muster einer Flagge wolle er noch einsenden. Die Aufschrift solle »Junkers – Larsen« lauten.[11] Als Ersatzpiloten für Hans Hesse, der nach seinem missglückten Moskau-Flug in Litauen festsaß, wünschte sich Larsen den bei der Deutschen Luftreederei beschäftigten Piloten Hugo G. Schaefer, der fließend englisch sprach.

Eine Woche später präzisierte Larsen seine Vorstellungen von der Bemalung des Reklameflugzeuges noch: »Was den Namen an der Maschine betrifft, schlage ich vor, daß Sie die Maschine mit deutlichen großen Buchstaben bezeichnen: ›J.L.‹, welche, Sie sehen, wahrscheinlich für den Namen stehen werden.« Außerdem forderte er, dass alle Angaben auf der Maschine oder in Prospekten in englischer Sprache verfasst und die amerikanischen Luft-Club-Farben auf die Flügel und den Schwanz gemalt werden sollen.[12]

(91) F 13 für Larsen mit der Aufschrift »J-L« nach der Fertigstellung am 20.12.1919

Junkers-Pilot Emil Monz, der Larsen und Seitz von Dessau nach Berlin geflogen hatte, bekam Wind von dem Vertrag und der Suche nach einem geeigneten Piloten und meldete sich sofort nach dem Flug bei Seitz mit dem Wunsch, doch statt Schaefer nach Amerika gehen zu dürfen. Junkers war einverstanden. Monz solle zunächst zusammen mit dem Reklameflugzeug nach Amerika reisen und Schaefer später nachkommen. Die Freigabe Schaefers bei der Deutschen Luftreederei erreichte Seitz ohne Schwierigkeiten, doch Schaefer kam nie in Amerika an. Wie später noch zu lesen sein wird, verunglückte er vor seiner Abreise mit einer F 13 in Dessau tödlich.

Am 27. November 1919 traf Larsen erneut in Dessau ein. Diesmal hatte er seinen Sohn mitgebracht. Er hätte sich überlegt, teilte er Seitz vorher in einem Brief mit, dass er die F 13 selbst in Amerika fabrizieren möchte, falls er keinen Lizenznehmer finde. Darüber möchte er mit Junkers nochmals sprechen.[13] Auf diesen Vorschlag von Larsen ging Junkers nicht ein, am 27. November 1919 wurde der Vertrag nur leicht revidiert und auf 10 Jahre begrenzt.[14]

Auf der Rückreise in die USA kamen Larsen Bedenken, ob er mit der sofortigen Bestellung von zehn Flugzeugen nicht ein zu großes finanzielles Risiko einging. In London annullierte er den Auftrag.[15] Er wolle erst die

(92) Kabine des ersten Reklameflugzeuges

Vorführung der F 13 in Amerika abwarten, ehe er größere Aufträge erteilen würde, aber er erklärte sich bereit, eine zweites Reklameflugzeug auf seine Kosten anzufordern. Ende Dezember 1919 waren beide Reklameflugzeuge zur Verschiffung nach Amerika bereit. Auch Pilot Emil Monz hatte alle Papiere beisammen. Das Abenteuer Amerika konnte beginnen.

Startschwierigkeiten

In den USA angekommen, kam Larsen auf die Idee, einen eigenen Luftverkehr einzurichten, um die Amerikaner von den Vorteilen des neuen Verkehrsflugzeuges zu überzeugen. Am 21. Januar bestellte er deshalb telegrafisch aus New York drei weitere F 13 und stellte einen großen Serienauftrag von 100 bis 200 Flugzeugen in Aussicht. Geliefert werden sollte die Serie ab April 1920 in einer Anzahl von jeweils 20 Flugzeugen pro Monat.[16]

Die Junkersleute schauten deshalb zu Beginn des neuen Jahres recht optimistisch in die Zukunft. Sie hatten mit ihrem neuen Verkehrsflugzeug die

Weltspitze im Flugzeugbau erobert und auch einen Großabnehmer gefunden, der ihnen den Aufbau einer Serienfabrikation in Dessau ermöglichte. Noch ahnten sie nicht, welches Wechselbad an Erfolgen und bitteren Enttäuschungen ihnen dieses Jahr bereiten würde.

Am 10. Januar trat der Versailler Friedensvertrag in Kraft. In den Artikeln 198 bis 202 wurde die Auslieferung sämtlichen Luftfahrtmaterials gefordert und Produktion und Einfuhr von Flugzeugen und Flugzeugteilen im Zeitraum von sechs Monaten nach Inkraftsetzung des Vertrages verboten. Um eine »Verschiebung« der Militärflugzeuge, auf die die Entente Anspruch erhob, zu verhindern, wurde auch die Ausfuhr von Flugzeugen aus Deutschland verboten. Das Auswärtige Amt protestierte gegen die Auffassung der Entente, das sechsmonatliche Bauverbot betreffe auch Zivilflugzeuge. In einer Besprechung im Flugverband Ende Januar wurde zwar ausdrücklich festgestellt, dass an Friedensflugzeugen vorläufig weitergearbeitet werden kann, aber die Lage blieb ungeklärt.

Für die Junkerswerke war das ein schwerer Schlag. Für die ersten beiden für Larsen bestimmten F 13 hatte Junkers noch eine Ausfuhrgenehmigung erhalten, für weitere vier F 13 wurde die Genehmigung erst einmal versagt.

Am 17. Januar nahm die Interalliierte Luftfahrtkommission (Ilük) ihre Tätigkeit auf. Der Junkers-Generalbevollmächtigte Carl Seitz versuchte sofort, mit deren englischen Vertreter General Masterman Verbindung aufzunehmen, um ihn davon zu überzeugen, dass die Junkers-Verkehrsflugzeuge als ausgesprochene Friedensflugzeuge weitergebaut werden dürfen und Junkers unbeschränkte Ausfuhrerlaubnis erhält. Seitens der deutschen Luftfahrtfriedenskommission (Luftfriko) wurde Seitz jedoch darauf aufmerksam gemacht, dass die gesamte Flugzeugindustrie aufsässig würde, wenn Junkers Ausfuhr- und Bauerlaubnis erteilt würde.[17]

Am 22. Januar informierte Seitz seinen Chef, »dass auf Grund neuester Verfügungen die Ausfuhrerlaubnis für Flugzeuge oder Flugzeugteile nicht mehr erteilt, bzw. aufrecht erhalten wird«. Weiter schrieb er: »Wahrscheinlich gelangt schon in wenigen Tagen an alle Flugzeugfabriken der Befehl: Stop! Dieser Befehl liegt bereits bei der Luftfriko in deutscher Übersetzung vor. Daraufhin muss jede Weiterarbeit an Flugzeugen eingestellt werden; mit dem Bauverbot wird hier unbedingt gerechnet.«[18]

Junkers ging darauf nicht ein. Um die von Larsen geforderten Lieferfristen einzuhalten, musste die Jfa sich sofort auf eine Großserienproduktion einstellen. Scharf kritisierte er Direktor Schleissing für die beschämenden Leistungen der Jfa und forderte einen wöchentlichen Bericht über die getroffenen Maßnahmen zur Erhöhung der Produktion.[19]

(93) Bau einer Serie von F 13 Anfang Januar 1920

Am 4. Februar besuchte eine Ententekommission unter Leitung des französischen Oberst Dorant die Jfa. Dorant war von Junkers und seinem Verkehrsflugzeug beeindruckt und versprach, ein Auge zuzudrücken. Auch General Masterman war bereit, den Weiterbau zu dulden.

Ein weiteres Problem bereitete die Beschaffung von Flugmotoren. Nach den Bestimmungen des Versailler Vertrages mussten die Flugmotoren abgeliefert werden bzw. sie wurden von den Ententekommissionen zerstört. In vielen langwierigen Verhandlungen versuchte Seitz, wenigstens einige Flugmotoren vor der Zerstörung für die Junkerswerke zu retten.

Und eine dritte, von den Junkerswerken anfangs noch völlig unterschätzte Schwierigkeit bei der sofortigen Aufnahme einer Serienproduktion der F 13 war die noch nicht völlig ausgereifte und ungenügend erprobte Konstruktion des Flugzeuges. Bis Ende des Jahres 1919 waren gerade mal fünf F 13 fertiggestellt worden, von denen nur zwei, die F 13 *Annelise* und *Herta*, längere Strecken beflogen hatten. Die dritte F 13, die an v. Heeringen verkauft worden war, hatte gleich beim ersten Flug am 1. Januar 1920 eine Bruchlandung gemacht. Die restlichen zwei F 13 waren nach ihrer Fertigstellung an Larsen versandt worden.

Zu Testzwecken hatte bis Ende des Jahres nur die F 13 *Herta* zur Verfügung gestanden; das Schwesterflugzeug *Annelise* war in Kowno beschlag-

(94) Unfall mit F 13 am 3. Februar 1920 in Dessau

nahmt worden. Die *Herta* hat bis zum Jahresende ca. 60 Flüge ohne größere Beanstandungen absolviert, allerdings waren das nur Kurzstrecken- und Platzflüge gewesen. Außerdem war dieses Flugzeug eine Einzelanfertigung, hergestellt unter Aufsicht der Forschungsanstalt. Erfahrungen mit serienmäßig hergestellten Flugzeugen waren also Anfang 1920 noch nicht vorhanden.

Die ersten Anzeichen, dass das neue Verkehrsflugzeug noch mit Fehlern behaftet war, zeigten sich bereits bei einem der ersten Serienflugzeuge. Am 3. Februar 1920 stürzt die F 13 mit der Werknummer 539 beim zweiten Flug ab. Dabei waren gleich vier Todesopfer zu beklagen, unter ihnen der Pilot Hugo Schaefer, der zusammen mit dem Piloten Monz die F 13 in den USA vorführen sollte. Das Flugzeug ging aus ungeklärten Gründen in 600 Meter Höhe in einen Sturzflug über, aus dem es sich nicht mehr aufrichtete, und schlug ungebremst auf den Boden auf. Die Piloten Hugo Schaefer und Hermann Hasselmann, der Junkers-Ingenieur Josef Klein und der Physiker der Universität Halle Alfred Wienecke, der Luftmessungen durchführen wollte, waren sofort tot.[20]

Die Untersuchungen des tragischen Unfalls brachten kein konkretes Ergebnis. Man vermutete, dass sich die beiden nebeneinander sitzenden Flugzeugführer Schaefer und Hasselmann vermittels der gekuppelten Doppelsteuerung gegenseitig beeinflusst hätten.

Bei diesem Unfall konnten sich die Junkersleute noch damit trösten, dass es sich wahrscheinlich um einen Pilotenfehler gehandelt hatte, aber weitere tragische Unfälle im Jahre 1920 ließen bald eindeutig erkennen, dass das neuartige Verkehrsflugzeug noch mit wesentlichen Mängeln behaftet war.

Der zur Vorführung der F 13 in den USA vorgesehene Junkers-Pilot Emil Monz musste nach dem tragischen Unfall nun ohne seinen Kollegen Schaefer am 19. Februar 1920 nach Amerika reisen. Vor der Abreise hatten ihm seine Vorgesetzten nochmals eindringlich eingeschärft, das Flugzeug nicht »zu Zwecken zu missbrauchen, für welche es als Verkehrsflugzeug nicht bestimmt ist. Akrobatenkunststücke jeglicher Art müssen für derartige Verkehrsmaschinen verpönt sein«.[21]

Missverständnisse

Am 4. März 1920 kam Monz in New York an. Larsen erwartete ihn bereits am Pier und sorgte dafür, dass das Gepäck von Monz ungeöffnet die Zollschranken passieren konnte. Er bemühte sich auch weiterhin, Monz das Leben so angenehm wie möglich zu machen, besorgte ihm sofort eine Wohnung und stellte ihm sogar sein Auto zur Verfügung.

Der aus einfachen Verhältnisse stammende Emil Monz war beeindruckt. Vollends begeisterten ihn die Pläne, mit denen ihn Larsen noch am gleichen Tag bekannt gemacht hatte. In den folgenden Tagen berichtete er darüber an das Dessauer Flugzeugwerk: »Die Situation ist ungefähr folgende: Larsen wollte zuerst mit den ersten beiden Maschinen Propagandaflüge ausführen und dann Lizenzen vergeben. Diesen Plan hat er insofern geändert, als er jetzt auf dem Standpunkt steht, die beste Reklame ist der Luftverkehr. Er hat deshalb noch drei Maschinen bestellt und will mit diesen 5 Maschinen eine Verbindung New York – Washington einrichten. Diese Verbindung soll später ausgebaut werden zu einem größeren Netz, aus dem heraus sich Verbindungen über ganz Amerika entwickeln sollen. … Um den Plan zur Ausführung zu bringen, muss er aber Flugzeuge haben und zwar nicht 2 oder 3, sondern 100 – 200 Maschinen.«[22]

An den Konstrukteur der F 13, Otto Reuter, appelliert Monz in einem gesonderten Brief: »Ich habe den Eindruck, dass Junkers L. nicht volles Vertrauen entgegenbringt. … Wenn Junkers ein Geschäft machen will in diesem Land, dann kann er es nur mit Larsen, neben Larsen ist es nicht

(95) Emil Monz

möglich und gegen Larsen Wahnsinn. Darüber muss man sich in Dessau klar werden und dementsprechend handeln. Larsen verdient meiner Ansicht nach unbedingtes Vertrauen, er ist ein Ehrenmann, der Junkers um keinen Pfennig bringen wird.«[23]

Wie dieser Brief von Monz zeigt, waren inzwischen bereits die ersten Verstimmungen zwischen Larsen und den Junkerswerken eingetreten. Die Ursachen waren auf beiden Seiten zu suchen und wiesen bereits auf den Kern des Missverständnisses hin, unter denen der Vertrag zwischen Junkers und Larsen im November 1919 abgeschlossen worden war:

Der Amerikaner Larsen war davon ausgegangen, ein völlig ausgereiftes und einsatzbereites Verkehrsflugzeug geliefert zu bekommen, mit dem er sofort Gewinn erzielen könnte. Die Ware wollte er als echter Geschäftsmann erst bezahlen, wenn sie in Amerika eingetroffen und geprüft worden war. Junkers hingegen glaubte in Larsen einen Partner gefunden zu haben, der seine Forschungsarbeit unterstützen und zum Teil auch mit finanzieren würde. Er war davon ausgegangen, dass Larsen das neue Flugzeug unter Verkehrsbedingungen langsam erproben und über seine Erfahrungen sofort nach Dessau berichten würde. Auf diese Weise sollte nach Junkers Vorstellungen in gemeinsamer Arbeit das Verkehrsflugzeug vervollkommnet und gleichzeitig vermarktet werden.

Bereits kurze Zeit nach Beginn seiner Partnerschaft mit Larsen begann Junkers zu ahnen, dass er auf das falsche Pferd gesetzt hatte. Am 29. Januar 1920 schrieb er enttäuscht an sein Hauptbüro: »Larsen selbst ist äußerst vorsichtig. Dass er nicht das allergeringste Risiko übernehmen will – was sich immer und immer wieder zeigt – empfinde ich als eine geschäftliche Rücksichtslosigkeit, die nicht nur unangenehm empfunden wird, sondern auch nach meiner Auffassung einen gewissen Mangel an Weitblick und Großzügigkeit aufweist, jedenfalls aber nicht förderlich ist für das enge Verhältnis, in welches wir zu Larsen getreten sind.«[24]

Ein Unfall und seine Folgen

Im März 1920 traf die erste F 13 in New York ein. Monz ließ das in Einzelteile zerlegte und in großen Kisten verpackte Flugzeug nach dem Roosevelt-Flugplatz in Mineola bringen. Die auffällig mit »Made in Germany« gekennzeichneten Kisten erregten unter den Piloten und Mechanikern der

(96) Die JL 6 wird besichtigt

nahen Curtiss-Werke großes Aufsehen und wurden auch mit feindseligen Blicken bedacht, denn so kurz nach dem Ende des Ersten Weltkrieges war das Feindbild Deutschland auch unter den als liberal geltenden Amerikanern noch sehr lebendig.

Die Nachricht von dem geheimnisvollen neuen deutschen Metallflugzeug sprach sich schnell herum. Als Monz zusammen mit drei Monteuren das Flugzeug auspackte und zusammensetzte, war er bald von einer großen Menschenmenge umringt, die ihn interessiert, misstrauisch und auch feindselig beobachtete. So stand der junge deutsche Pilot unter enormen psychischen Druck. Er wollte so schnell wie möglich diesen Blicken entkommen und vor allem den Amerikanern beweisen, welch tolle Flugzeuge in Deutschland gebaut werden. Dabei ließ er es an der nötigen Sorgfalt fehlen und erlebte gleich seinen ersten Reinfall. Nach einem ersten kurzen Probeflug mit leicht missglückter Landung wollte Monz der staunenden Menge das Flugzeug noch einmal sauber vorführen und stürzte dabei ab.

Eine amerikanische Zeitung berichtete über dieses Ereignis sehr anschaulich: »Sofort nach Eintreffen der Kisten begann das Montieren und am Mittwoch [den 24. März 1920] wurde der erste Probeflug unternommen. Die Maschine fuhr elegant aus der Fliegerhalle, stieg zu einer Höhe von 1000 Fuß auf und umflog das Feld mit einer Geschwindigkeit von

110 Meilen per Stunde. Die alliierten Mechaniker standen dabei, aber ihr Gesichtsausdruck verriet ihre geheimsten Wünsche. Die Maschine stieg ab, erfolgreich. Aber beim Landen blieb der mit den Verhältnissen des Flugfeldes noch wenig vertraute deutsche Pilot mit dem Monoplan im Schlamm stecken. Nach einigen Schwierigkeiten gelang es ihm, die Maschine frei zu machen, wobei die anderen Mechaniker zusahen und sich weigerten, selbst mit Hand anzulegen. Natürlich hatte die feindselige Haltung der alliierten Mechaniker auf Monz tiefen Eindruck gemacht. Und trotzdem der Motor nicht tadellos zu arbeiten schien, wagte der Pilot einen neuerlichen Aufstieg. Bis 100 Fuß über den Erdboden kam er. Dann versagte die Maschine. Die ernsten Gesichter der alliierten Mechaniker klärten sich auf. ›Er fällt‹, raunten sie einander zu. Und er fiel. Auf dem linken Propeller schlug das Flugzeug auf, nach Ansicht von Augenzeugen unreparierbar. Aber der Pilot kam mit dem bloßen Schrecken davon. ›Ich hätte lieber sterben, als die Maschine in Stücke gehen lassen sollen‹, erklärte er, als er sich selbst aus den Trümmern ins Freie rettete.«[25]

Als Ursache für den Absturz gab Emil Monz später an, dass der Propeller in der Luft in Stücke gesprungen sei, weil er während des Transportes vom Meerwasser aufgeleimt worden war. Diese Version wurde allerdings von den Junkerswerken in einer eilig einberufenen Besprechung angezweifelt. Dort hatte sich bei einem Dauerlauf eines BMW-Motors auf dem Prüfstand herausgestellt, dass die Ruppnabe des BMW-Motors, an der der Propeller befestigt wird, nicht zuverlässig war: »Man kann von Glück sprechen, dass der bei dem hiesigen Versuch verwendete Propeller nicht in Stücke geflogen ist. Die 4 Löcher, in welche die Bolzen der Nabe eingreifen, waren nach zweistündigem Probelauf soweit ausgeschlagen, dass zwischen den einzelnen Bolzenlöchern nur noch wenig Material übrig geblieben war. Außerdem zeigte der Propeller starke Risse. Einer der vier Bolzen war abgebrochen. Ob diese Erscheinungen darauf zurückzuführen sind, dass der Propeller evtl. nicht fest genug angezogen war oder was sonst in Frage kommt, wird noch untersucht. Die Vermutung liegt nahe, dass dieselbe Erscheinung die Ursache des Unfalles in Amerika gewesen ist.«[26]

Trotz dieses Unfalles waren die Amerikaner von dem neuen Verkehrsflugzeug beeindruckt und begannen ob dieser neuen Konkurrenz schon unruhig zu werden. Die oben erwähnte amerikanische Zeitung schrieb in der gleichen Ausgabe weiter: »Nach Ansicht amerikanischer Flugzeugexperten deutete bei der Konstruktion des Junkers-Monoplan alles darauf hin, dass er für Schnellproduktion bestimmt ist. Einer der Ingenieure gab die zusätzliche Erklärung ab, dass es möglich sein würde, beim gegenwärtigen

Das verunglückte Junker-Aluminium-Flugzeug.

Auf dem Roosevelt Flugfeld auf Long Island ist nach einem sehr erfolgreichen Probeflug das deutsche Aluminium Flugzeug-Patent Junker infolge eines höchst sonderbaren und unerklärlichen Unfalls gestrandet.

10 - 5. 20

(97) Die JL 6 nach dem Absturz

Tiefstand der Mark diese deutschen Maschinen zu importieren, den Zoll darauf zu zahlen und sie billiger zu verkaufen, als der amerikanische Fabrikant selbst den kleinsten Aeroplan zu verkaufen in der Lage ist. Es wurde auch rückhaltlos zugegeben, dass die Maschine der Bauart wie der Leistung nach die Maschinen amerikanischen Modells bei weitem übertrifft. Besonders wurde darauf hingewiesen, dass ein mit 182 Pferdekräften betriebener Monoplan fünf Passagiere mitführen kann und dass das Metallgehäuse zweifellos die Gefahren im Fall eines Unfalls herabmindert.«[27]

Für die Junkerswerke war dieser zweite schwere Unfall einer F 13 innerhalb kurzer Zeit dennoch ein schwerer Schlag. Jetzt begannen die Konstrukteure in Dessau langsam zu begreifen, dass das Verkehrsflugzeug doch noch nicht so ausgereift war wie es nach den ersten erfolgreichen Flügen in Dessau schien. Auch Professor Junkers war erschüttert: »Ein Unglück kommt selten allein! So bedauerlich das neue Unglück ist, so dürfen wir uns durch dasselbe doch nicht entmutigen lassen und mit unfruchtbaren Klagen keine Minute Zeit verlieren. Selbstverständlich müssen wir suchen, aus den Erfahrungen Nutzen zu ziehen, dazu werden wir aber erst einen Bericht über die näheren Umstände des Unfalls abwarten müssen. Inzwischen müssen wir doppelt bemüht sein, die Scharte auszuwetzen und mit unserem Flugzeug voranzukommen …«[28]

Der Geschäftsmann Larsen nutzte die Situation sofort aus. Er behauptete, sein Ruf sei nun in Amerika vollkommen ruiniert und er sei den Angriffen der amerikanischen Presse ausgesetzt. Weitere Flugzeuge wollte er nur abnehmen, wenn Junkers bereit wäre, auf seine Preisvorstellungen einzugehen.

Der Jfa war recht bald klar, dass sie sich in einer schlechten Verhandlungsposition befand. Die einzige F 13, die sich in Amerika befand, war zerstört. Larsen wurde es damit unmöglich gemacht, mit Vorführungsflügen Käufer für das Flugzeug zu finden. Als einzigen Ausweg aus dieser Situation wurde die sofortige Absendung der drei von Larsen inzwischen noch bestellten F 13 angesehen. Ihr Abtransport war bisher hinausgezögert worden, weil Larsen sich geweigert hatte, die geforderte Anzahlung zu leisten. Auf diese Anzahlung wurde nun verzichtet.

Am 31. März 1920 gingen die drei F 13 mit dem Dampfer *Clauseus* in See. Auf dem gleichen Dampfer befand sich auch Larsens Vorführungsflugzeug, das auf dem Transportweg von der Entente beschlagnahmt und nun endlich freigegeben worden war.

Larsen gab sich damit erst einmal zufrieden. Er wollte nun einen erneuten Versuch starten und mit den Flugzeugen durch Rekordflüge auf dem

3. Panamerikanischen Aeronautischen Kongress, der vom 20. bis 30. Mai 1920 in Atlantic City stattfinden sollte, seinen ramponierten Ruf wiederherstellen. Für diese Rekordflüge forderte er von der Jfa größere Flügel an.

Hugo Junkers brachte zu dieser Zeit noch ein gewisses Verständnis für die Situation von Larsen auf und sah unter anderem auch in der ungenügenden Leistungsfähigkeit der Jfa eine der Ursachen für den bisherigen Misserfolg in Amerika. Am 2. April 1920 schrieb er in sein Notizbuch: »Larsen ist als tatkräftiger Mensch durch den Mangel an Unterstützung durch die Hauptsache, die Flugzeuge selbst, verstimmt, ärgerlich und nervös gewesen und ist in diesem Zustande leicht geneigt, die Ursache des ungenügenden Vorwärtskommens in einem weit höheren Maße als berechtigt … bei uns zu suchen. (Der neue Unfall ist geeignet, dem Fass den Boden auszuschlagen.) Diese Umstände lassen es geboten erscheinen a) alles, was in unseren Kräften steht, zu tun, um ihn gut zu versorgen, b) alles zu vermeiden, was ihn unnötig reizt …«[29]

Er ermahnte die Jfa nochmals eindringlich, nun endlich die Serienproduktion der F 13 zu forcieren: »Die Vorbereitungen für die Massenfabrikation müssen viel früher erfolgen. Das Material muß mehrere Monate vorher schon bestellt und meist auch ganz oder größtenteils bezahlt werden. Um die erforderliche Anzahl von geübten Arbeitern, Angestellten etc. rechtzeitig zu haben, um sie zu organisieren und einzuarbeiten, müssen lange vorher große Anstrengungen gemacht und große Opfer gebracht werden.«[30] Aus seinem Notizbuch geht hervor, dass er sich dabei über das Risiko voll im Klaren war: »Dass in der Vergrößerung unserer Produktion ein gewisses Risiko liegt, dessen bin ich mir natürlich wohl bewusst, muss aber immer wieder darauf hinweisen, dass das Risiko noch viel größer ist und sogar mit Sicherheit zum vollen Ruin führt, wenn wir nur in kleinem Umfang Flugzeugbau betreiben wollen.«[31]

Larsens Fabrikationspläne

Larsen war inzwischen auf eine wie er glaubte noch viel bessere Idee gekommen, wie er aus dem Unfall mit der F 13 seine Vorteile ziehen könne. Er wollte bei Junkers durchsetzen, dass er die F 13 nun selbst fabrizieren dürfe. Als Vorwand dienten ihm die angeblichen Angriffe der amerikanischen Zeitungen. Am 10. April 1920 schrieb er an die Junkerswerke: »Nicht nur unser Unfall, sondern die Angriffe von Hunderten von Zeitungen gegen uns machen es ganz unmöglich, Maschinen einzuführen, so dass uns nur die Wahl bleibt, hier eine amerikanische Gesellschaft zu gründen und hier zu fabrizieren (das heißt wenigstens zum Schein Fabrikation). Ich glaube, dass wir einen großen Teil von Einzelteilen einführen und hier in der amerikanischen Werkstatt zusammensetzen können, aber wir müssen unbedingt eine ganz amerikanische Gesellschaft haben, sodass die durch eifersüchtige Konkurrenz angespornte Presse uns nichts anhaben kann.«[32]

Ohne eine Antwort abzuwarten, machte sich Larsen in Begleitung von Monz und seinem Ingenieur Charles B. Kirkham am 14. April auf den Weg nach Dessau. Vor seinem Besuch wollte er noch einen kleinen Abstecher nach München machen, um mit den BMW-Werken über die Lieferung von Flugmotoren zu verhandeln. Kirkham, der zuvor Chefingenieur bei den Curtisswerken und demzufolge Flugzeugfachmann war, sollte sich inzwischen in Dessau mit der Produktionsweise der F 13 vertraut machen. Auf diese Weise hoffte Larsen, so nach und nach den gesamten F-13-Bau in die USA verlegen und das Geschäft mit der F 13 möglichst allein machen zu können.

In den Junkerswerken jagte nach Eintreffen der Besuchsankündigung von Larsen eine Sitzung die andere. Um sich ein möglichst reales Bild von den Verhältnissen in Amerika machen zu können, wurde der ehemalige Vertreter der Badeofenfabrik Junkers & Co. in den USA, Dr. Franz Erich Junge, zu einem Bericht nach Dessau gebeten. Dr. Junge befürwortete eine Teilproduktion der F 13 in Amerika, da er in nächster Zeit mit Heraufsetzung des Einfuhrzolles in den USA auf 50 % des Wertes der eingeführten Gegenstände rechnete. Außerdem sei der Aufbau eines Reparatur- und Ersatzteildienstes für die Flugzeuge notwendig. Er verwies auf Ford, dessen Autos auch deshalb so großen Erfolg hätten, weil man überall leicht und schnell Ersatzteile haben könne und dadurch die ständige Einsatzbereitschaft gewährleistet sei.

Am 24. April 1920 trafen Monz und Kirkham in Dessau ein. Der Junkers-Ingenieur Friedrich Brandenburg, dem die Aufgabe oblag, Kirkham auf seine Interessen und berufliche Fähigkeiten hin zu testen, führte ihm zuerst einmal die Windkanalanlage und die Modellsammlung vor. Dabei machte er die Feststellung, dass Kirkham in aerodynamischen Fragen sehr bewandert war, da auch die Curtisswerke eine leistungsfähige Windkanalanlage zu wissenschaftlichen Untersuchungen besaßen. Kirkham imponierte den Mitarbeitern der Forschungsanstalt auch damit, dass er nach eigenen Angaben selbst einen zweisitzigen Dreidecker einschließlich des dazugehörigen 12-Zylinder-Flugmotors gebaut hatte. Brandenburg war schließlich so beeindruckt von Kirkhams Kenntnissen, dass er vorsichtshalber auf einen Rundgang durch die Forschungsanstalt verzichtete und Kirkham sogleich auf den Flugplatz lotste.

Auf dem Junkers-Flugplatz waren eine F 13 und der zum Postflugzeug umgebaute Militäreinsitzer J 9 vorführbereit. Junkerspilot Wilhelm Griebsch lud Kirkham zu einem Flug mit der F 13 ein, dieser aber war nach dem Unfall der F 13 in Amerika etwas misstrauisch und verzichtete. Der anschließende Vorführungsflug von Griebsch mit Monz als Copilot verlief jedoch tadellos und Kirkham war beeindruckt.

Doch die Junkerswerke waren anscheinend vom Pech verfolgt. Bei der nachfolgenden Vorführung der J 9 versagte kurz nach dem Start der Motor und Griebsch gelang es nicht, die Maschine abzufangen und in den Gleitflug zu bringen. Er stürzte aus ca. 8 m Höhe ab, wobei sich das Flugzeug überschlug. Pilot Griebsch kam diesmal noch mit einer schweren Handverletzung und einem Schock davon, seinen nächsten Flugzeugabsturz mit einer F 13 einige Wochen später überlebte er nicht.

Larsen traf am 26. April ebenfalls in Dessau ein und verhandelte mit Junkers über die weitere Zusammenarbeit. Leider sind über diese Besprechungen keine Protokolle erhalten, nur eine Tagebuchnotiz von Junkers vom darauffolgenden Tag: »Larsen Verhandlungen. Ergebnis. Ich denke, wir können sehr zufrieden sein mit dem Ergebnis der gestrigen Verhandlungen. Wir haben Folgendes erreicht: Wir haben Larsen begreiflich gemacht, zu Bewusstsein gebracht, dass er von uns abhängt, nicht umgekehrt. Er war stellenweise völlig ratlos und hilflos. … Larsen fiel einmal aus der Rolle der Selbstbeherrschung und zeigte dabei unvorsichtigerweise, was wir von ihm zu erwarten haben, wenn wir ihm nicht gefügig sind: Als von Aufnahme der Fabrikation in Amerika die Rede war, wurde er auf einmal ärgerlich und sagte in wütendem Tone: Wenn Sie nicht wollen, dann fabriziere ich ohne Sie.«[33]

Junkers, der vor der Verhandlung mit Larsen die Einrichtung einer Teilproduktion in den USA im Falle der Heraufsetzung der amerikanischen Einfuhrzölle eigentlich in Erwägung gezogen hatte, wusste nun, was Larsen plante und gab sein Vorhaben auf. Larsen versuchte daraufhin, mit allen möglichen Tricks an die Konstruktionszeichnungen der F 13 zu kommen, um das Flugzeug doch noch auf eigene Rechnung fabrizieren zu können.

Vor seiner Abreise forderte Larsen noch einen Anstrich der Flugzeuge mit Aluminium-Bronze und die Anbringung von Firmenschildern mit der Aufschrift JL (was raffinierterweise sowohl Junkers-Larsen wie John Larsen

(98) Firmenschild der Larsen Aircraft Corporation

(99) JL 6 mit neuem Anstrich und Firmenschild

heißen konnte) an beiden Seiten des Rumpfes. Für zukünftige Rekordflüge forderte Larsen nochmals einen Satz besonders großer Flügel an.

Kirkham blieb mehrere Tage in Dessau und machte einige Vorschläge zur Verbesserung der Konstruktion der F 13, die sich aber hauptsächlich auf das Aussehen und die Erhöhung der Festigkeit bezogen. So schlug er z. B. vor, die Seitenpolster der hinteren Bank herauszunehmen, weil so Platz für drei Personen geschaffen würde. Dafür solle die Seitenwand des Flugzeuges gepolstert werden.

Auch Dr. Junge wies darauf hin, dass die Amerikaner großen Wert auf das Aussehen des Flugzeuges legen: »In Amerika werden Automobile und Flugzeuge nicht vom Mann, sondern von der Frau gekauft. Für die Verkäuflichkeit eines Flugzeuges kommt es viel weniger auf die Leistungen an (die werden in den Zeitungen gemacht und von niemand geprüft) als vielmehr auf den äußeren Eindruck auf den Käufer, richtiger die Käuferin. Das äußere ›finish‹ unseres Flugzeuges genügt dem ungeschulten Auge der technisch ungebildeten Frau nicht. Sie ist an glatte Automobilkarosserien gewöhnt, ihr gefallen die glatten Flächen des mit Sperrholz beplankten oder mit Stoff bespannten Flugzeuges mehr als die Wellblechflächen, besonders als die Stellen, wo das Wellblech flachgedrückt ist. Die Ausstattung des Gastraumes ist nach amerikanischen Begriffen »poor‹. Man sollte die Polsterung in Amerika machen lassen …«[34]

Rekorde in Atlantic City

Wieder in Amerika angekommen, bereiteten sich Larsen und Monz auf die Vorführung der F 13 anlässlich des 3. Panamerikanischen Aeronautischen Kongresses in Atlantic City vor. Die im März versandten drei F 13 waren inzwischen eingetroffen, hatten aber den Seetransport nicht unbeschadet überstanden. Zwei linke Flügel seien schwer beschädigt, telegrafierte Larsen am 25. Mai 1920 an die Junkerswerke, außerdem seien die zwei Mercedes-Motoren in »schrecklicher Verfassung« gewesen. Nur eine einzige Maschine sei gebrauchsfähig. Mit dieser habe er zusammen mit seiner Tochter und vier weiteren Passagieren am 25. Mai nach Atlantic City fliegen wollen, jedoch habe sich der Motor infolge unzulänglicher Kühler erhitzt und Monz sei kurz nach dem Start zur Notlandung gezwungen gewesen. Von Larsens Wutausbrüchen ohnehin schon genervt, war Monz bei dieser Notlandung auch noch in Eisenbahnschienen hineingeraten und mit dem Sporn in den Schienen hängengeblieben. Dabei hatte er auch noch den Schwanz des Flugzeuges beschädigt. Nun saß Larsen wieder ohne ein gebrauchsfähiges Flugzeug da, während sich die Flugzeugausstellung in Atlantic City ihrem Ende zuneigte.

Irgendwie müssen es Monz und die Monteure von Larsen doch geschafft haben, eines der Flugzeuge wieder flott zu bekommen, denn am 27. Mai 1920 titulierte die *Connecticut-Staatszeitung* »Junkers Flugzeug erregt Sensation« und berichtete: »Bei den Delegaten zum Dritten Panamerikanischen Aeronautischen Kongress erregte heute J.L.6, das erste Metallflugzeug, das man in den Vereinigten Staaten zu sehen bekam, ungeheures Aufsehen. Das Flugzeug, das auf dem Flugfeld in Central-Park, L.I., aufgestiegen war, kreuzte 10 Minuten über der Ortschaft, bevor die Landung erfolgte. Der Aufstieg in Long Island war um 9 Uhr 20 Minuten erfolgt. Außer den Lotsen Bert Acosta trug das Flugzeug John M. Larsen von New York, Professor Hugo Junkers, den Erbauer, A. D. Smith und C. Coklin als Passagiere. Die Landung erfolgte um 10 Uhr 05 Minuten.« (Die Junkerswerke vermerkten nachträglich unter dieser Zeitungsnachricht: »Die Nachricht, dass Herr Prof. Junkers selbst in Amerika weilt, trifft nicht zu.«)

Unerklärlicherweise behauptete Larsen jedoch in einem Telegramm am 28. Mai: »Nicht ein einziges von den Flugzeugen kann irgend ein wirkliches Passagiergewicht aufnehmen. Wegen gänzlich ungenügender Kühlerkapazität müssen die Motoren stark gedrosselt laufen; ferner waren die Motoren, von denen Sie schreckliche Muster sandten, niemals in diesen Flugzeugen ausprobiert. … Es ist eine große Auferlegung, ein schrecklicher Verlust und Enttäuschung für mich, solche Behandlung zu erfahren. Was soll ich von Ihrer Organisation denken? Monz und Bühl verzweifeln beinah über die Schwierigkeiten. Noch kein Atlantic City, vielleicht morgen.«[35]

Dieses Telegramm entsprach offensichtlich nicht der Wahrheit, denn bereits drei Tage später stellten Emil Monz und sein amerikanischer Kollege Bert Acosta mit zwei F 13, je eine mit 185-PS-BMW-Motor und eine mit 160-PS-Mercedes-Motor ausgerüstet, in Atlantic City aufsehenerregende Rekorde auf. Die Connecticut Staats-Zeitung machte am 3. Juni 1920 mit den Schlagzeilen auf: »Deutsches Flugzeug schlägt alle Rekorde. Fliegt mit 6 Personen 120 Meilen in 1 Stunde. Eine andere Maschine desselben Typs fliegt mit 8 Passagieren von Atlantic City nach Philadelphia.«

Mit diesen beiden Flügen hatte Monz die Geschwindigkeit der F 13 und Acosta die Wirtschaftlichkeit der F 13 unter Beweis gestellt. Emil Monz hatte mit fünf Passagieren an Bord die damals sensationelle Geschwindig-

(100) Zwei JL 6 auf einem Flugplatz der US-Armee

keit von 210 Kilometer pro Stunde erreicht. Bert Acosta war mit seiner F 13 mit 160-PS-Motor wesentlich langsamer geflogen, hat aber auf seinem Flug nur 12 Gallonen (ca. 55 Liter) Benzin verbraucht und damit acht Personen transportiert. Das war amerikanischer Wirtschaftlichkeitsrekord.

Doch damit nicht genug. Am folgenden Tag setzte Monz noch eins drauf und erreichte auf dem Rückweg von Atlantic City nach Central Park auf Long Island mit 500 kg Nutzlast eine Höhe von 6200 m. Das war Weltrekord für Flughöhe im Verhältnis zur Nutzlast und Vortriebsleistung.[36] Insgesamt sollen in Atlantic City ca. 600 Neugierige einen Flug mit der J.L.6 gewagt haben.

Larsen versuchte sofort, das Aufsehen und die Begeisterung, die die Rekorde ausgelöst hatten, in geschäftliche Erfolge umzusetzen. Bereits wenige Tage später flog er mit einer der J.L.6 nach Washington und ließ sie vor Offizieren der Armee und Marine sowie vor Fliegern der Postbehörde vorführen. Auch hier erntete er Bewunderung. Ein Colonel W. K. Wilson vom Generalstab der amerikanischen Armee schwärmte nach seinem Flug am 11. Juni 1920:

»Der JL 6 stellt eine neue Ära in der Luftschifffahrt dar. Als Inspektionsflugzeug für Armee-Vertreter ist der JL 6 ideal. Die Metallkonstruktion besitzt großen Vorteil dadurch, dass sie sowohl feuer- wie wetterbeständig ist, und die Möglichkeit, diese Type zu einem sehr viel größeren Flugzeug mit bedeutend vermehrter Tragfähigkeit zu entwickeln, macht seine Einführung außerordentlich wichtig sowohl für die Handels- wie für die Militär-Luftschifffahrt.«[37]

Oberst Hensley, der Leiter der Luftschiffabteilung des amerikanischen Kriegsministeriums, forderte anschließend in einer Haushaltssitzung des amerikanischen Repräsentantenhauses die Einführung von Metallflugzeugen, da »die aus Metall hergestellten deutschen Flugzeuge sämtliche zur Zeit verwendeten amerikanischen als minderwertig erscheinen ließen«.[38]

Es wäre eigentlich selbstverständlich gewesen, dass Larsen diese Erfolge sofort nach Dessau telegrafiert hätte. Doch nichts dergleichen geschah. Im Gegenteil: Larsen bombardierte die Jfa mit Vorwürfen. So beschwerte er sich am 15. Juni 1920 nochmals über die Lieferung der drei F 13: »Die drei Maschinen waren absolut nackt, sogar die nötigen Schraubenschlüssel mit den Motoren und die Motoren absolut verdorben, gänzlich ungeeignet zum Fliegen und sie flogen die Maschinen niemals mit den Motoren, welche Sie schickten. Solche Motoren könnten keine Maschine fliegen. … Wir arbeiten Nacht und Tag vergebens und mussten schließlich Ihre Motoren herausnehmen und meine eigenen Bayernmotore einsetzen, bevor wir Resultate erzielen konnten. Der arme Monz und Bühl weinten beinahe vor Wut und Demütigung über ihre vergeblichen Anstrengungen über das miserable Zeug, dass für sie zur Demonstration hergeschickt wurde. Einschließlich der in Ihrer lächerlichen Verpackung ruinierten Flügel. Sie haben viel zu lernen, bevor Sie sogar ungewöhnlich geduldige Käufer zufrieden stellen. … Endlich haben wir zwei Maschinen vollendet von den Vieren, welche fliegen kann durch Benutzung unseres eigenen Motors.«[39]

Kein Wort verlor er über die Rekorde, die mit diesen zwei F 13 aufgestellt worden waren. Dass seine Behauptungen so nicht der Wahrheit entsprachen, war schon daran zu erkennen, dass eine der beiden F 13 in Atlantic City doch mit Mercedes-Motor und nicht mit BMW-Motor, wie Larsen behauptet, geflogen war.

Erst am 24. Juni 1920 trafen die ersten Ausschnitte aus amerikanischen Zeitungen mit den Erfolgsnachrichten in Dessau ein. Dr. Junge, der sich in seiner Heimatstadt Görlitz aufhielt, hatte sie einen Tag vorher von einem amerikanischen Bekannten zugesandt bekommen und gleich darauf weitergeleitet. Büroleiter Seitz ließ sofort eine Menge Durchschläge anfertigen, die er an wichtige Persönlichkeiten für die Junkerswerke verschickte.

(1) The **J. L. 6 all metal monoplane** which created tremendous interest at the Third Pan-American Aeronautic Congress. (2) After establishing the speed record for six passengers between Atlantic City and Philadelphia and return. (3) Showing the comfortable passenger cabin. (4) Three quarter front view. (5) Full load for the J. L. 6, seven passengers and pilot.

(101) Bericht über die JL 6 auf dem Kongress in Atlantic City

Ein Rekordflug Omaha – New York

Noch im Juni 1920 stellte Larsen mit seiner JL 6 einen neuen Rekord auf, der ihm erneut zu Schlagzeilen in der amerikanischen Presse verhalf. Der mit ihm befreundete amerikanische Pilot Martell hatte ihn zu seiner Hochzeitsfeier eingeladen, die am 23. Juni im Hause seiner Schwiegereltern O'Brien in Omaha stattfinden sollte. Als Hochzeitsgeschenk hatte sich Larsen einen besonderen Gag ausgedacht. Er wollte einen riesigen Hochzeitskuchen mit seinem Flugzeug nach Omaha im Bundesstaat Nebraska transportieren. Begleitet werden sollte er von einem weiteren Freund Martells, C. F. Redden. Am 18. Juni startete das Flugzeug mit der Besatzung Bert Acosta / Willy Bugh und den beiden Passagieren auf dem Flugplatz Central-Park in Long Island, New York. In Dayton und in Chicago wurden Zwischenlandungen vorgenommen, um als weitere Passagiere Colonel Gilmore vom U.S. Luftdienst und den berühmten amerikanischen Weltkriegspiloten Eddi Rickenbacker an Bord zu nehmen. Am 23. Juni 1920 traf das Flugzeug pünktlich und wohlbehalten in Omaha ein. Auf der Hochzeitsfeier hatte Larsen wohl mächtig mit den Leistungen seines Flugzeugs geprahlt und war bei anwesenden Piloten damit auf Zweifel gestoßen. Jedenfalls gab Larsen kurz vor seinem Abflug am 27. Juni der Presse bekannt, dass er den Rückflug nach New York ohne Zwischenlandung durchführen und so einen amerikanischen Rekord im Dauerflug mit Passagieren aufstellen wolle. »Ich wünsche, bei Tageslicht einzutreffen, aber ich habe telegrafiert, dass man den Landungsplatz in Long Island erleuchtet, damit ich, wenn nötig, auch nach Eintritt der Nacht landen kann, erklärte er gegenüber der Presse.[40]

Am 27. Juni 1920 um 5.12 Uhr Ortszeit startete die JL 6 in Omaha zum Nonstopflug nach New York. Für die vor ihm liegende Strecke von ca. 2000 km hatte Larsen 14 Stunden Flugzeit berechnet. Dafür brauchte er ca. 140 Gallonen Gasolin. Für diese Mengen an Treibstoff waren die normalen Tankbehälter der JL 6 natürlich nicht ausgelegt. Larsen hatte deshalb die zwei vorderen Sitze aus dem Flugzeug entfernen und dafür zusätzliche Treibstoffbehälter einbauen lassen. Da er mit seinen knapp 140 kg Lebendgewicht fast die gesamte Rückbank einnahm, konnten keine weiteren Passagiere mitgenommen werden.

Die erste Zeit versuchte Pilot Acosta entlang der Eisenbahnschienen zu fliegen, um sich nicht zu verirren. Bald nach dem Start war das Flugzeug jedoch so von Nebel eingehüllt, dass nicht einmal die überflogenen Städte aus dem Flugzeug erkannt werden konnten. »Das Wetter war so neblig«, erzählte Larsen hinterher den Journalisten, »dass ich nach dem Verlassen von Omaha nie die Richtung feststellen konnte. Ich wusste nicht, ob wir südlich oder nördlich des großen Sees waren.«[41] Acosta musste deshalb auf 4000 Fuß (1300 m) Höhe steigen und über den Wolken nach dem Kompass navigieren, denn Blindfluginstrumente gab es zu dieser Zeit noch nicht.

Während des Fluges sorgte Larsen dafür, dass die Presse auch genügend Wind von seinem großartigen Vorhaben bekam. Als die JL 6 wenige Stunden nach dem Start Chicago überflog, warf Larsen einen Beutel aus dem Flugzeug mit Nachrichten an die Presse und an seine Gastgeber in Omaha. Die *Chicago Daily Tribune* vom 28. Juni 1920 berichtete: »Als das Luftfahrzeug über der Ninety-first-Street und der Cicero-Avenue passierte, wurde aus einem Fenster desselben ein Beutel abgeworfen. Durch den Wind abgetrieben fiel der Sack an der Ecke der Seventy-eight-Street und Coles Avenue nieder. Hier fand ihn H. W. Zielke, 7721 Saginam Avenue auf. In dem Beutel fand er folgende von J. M. Larsen unterzeichnete Nachricht auf: ›Ununterbrochener Flug Omaha-New York an Bord J.L.6 Ganzmetall-Eindeckers. An die *Chicago Daily Tribune*. Wir sind auf unserem Wege nach Airdrome, Long Island, N.Y., 30 Meilen von New York City. An Bord alles wohl. Drahtet bitte an Herrn und Frau Thomas J. O'Brien, Omaha, dass wir eine prächtige Fahrt gemacht haben. Hoffe, alle Rekorde für große Entfernungen in ununterbrochenem Fluge vor Einbruch der Nacht zu brechen. Wir sind drei an Bord. Höhe 4400 Fuß (1341 m). Ungünstiger Wind treibt uns aus der Richtung. Hochachtungsvoll gez. John M. Larsen.‹ Herr Zielke telefonierte an die ›Tribune‹. Das Schreiben behielt er als Erinnerung.«

Auch nachdem das Flugzeug Chicago und den Michigansee hinter sich gelassen hatte, wurde das Wetter nicht besser, im Gegenteil, der Nebel verdichtete sich immer mehr und Acosta verlor bald die Orientierung. Nach fast elf Stunden ununterbrochenem Flug musste er die Wolken auf gut Glück durchstoßen, um festzustellen, wo er eigentlich war. Dabei streifte er beim Tiefflug über einem Kartoffelfeld mit einem Flügel einen Baum. Nun blieb ihm nun endgültig nichts weiter übrig als zu landen und den Rekordflug früher als beabsichtigt zu beenden.

Larsen wird über die vom Wetter erzwungene Notlandung sicher nicht erfreut gewesen sein, hatte er sich doch den Jubel und Presseempfang in New York in Gedanken schon so herrlich ausgemalt. Nun blieb ihm aber keine andere Wahl, als zu Fuß zum nächstgelegenen Farmerhaus zu stapfen, um sich nach dem Weg zu erkundigen. Dort erfuhr er, dass er sich im Bundesstaat New Jersey, zwanzig Meilen östlich von Lancaster entfernt befand.

Bert Acosta hatte inzwischen den Schaden am Flugzeug betrachtet. Dabei stellte sich glücklicherweise heraus, dass der Flügel nur leicht eingebeult und die Flugsicherheit somit nicht wesentlich beeinträchtigt war. Nach einem kurzen Imbiss im Farmerhaus beschlossen alle drei, trotz des schlechten Wetters das restliche Stück bis Philadelphia noch zu fliegen und dann dort zu übernachten. Kurz nach 20 Uhr landeten sie endlich auf dem Curtiss-Flugfeld in Pine Valley bei Philadelphia.

Trotz der ungeplanten Zwischenlandung war dieser Flug für Larsen dennoch ein voller Erfolg. Die JL 6 war immerhin 10 Stunden und 58 Minuten ununterbrochen in der Luft gewesen und hatte dabei eine Strecke von 1950 km zurückgelegt. Das war amerikanischer Rekord im Dauerflug und für ein einmotoriges Flugzeug mit dreiköpfiger Besatzung sogar Weltrekord. An Treibstoff waren bis Philadelphia 105 Gallonen Gasolin verbraucht worden. Über die Reaktionen der amerikanischen Öffentlichkeit auf diesen Rekord schrieb die *Frankfurter Zeitung* vom 21. August 1920: »Der heutige ›Literary Digest‹ stellt … eine Reihe von Presse-Äußerungen zusammen, die sämtlich große Überraschung über den Vorsprung, den die deutsche Flugtechnik gewonnen hat, bekunden, … So sagt ein Fachmann, der in der *New York Times* das Junkers'sche Flugzeug behandelt: ›Es ist das einstimmige Urteil aller amerikanischen Flugzeugfabrikanten und Fachmänner, dass das Luftverkehrswesen durch diese Leistung des deutschen Genius eine wahre Revolution erfahren muss.‹ Was den Fachleuten besonders auffällt, ist die außerordentliche Brennstoffersparnis, die durch die neue Flugzeugkonstruktion gewährleistet wird, denn für dieselbe Leistung, für die amerikanische Flugzeuge 46 Gallonen Gasolin gebrauchen, kommt das Junkers'sche Flugzeug mit 5 aus.«

Beim amerikanischen Publikum machten die Schilderungen über die Bequemlichkeiten und den Komfort in der Kabine bei diesen Luftreisen großen Eindruck. Die Evening Post berichtete über eine Reise u. a.: »Ein reichlich gedeckter Lunch-Tisch mit Silberzeug und schönem Tafelgeschirr erfreute die Passagiere. Später gab es Zigarren für die Herren und Erinnerungsabzeichen für die Damen. Das Wetter war sehr kalt, denn das Flugzeug war in einer Höhe von 7000 Fuß, aber in der elektrisch geheizten Kabine trug man Sommerkleidung.«[42]

Dieser Rekord verschaffte Larsen nun endgültig den Durchbruch in Amerika. Als er am nächsten Tag nachmittags gegen 14 Uhr auf Long Island in New York landete, wurde ihm ein Telegramm aus Washington überreicht, in dem er zu einer Konferenz mit Regierungsbeamten gebeten wurde. Bereits eine Stunde später saß Larsen wieder im Flugzeug und star-

MID-WEEK PICTORIAL

Airplane That Made Remarkable Non-Stop Flight

THE JL-6 IN FLIGHT OVER POTOMAC RIVER, RACING A BIPLANE, WHICH IT EASILY OUTDISTANCED, SHOWING EXTRAORDINARY SPEED AND POWER.

GREAT interest was aroused in the attempt to set a new American non-stop record by the all-metal monoplane JL-6, which left Omaha, Neb., at 4:12 A. M., June 28, bound for Central Park, Long Island. It reached a point about twenty miles east of Lancaster, Pa., where a dense haze forced the pilot to descend to get his bearings. The plane had then traveled about twelve hundred miles without a stop, which establishes a new American record. The time to that point was 10 hours and 58 minutes. Having ascertained his whereabouts, the pilot flew his machine to Pine Valley, N. J., and the next day made the "hop" to New York, a distance of 100 miles, in 50 minutes. The new airplane is regarded as a marked step forward in aeronautical construction. It is wholly made of metal, duraluminum, which combines extreme lightness with great tensile strength. There are no wires nor struts, and the machine is fireproof and weatherproof. It can carry comfortably from six to eight persons at an average speed of 112 miles an hour. It has a six-cylinder super-Mercedes motor of 185 horse power, which can make 125 miles an hour, although the most suitable speed is 85 miles an hour, which requires the hourly expenditure of about eight gallons of gasoline. Among the novelties of the machine are the hollow wings, which are utilized to carry 75 gallons of gasoline. The weight of the machine without passengers is 3,900 pounds. On one occasion the machine, carrying six passengers, established an altitude record of 20,600 feet.

CLOSE-UP OF THE NACELLE OF THE JL-6 ALL-METAL MONOPLANE, SHOWING PLAINLY THE CORRUGATED DURALUMINUM THAT ADDS GREATLY TO THE STRENGTH OF THE MACHINE.

Rear view of the all-metal plane, giving an excellent idea of its bird-like lines and its capacious body, which is capable of carrying comfortably eight passengers. The wings are removable, are hollow, and are used for the storage of gasoline.

Diagram of the JL-6 plane, indicating the main features of this new and remarkable machine, which has broken all records for a non-stop flight over land, making a continuous trip of 1,200 miles.

(102) Bericht über den Non-Stop-Flug in einer amerikanischen Zeitung

tete nach Washington. Im Ergebnis der Verhandlungen in Washington verkaufte Larsen vier JL 6 an die amerikanische Postbehörde und drei an die amerikanische Armee – zu dem horrenden Preis von 30 000 Dollar pro Flugzeug.[43]

Larsen verleugnet Junkers

Die Tatsache, dass Larsen seine Erfolge in den USA den Junkerswerken gegenüber unterschlagen hatte, lösten in Dessau Ärger und große Befürchtungen aus. Am 26. Juni 1920 schrieb Junkers an seinen Generalbevollmächtigten Seitz: »Larsen ist zweifellos ein energischer, unternehmender und tüchtiger Geschäftsmann, aber unser Freund ist er nicht. ... Er wird sich ohne Zweifel rücksichtslos von uns lossagen, sobald er sieht, dass er uns nicht mehr braucht, ohne irgendwelche Rücksicht auf das, was er uns verdankt und welche Folgen sein Verhalten für uns hat.«[44]

Die Befürchtungen von Junkers waren nicht von der Hand zu weisen, besonders, als sich herausstellte, dass Larsen in Amerika immer mehr dazu überging, die F 13 als seine Erfindung auszugeben. Gleichzeitig wurden seine Forderungen an die Jfa nach vollständigen Sätzen von Konstruktionszeichnungen der F 13 immer dringender. Am 23. Juni 1920 forderte er mit der Behauptung, dass die zuletzt gelieferten fünf F 13 auf dem Transport außerordentlich beschädigt worden seien, neben einer Unmenge an Reparaturmaterial auch gleich drei Flugzeugmechaniker an. Seine Taktik lief eindeutig darauf hinaus, nach den großen Erfolgen und den Verkäufen an die amerikanische Regierung die F 13 unter Umgehung von Junkers in den USA selbst zu produzieren.

Die Gründe für Larsens Verhalten waren aber durchaus nicht nur in seiner Gewinnsucht und seinem ausgeprägten Geschäftssinn zu suchen, sondern erklärten sich auch aus der Situation in den USA nach dem Ersten Weltkrieg. In der dortigen Bevölkerung hatte sich während des Krieges aus dem in den USA weit verbreiteten Patriotismus heraus nicht nur ein Hass auf Deutsche, sondern insgesamt eine übertriebene Fremdenfeindlichkeit entwickelt, die auch in den ersten Nachkriegsjahren fortdauerte und durch die große Einwandererwelle noch verstärkt wurde. Larsen, der vor einem Vierteljahrhundert aus Dänemark in die USA eingewandert war, befürchtete, dass ihm seine Herkunft vorgehalten und er der Deutschenfreundlichkeit bezichtigt werden könnte. Deshalb betonte er bei jeder Gelegenheit seinen Hass auf und seine Verachtung für die Deutschen.

Wie groß seine Unsicherheit und seine Angst war, nicht als patriotischer Amerikaner zu gelten, zeigt folgender Vorgang: Am 17. Juni 1920 – kurz vor dem Abflug zur Hochzeit nach Omaha – informierte ihn ein Freund darüber, dass der amerikanische Nachrichtendienst nach den Erfolgen der F 13 in Atlantic City Nachforschungen über Larsen anstellen würde. Larsen wandte sich daraufhin sofort an den ihm bekannten Leiter des Information Group Air Service, Leutnant Hickham. Dieser bestätigte die Nachforschungen und begründete sie folgendermaßen: »Wie Sie wissen, herrscht augenblicklich in Bezug auf unseren Handel mit Deutschland eine sehr ungewöhnliche Lage und es ist für jede Regierungsabteilung, bevor sie irgendeine Handlung unternehmen kann, nötig, die vollen Tatsachen zur Verfügung zu haben. Diese umfassen die Fragen, ob Sie ein amerikanischer Staatsbürger sind, wo Sie die Ausrüstung kauften, wo sie hergestellt wurde, wofür sie gebraucht werden soll und ob das Kapital, das hinter dem Unternehmen steht, deutsches oder amerikanisches ist.«[45]

Dieser Brief musste Larsen einen gehörigen Schreck eingejagt haben, denn ab diesem Zeitpunkt versuchte er in der Öffentlichkeit den Eindruck zu erwecken, dass er der Erfinder des Flugzeuges sei und die F 13 in Amerika produziert werden würde.

Bei Junkers geriet man auf Grund dieses Verhaltens von Larsen immer mehr in Panik. Seitz beschloss, zusammen mit Dr. Junge und Herta Junkers, der ältesten Tochter des Professors, sofort in die USA zu reisen, um sich selbst ein Bild von der Lage zu machen und eventuell direkt mit den Regierungsbehörden über den Ankauf von Junkersflugzeugen zu verhandeln. Als Larsen diese Nachricht erhielt, blieb ihm nichts weiter übrig, als die Karten auf den Tisch zu legen: »Herr Seitz teilte mir in einem seiner letzten Briefe mit, dass er zusammen mit Frl. Hertha Junkers herüber kommen und Amerika bereisen wolle. Ich kann nicht ernst genug betonen, dass dieses ein großer Fehltritt wäre, welcher etwa gleichbedeutend mit der Zerstörung aller meiner Arbeiten wäre, die ich mit so großen Kosten und Schwierigkeiten getan habe, indem ich nämlich dies Unternehmen fast ganz amerikanisierte und den feindlichen Ursprung so viel als möglich eliminierte und nur dadurch, dass ich mit 100 % amerikanischem und mit ganz amerikanischem Kapital erschien, hatte ich überhaupt bei allem nur Aussichten. Ich wurde rechts und links angegriffen und von der Regierungs- und militärischen Intelligenz von A – Z ausgeforscht und die Regierung würde keinen Kauf von Maschinen außer Mustern in Erwägung ziehen, wenn sie nicht in diesem Lande hergestellt sind, und sie haben mir sehr zugesetzt, ich solle die Fabrikation hier, sobald als möglich einrichten, indem sie wiederholt feststellten, dass sie die in Deutschland hergestellten Flugzeuge nicht unterstützen können und wollen, daher dürfte es, wie bereits oben erwähnt, erforderlich sein, einen Teil dieser Maschinen in zerlegtem Zustande zu bekommen.«[46]

Junkers hatte nur wenige Möglichkeiten, auf diese Pläne von Larsen zu reagieren. In Deutschland blieb das Flugzeugbauverbot auch über den 10. Juli 1920 hinaus bestehen, da Deutschland nach Meinung der Alliierten immer noch nicht alles Kriegsmaterial abgeliefert hatte. Erst nach völliger Auslieferung beginne das dreimonatige Bauverbot zu laufen, wurde von der Entente beschlossen. Aber selbst wenn man Junkers den Bau seines zivilen Verkehrsflugzeuges gestatten würde, so fehlten ihm doch die Flugmotoren, denn in Deutschland waren alle Flugmotoren beschlagnahmt worden. Für Junkers wurde die Frage der Beschaffung von Flugmotoren »zu einer Lebensfrage für die Jfa«[47]. Dazu brauchte er Larsen, der als Amerikaner noch die größten Aussichten hatte, an Flugmotoren heranzukommen.

Larsen hatte also noch alle Trümpfe in der Hand. Nach einem weiteren großen Erfolg – dem Überlandflug von New York nach San Francisco – glaubte er sich endlich am Ziel seiner Wünsche.

Der große Transkontinentalflug New York – San Francisco

Bereits nach seiner Rückkehr aus Omaha Ende Juni 1920 fasste Larsen den kühnen Entschluss, den bisherigen Rekordflügen noch einen viel spektakuläreren Flug folgen zu lassen: Er wollte mit vier JL 6 von New York über den gesamten amerikanischen Kontinent bis San Francisco fliegen.

Mitten in den Vorbereitungen zu diesem Flug meldete sich die amerikanische Postbehörde bei Larsen und wollte die vier für den Postflug hergerichteten JL 6 kaufen. Da Larsen gerade knapp bei Kasse war, konnte er sich diese Möglichkeit zum Gelderwerb nicht entgehen lassen und musste auf die nächste Lieferung aus Dessau warten, um seinen Flug antreten zu können.

Mitte Juli 1920 trafen zwei weitere JL 6 in New York ein und Larsen konnte mit den Vorbereitungen zum großen Transkontinentalflug beginnen. Der Flug sollte nun mit drei JL 6 durchgeführt werden. Die zwei neuen

Flugzeuge hatte er sofort an die amerikanische Armee für je 30 000 Dollar verkauft, sie sollten nach dem Flug in San Francisco bleiben. Die dritte JL 6 war Larsens Vorführflugzeug, er wollte damit auf dem Rückflug von San Francisco nach New York einen weiteren Dauerflugrekord versuchen.

Der Flug von New York nach San Francisco diente verschiedenen Zwecken. Zum ersten war es natürlich ein Propagandaflug für die JL 6, gleichzeitig diente er auch als Testflug für die zwei von der Armee angekauften Flugzeuge. Seine wichtigste Aufgabe war jedoch die Vorbereitung des Luftpostdienstes von der amerikanischen Ostküste zur Westküste, der ab September 1920 aufgenommen werden sollte.

Die amerikanische Luftpost, die seit 1919 versucht hatte, Luftverkehrsstrecken einzurichten und damit ihre Existenzberechtigung unter Beweis zu stellen, hatte bis zu dieser Zeit noch keine großen Erfolge zu verzeichnen. Bisher war es nur gelungen, die Strecken New York – Washington und New York – Bellefonte – Cleveland – Chicago – Omaha einigermaßen regelmäßig zu befliegen.

Ziel des Zweiten Stellvertretenden Postministers Otto Praeger und seiner Mitarbeiter war eine Luftverbindung zwischen dem atlantischen und pazifischen Ozean. Damit sollte die bisherige fünftägige Postlaufzeit zwischen der Ost- und der Westküste der USA auf zwei Tage reduziert werden. Als im Oktober 1919 einer Gruppe Armeeflieger ein Rundflugrennen zwischen New York und San Francisco gelang, war die Erreichung dieses Zieles in erreichbare Nähe gerückt. Es fehlten nur noch leistungsfähige Flugzeuge, denn die zur Verfügung stehenden Armeeflugzeuge befriedigten in ihren Leistungen nicht. Nachdem es Larsen gelungen war, auf der bisherigen Postflugstrecke New York – Omaha die Leistungen der von der Post verwandten Flugzeuge bei Weitem zu übertreffen, zögerte die Post deshalb nicht und kaufte sofort vier dieser neuartigen Verkehrsflugzeuge. Auf sie setzte man nun große Hoffnung.[48]

Während sich die Piloten der US-Luftpost mit den neu erworbenen JL 6 vertraut machten, wollte Larsen mit seinen beiden Piloten Emil Monz und Bert Acosta schon mal den Luftweg erkunden und brauchbare Landungsplätze suchen. Das dritte Flugzeug sollte von einem Piloten der amerikanischen Armee gesteuert werden. Ein Fotograf sollte mit Hilfe einer Kamera topographische Aufnahmen anfertigen und wichtige Stationen fotografieren.

Am Morgen des 29. Juli 1920 starteten die drei JL 6 mit 100 Poststücken zum Versuchsflug für die längste Luftpostlinie der Welt von New York nach San Francisco.[49] Die Flugzeuge wurden geflogen von Emil Monz, Bert

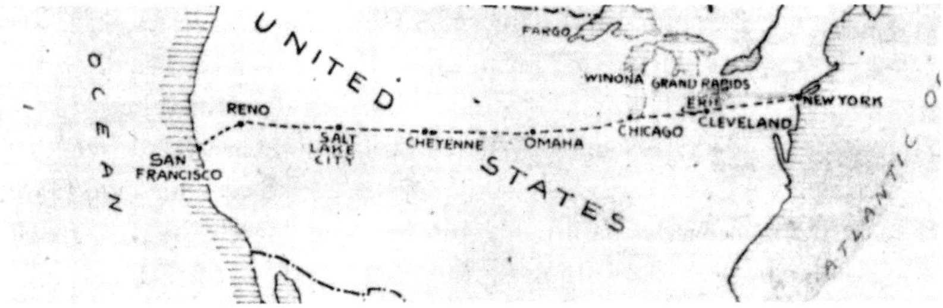

(103) Strecke des Versuchsfluges

Acosta und dem Chef der Flugdienstschule der amerikanischen Armee Colonel Harold E. Hartney. Unter den Passagieren befanden sich Edward Rickenbacker, der Konstrukteur William B. Stout und der Generalsuperintendent des Luftpostdienstes Major Leonard B. Lent.

Erstes Ziel war Cleveland, wo die Flugzeuge planmäßig am Nachmittag des gleichen Tages eintrafen. Am nächsten Morgen gab es beim Abflug der drei JL 6 bereits den ersten Zwischenfall. Colonel Hartney blieb mit seinem Flugzeug an einem Telegrafenmast hängen und machte eine Bauchlandung, die glücklicherweise für die Passagiere glimpflich ablief.[50] Das Flugzeug war jedoch so beschädigt, dass erst ein Ersatzflugzeug aus New York herbeigeschafft werden musste.

Während sich Bert Acosta und Colonel Hartney um den Ersatz kümmerten, flog Pilot Monz mit Larsen weiter nach Chicago. Während des Fluges kam es zu einem heftigen Streit zwischen beiden, der damit endete, dass Monz nach der nächsten Landung zurück nach New York reiste. Als Grund der Auseinandersetzung gab Monz an, er hätte es »nicht mehr mit ansehen können, wie Larsen sich als Erfinder brüstete und die Deutschen beschimpfte«.[51]

Am Vormittag des 31. Juli 1920 flog Bert Acosta weiter nach Chicago, das Ersatzflugzeug mit Leutnant Hartney am Steuer folgte noch am gleichen Nachmittag und traf am Abend ebenfalls in Chicago ein. Zum Weiterflug nach Omaha fehlte jetzt allerdings ein Pilot, denn Monz hatte ja Chicago inzwischen verlassen. Larsen engagierte daraufhin den amerikanischen Flieger Samuel Eats, der Larsens Maschine ohne Zwischenfälle bis nach Oakland flog. Die zweite JL 6 mit Fluglehrer Hartney am Steuer blieb beim Start in Omaha an einem Holzhaus hängen. Damit war auch das zweite Armeeflugzeug außer Betrieb gesetzt. Auch hier war der Unfall glimpflich

(104) Landung in Oakland. In der Mitte mit Hut und Stock John M. Larsen, links neben ihm E. V. Rickenbacker, rechts neben Larsen Bert Acosta, der Postmeister J. J. Rosebrough und Major Leonard B. Lent.

verlaufen, betroffen waren wiederum nur das Fahrgestell, das bei der Bauchlandung zerstört worden war und der Flugzeugschwanz. Kabine und Flügel waren auch diesmal relativ unbeschädigt geblieben.[52] Das beschädigte Flugzeug wurde diesmal nicht ersetzt, sondern Larsen flog mit nur zwei Flugzeugen weiter und erreichte ohne weitere Vorkommnisse Kalifornien, wo Larsen auf dem Oakland-Flugplatz die erste Trans-Continental-Post an den Postmeister Rosebrough übergab.[53]

Eine JL 6 verblieb in Kalifornien und wurde dort an die Mercury Aviation Company verkauft. Larsen kehrte mit seiner Maschine und Pilot Bert Acosta wieder nach New York zurück. Beide hatten mit ihrer JL 6 einen geschlossenen Rundflug New York – San Francisco – New York durchgeführt. Dabei hatten sie insgesamt 8000 Meilen in weniger als 4 Wochen zurückgelegt.[54] Das war eine für die damalige Zeit grandiose Leistung für ein Verkehrsflugzeug und führte dazu, dass die Post gleich vier weitere JL 6 kaufte.[55] Sie plante, ihren Flugzeugpark überwiegend mit diesen wirtschaftlichen Verkehrsflugzeugen auszurüsten und entsandte sofort ihren technischen Sachverständigen Alexander Klemin nach Dessau, damit dieser sich an Ort und Stelle über die Herstellung und Behandlung der Flugzeuge informieren konnte.

In den USA wurde inzwischen der neue Flugzeugtyp von der Luftpost auf Herz und Nieren geprüft. Die beiden Einflieger J. A. Macready und Harold R. Harris bemängelten zwar, dass die JL 6 gegen Übersteuerung sehr empfindlich und im Aufstieg schwerfällig sei, auch dass das Flugzeug beim Landen dazu neigt, »bei geringer Geschwindigkeit über einen Flügel zu gehen«. Sie kamen aber zu folgender positiver Gesamteinschätzung der JL 6: »In Anbetracht der hohen Brandsicherheit und des Umstandes, daß der Junkers-Eindecker nur von guten und mit ihm wohlvertrauten Führern geflogen wird, ist das Flugzeug als ein außergewöhnlich bedeutender Fortschritt zu bezeichnen. Der Junkers-Eindecker ist äußerst wirtschaftlich und leistungsfähig und zeigt dabei sehr wertvolle Konstruktionseinzelheiten.«[56]

Die Zeitschrift *Auto* vom 1. September 1920 berichtete über Ankauf der JL 6 durch die amerikanische Luftpost und betonte, »daß man sich in amtlichen amerikanischen Kreisen auf das Urteil einigte, daß die Junkersflugzeuge überhaupt die zurzeit besten Flugzeuge der Welt seien«.

Ganz Amerika war von diesem neuartigen Flugzeug begeistert. Die Juli-Nummer des *Flying* brachte eine zweiseitige Anzeige unter der Überschrift »Performance« (Vollkommenheit): »Dieser Typ, der den Flugzeugbau auf eine vollständig veränderte Grundlage stellt, wurde von einem Konstrukteur gebaut, dem bekannten Erfinder und ehemaligen Hochschulprofessor Junkers, den die Anzeige den ›Edison von Europa‹ nennt«, hieß es dort. »Die Erfolge der deutschen Metallflugzeuge in den Vereinigten Staaten werden überall gepriesen«, schrieb die *Kölnische Zeitung* vom 17. August 1920 und die Zeitschrift *Welthandel* schloss sich in einem Bericht über die USA dieser Meinung an: »Großes Aufsehen hat hier der deutsche Metall-Aeroplan der Firma Junkers, Dessau, hervorgerufen, dessen Leistungen – wenn auch die deutsche Herkunft von der Presse verschwiegen wird – darauf schließen lassen, daß der deutschen Flugzeugindustrie große Aufträge von hier bevorstehen, falls nicht, wie bereits gemunkelt, die gesamte Fabrikation nach hier verlegt werden wird.«[57]

Eine Verlegung des Flugzeugbaues in die USA wäre wirklich ein denkbarer Ausweg aus den Schwierigkeiten gewesen, in denen sich die Junkerswerke in Dessau nun inzwischen befanden. Während die deutsche Regierung und die Alliierten noch über die Auslegung des Versailler Vertrages und über das Flugzeugbauverbot stritten, hatten sich die Junkers-Flugzeugwerke auf Drängen ihres Chefs soweit wie möglich auf einen Serienbau eingerichtet. Sogar eine größere Anzahl BMW-Motoren aus dem Ersten Weltkrieg konnten ausfindig gemacht und in der Schweiz zwischengelagert werden. Da die JL 6 von den Alliierten als Zivilflugzeug anerkannt worden war, hoffte man bei Junkers immer noch darauf, nicht vom Bauverbot betroffen zu werden. Dieser Hoffnung setzte der belgische Kommandant Moulin bei seinem Besuch im Berliner Büro der Junkerswerke am 20. August 1920 aber ein jähes Ende: »Aus der vertraulichen Unterhaltung ergab sich, daß der Oberste Rat den Friedensvertrag unabänderlich dahin auslegt, daß wir für absehbare Zeit nicht bauen dürfen. Es ist nur der zivile Charakter des Flugzeuges anerkannt, eine Bauerlaubnis aber damit nicht ausgesprochen. Es ist der Kommission bekannt, daß die Junkerswerke bauen und obschon man hierin einen Verstoß gegen den Friedensvertrag erblickt, will man scheinbar inoffiziell mit uns verhandeln, um einen Kompromiss zu schließen auf der Grundlage, daß wir jedem beteiligten Lande ein Flugzeug gewissermaßen zu Studienzwecken abtreten. Dafür sollte der Rest der im Bau befindlichen Maschinen nicht beschlagnahmt werden, sondern wir dürften ihn verkaufen.«[58]

Während in Dessau noch darüber nachgedacht wurde, wie die nach den Erfolgen der JL 6 in den USA zu erwartende große Nachfrage befriedigt werden könnte, ohne in völlige Abhängigkeit von Larsen zu geraten, traten Ereignisse ein, die alle diese Erwartungen mit einem Schlage zunichte machten.

Katastrophen

Der technische Sachverständige der US-Luftpost war Ende August in Dessau eingetroffen. Hugo Junkers, der sich gerade in seinem Landhaus in Bayrischzell aufhielt, reiste sofort nach Dessau, um selbst mit Klemin zu verhandeln. Er hatte inzwischen seinen Patentanwalt Michaelis beauftragt, den Vertrag mit Larsen daraufhin zu überprüfen, ob er verpflichtet sei, ihm die Konstruktionszeichnungen der F 13 auszuhändigen. Michaelis musste ihn enttäuschen. Junkers sei vertragsmäßig verpflichtet, Larsen bei der Verwertung in jeder Beziehung zu unterstützen, d. h. die bisherigen Konstruktionen und Werkstatterfahrungen, Hilfskräfte und Mitarbeiter zur Verfügung zu stellen.[59] Um sich aus seiner Abhängigkeit von Larsen wenigstens teilweise lösen zu können, maß Junkers einer direkten Verhandlung mit der US-Luftpost deshalb große Bedeutung bei.

Die Besprechung fand am 1. September im Hauptbüro im Beisein von Seitz statt. Dieser teilte mit, daß Larsen eine sehr gute Reklame für die Jun-

(105) Eine JL 6 im amerikanischen Luftpostdienst

kers-Flugzeuge gemacht, aber diese Reklame unter amerikanischer Flagge gesetzt und sich selbst als Erfinder ausgegeben hätte. Eine Verhandlung über den Ankauf von F 13 war durch den Vertrag mit Larsen nicht möglich, deshalb bot Junkers den gemeinsamen Bau eines Großflugzeuges mit bis zu 5000 kg Nutzlast an. Klemin hielt dies für möglich. Der Postbehörde käme es darauf an, soviel Briefe wie möglich mit geringstem Aufwand an Brennstoff zu befördern. Dabei seien Unverbrennbarkeit, Reparaturmöglichkeit und Wirtschaftlichkeit der Flugzeuge die Hauptgesichtspunkte. Wenn also Längs- und Querstabilität in hinreichender Weise vorhanden seien, keine Feuersgefahr bestehen würde und das Flugzeug zwei bis vier Motoren hätte, so wäre das Junkers-Flugzeug das Idealflugzeug. Er bat um entsprechende Unterlagen für einen Bericht an seine Behörde.

Nach der anschließenden Besichtigung des Werkes erklärte Klemin, dass er einen sehr günstigen Eindruck gewonnen und nunmehr die Sicherheit habe, dass die Herstellung der Flugzeuge in den besten Händen sei. Er wolle einen diesbezüglichen günstigen Bericht an seine Behörde einreichen.[60] Noch während er dies erklärte, stürzte um 8 Uhr morgens (14 Uhr

MEZ) bei Morristown einer der erfahrensten Piloten der US-Luftpost mit einer JL 6 ab.

Max Miller war am frühen Morgen des 1. September mit seinem Mechaniker Gustav Rierson in Hazlehurst zum ersten offiziellen Postflug nach Chicago gestartet. Er flog, wie damals üblich, nach Sicht in niedriger Höhe, um sich an markanten Punkten zu orientieren. In der Nähe von Morristown stotterte plötzlich der Motor, der Pilot verlor die Kontrolle über das Flugzeug, es geriet in Brand und stürzte ab. »Der Gasolintank explodierte, als das Flugzeug den Boden berührte, nachdem es einen Absturz in einige Bäume vermieden hatte. Die Körper der Insassen wurden unter dem Flugzeug begraben und schwer verbrannt. Die Flügel des Flugzeuges wurden 20 Fuß von dem Rumpf des Flugzeuges hinweggeschleudert. Mehrere hundert Briefe wurden auch herumgestreut; einer der Postsäcke trug einen Zettel, woraus man ersah, daß er für Chicago bestimmt war. … Ein großer Teil der Post wurde vollständig zerstört, aber einiges wurde in Säcken von den Bauern der Umgegend zusammengesucht.«[61] Die amerikanische Öffentlichkeit reagierte entsetzt auf Millers Tod. »Dienstältester Postflieger stirbt bei flammendem Absturz«, lautete die Schlagzeile der *New York Times*.[62]

Larsen telegrafierte diesen Unfall sofort nach Dessau und warf Junkers Konstruktionsfehler vor: Die Brennstoffleitung zwischen Motorpumpe und Vergaser sei entweder undicht geworden oder ist gebrochen und das ausgetretene Benzin hätte sich unter dem Motor gesammelt. Dadurch, dass der Motor zu wenig Benzin bekam, wären Rückschläge in die Ansaugleitungen aufgetreten, die das ausfließende Benzin entzündeten. Die Jfa hätte zwar die Rohrleitungen geändert, aber nach Larsens Auffassung wären Öffnungen am Boden wichtiger gewesen, durch die das Benzin hätte ablaufen können, dann wäre nichts passiert. Die Jfa hätte das Problem wohl jetzt erkannt, denn bei den neuen Maschinen hätte sie große Abflussöffnungen angebracht, aber sie hätte Larsen nicht davon benachrichtigt. Er forderte Junkers auf, sofort Major Seitz nach Amerika zu senden.[63]

Klemin war inzwischen nach Friedrichshafen abgereist. Jfa-Direktor Hans Sachsenberg eilte ihm sofort nach, um ihm die unangenehme Nachricht selbst zu überbringen.

Nur vierzehn Tage nach diesem tragischen Unfall folgte die nächste Katastrophe. Pilot William Riddlesberger musste mit seiner JL 6 kurz vor der Luftpoststation in Cleveland notlanden, weil Flammen aus dem Motor schlugen, er kam jedoch mit leichten Brandwunden davon. An seiner Stelle erklärte sich der 37-jährige Pilot William Stevens bereit, die Post weiter nach Chicago zu fliegen. Eigentlich hatte er seinen Dienst bei der Luftpost so gut wie beendet und wollte in den nächsten Tagen seine neue Stelle bei der Glenn L. Martin Co. in Cleveland antreten. Sein Mechaniker Russell Thomas war hingegen noch nie bei einem amtlichen Postflug mitgeflogen, für den dreiundzwanzigjährigen Frischvermählten war es ein Premierenflug. Er sollte auch sein letzter sein. In der Nähe von Pemberville (Ohio) fing auch diese JL 6 Feuer. Der sehr erfahrene Pilot Stevens leitete sofort die Notlandung ein, aber der Tank explodierte und auch dieses Flugzeug stürzte brennend ab. Für Stevens und Thomas gab es keine Rettung mehr.

Larsen, der kurz zuvor so darauf bedacht war, sich bei der Presse als Konstrukteur und Fabrikant der JL 6 hinzustellen, sah sich nun als Opfer. Den Junkerswerken telegrafierte er am 16. September 1920: »Flugzeug Nr. 560 fing gestern bei erstem Aufstieg Feuer, stürzte ab und verbrannte tödlich Postbeamten Stevens und Mechaniker Thomas. Amtliche und Presse-Kritiken vernichtend. Situation nun gänzlich verzweifelnd. Ihre Verwendung von 5 gebrauchten BMW-Motoren nunmehr doppelt unglücklich wegen darauf ruhender Verantwortung infolge vorher geäußerter Beschwerden.«[64]

Die gesamte amerikanische Presse, die vor den Unfällen die deutsche Herkunft des Rekordflugzeuges JL 6 weitgehend verschwiegen hatte, sprach plötzlich nur noch von deutschen Junkersflugzeugen. Larsen und die Luftpost wurden beschuldigt, leichtsinnig unausgereifte ausländische Konstruktionen in die USA eingeführt zu haben. Die *Cleveland Press* vom 16. September 1920 titelte ganz groß »In Deutschland hergestellte Todesflugzeuge« und die *Evening Post* schrieb: »Der verhängnisvolle Unglücksfall, der den Leuten des Luftpostdienstes, die in deutschen Junkers-Ganzmetallflugzeugen flogen, zustieß, und der zweite dieser Art binnen 2 Wochen in dem Postdepartement war, rief heute viele Ausdrücke der Kritik bei Fliegern und flugtechnischen Ingenieuren wegen der Benutzung einer Maschine für Postzwecke hervor, das als äußerst gefährliche Versuchsmaschine anzusehen ist. Sie wiesen daraufhin, daß von den sämtlichen 8 deutschen Flugzeugen, die von dem Postdepartement zum Preise von je 30 000 Dollar gekauft wurden, nur noch 3 zur Verfügung ständen. Zwei sind mit ihren Führern verbrannt und führten vier Leute des Postdienstes zum Tode, ein anderer war teilweise verbrannt ohne Verletzungen für die Insassen, und zwei andere waren derart abgestürzt, daß sie unbenutzbar waren.«

Daraufhin wurde die JL 6 von der Luftpost nochmals gründlich untersucht. Dabei kam man zu dem Ergebnis, dass die Hauptursache des Unfalls Konstruktionsmängel im Brennstoffsystem waren: »Eine Untersuchung dieses Flugzeuges … ergab folgende Fehler, welche bezüglich der Entstehungsursache als gefährlich betrachtet werden.

a) Die Gasolin-Rohrleitung war gänzlich mit starren Verbindungen eingebaut und die Rohre waren nur sehr wenig unterstützt.
b) Die Maschinen-Luftansaugung war der integrierende Teil der Maschine, der die Luft über den Boden des Kurbelkastens durch Öffnungen in dem Kurbelkasten eigentlich in die Vergaser-Einlässe leitet. Die Luftansauger-Einlässe kommunizierten unmittelbar mit dem Maschinenabteil.
c) In dem Luftansauge-System waren einige Stellen vorhanden, an welchem sich Gasolin ansammeln konnte im Falle eines Überfließens des Vergasers.
d) Der Gasolin-Filter bestand aus einem sehr kleinen Siebe, welches in die zum Vergaser führende Gasolin-Leitung eingesetzt war. Dieses Sieb, welches eine sehr kleine Oberfläche hat, konnte verstopft werden und dadurch die Maschine verhungern dadurch [sic], daß Rückschlag entstand.
e) Die Gasolinpumpe war an der Maschine durch einen sehr leichten Arm unterstützt, der beträchtliche Vibration zuließ und zu der Zeit, wo diese Untersuchungen angestellt wurde, wurde festgestellt, daß der Arm auf dem betreffenden untersuchten Flugzeuge gebrochen war.
f) Die Drahtleitung der Zündungsvorrichtung war ohne Sorgfalt installiert und lag frei, so daß sie an Metallteilen der Flugzeugkonstruktion an zahlreichen Stellen scheuern konnte.
g) Die Brandwand zwischen dem Maschinenabteil und dem Führercockpit hatte einige große Öffnungen, welche es ermöglichten, daß die Flamme im Falle eines Brandes in das Führerabteil schlugen.
h) Die Außenhaut des Rumpfes ist aus gewelltem Duraluminblech hergestellt. An der Stelle, wo die Feuerwand an diese Haut stößt, ließen die Wellungen eine Anzahl Öffnungen.
i) Der Rumpfboden ist so geneigt, daß Gasolin oder Öl auf der Bodenhaut das Bestreben hat, zurück in das Führercockpit unmittelbar unter den Führersitz zu fließen.«[65]

Auch in den Junkerswerken liefen die Untersuchungen über die Brandursache auf Hochtouren, jedoch kam man anfangs zu keiner schlüssigen Erklärung. Bei den bisher gebauten F 13 war es bei der Erprobung in Dessau bis zu diesem Zeitpunkt nur einmal zu einem Brand gekommen, der allerdings auch tragisch geendet hatte. Das Hauptbüro der Junkerswerke berichtete darüber am 3. Juni 1920: »Ein für das Ausland bestimmtes Verkehrsflugzeug machte gestern unter Führung unseres Flugzeugführers Leutnant der Reserve Griebsch (Inhaber des Pour le Mérite) einen Probeflug. Er hat kurz vorher mit demselben Flugzeug einen Probeflug gemacht und war zum zweiten Mal gestartet. Weitere Insassen befanden sich nicht in dem Flugzeuge. Augenzeugen beobachteten in einer Höhe von etwa 3–500 m plötzlich eine große Flamme im Flugzeuge, welches darauf in ziemlich steilem Gleitfluge niederging, um anscheinend eine beschleunigte Notlandung zu machen. In etwa 50 m Höhe erfolgte noch eine Explosion, worauf sich das Flugzeug auf den Flügel neigte und zu Boden ging. Beim Aufschlagen ging es vollständig in Trümmer. Die Leiche des Führers war zum Teil verbrannt. Es ist anzunehmen, daß der Flugzeugführer das Flugzeug bis zu der angegebenen Explosion noch voll in der Gewalt hatte. Die näheren Ursachen sind noch nicht aufgeklärt. Die Unfallstelle befindet sich etwa 2½ km von dem hiesigen Flugplatz entfernt.«[66]

Sofort wurden Untersuchungen eingeleitet, um die Ursachen aufzuklären und abzustellen. Auch in Dessau kam man zu dem Ergebnis, dass die Brennstoffanlage noch Mängel aufwies. Am 9. Juni 1920 schrieb die Jfa an Larsen: »Die genaue Untersuchung hat ergeben, daß die Benzinleitung dicht am Konus des Vergasers gebrochen ist. Ob dieser Bruch bereits in der Luft eingetreten ist und die Ursache des Benzinaustritts war oder ob er erst beim Landen entstanden ist, ist nicht feststellbar. Dieser Unfall hat uns Veranlassung gegeben, die gesamte Benzinleitungs-Anlage nochmals hinsichtlich der Konstruktion wie der Ausführung an den hier habenden Maschinen zu prüfen.«[67]

Als erste Maßnahme verstärkten die Dessauer Flugzeugbauer die Verbindungen zwischen Motor und Benzinleitungen, um die Auswirkungen von Erschütterungen des Motors auf das Leitungssystem abzuschwächen. Außerdem empfahlen sie Larsen, die Benzinleitungen vor dem Einbau auszuglühen.

Larsen war also bereits vor den Unfällen bei der Luftpost über die Mängel an der Maschinenanlage und die daraus resultierende Brandgefahr unterrichtet. Auch muss er von den Vibrationen und deren Gefahren gewusst haben, denn in einer Besprechung der Junkerswerke wurde darauf hingewiesen, dass Larsen für seine großen Überlandflüge die Rohrleitungen an drei Stellen durchschnitten und flexible Teile eingesetzt hätte.[68]

Das würde erklären, warum auf den großen Dauerrekordflügen und den Testflügen von der West- zur Ostküste der USA keinerlei Brände aufgetreten sind, es erklärt aber nicht, warum Larsen dann die Änderungen an den Maschinen nicht vor dem Verkauf an die Post vorgenommen hat. Bogart

Rogers, der Chef der USA-Air-Mail, hatte Jahre danach noch eine andere Erklärung parat: »Die Junkers-Maschinen besaßen in der Benzinzuführung Zwischenstücke aus Kautschuk – zur Aufhebung der Vibration! – und während das deutsche Benzolgemisch, das die Junkers-Flugzeuge verwandten, den Gummi völlig unbeschädigt ließ, zersetzte ihn ein bestimmter Zusatz, den die amerikanischen Piloten ihrem Gasolin zutaten. Aus den brüchig gewordenen Kautschuk-Verbindungen drangen Benzingase, die selbstverständlich sofort von den gelegentlichen Funken des Motors entzündet wurden.«[69] Das könnte bedeuten, dass Larsen die Zwischenstücke vor Verkauf eingebaut hatte, aber für seine Flüge einen anderen Treibstoff verwendet hatte als die Luftpost.

Was auch immer die Ursachen waren: Die Postflugzeuge mussten nach den Unfällen erst einmal außer Dienst gestellt werden und der Ruf von Junkers in den USA war Ende 1920 ruiniert.

Junkers wurde nun endgültig klar, dass der Vertragsabschluss mit Larsen ein großer Fehler war, den man nun schnellsten aus der Welt schaffen musste. Diese technische Neuentwicklung gehörte offenbar noch nicht in die Hände von nur auf größtmöglichen Gewinn bedachten Geschäftsleuten, sondern sein Flugzeugwerk brauchte für die Einführung ihres Verkehrsflugzeuges versierte Techniker und Piloten, die bereit waren, jeden noch so kleinen Fehler nach Dessau zu melden, damit er dort abgestellt werden konnte. Wie später noch zu sehen sein wird, verlief die Einführung der F 13 in Kolumbien infolge besserer Zusammenarbeit zwischen Kunden und Hersteller wesentlich reibungsloser.

Auch Larsen sah seine Felle davon schwimmen, sein Vorhaben, das Verkehrsflugzeug JL 6 in den USA zu produzieren, war wegen fehlender Abnehmer hinfällig geworden und an Lizenzverkäufe war vorläufig auch kaum zu denken. Auch er suchte nach einem Ausweg. Beide Seiten vereinbarten eine sofortige Aussprache über die weitere Zusammenarbeit.

Auf der eiligst einberufenen Konferenz, die vom 1. bis 5. Oktober 1920 auf neutralem Boden in Den Haag stattfand, versuchte Larsen, aus der gegenwärtigen verfahrenen Situation für sich das Bestmögliche herauszuholen. Er drohte Junkers erst einmal damit, die offenen Rechnungen für die gelieferten Flugzeuge nicht zu zahlen mit dem Hinweis, dass er fehlerhafte Flugzeuge geliefert bekommen habe, die im Luftverkehr nicht genügend erprobt worden seien. Die JL 6 sei als Verkehrsflugzeug nicht mehr absetzbar. Einen Ausweg aus der Situation sähe er nur darin, die JL 6 als Militärflugzeug für Amerika zu produzieren, dies sei die einzige Chance für eine weitere Verwertung dieses Flugzeuges in den USA. Wichtig dabei sei die rein amerikanische Fabrikation, weil das amerikanische Militär kein Flugzeug kaufen würde, das in Europa hergestellt sei und dessen Fabrikation im Kriegsfall unterbunden werden würde. Er verhandele bereits mit der Aluminium-Company, die auch ein Interesse an der Herstellung von Aluminium-Flugzeugen hätte und die das Ganze eventuell finanzieren würde. Um das Vertrauen zur JL 6 wieder herzustellen, wollte Larsen nun mit den bei ihm noch vorhandenen acht Flugzeugen eine eigene Luftverkehrslinie betreiben. Den Vertrag mit Junkers wollte Larsen gegen eine Abfindungssumme von 250 000 Dollar auflösen.[70]

Das Angebot zur Vertragsauflösung sollte offensichtlich nur ein Druckmittel sein. Larsen wusste zu diesem Zeitpunkt genau, dass er noch eine Weile brauchen würde, um seine Pläne zu verwirklichen.

Junkers forderte nach der Berichterstattung durch Seitz auf der Verwaltungssitzung der Jfa am 11. Oktober 1920 den sofortigen Abbruch der Beziehungen zu Larsen: »Lieber Ende mit Schrecken als Schrecken ohne Ende. … Larsen hat sich uns allen schlimmer erwiesen als wir gedacht.« Die Jfa solle nochmals versuchen, die Ursachen der Unfälle in den USA herauszufinden und sich dann nach anderen Absatzgebieten umsehen.

Seine Mitarbeiter gaben zu bedenken, dass es in dieser Zeit sehr schwer sei, Absatzmärkte für Verkehrsflugzeuge zu erschließen. Die Jfa beschäftigte inzwischen im Flugzeugbau 900 Mann und stellte ca. zwanzig F 13 pro Monat her. Bisher sei aber außer in die USA nur ein einziges Flugzeug nach Kolumbien verkauft worden. Schleissing machte deshalb den Vorschlag, in Zusammenarbeit mit Gotthard Sachsenberg eine eigene Luftverkehrsstrecke aufzubauen, auf der Erfahrungen gesammelt werden könnten und erhielt dafür die Zustimmung von Junkers. Dieser Vorschlag sollte sich bald als entscheidend für die weitere Vertriebspolitik der Jfa herausstellen, er führte – wie noch zu sehen sein wird – innerhalb weniger Jahre zum Aufbau des größten von einer Flugzeugfirma betriebenen Luftverkehrsstreckennetzes in Europa.[71]

Nach der Konferenz ergriff Hugo Junkers selbst die Initiative. Er nahm Verbindung mit General Benjamin D. Foulois von der Aviation Section Signal Corps der United States Army auf, von dem er sich Unterstützung beim Ankauf seiner Flugzeuge durch die amerikanische Regierung erhoffte. Dieser musste ihn jedoch enttäuschen. Die persönlichen Abmachungen und Differenzen mit Larsen würden die amerikanische Regierung absolut nicht interessieren, das müssten die Beteiligten unter sich abmachen, erklärte Foullois.

Gleichzeitig setzte Junkers mehrere Rechtsanwälte darauf an, aus dem Vertrag mit Larsen so günstig wie möglich herauszukommen. Da trat ein Ereignis ein, welches vorläufig jede weitere Flugzeuglieferung der Junkerswerke nach Amerika unmöglich machte.

In einer Besprechung am 26. Oktober 1920 gab Direktor Schleissing die Mitteilung der Hamburger Speditionsfirma bekannt, dass von einer Unterkommission der Entente elf im Hamburger Freihafen lagernde JL 6, für die eine Ausfuhrgenehmigung nach USA vorlag, vom belgischen Kapitän-Kommandant Léon Rongé beschlagnahmt worden waren. Junkers-Prokurist Hitzigrath reiste sofort nach Hamburg und stellte fest, dass die Veranlassung zur Beschlagnahme von dem Hamburger englischen Konsul ausgegangen war, welcher dem belgischen Kapitän die nötigen Hinweise gegeben hatte. General Masterman und Oberst Dorant hatten beim Botschafterrat in Paris für ihre junkersfreundliche Haltung Schwierigkeiten bekommen und ihre stillschweigende Duldung des F-13-Baues eingestellt.

Junkers suchte nach einem Ausweg aus dieser verfahrenen Situation. Die Lieferung von Flugzeugen in die USA war nun nicht mehr möglich und eine Verlegung der Produktion dorthin kam für ihn nun nicht mehr in Betracht. Erstens würde das für die meisten Dessauer Flugzeugbauer die Arbeitslosigkeit bedeuten, zweitens kannte er Larsen inzwischen gut genug, um zu wissen, dass dieser in den USA seinen Heimvorteil nutzen und versuchen würde, Junkers auszubooten.

Ende Dezember 1920 verhandelte Hugo Junkers persönlich noch einmal mit Larsen, um endlich aus dem Vertrag herauszukommen und für andere Verhandlungen frei zu sein. Auch Larsen hatte offensichtlich das Interesse an einer weiteren Zusammenarbeit verloren. Die im September gelieferten fünf Flugzeuge hatte er bisher nicht abgenommen und bezahlt, weil im die Kunden dafür fehlten. Von den 23 gelieferten Flugzeugen hatte er nur 16 verkauft, drei Flugzeuge waren zerstört, also besaß er noch vier Exemplare.

Die Jfa stand nach dem Scheitern der Geschäftsbeziehung zu Larsen Ende 1920 vor einem großen Problem. Im Werk standen ca. 50 unverkaufte F 13 und in New York lagerten ebenfalls noch fünf Exemplare. Die Absicht von Junkers, in Belgien, Holland oder Polen eine Flugzeugfabrikation einzurichten, um das Bauverbot zu umgehen, scheiterte ebenfalls daran, daß die Absatzaussichten für Verkehrsflugzeuge überall sehr gering waren.

Ein Unfall in Wisconsin

Der U.S.-Luftpostdienst hatte die JL 6 nach den Bränden im Herbst erst einmal außer Dienst gestellt und ein neues Brennstoffsystem entwickelt, welches den Brennstoffrücklauf im Pumpensystem ermöglichte und so die Ansammlung von Brennstoff im Maschinenraum verhindern sollte. Maßgeblich beteiligt waren der Leiter des Flugbetriebes der USA-Luftpost Leonard B. Lent und Larsens Chefingenieur Charles Kirkham.

Auch die Junkers-Ingenieure in Dessau hatten inzwischen ein verbessertes Brennstoffsystem entwickelt und ein Exemplar davon per Schiff an die amerikanische Luftpostbehörde abgeschickt. Dort kam es aus unerfindlichen Gründen nicht an.

Der Armee-Luftdienst der USA hatte nach den Unfällen der Luftpost ebenfalls Untersuchungen an ihren JL 6 angestellt. Ein Beamter dieser Abteilung, der früher Pilot bei Larsen gewesen war und das Flugzeug genau kannte, sah die Ursachen der Brände neben den Mängeln im Brennstoffleitungssystem auch in der Sorglosigkeit oder Unkenntnis des Mechanikers bei Wartung des Flugzeuges und Nichtvertrautheit der Piloten mit den mechanischen Eigenschaften des BMW-Motors. Die überkomprimierte Maschine neige dazu »zeitweilig zu vibrieren und zu stoßen und sich fast selbst von den Maschinenträgern loszuschütteln, und dann kann gerade eine Änderung der Drosselung, entweder vorwärts oder rückwärts, die Maschine unveränderlich veranlassen, wieder ruhig zu laufen, so daß kaum irgendwelche Vibration überhaupt zu bemerken ist. Sie ist tatsächlich bei richtiger Behandlung und richtigem Verständnis seitens des Piloten eine Maschine, die so ruhig läuft wie irgend eine Maschine«.[72]

Am 25. Januar 1921 erklärte der Leiter der amerikanischen Luftpost Otto Praeger in einer Besprechung mit dem Junkers-Vertreter Dr. Junge in New York, dass die Unzulänglichkeiten am Brennstoffsystem und am Fahrgestell beseitigt seien. Bisher seien Überlandflüge über 30 000 Meilen durchgeführt worden, dabei habe sich gezeigt, dass die Junkersflugzeuge den amerikanischen in Bezug auf Wirtschaftlichkeit weit überlegen seien, denn sie könnten mit derselben Menge Brennstoff die doppelte Entfernung zurücklegen und außerdem noch drei Passagiere mitnehmen. Dadurch würden sie den zivilen Lufttransport mit staatlicher Unterstützung zu einem profitablen Unternehmen besonders in den USA machen, wo die Entfernungen weit und die Industriebezirke über das ganze Land verstreut sind. Seine Lobrede beendete er mit den überschwänglichen Worten, »daß die

Junkers-Metallflugzeuge der größte Fortschritt seien in der Kunst des Flugzeugbaues, der ihm in den letzten paar Jahren bekannt geworden sei und der auch nicht annähernd seines gleichen findet«.[73]

Eingesetzt werden sollte die verbesserte JL 6 auf der im November 1920 eingerichteten Zubringerstrecke Chicago-Minneapolis, doch dazu kam es nicht mehr. Bereits beim ersten Flug am 10. Februar 1921 stürzte auch diese Maschine ab und die Piloten William M. Carroll und Hiram H. Rowe sowie der Mechaniker Robert B. Hill verbrannten.

Über den Hergang des Unglücks und dessen Ursache gibt es sehr unterschiedliche Berichte. Larsen telegrafierte am Tag des Unglücks, dass die Maschine in der Luft in Brand geraten sei. Dieser Version folgte anfangs auch die *Chicago Tribune*, die von einer furchtbaren Explosion berichtete, in deren Folge das Flugzeug zerbrochen und aus 180 Meter Höhe über die Tragflächen wirbelnd abgestürzt sei. Der Junkers-Vertreter Dr. Junge hingegen hatte offensichtlich andere Informationen erhalten: »Wie ich gleichzeitig von derselben bestens informierten Seite erfahre, ist der Brand beim letzten Unfall erst nach Absturz bezw. Kollision erfolgt, so daß die Konstruktion dafür nicht verantwortlich gemacht werden kann, höchstens insofern es schwer fällt aus der Kabine herauszukommen.«[74]

Was auch immer die Ursache dieses Unfalles war, verwunderlich bleibt, dass die Brände der JL 6 nur im Dienste der amerikanischen Luftpost stattgefunden haben, denn nach dem einzigen Unfall der F 13 außerhalb der USA, der auf einen Brand zurückzuführen war – der Unfall von Griebsch am 2. Juni 1920, über den bereits berichtet wurde –, ist kein weiterer Unfall dieser Art bekannt geworden. Selbst amerikanischen Journalisten kamen langsam Zweifel, ob die Ursache der Brände in der Konstruktion der Junkersflugzeuge lag, denn wenige Tage nach dem Unfall, am 19. Februar 1921, bekam Junkers-Mitarbeiter Offermann im Dessauer Hauptbüro Besuch: »Eben sprach der Vertreter der ›Chicago Tribüne‹ hier vor und es war aus seinen Worten zu entnehmen, daß man tatsächlich von verschiedenen Seiten der Ansicht ist, daß unsere Flugzeuge in Amerika sabotiert worden sind. Er bat mich um Stellungnahme hierzu, und ich verhehlte ihm nicht, daß wir allerdings Grund dazu hätten, Sabotage anzunehmen, sagte ihm dazu auch, daß gerade die Postflugzeuge immer von diesen Unfällen betroffen worden sind. Übrigens soll sich der amerikanische Senat mit der Frage befaßt haben und dort soll bereits der Verdacht der Sabotage erörtert worden sein.«[75]

Diese These unterstützt auch der Bericht von Dr. Junge aus New York: »Wie ich soeben erfahren habe, ist die von den hiesigen Fabrikanten, die sich durch die Erfolge Eurer Konstruktion in ihrer Existenz bedroht sehen, seit kurzem in Presse und Kongress betriebene Hetze, deren Endziel die Boykottierung der Metallflugzeuge durch gesetzliche Maßnahmen bezweckt, in ein neues und nicht ungefährliches Stadium getreten. Es ist nämlich eine Resolution eingereicht und in erster Lesung genehmigt worden, welche die Postverwaltung anweist, angesichts der vielen mit Eurer Konstruktion im öffentlichen Dienst verursachten Brandfälle von der Benutzung weiterer Flugzeuge dieser Bauart Abstand zu nehmen, weil die Benutzung derselben der öffentlichen Sicherheit zuwiderlaufen. … In diesem Falle decken sich die britischen Interessen mit denen gewisser hiesiger Fabrikanten, die ihre Unfähigkeit einsehen, den Fortschritt mitzumachen, aber den Heimmarkt nicht verlieren wollen, während auf der andern Seite keinerlei gut fundierte Privatinteressen stehen, sondern nur Regierung und Postverwaltung, deren erfahrenste und überzeugte Zivilvertreter gerade im Begriff stehen, infolge des Administrationswechsels ihr Amt zu verlassen.«[76]

Die JL 6 im Dienst der Mercury Aviation Comp. in Los Angeles

Ein Beispiel dafür, dass die Junkersflugzeuge auch in Amerika unfallfrei fliegen konnten, ist eine an die Mercury Aviation Comp. in Los Angeles verkaufte JL 6.

Die Mercury Gesellschaft hatte nach dem von Larsen organisierten spektakulären Transkontinentalflug dreier JL 6 von New York nach San Francisco im Sommer 1920 eine dieser Maschinen mit BMW-Motoren erworben, rot angestrichen und *Goose* (Gans) genannt. Im September 1920 hatte sie sogleich weitere vier Exemplare bestellt.[77]

Mit ihrer langstreckenerprobten JL 6 richtete die Gesellschaft einen Luftverkehr von Hollywood nach San Diego ein, den sie anstandslos und »mit der Pünktlichkeit eines erstklassigen Eisenbahnzuges«[78] betrieb. Ein Herr Praedel berichtete aus Los Angeles an die Jfa: »Seit das Flugfahrzeug in der Besitzung der Company ist, hat es ca. 6000 Personen befördert und über 20 000 Dollar eingenommen. Und die zwei Führer sprechen Ihre höchste Zufriedenheit über das Fahrzeug.«[79] Bald jedoch drang die Nachricht von den furchtbaren Unfällen mit Junkersflugzeugen auf der transkontinentalen Luftpoststrecke auch bis an die Ostküste vor und das Vertrauen der Passagiere zu diesem Flugzeugtyp schwand. Eine zweite von Larsen erworbene JL 6 musste die Gesellschaft an die mexikanische Regierung weiterverkaufen, weitere Bestellungen wurden annulliert.

Im Sommer 1921 ergab sich für die Mercury Aviation Comp. noch einmal eine günstige Gelegenheit, den guten Ruf des Junkersflugzeuges durch einen aufsehenerregenden Flug wiederherzustellen. Im Juli fand in New York der Schwergewichts-Weltmeisterschaftskampf zwischen Georges Carpentier und Jack Dempsey statt. Dieser Kampf, aus dem Dempsey als Sieger hervorging, war nicht nur der erste im Radio übertragene Boxkampf, er machte auch dadurch Schlagzeilen, dass die Pressefotos des Kampfes in einer Rekordzeit von 47 Stunden und 50 Minuten von New York nach San Francisco transportiert wurden.

Dieser »Nationale Rekord in der Schnelligkeit der Nachrichtenübermittlung« wurde von fünf Flugzeugen und einem Nachtschnellzug durchgeführt, wobei die Strecke von New York nach Chicago von einem Curtiss »Oriole«-Flugzeug, die Strecke Chicago – North Platte von einer De Havilland, die Strecke North Platte – Rock Springs von einem Nachtschnellzug und die Strecke Rock Springs – Salt Lake City wiederum von einer De Havilland übernommen wurde.

Für den letzten und schwersten Abschnitt Salt Lake City – Los Angeles hatte die *Times* die JL 6 *Goose* von der Mercury Aviation Comp. gechartert. »Der letzte Teil ist bei weitem der bemerkenswerteste bei der ganzen Reise« berichtete die Zeitung anschließend. »Die Entfernung von Salt Lake City nach Los Angeles ist annähernd dieselbe wie die von New York nach Chicago. Das schnelle Curtis-Oriole-Flugzeug brauchte mit dem Piloten Ross Jacobi an Bord 8 Stunden 40 Minuten, um die Strecke von Jersy City nach Chicago zurückzulegen. Die Strecke Salt Lake – Los Angeles, welche über ganz erheblich gefährlicheres Gebiet führte, nahm nur 7 Stunden in Anspruch … Es wurde gestern von einem Luftschiffahrts-Experten bestätigt, daß die Zeit, die von dem Goose-Flugzeug auf seinem Fluge von Salt Lake erzielt worden ist, unzweifelhaft einen Entfernungs- und Zeitrekord für Überlandflüge darstellt.«[80]

Pilotiert hatte das Flugzeug der Streckenpilot der Mercury-Gesellschaft E. L. Remelin, ein ehemaliger Armeeflieger und Fluglehrer. Auch sein Copilot und Mechaniker W. H. Robinson gehörte zu den besten Fliegern im südlichen Kalifornien.

Die JL 6 *Goose* der Mercury Airlines wurde am 15. Dezember 1923 an H. Craword verkauft und im Juli 1935 verschrottet.[81] Sie war wahrscheinlich das am längsten in Gebrauch befindliche JL-6-Flugzeug.

(106) **Boxweltmeister Jack Dempsey auf dem Flugplatz Tempelhof**

Ein Langstreckenflug nach Kanada

Bis zum 28. August 1920 hatte Larsen von der Firma Junkers 23 F 13 geliefert bekommen, von denen er bis zum Jahresende 1920 acht an die Postbehörde und insgesamt sechs an das Kriegs- und Marineamt verkauft hatte.[82] Zwei weitere F 13 hatte Larsen, wie schon erwähnt, an die Mercury Aviation Comp. absetzen können. Fünf F 13 hatte er nicht abgenommen, sie lagerten als Eigentum der Jfa in New York.

Die ihm noch verbliebenen Maschinen versuchte Larsen Anfang 1921 nach Kanada zu verkaufen. Die Firma Imperial Oil Co. brauchte ein Flugzeug zur Überwachung der Anlagen der Gesellschaft zwischen Edmonton und dem großen Sklavensee. Dieses Flugzeug musste witterungsunempfindlich sein, d.h., es musste Nässe und große Kälte aushalten können, ohne dass sich die Tragflächen verzogen. Dafür schien das Junkers-Metallflugzeug genau das Richtige zu sein.

Anfang Januar 1921 startete Larsen mit zwei JL 6 in New York zu einem Langstreckenflug nach Edmonton in Kanada. Der Flug über insgesamt 6700 km erfolgte in sechs Etappen mit Zwischenlandungen in Cleveland, Chicago, Minneapolis, Brandon und Saskatoon. An Bord befanden sich neben Larsen und je zwei Piloten und Monteure seiner Gesellschaft auch zwei Offiziere der kanadischen Fliegertruppe.[83]

(107) Zwei JL 6 in Kanada

Eine JL 6 erreichte ihr Ziel ohne weitere Zwischenfälle, die zweite machte bei einer Zwischenlandung Bruch, so dass aus New York ein neuer Schwanz und ein Fahrgestell per Bahn nachgeliefert werden musste.[84] Nach der Ankunft der zweiten JL 6 in Edmonton am 10. Januar 1921 wurden beide Flugzeuge mit Schneekufen ausgerüstet, da die Flugzeuge mit dem Landfahrgestell auf den tiefverschneiten Flugplätzen bei der Landung eingesunken waren.

Dieser Langstreckenflug über 6700 Kilometer bei Temperaturen von +45 bis -45° C in einer Flugzeit von knapp 30 Stunden brachte Larsen endlich wieder positive Schlagzeilen in der Presse und weckte Hoffnung auf weiteren Absatz, die jedoch durch den bereits erwähnten Unfall der JL 6 in Wisconsin im Februar wieder zunichte gemacht wurde.

Eine der beiden JL 6 verblieb im Besitz von Larsen und kehrte nach einigen Flügen in Kanada nach New York zurück. Das zweite Flugzeug wurde an die Imperial Oil Co. in Edmonton verkauft und stellte seine Brauchbarkeit in der nördlichen Eiszone beeindruckend unter Beweis. Am 22. Oktober 1921 meldete das *Volksblatt für Anhalt*: »Die Imperial Oil Co. von Kanada hat neuartige Methoden angewandt, um der Konkurrenz in den Ölfeldern in der Nachbarschaft von Fort Norman entgegenzutreten. Eine Gesellschaft von vier Köpfen, bestehend aus einem Piloten, einem Mechaniker, einem Beobachter und einem Geologen machte kürzlich mit einem J.L.6 Ganzmetallflugzeug (eines der in Deutschland gebauten, bekannten Junkers-Verkehrsflugzeuge), das durch die Gesellschaft erworben worden war, einen Flug von Peace-River nach Fort Norman tief in der nördlichen Eiszone. Der Flug führte über Meilen und Meilen von freiem und praktisch noch unerforschtem subarktischen Gebiet, und zwar 10 400 Meilen an Flüssen und Seen entlang und dauerte 13 Stunden und 40 Minuten.«

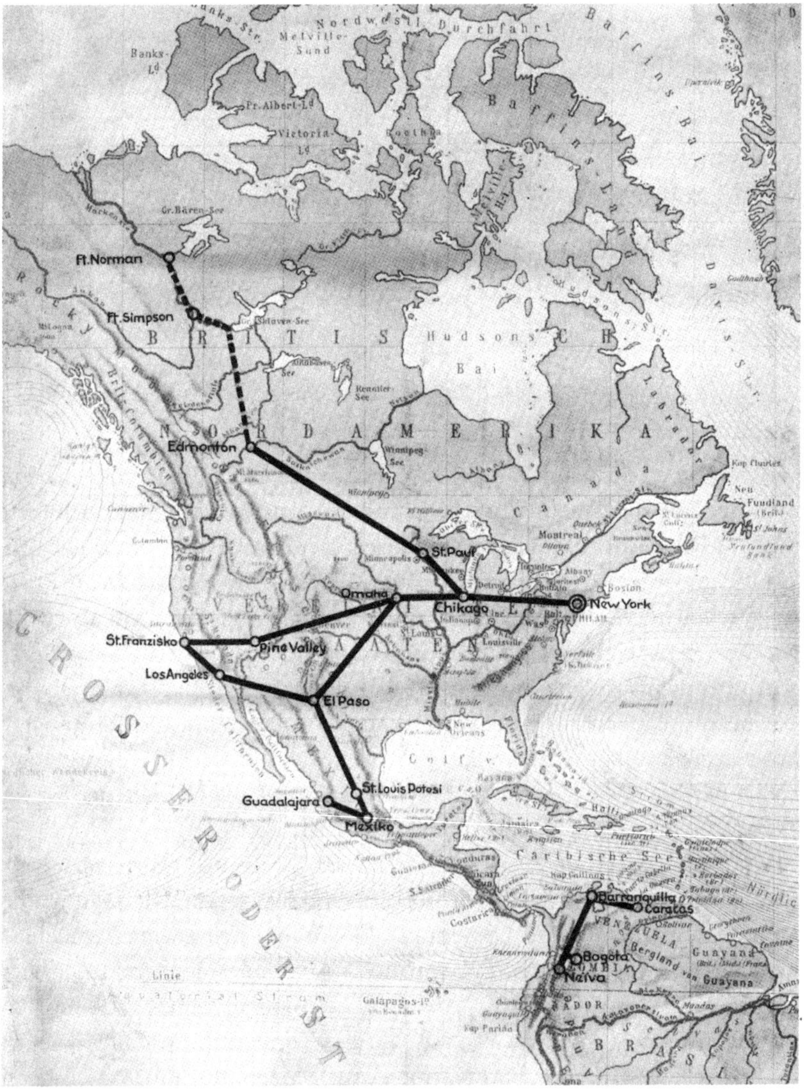

(108) Langstreckenflüge der JL 6 in Nordamerika bis zum Jahre 1922

Weltrekord im Dauerflug

Der inoffizielle Rekordflug der JL 6 *Goose* der Mercury Aviation Comp. im Sommer 1921 wurde am Ende des Jahres noch übertroffen durch einen weiteren aufsehenerregenden Rekordflug, der auch noch unter erschwerten Umständen stattfand: Er wurde an einem der kürzesten Tage des Jahres und bei eisigen Temperaturen aufgestellt.

Am Morgen des 29. Dezember 1921 um 8 Uhr 58 starteten die beiden amerikanischen Flieger Edward Stinson und Lloyd Bertaut mit einer JL 6 mit 185 PS BMW-Motor auf dem Roosevelt Field in Mineola. Der Motor war von Larsens Monteur Ernst Bühl, der früher mal bei BMW gearbeitet hatte, gründlich überholt worden. In der Kabine waren die Passagiersitze entfernt und dafür Zusatztanks eingebaut worden, die 1360 Liter Gasolin und 106 Liter Öl fassten – genug, um den seit einem halben Jahr bestehenden Dauerweltrekord des Franzosen Boussotrout mit einem Farman-Goliath von 24 Stunden, 19 Minuten und 7 Sekunden zu überbieten.[85]

Die Flugzeuge verfügten damals noch nicht über Blindfluginstrumente, deshalb waren die Führersitze offen, um sich durch einen direkten Blickkontakt mit dem Boden orientieren zu können. Die Piloten waren deshalb im Winter der Kälte ausgesetzt, während die Kabine für die Passagiere beheizt werden konnte.

An diesem 29. Dezember herrschten Temperaturen von unter 0° C und die Piloten hatten sich durch gefütterte Kleidung und dicke Handschuhe vor der Kälte geschützt so gut es ging. Sie wechselten sich gegenseitig ab, damit sich immer einer ein wenig aufwärmen konnte.

Kurz nach dem Aufstieg kam ein Schneesturm auf und sie konnten während der ersten vier Stunden nur 15 bis 20 Meter über dem Boden fliegen, damit die Orientierung nicht verlorenging – Schornsteinen und Kirchtürmen mussten ausgewichen werden. Zeitweise stand die JL 6 in der Luft fast still, dafür wurde sie anschließend mit rasender Geschwindigkeit durch die Gegenseite der Flugschleife getrieben. Sturm- und Maschinengeräusche verhinderten jegliche Kommunikation zwischen den beiden Piloten; sie konnten sich nur durch Zeichen verständigen. Auch eine Kommunikation mit der Bodenstation war nicht möglich, aber zur Nacht wurden auf dem zu umquerenden Feld Lichter aufgestellt, damit das Flugzeug im Notfall landen konnte.

Während der Nacht hatte sich infolge der Kälte das Öl verdickt und die Pumpe des Hilfsschmiersystems beschädigt. Stinson war gezwungen, seine

(109) Brennstoff-Zusatztank in der Kabine einer F 13

Handschuhe auszuziehen, um ein Loch in den Öltank zu schlagen und den Schmierstoff mittels eines Schlauches direkt zu entnehmen. Dabei erlitten drei seiner Finger starke Erfrierungen und das aus dem Loch spritzende Öl hatte bald die Kleidung der Piloten durchtränkt. Bis in die Augen drang das Öl vor und behinderte zeitweise die Sicht. Mit dem Kraftstoff- und Ölvorrat hätten sie normalerweise 35 Stunden in der Luft bleiben können, aber nach den Schwierigkeiten mit der Ölversorgung und den dadurch bedingten Ölverlust gaben sie sich mit einer Überbietung des bisherigen Weltrekordes um fast 2 Stunden zufrieden und landeten.[86] »Wenn nicht der unglückliche Ölrohrbruch eingetreten wäre, so hätten wir volle 35 Stunden in der Luft bleiben können«, behauptete Stinson anschließend.[87]

Stinson und Bertaud hatten die Rekordmarke nun auf 26 Stunden, 5 Minuten und 32 Sekunden gesetzt und dabei eine Strecke von 4270 km zurückgelegt. Der Rekord wurde zehn Tage später von der Fédération Aéronautique Internationale als Weltdauerrekordflug anerkannt.

Amundsen und der Nordpolflug

Der sensationelle Weltrekord im Dauerflug brachte Larsen zwar wieder positive Schlagzeilen in der Presse, aber er schlug sich leider nicht im Absatz von weiteren Flugzeugen nieder. Es meldete sich anschließend nur ein Interessent, aber dieser war damals schon weltberühmt: Roald Amundsen.

Der aus Norwegen stammende Arktisforscher plante schon seit den ersten erfolgreichen Langstreckenflügen in Europa, das Flugzeug in den Dienst der Polarforschung zu stellen. 1914 hatte er sich einen Farman-Doppeldecker gekauft, um mit diesem bei Treibfahrten im Nordpolarmeer vom Schiff aus Orientierungsflüge zu unternehmen. Der Ausbruch des Ersten Weltkrieges schob diesem – bei dem damaligen Stand der Flugtechnik sicher noch allzu utopischen – Plan einen Riegel vor.

Nach Kriegsende nahm Amundsen sein Vorhaben wieder auf, sich mit einem Schiff in eine Eisscholle einzuschließen und in mehrjähriger Fahrt über den Nordpol treiben zu lassen. Der Plan schlug fehl; das am 16. Juni 1918 in Tromsö ausgelaufene Schiff *Maud* kam viel zu langsam voran und die Besatzung musste zweimal an der nordsibirischen Küste überwintern. Während dieser Zeit verletzte sich Amundsen auch noch bei einem Sturz und einer Begegnung mit einem Eisbären mehrmals schwer, so dass auch an eine Schlittenexpedition zum Nordpol nicht zu denken war. Nach vierjähriger Trift im Eismeer brach er sein Vorhaben ab und traf im Sommer 1921 in Seattle in Alaska ein, um dort zu überwintern.

In Seattle lernte er den 33-jährigen dänischen Schiffsmakler Haakon H. Hammer kennen. Dieser begeisterte sich für die Nordpolpläne von Amundsen und sagte ihm jedwede Unterstützung zu. Beide beschlossen, den Plan der Nordpolüberquerung per Flugzeug wieder aufzunehmen. Roald Amundsen beauftragte seinen Bruder Leon in Norwegen, zwei Piloten zu verpflichten und sich nach passenden Flugzeugen umzusehen.

Anfang 1922 meldete die Zeitschrift *Luftfahrt*, dass Amundsen zwei der besten Flieger Norwegens, Marineflieger Leutnant Oskar Omdal und Fliegersergeant Odd Dahl engagiert hätte und einen Nordpolflug wagen wolle. Der Flugzeugtyp stände noch nicht fest, Dahl hätte einen Hansa-Brandenburg-Eindecker mit 185 PS BMW Motor empfohlen.[88]

Zu diesem Zeitpunkt verließ Roald Amundsen Seattle, um nach London zu fahren. Unterwegs machte er Halt in New York und erfuhr dort von dem Dauerflugrekord der JL 6. Mit einem Schlage war ihm klar, dass er das gesuchte Flugzeug gefunden hatte. Es konnte nicht nur 26 Stunden in der Luft bleiben, sondern besaß auch noch andere Vorzüge wie geringen Benzinverbrauch, große Tragfähigkeit und weitestgehende Unempfindlichkeit gegen Kälte und Nässe. »Eine solche Maschine musste ich haben, koste es, was es wolle«, schrieb er später in seinen Erinnerungen, »mit einem solchen Apparat war das Unmögliche mit einem Male möglich geworden«.[89]

Völlig unrealistisch schien dieser Plan auf den ersten Blick nicht zu sein. Die Strecke vom Norden Alaskas bis Spitzbergen betrug ungefähr 3400 km, die Amerikaner Stinson und Bertaud hatten bei ihrem Rekordflug mit der JL 6 eine Strecke von 4270 km zurückgelegt. Allerdings war der Dauerrekordflug, wie bereits beschrieben, nicht ohne technische Pannen verlaufen und die beiden Piloten hatten jederzeit die Möglichkeit gehabt, den Flug abzubrechen. Eine Notlandung auf dem Nordpolarmeer war hingegen wesentlich riskanter.

Roald Amundsen beauftragte seinen Bruder Leon mit dem Erwerb eines solchen Junkers-Flugzeuges. Dieser setzte sich u. a. mit dem Daimler-Vertreter Dr. Fredrik Hurum, einem gebürtigen Norweger, in Verbindung. Dr. Hurum leitete den Auftrag weiter an seine Interessenvertretung in Berlin, die Firma Fritz von Falkenhayn & Co., deren Vertreter Kurt Schwarzenberger Ende Januar 1922 beim Berliner Büro der Junkerswerke vorsprach und das Telegramm aus New York übergab: »Ersucht durch Roald Amundsen. Unterbreiten Sie Preisnotierung für ein Metall-Junkers-Flugzeug, dazu zwei Motoren und vier Propeller mit vollständiger Winterausrüstung für eine Nordpolforschung. Nordpolforschung im nächsten Sommer von Deutschland oder Holland. Versuchen Sie niedrigsten Preis notiert zu erhalten, da Reklame für Mercedes und Junkers bedeutsam.«[90]

Junkers-Büroleiter Carl Seitz hielt das Vorhaben offensichtlich für zu gewagt und befürchtete einen Misserfolg. An Junkers schrieb er: »Bei Erörterung des Punktes, ob es sich auch nicht um ein abenteuerliches Unternehmen handele, äußert Herr Schwarzenberger, daß die fachmännische Vorbereitung in seinen Händen ruhe und daß er für Auswahl eines geeigneten Fliegers und Vorbild des Personals Sorge tragen werde.«

Eine Antwort von Hugo Junkers ist leider nicht überliefert und auch eine Reaktion der Flugzeugwerke auf Amundsens Ansuchen geht aus dem Schriftwechsel nicht mehr hervor. Möglicherweise überließen die Junkerswerke die Ausführung der Bestellung ihrem amerikanischen Vertreter Larsen.

Mitte März 1922 reiste Amundsen zusammen mit dem norwegischen Schiffsleutnant Oscar Omdal, der als Pilot vorgesehen war, nach New York, um die bestellte JL 6 bei Larsen abzuholen. Am 30. März 1922 testete er das

Flugzeug auf einem Flug von New York nach Washington und zurück und war sehr zufrieden.[91]

Larsen, glücklich darüber, so einen berühmten Kunden an der Angel zu haben, soll ihm 25 000 Dollar vom ursprünglichen Kaufpreis von 40 000 Dollar erlassen haben[92]; in einem Telegramm von einem Mr. Hays aus New York an Junkers heißt es sogar, dass Larsen der Nordpolexpedition zwei Flugzeuge geschenkt hätte.[93]

In New York bekam Amundsen außerdem noch von den Curtiss-Werken einen »Oriole«-Doppeldecker geschenkt. Beide Flugzeuge wurden sogleich auf dem Curtiss-Feld mit einer Flasche Champagner getauft. Namensgeberin war eine in London lebende Geliebte Amundsens, Kristine Elisabeth Bennet. Dabei erhielt das Curtiss-Flugzeug den ersten und die JL 6 den zweiten Vornamen.[94]

Um sich für den bevorstehenden Nordpolflug genügend mit der Maschine vertraut zu machen, beschlossen Amundsen und Omdal, die JL 6 *Elisabeth* mit Hilfe eines amerikanischen Piloten auf dem Luftwege nach Seattle zu überführen.

Am 10. April 1922 startete die *Elisabeth* um 8.18 Uhr vom Central Park auf Long Island zum Flug nach Seattle. Am Flug nahmen außer Amundsen und Omdal ein Bekannter von Amundsen, Horace Gade, teil. Bis Pittsburgh gab es keine Probleme, dann aber lief der Motor heiß, fraß sich fest und blieb stehen. Dem Piloten blieb nichts weiter übrig, als spiralförmig abwärts zu schweben und sich dabei nach einem Notlandeplatz umzuschauen. Endlich konnten sie zwischen den Bäumen und Gestrüpp wenigstens einen kleinen offenen Platz ausmachen. Bei dem Versuch, dort zu landen, streiften sie jedoch einen Baumwipfel, landeten federnd auf den dicken Gummireifen, rutschten anschließend einen Hang hinab und knallten gegen eine Baumwurzel »mit dem Resultat, dass wir in die Höhe flogen, einen saltomortale schlugen und auf dem Kopf landeten«, schrieb Amundsen später an seinen Bruder Leon. »Wäre nicht der solide Rahmen gewesen, wären sicher Fleischklopse aus uns geworden.«[95]

Amundsen fuhr sofort per Bahn nach New York zurück, wo er am 12. April 1922 eintraf. Dort sah er zufällig in den Hallen des Zolls zwei F 13 stehen, die nach Amundsens Aufzeichnungen größer gewesen sein sollen als die *Elisabeth*. Er erwarb sofort eines der beiden Flugzeuge, ließ dieses aber nur in Kisten mit der Bahn nach Seattle transportieren. Dort war auch der Curtiss-Oriole *Kristine* inzwischen eingetroffen. Beide Flugzeuge wurden an Bord der *Maud* verstaut und am 3. Juni 1922 verließ das Schiff den Hafen von Seattle.

(110) Amundsen und Larsen vor der F 13 *Elisabeth*

(111) Larsen und Amundsen vor der F 13 *Elisabeth*

Der weitere Plan sah vor, dass das Expeditionsschiff die Flugzeuge in Point Barrow absetzen und anschließend die Treibfahrt in Richtung Nordpol fortsetzen sollte. Die *Kristine*, deren Reichweite ca. 900 km betrug, sollte dann nördlich der Barrow-Spitze ein Brennstofflager anlegen und auch die Schneekufen für die *Elisabeth* dorthin transportieren. Das Räderfahrwerk der JL 6 sollte in diesem Depot gegen die Schneekufen ausgetauscht werden.[96] Offensichtlich befürchtete Amundsen trotz des Dauerweltrekordfluges, dass das Flugzeug nicht genügend Brennstoffvorrat für den gesamten Flug aufnehmen konnte, da ja für den Fall einer eventuellen Notlandung schließlich auch genügend Lebensmittelvorräte und andere notwendige Ausrüstungsgegenstände mitgenommen werden mussten.

Wie sich noch herausstellen sollte, war es Amundsens großes Glück, dass dieser Plan nicht durchgeführt werden konnte. Sein Schiff stieß unterwegs auf eine Eisbarriere und musste bei dem Ort Deering am Kotzebuesund ankern, um bessere Eisverhältnisse abzuwarten. Als auch noch das Wetter immer stürmischer wurde, telegraphierte Amundsen Ende Juli 1922 nach Seattle, dass der Polflug um ein Jahr verschoben wird.

Amundsen hatte sich inzwischen dazu entschlossen, seinen Plan zu ändern und das Curtissflugzeug an Bord der *Maud* zu belassen. Der Pilot Odd Dahl sollte damit während der Eisdrift Erkundungsflüge ausführen. Die JL 6 hingegen wollte er mit dem amerikanischen Schoner *Holmes*, der zu dieser Zeit in Deering ankerte, bis nach Wainwright transportieren, wo es überwintern sollte. Am 28. Juli 1922 lief die *Holmes* mit Amundsen, Omdal und dem Fotografen Reidar Lund an Bord aus.

Der nur spärlich besiedelte Ort Wainwright war eine Art Lagerplatz, auf dem die Fischer ihre Nahrungsmittelvorräte und Fänge lagerten und kleinere Schäden an ihren Schiffen reparierten. Er hatte einen schönen Strand, der sich hervorragend als Startplatz eignete.

Aus Brettern bauten sich die Ankömmlinge erst einmal ein Haus, das sie Maudheim nannten. Hier sollte Omdal mit dem Flugzeug überwintern. Lund und Amundsen hingegen reisten noch vor Wintereinbruch wieder zurück. Amundsen verbrachte die Zeit bis zum Frühjahr 1923 im komfortabler ausgestatteten Ort Nome, wo sich auch eine Telegraphenstation befand. Von dort aus telegrafierte er Haakon Hammer und seinem Bruder Leon, dass der Polflug am 20. Juni 1923 stattfinden sollte.

Während Roald Amundsen in Nome überwinterte, reiste Hammer nach Norwegen, um mit Leon Amundsen den Nordpolflug vorzubereiten. Für den letzten Teil der geplanten Strecke von Spitzbergen nach Norwegen sollte das Skifahrgestell gegen Schwimmer ausgetauscht werden. Leon

Amundsen wandte sich in dieser Angelegenheit im November 1922 an die Junkerswerke. Er informierte die Firma über den Polflug mit einem Larsen-Flugzeug auf Skiern im Juni kommenden Jahres und bat um ein Angebot für ein preisgünstiges Schwimmerfahrgestell. Die Jfa lud Leon Amundsen daraufhin zu einer Besprechung in Dessau ein. Ein weiterer Schriftwechsel in dieser Angelegenheit fand nicht statt; offensichtlich war Leon Amundsen der Preis für die Schwimmer zu hoch, denn die Expedition befand sich zu dieser Zeit in erheblichen finanziellen Schwierigkeiten.[97]

Im Frühjahr 1923 sprach Haakon Hammer in Dessau vor und informierte Hugo Junkers persönlich über den geplanten Nordpolflug. Dieser sandte daraufhin ein Telegramm an Amundsen: »Hammer erzählte von Ihrem Nordpolflug mit Junkers-Flugzeug. Bedaure aufrichtigst die Unmöglichkeit, Sie während Vorbereitung verantwortlich zu beraten, hatte aber keine Verbindung mit Ihnen; erfuhr Ihre Abreise zu spät. Wünsche Ihnen von Herzen Erfolg. Professor Dr. Junkers, Dessau.«[98, 99]

Was der Zweck von Hammers Besuch in Dessau war, geht aus den aufgefundenen Unterlagen nicht hervor. Vermutlich wollte sich Hammer nach einem gelungenen Polflug die Vertretung von Junkers in Amerika sichern, denn er telegraphierte nach seiner Rückkehr am 19. April 1923 aus New York, dass er hervorragende Verkaufsmöglichkeiten für die Junkersflugzeuge in Amerika sehen würde und in Nordamerika eine Vertretung einrichten will.[100]

Zu dieser Zeit befand sich Roald Amundsen bereits auf seiner Rückreise nach Wainwright, wo er am 9. Mai 1923 mit einem Hundeschlittengespann eintraf. Oskar Omdal hatte inzwischen mit Hilfe einiger Einheimischer die *Elisabeth* montiert und war bereit zu einem Probeflug, der auch sofort am darauffolgenden Tag problemlos ausgeführt wurde.

Am 11. Mai 1923 wollte Amundsen das Flugzeug ein zweites Mal erproben. Da im Juni noch genügend Schnee liegen würde, hatte man sich dazu entschlossen, gleich mit Skiern zu starten, da diese nicht mehr wie ursprünglich vorgesehen mit dem Curtissflugzeug vorausgeflogen werden konnten. Auch dieser zweite Start verlief ohne Probleme, Omdal drehte eine Runde über Wainwright und setzte zur Landung an. Dabei verlor er jedoch plötzlich schnell an Höhe und streifte fast das Haus. Beim Aufsetzen brach der linke Ski unterhalb des Motors ab, das Flugzeug drehte sich und kantete über den rechten Flügel. Auch dieses Mal entstieg Omdal der lädierten Maschine unverletzt.[101] In einem späteren Interview bemerkte Amundsen über den Unfall: »Die Maschine war ausgezeichnet und alles in Ordnung. Als wir an einem famosen Tag starteten, sah alles vielversprechend aus, aber das neue Untergestell, das Larsen gebaut hatte, war schwach. Als wir nach dem Probeflug landeten, ging es in Trümmer.«[102]

In seinen Tagebucheintragungen vom 11. Mai 1923 hatte Amundsen allerdings auch vermerkt, dass der Motor »sehr unbefriedigend« gearbeitet hätte.[103]

Obwohl Amundsen in seinen Erinnerungen schreibt, dass nach der Beschädigung des Flugzeuges bei dem Probeflug »jede Hoffnung auf Reparatur ausgeschlossen war«[104], hatte er zu diesem Zeitpunkt den Polflug noch nicht aufgegeben. Am 15. Mai 1923 notierte er in sein Tagebuch, dass er sich dazu entschieden hätte, trotz allem den Flug durchzuführen. Dazu würde Omdal das Fahrgestell verstärken und den Motor reparieren. Von einer weiteren Beschädigung der JL 6 war nicht die Rede.[105]

Nachdem Omdal die *Elisabeth* in Wainwright repariert hatte, startete er am 10. Juni 1923 zum Probeflug. Doch er hatte kein Glück, die Achse zwischen den beiden Skiern brach erneut. »Die, die das Untergestell des Apparates fabriziert haben, sollten Prügel beziehen«, frustete Amundsen einen Tag später in sein Tagebuch. Zu allem Unglück hatte Odd Dahl inzwischen auch mit dem Curtiss-Flugzeug Bruch gemacht, damit war die Flugexpedition über den Nordpol erst einmal in weite Fernen gerückt.

Die F 13 *Elisabeth*, die bei dem Probeflug verunglückt, aber bis auf das Fahrgestell nur leicht beschädigt war, ging in den Besitz der Ace-Aircraft Corp. in Seattle über, die damit Verkehrsflüge durchführen wollte.[106]

Inzwischen hatten die Junkerswerke auf Bitte von Haakon Hammer eine Hilfsexpedition entsandt, die Amundsen mit einer F 13 über Spitzbergen entgegenfliegen sollte. Von dieser sogenannten »Spitzbergen-Expedition« wird später noch zu berichten sein.

Amundsen versuchte zwei Jahre später noch einmal zum Nordpol vorzustoßen. Dieses Mal verwendete er zwei Dornier-Wal-Flugboote und startete von Spitzbergen aus, das näher am Nordpol lag als Point Barrow in Alaska. Zusammen mit Lincoln Ellsworth gelang es ihm, bis zum 87. nördlichen Breitengrad vorzudringen. Ein Jahr darauf konnte er endlich seinen Traum verwirklichen: Mit dem Luftschiff *Norge* erreichte er am 12. Mai 1926 gemeinsam mit Umberto Nobile und Lincoln Ellsworth den Nordpol.

Das Militärflugzeug JL 12

Bereits im Oktober 1920 hatte Larsen gegenüber den Vertretern der Junkerswerke erklärt, dass es nach den Unfällen bei der Luftpost in Amerika keinen Markt mehr für Junkers-Verkehrsflugzeuge gäbe. Nachdem er bei der Armee den außerordentlich günstigen Preis von 33 000 Dollar je Flugzeug erhalten hatte, setzte er seine Hoffnung auf den Absatz von Militärflugzeugen und wollte dieselben selbst bauen.[107] Durch eine rein amerikanische Fabrikation wollte er außerdem seinen Gegnern, die ihm vorwarfen, die Flugzeuge aus Deutschland unter Umgehung des Friedensvertrags illegal in die USA eingeführt zu haben[108], den Wind aus den Segeln nehmen.

Bis zum Herbst 1921 baute er eine JL 6 zu einem Panzerflugzeug um. Die Sitze waren aus der Passagierkabine entfernt und dafür 30 Maschinengewehre eingebaut worden, die aus dem Boden des Flugzeuges herausragten und vom Cockpit aus bedient werden konnten.

Der Schütze hätte damit vom Co-Piloten-Sitz aus angeblich 3000 Schuss Munition in 4 Sekunden abgeben können.[109]

Maschine, Piloten und Benzintanks hatte Larsen durch eine Panzerverkleidung geschützt. Dadurch erhöhte sich die Startmasse des Flugzeuges von 1815 auf 2270 kg. Um das nun wesentlich schwerer gewordene Flugzeug in die Luft zu bringen, reichte der in der JL 6 verwandte 185-PS-BMW-Motor nicht mehr aus und Larsen baute einen 400-PS-Liberty-Motor ein. Seine Änderung ließ er durch 30 Patente schützen.[110]

In Dessau erfuhr man erst im November 1921 von der Larsen-Konstruktion. Am 10. November übersandte Judge Wadhams an Junkers zwei Zeitungsausschnitte und fünf Originalfotos. Ein Zeitungsausschnitt entstammte einer Washingtoner Zeitung vom 22. Oktober 1921, der andere war undatiert und trug die Überschrift: »Amerikas neueste Luft-Kriegswaffe, an Zerstörungskraft und Neuheit den Tanks gleichzustellen.«

Die Fachwelt blieb von dieser Neuheit völlig unbeeindruckt. Die französische Zeitschrift *Les Ailes* spöttelte sogar: »Man braucht übrigens nicht übermäßig über diese Maschine zu erschrecken, denn die fraglichen Maschinengewehre stellen eher große Kolbenpistolen dar, welche indessen 50 bis 100 Patronen sehr rasch verschießen können. Nach Aussage von Augenzeugen kommt der ›Larsen-Mitreilleur‹ nicht über das Gebiet der Phantasie hinaus.«[111]

Auch bei Junkers war man von dieser Variante der F 13 absolut nicht begeistert: »Ganz abgesehen davon, daß vom militärischen Standpunkt aus

(112) Maschinengewehre in der JL 12

(113) Larsen vor seiner JL 12

(114) Larsens Werbeplakat für die JL 12

dieser Umbau einfach ein Unsinn war, müssen auch schwerwiegende technische Bedenken dagegen geltend gemacht werden.«[112]

Das amerikanische Militär hielt nichts von Larsens »Wunderwaffe«. Einige Vertreter schauten sich das Flugzeug zwar interessiert an, waren aber nicht einmal bereit, den Prototypen zu kaufen, so dass Larsen auf dem Flugzeug sitzenblieb.

Sieger beim American Legion Air Derby

Nachdem sich abzeichnete, dass die JL 12 auf keinerlei Interesse stoßen würde, verdoppelte Larsen seine Anstrengungen, durch Teilnahme an Wettbewerben und durch spektakuläre Flüge die Leistungsfähigkeit der ihm noch verbliebenen JL 6 vorzuführen und sie so eventuell noch absetzen zu können.

Im Oktober 1921 nahm er mit drei JL 6 am American Legion Air Derby in Kansas City teil. Schon der Hinflug von New York zum Wettbewerbsort wurde zu einem riskanten Unternehmen. Nachdem die Flugzeuge in Ohio wegen einbrechender Dunkelheit einen Zwischenstopp eingelegt hatten, verschlechterte sich das Wetter dermaßen, dass die dortige Flugplatzleitung von einem Start dringend abriet. Larsen berichtete später: »Wir starteten am folgenden Morgen … im dicksten Regen – so schwarz, dass die Wolkendecke nur 3–400 Fuß entfernt war und wir gerade hoch genug fliegen konnten, um von den Baumkronen und Drähten klar zu bleiben, und wir flogen für etwa 400 Meilen weit in diesem Abstand, bevor wir aus dem Regen und Sturm herauskamen, und die Maschinen mussten so nah zusammen fliegen (damit sie nicht verlorengingen oder sich absonderten), dass äußerste Vorsicht erforderlich war, um Zusammenstoßen zu vermeiden.«[113]

Nach 8½ Stunden ununterbrochenen Fluges landeten alle drei Flugzeuge abends vor Einbruch der Dunkelheit glücklich in Kansas City. An den folgenden Tagen ließ Larsen von seiner JL-6-Flotte täglich hunderte Passagiere kostenlos befördern, um das Vertrauen zu dem in Verruf geratenen Metallflugzeug zurückzuerobern. Dabei soll er am 31. Oktober 1921 mit einer JL 6, die mit 10 Passagieren völlig überbesetzt war, sogar eine Höhe von 14 500 Fuß (ca. 4420 Meter) erreicht haben.[114]

An Seitz schrieb er: »Es war, glaube ich, das erste Mal in der Geschichte, dass Verkehrsmaschinen mit einer Belastung von je 6–8 Fluggästen sich an einem Rennen beteiligten zusammen mit Geschwindigkeitsmaschinen, die nur einen Flugzeugführer tragen. Das Rennen ging über einen Dreieckskurs, und das Ergebnis des Rennens war, dass die JL-Maschinen sich mit Ruhm bedeckten, da sie mit solcher Regelmäßigkeit flogen, wenn sie über die Startsäulen zurückkamen, wo eine ungeheure Menschenmenge versammelt war, die das Rennen beobachtete, dass in der Menge gesagt wurde, man könne seine Taschenuhr nach den Flügen der JL-Maschinen regulieren, so regelmäßig wären sie.«[115]

Gewonnen hatten die JL 6 das Rennen über 175 Meilen nicht, aber der Abstand zwischen dem Siegerflugzeug, einem italienischen Eindecker mit Curtiss C-400 PS-Motor und den vollbesetzten Junkers-Verkehrsflugzeugen mit 185 PS-BMW-Motoren betrug gerade mal 12 Minuten – eine beachtliche Leistung.

Auf dem Rückflug nach New York machte Larsens Luftflotte noch in Omaha halt und nahm an der dortigen Flugveranstaltung teil. Auch hier beförderte er Hunderte von interessierten Fluggästen.

Das Ende der Firma Larsen

Das Jahr 1921 hatte der Firma Larsen trotz aller Bemühungen keinen geschäftlichen Erfolg gebracht. Mit seinen noch vorhandenen sechs JL 6 hatte er im gesamten Jahr 1500 Flüge durchgeführt und dabei 8000 Fluggäste befördert[116], aber es war ihm nicht gelungen, für diese Flugzeuge noch Käufer zu finden. Zwischen der Firma Junkers und Larsen entbrannte ein heftiger Streit, wer Schuld an diesem Desaster trug. Die Auseinandersetzung, die sich über etliche Monate hinzog, endete damit, dass beide Partner im April 1922 ihr Vertragsverhältnis endgültig lösten und jegliche Ansprüche gegeneinander aufgaben.[117]

Auch der Dauerweltrekord im Dezember 1921 hatte keine Besserung der geschäftlichen Lage gebracht; im Januar 1922 arbeiteten nur noch drei Mann in Larsens Flugzeugwerk. Das Militärflugzeug J 12, in das Larsen viel Geld investiert und in das er viel Hoffnung gesetzt hatte, stand unverkäuflich in einem der Schuppen. Da kam Larsen auf eine verhängnisvolle Idee. Am 7. Februar 1922 lud er seinen Mechaniker Ernst Bühl in seine Wohnung am Riverside Drive ein und bot ihm 1500 Dollar, wenn er Larsens Fabrik am Central Park in Brand setzen würde. Am darauffolgenden

Tag kippte Bühl, als er allein im mittleren Schuppen der Fabrik war, einen Eimer Gasolin auf den Fußboden der Werkstatt und zündete ihn mit dem Streichholz an. Erst als das Gebäude in Flammen stand, rief er Hilfe herbei und zog ein Flugzeug heraus, um den Verdacht von sich abzulenken. Drei Flugzeuge, darunter auch das Militärflugzeug JL 12, mehrere neue Motoren, Ausrüstungen und Ersatzteile fielen den Flammen zum Opfer. Einen Monat später gab ihm Larsen die versprochene Summe und schickte ihn auf Reisen.

Den Versicherungen gegenüber gab Larsen an, dass Bühl bei der Ausbesserung eines lecken Kühlers eine Lötlampe umgeworfen hätte, welche das auf dem Fußboden befindliche Gasolin entzündet hätte. Die Versicherungen glaubten ihm erst einmal und zahlten 190 000 Dollar aus, davon machte allein der Wert der JL-12 85 000 Dollar aus.[118]

Larsen selbst siedelte anschließend nach Dresden über und bezog dort eine große Villa. Das Junkers Hauptbüro erfuhr im April 1923, er habe dort »einen ganzen Park erstklassiger und moderner Automobile und lebe auf großem Fuß«.[119] Laut *New York Times* vom 7. März 1923 soll er zu dieser Zeit sogar vom König von Dänemark geadelt worden sein.

Ein Rest von Misstrauen muss wohl doch geblieben sein, denn im Sommer 1922 beauftragten die beteiligten Versicherungsgesellschaften das Detektivbüro von Walter Schindler in New York, den Fall zu untersuchen. Diesem gelang es, Ernst Bühl aufzutreiben und zu einer Aussage gegen seinen ehemaligen Dienstherrn zu bewegen.[120]

Ob ein Prozess stattgefunden hat und ob Larsen die Versicherungssumme doch noch zurückzahlen musste, geht aus den bisher aufgefundenen Unterlagen nicht mehr hervor.

Das weitere Schicksal der JL 6 in den USA

The International Airways Company

Über den weiteren Verbleib der an Larsen gelieferten F 13 ist wenig bekannt. Im Februar 1923 schrieb der ehemalige Leiter der US-Luftpost Leonard B. Lent an die Junkerswerke, dass er vom »Air Mail Service« drei JL 6 erworben hätte, die in den Werkstätten von Charles B. Kirkham in einen ausgezeichneten Zustand versetzt worden wären.

Lent, der für die Einführung der Junkersflugzeuge bei der amerikanischen Post verantwortlich gewesen war und Kirkham, der ehemalige Chefingenieur von Curtiss und Larsen, waren zu dieser Zeit immer noch begeisterte Anhänger des Junkers'schen Metallflugzeuges. Beide hatten nach den Unfällen der JL 6 im Dienst der Luftpost ein neues Brennstoffsystem entwickelt und der Jfa weitere Vorschläge für die Verbesserung der Konstruktion gemacht, die zum Teil auch berücksichtigt worden waren.[121]

Nachdem sich die öffentliche Erregung über die Unfälle etwas gelegt hatte, wollten Lent und Kirkham mit den JL 6 erneut einen Versuch wagen und 1923 einen Luftverkehr zwischen Cleveland und Detroit einrichten. Zu diesem Zweck hatten sie in Ohio die »International Airways Company« gegründet. Da drei Flugzeuge für den Aufbau eines regelmäßigen Luftverkehrs nicht ausreichten, traten sie im Februar 1923 an die Junkerswerke heran und baten um ein Angebot.[122] Der daraufhin von der Jfa genannte Preis von 18 000 Dollar war für Lent nicht akzeptabel, da er »viel höher sei als die Kosten einer ähnlichen Maschine in den Vereinigten Staaten«.[123] Er nahm von einem Kauf Abstand und beschloss, die drei vorhandenen JL 6 zu Frachtflugzeugen umzurüsten und damit in erster Linie Eilgüter und Fracht zu befördern.

Wie die örtliche Presse Mitte Mai berichtete, sollte der Betrieb am 1. Juni 1923 mit täglich zwei Rundflügen zwischen Detroit und Cleveland eröffnet werden. Zu diesem Zeitpunkt lag bereits ein Auftrag einer Clevelander Firma vor, die in ihren Brutanstalten Hühner ausbrütete. Diese sollten per Flugzeug an die Firmen in Süd- und Mittel-Michigan geliefert werden.

Die Stinson-Sales-Corporation

Im August 1923 überbrachte ein Besucher aus Amerika den Junkerswerken neue Nachrichten über den Verbleib der Larsen-Flugzeuge in Amerika. Er stellte sich vor als Adolf L. Schaefer, erklärte seine Deutschkenntnisse damit, dass sein Vater Deutscher sei und gab an, bei dem bekannten Flieger Edward Stinson in Detroit tätig zu sein. Stinson hätte vier Junkers-Larsen-Flugzeuge in Betrieb und würde mit diesen fotografische Landesaufnahmen herstellen, was viel Geld einbrächte. Leider seien die Flugzeuge inzwischen sehr reparaturanfällig und sie hätten Schwierigkeiten an Ersatzteile heranzukommen, da Larsen ihnen bisher verheimlicht habe, dass die Flugzeuge aus Deutschland stammen. Erst bei einem Besuch in Deutschland habe Schaefer erfahren, dass diese Flugzeuge in Dessau hergestellt werden und bat um ein Preisangebot für die F 13 oder Teile davon. Zwei Monate später tauchte der Name Stinson sogar in der Dessauer Presse auf. Der *Anhalter Anzeiger* vom 19. Oktober 1923 berichtete von einem spektakulären Nachtflug des Piloten Edward Stinson und des Präsidenten des Aero-Clubs Illinois Charles Dickenson mit einer F 13 von New York nach Chicago. Es sei der erste ununterbrochene Nachtflug zwischen beiden Städten gewesen und damit Vorläufer des Nachtluftverkehrs.

Vom 6. Juni bis 10. Juli 1924 reiste Junkers mit seiner Tochter Herta, dem Leiter des Hauptbüros Hermann Mierzinsky und dem stellvertretenden Leiter des Junkers-Luftverkehrs Dr. Gottfried Kaumann in die USA, um nach der Trennung von Larsen die dortigen Chancen für den Bau von Junkersflugzeugen und den Betrieb von Luftverkehrsstrecken auszuloten. Langfristiges Ziel sollte der Aufbau eines transozeanischen Luftverkehrs von London nach New York mit Junkers-Großflugzeugen sein[124]. Zur Demonstration hatte Junkers das Modell einer J 1000 mitgenommen, einem Großflugzeug in Entenbauweise für 80 Passagiere und 8 Mann Besatzung, das der Junkers'schen Idee eines Nurflügelflugzeuges sehr nahe kam.[125] Die Delegation musste bald die Erfahrung machen, dass es für ein ausländisches Luftfahrtunternehmen sehr schwer sein würde, in den USA Fuß zu fassen. Auch für den Absatz der Junkers-Flugzeuge standen die Chancen sehr schlecht, obwohl sie den amerikanischen an Wirtschaftlichkeit und Langlebigkeit immer noch überlegen waren. Die wenigen bestehenden Luftverkehrsgesellschaften zogen amerikanische Flugzeuge vor, einerseits aus nationaler Rücksichtnahme, andererseits auch wegen der wesentlich geringeren Anschaffungskosten. Es wurde deshalb beschlossen, anfangs mit einem amerikanischen Luftverkehrsunternehmen zusammenzuarbeiten, in der Hoffnung, später selbst ein Unternehmen in den USA gründen zu können. Als geeignete Firma bot sich die Firma von Edward Stinson an, die als einziges Luftfahrtunternehmen noch Junkers-Flugzeuge in Betrieb hatte. Nach seinem Weltrekord im Dauerflug, den er gemeinsam mit Bertaud Ende Dezember 1921 mit einer JL 6 aufgestellt hatte, hatte Stinson vier JL 6 erworben, von denen er Mitte 1924 noch zwei Exemplare – ein älteres gelbes und ein neueres silbernes – in Betrieb hatte und Bedarfsflüge ausführte.

Während seines Aufenthaltes in den USA reiste Junkers mit seiner Delegation am 23. Juni 1924 zu einem Besuch der Ford-Werke nach Detroit. Bei dieser Gelegenheit traf er auch mit Stinson zusammen, sondierte die Möglichkeit einer Zusammenarbeit und besichtigte die »Stinson-Junkers-Maschinen« auf dem Flugplatz.

Noch während sich die Delegation auf der Rückreise nach New York befand, geriet Stinson wieder einmal in die Schlagzeilen. Der Zeitung *The Detroiter* vom 7. Juli 1924 zufolge war der waghalsige Flieger mit seinem vollbesetzten Flugzeug am 28. Juni auf dem Flug von New York nach Detroit über dem Eriesee in einen Tornado geraten: »Der Wirbelsturm erfasste uns ohne Warnung. Es kam ein plötzlicher Stoß, aus dem ich auf einen großen Luftsack schloss. Ich fand dabei nichts Schlimmes, bis ich eine Sekunde später auf den Höhenmesser blickte und entdeckte, dass er eine Höhe von 7500 ft anzeigte. Ich wusste, dass wir nur einen Augenblick vorher auf 2200 Fuß geflogen waren, und mein erster Gedanke war, dass der Höhenmesser versagte. Dann sah ich auf den Kompass. Die Nadel drehte sich wild und sie sprang von Nord nach Süd und von Süd nach West und weigerte sich, in ihrer normalen Lage zu bleiben. Einen Augenblick glaubte ich zu träumen. Niemals vorher hatte ich die Instrumente sich so merkwürdig betragen gesehen. Sie zeigten an, dass wir in weniger als 2 Minuten eine Meile aufwärts gerissen worden waren, und nun begann mir die Lage klar zu werden.«

Stinson und sein Co-Pilot Kemp mussten sich so schnell wie möglich aus den Klauen des Wirbelsturmes befreien, denn das Flugzeug flog mit Radfahrgestell und konnte deshalb auf dem See nicht landen. Ein Versagen des Motors hätte den sicheren Tod bedeutet. Stinson beschloss, tiefer herunterzugehen und stellte den Motor ab. »Denken Sie sich meine Überraschung, als ich sah, dass selbst mit abgestelltem Motor und während das Flugzeug abwärts gerichtet war, unser Höhenmesser noch anzeigte, dass wir aufwärts getrieben wurden. Tatsächlich, wir wurden noch weitere 1500 Fuß nach oben gehoben. Das war mehr, als ich verstehen konnte.«[126]

Erst nachdem Stinson die Steuersäule steil auf »Abwärts« gestellt hatte und das Flugzeug kerzengerade über dem See stand, begann es langsam zu sinken. Als sie unter den Wolken hindurch waren, konnte sich Stinson endlich nach einem Notlandeplatz umsehen. Rechts lag die kanadische Küste, er fand ein geeignetes Feld und steuerte darauf zu. Der Gegenwind war so heftig, dass das Flugzeug nach nur 20 Fuß (ca. 6 Meter) Auslauf zum Stehen kam. Froh, mit dem Leben davongekommen zu sein, entstiegen die fünf Passagiere und die völlig durchnässten Piloten – sie waren bei offenem Cockpit dem Wetter schutzlos ausgeliefert gewesen – dem Flugzeug, das bis auf die verschrammten Propeller unbeschädigt geblieben war.

Nach seiner Rückkehr aus Detroit gründete Junkers am 5. Juli 1924 in New York die »Junkers-Corporation of America« (Jucoram), der er als Präsidenten vorstand. Als Vizepräsident wurde der Amerikaner William

Knight eingesetzt, weitere Mitglieder zum Zeitpunkt der Gründung waren G. D. Wardrop und Dr. Georg Madelung.

Die Jucoram erhielt von Junkers den Auftrag, mit Hilfe von Stinson zu testen, ob es möglich sei, in den USA einen rentablen Luftverkehr aufzuziehen. Zu diesem Zweck hatte Dr. Kaumann vor seiner Abreise mit Stinson einen Vertrag geschlossen[127], der die Einrichtung einer Strecke von Detroit nach Chicago vorsah und bis zum Frühjahr 1925 gelten sollte[128]. Für die Kosten wollten die Junkerswerke aufkommen, auch sollte von Junkers eine neue F 13 geliefert und ein Monteur gestellt werden. Nach außen hin war das in Detroit ansässige Unternehmen jedoch »ausschließlich Stinsons Angelegenheit«. Stinson stellte seine zwei JL 6 zur Verfügung. Er erhielt dafür »100 Prozent der Roheinnahmen und muss Brennstoff, Öl und Miete für den Flugplatz bezahlen«.[129]

Die Verbindung zur Jucoram in New York hielt Dr. Georg Madelung, der in Stinsons Fabrikhalle BMW-Motoren überholte und bei Bedarf den Mechaniker bei der Überholung der Flugzeuge unterstützte. Er erstattete William Knight regelmäßig Bericht über die Arbeit von Stinson. In einem dieser Berichte beklagte er sich über die Art von Stinsons Flugmanövern. Er spränge über Scheunen weg und fliege sehr niedrig über die Köpfe der Zuschauer. »Wer zahlt, wenn er mit unserer Maschine einen Zuschauer umbringt?«[130]

Ende September 1924 traf die versprochene F 13 aus Dessau ein und wurde sogleich vom Junkers-Mechaniker Köppen montiert. Es war vorgesehen, dass das Flugzeug zu Reklamezwecken im Oktober an den Wettflügen in Dayton teilnehmen sollte, aber der zugehörige Motor war noch unterwegs. Stinson blieb nichts weiter übrig, als sich in Detroit einen alten Motor zu mieten, damit er das Flugzeug wenigstens in Dayton ausstellen und Werbung für seine neue Luftverkehrsstrecke Detroit-Chicago machen konnte. Der Hinflug war mit vier Zwischenlandungen dann auch dementsprechend mühevoll, den Rückflug musste Stinson dem Motor regelrecht »abschmeicheln«.[131]

Der Ford-Wettbewerb

Nach Beendigung der vertraglichen Zusammenarbeit mit Stinson im Frühjahr 1925 übernahm die Jucoram selbst die weitere Propagierung der F 13 in den USA. Eine erste Gelegenheit dazu ergab sich beim Ford-Wettbewerb am 28. September bis 4. Oktober 1925, bei dem die Zuverlässigkeit von Verkehrsflugzeugen festgestellt werden sollte.

(115) Die F 13 *Würger* der Jucoram

Die Jucoram muss sich wohl erst sehr spät zur Teilnahme an diesem Wettbewerb entschlossen haben, denn der Pilot Melchior traf erst in letzter Minute aus Europa ein und auch die Entscheidung, dass die der Jucoram gehörende F 13 *Würger* am Wettbewerb teilnehmen konnte, fiel erst Mitte September. So hatten Monteur und Pilot nur noch wenige Tage Zeit, sich auf den Wettbewerb vorzubereiten und Flugzeug und Motor zu testen.

Am 23. September 1925 startete Melchior auf dem Curtiss-Flugplatz in Long Island, New York mit fünf Passagieren zum Flug nach Detroit, wo sie am darauffolgenden Tag eintrafen. Bis zur Eröffnung des Wettbewerbs richteten die Jucoram-Vertreter in einem Zelt auf dem Flugplatz der Fordwerke eine kleine Ausstellung ein, auf der ein BMW-Motor, ein Flugzeugspant, ein Reservesteuer und verschiedene Fotoalben ausgestellt wurden.

Am 28. September morgens um 10 Uhr starteten 17 Flugzeuge, um ihre Zuverlässigkeit als Verkehrsflugzeuge zu beweisen. Die F 13 *Würger* wurde gesteuert von Pilot Fred Melchior, als Copilot und *Pfadfinder* assistierte der amerikanische Zivilpilot George Hopkins. Am Flug nahmen außerdem Teil: Junkers-Mechaniker Köppen, der Fotograf J. M. Connolly, der Journalist P. W. Williams von der *Detroiter Free Press* und Jucoram-Chefingenieur Otto Scherer. Mit Werkzeugen und Reserveteilen betrug die Nutzlast 1154

Pfund (ca. 520 kg). Um den Wettbewerbsbestimmungen zu genügen, hätten bei diesem Flugzeug 583 Pfund gereicht. Die übermäßige Auslastung des Flugzeuges machte sich schon beim Start bemerkbar. Der Flughafen war vom starken Regen völlig aufgeweicht, der Motor brauchte fünf Minuten, bis er auf Touren kam und das Flugzeug abheben konnte.

Die Flugstrecke führte über Chicago, Omaha, Kansas City, St. Louis, Indianapolis, Columbus, und Cleveland zurück nach Detroit und musste innerhalb einer Woche zurückgelegt werden. Die erste Teilstrecke bis Chicago absolvierte der *Würger* noch problemlos, aber dann gab es wieder die üblichen Motorenprobleme. Der Motor war ein alter BMW aus dem Ersten Weltkrieg, den die Jucoram von der Regierung der Vereinigten Staaten erworben hatte. Schon nach dem Start in Chicago versagte einer der Magneten, so dass Melchior notlanden musste. Nach Auswechseln des Magneten und Stopfen eines Lecks im Hilfskühler mit Kaugummi konnte der Flug fortgesetzt werden.

Nach dem Start in Omaha wiederholten sich die Magnetstörungen und Melchior musste erneut notlanden, dieses Mal bei heftigem Regen auf einem Feld mit meterhohem Unkraut. Ein Start war erst wieder möglich, nachdem ein Bauer das Feld mit einer Mähmaschine abgemäht und die Feldumzäunung beseitigt hatte. Auf diese Weise verloren die Flieger 3½ Stunden ihrer Zeit, es sollte ihnen am Ende auch den Sieg kosten. Bei den folgenden flugplanmäßigen Zwischenlandungen und Aufenthalten mussten noch mehrmals Magneten, Kondensatoren, Dichtungen u.a. ausgewechselt werden, aber am Ende gelang es Melchior und seinem Copiloten doch noch, als drittes Flugzeug am 4. Oktober 1925 in Detroit zu landen und den zweiten Preis zu gewinnen.[132]

Einen wirtschaftlichen Nutzen konnte die Jucoram aus diesem Erfolg nicht erzielen, auch weitere Propagierungsmaßnahmen blieben ohne Erfolg. Es fanden sich in den USA keine Käufer mehr für das kleine Verkehrsflugzeug.

Ein kolumbianisch-deutsches Luftverkehrsunternehmen

Mehr Erfolg hatte Junkers mit der F 13 in Südamerika. Hier gab es noch genügend verkehrstechnisch unerschlossene Gebiete, auf denen das tropentaugliche Metallflugzeug Pionierarbeit leisten konnte.

Zu Beginn des Jahres 1920 erschien in Dessau ein Ingenieur namens Werner Kaemmerer aus Kolumbien. Er gab an, im Auftrag der am 5. Dezember 1919 in Barranquilla gegründeten Luftverkehrsgesellschaft »Sociedad Colombo-Alemana de Transportes Aereos« (SCADTA) in Europa unterwegs zu sein, um Flugzeugangebote einzuholen. Da er Junkers bereits von Aachen her kannte, wandte er sich zuerst an dessen Flugzeugwerk in Dessau.

Ingenieur Kaemmerer malte bei seinem Besuch die Absatzaussichten für Verkehrsflugzeuge in Kolumbien in den rosigsten Farben aus. Er sei bereits im vergangenen Jahr während einer wirtschaftlich-industriellen Studienreise im Auftrag des Vereins Deutscher Ingenieure durch Kolumbien gereist, um die dortigen Verhältnisse zu erkunden. Dabei sei er zu dem Ergebnis gekommen, dass bei der vorhandenen mangelhaften verkehrstechnischen Erschließung des Landes die Einrichtung eines wirtschaftlichen Luftverkehrs sehr erfolgversprechend sei. Die derzeit vorhandenen Mittel, um von der Küste ins Landesinnere zu gelangen, erschöpften sich in der Verwendung von Kanu, Floß und Maultier. Eine Reise vom Hafen Barranquilla bis zur Landeshauptstadt Bogotá und zurück dauere mindestens vier Wochen. Deshalb werde sein Vorhaben auch von der kolumbischen Regierung und der dortigen Bevölkerung, die sehr deutschfreundlich sei, unterstützt. Die Jfa unterbreitete Kaemmerer daraufhin ein Angebot für vier F 13 mit Landfahrgestell und Schwimmer zum Preis von je 11 000 Dollar, das dieser sofort nach Kolumbien kabelte.

Die Antwort ließ fast drei Monate auf sich warten. Sie fiel für die Junkerswerke sehr enttäuschend aus. Die Scadta konnte sich nur zum Ankauf *eines* Probeflugzeuges entschließen, weil in Kolumbien die Flugzeuge wesentlich preisgünstiger zu haben seien. So seien Rumpler-Flugzeuge für 30 000 Mark und ein französisches Farman-Flugzeug mit 300 PS für 4000 Dollar angeboten worden.

Jfa-Direktor Schleissing hatte von Junkers die Anweisung erhalten, keine einzelnen Flugzeuge zu verkaufen. Das Risiko sei zu groß, dass das eine Flugzeug ausfällt und dadurch längere Zeit keine Flüge mehr ausgeführt werden könnten. Dies würde dem Ruf der Junkers-Flugzeuge außerordentlich schaden.

Schleissing fürchtete, auf dem aussichtsreichen südamerikanischen Markt den Anschluss zu verpassen, wenn die jetzige Gelegenheit nicht wahrgenommen würde, und setzte sich in einem Schreiben an Junkers dafür ein, notfalls auch ein Einzelflugzeug abzugeben.[133] Nach längeren Verhandlungen entschloss sich die Jfa dann dazu, ein zweites Flugzeug auf eigenes Risiko in Kommission zu geben.

Die erste für Kolumbien bestimmte F 13 war Anfang Juni 1920 fertiggestellt worden und sollte von Pilot Griebsch eingeflogen werden. Dabei kam es, wie bereits erwähnt, am 2. Juni 1920 zu einer Explosion in der Luft und das Flugzeug stürzte ab. Scadta-Chefingenieur Fritz Hammer – ein Schwiegersohn des drei Wochen später zum deutschen Außenminister gewählten Walter Simons – wartete vergeblich in Warnemünde auf die Maschine.

Einen Monat später war es dann endlich soweit. Zwei F 13 in den kolumbianischen Landesfarben gelb, blau und rot wurden in zwei große Kisten verpackt und mit dem Dampfer *Crijnssen* nach Kolumbien verschifft. Begleitet wurden die Flugzeuge von Fritz Hammer und den beiden Piloten Wilhelm Schnurbusch und Hellmuth von Krohn. Am 4. August 1920 trafen die Flugzeuge samt Begleitung wohlbehalten in Puerto Columbia, dem Seehafen von Barranquilla, ein. Dort wurden sie sogleich unter Aufsicht von Fritz Hammer montiert.

Eine Woche nach Ankunft der Flugzeuge informierte die Scadta die Deutsche Gesandtschaft in Bogotá, dass sie in Kolumbien einen Luftverkehr einrichten wolle. »Beabsichtigt ist, die Verbindung zwischen Barranquilla und den Endpunkten der nach dem Magdalenenfluß führenden Eisenbahnlinien für Passagier- und Postverkehr auf dem Luftwege herzustellen; in Frage kämen also die Plätze Calamar, Puerto Wilches, Puerto Berrio und als Endstation Girardot.«[134]

Am 5. September 1920 stand das erste Flugzeug, mit einer deutschen und einer kolumbianischen Fahne und einem Kranz von Blumen geschmückt, auf dem Flugplatz von Veranillo zum ersten Passagierflug bereit. Unter großer Anteilnahme der Bevölkerung wurde es von den Paten des Flugzeuges Paul Grosser, dessen Gattin Lia Grosser und dem Aktionär der Scadta Ernesto Cortissoz mit Hilfe einer Flasche Sekt auf den Namen *Colombia* getauft. Anschließend segnete Pfarrer Calixto Alvarez von St. Nicolas das Flugzeug und verlas ein Gebet, welches der Papst für die Einsegnung von Luftfahrzeugen vorgeschrieben hatte.

Unter den Klängen der Militärmusik glitt das Flugzeug ins Wasser und erhob sich bald darauf zu einem ersten Rundflug, an dem der Geschäftsführer der Scadta Albert Tietjen und Hauptmann Rito Neira teilnahmen. Es folgten noch fünf weitere Rundflüge mit den örtlichen Honoratioren und deren Frauen und Töchtern.[135]

Am 12. September 1920 wurde die Strecke Barranquilla – Puerto Berio entlang des Magdalenenstroms offiziell eröffnet. Der erste Flug diente dem Studium der Strecke und zog sich über mehrere Tage hin. Die Piloten Hammer und Schnurbusch legten mehrere Zwischenlandungen ein, um

(116) F 13 *Colombia* am 5. September 1920 in Barranquilla

(117) Die Damen nach dem ersten Fluge

(118) Landung der F 13 in Porto Berio mit dem ersten durch die Luft beförderten Postsack am 10. Sept. 1920

die Strömungen und Landeverhältnisse zu erkunden, jedes Mal wurden sie von der Bevölkerung begeistert empfangen. In Banco mussten sie eine größere Pause von 36 Stunden einlegen, weil der Dampfer mit dem dringend benötigten Gasolin noch nicht eingetroffen war. Unterwegs gerieten sie in ein schweres Unwetter, so dass sie zeitweilig nur nach dem Kompass fliegen konnten, weil Nebel und Regen die Sicht behinderte. Der Rückflug von Puerto Berio verzögerte sich ebenfalls, weil einer der beiden Piloten sich verletzt hatte.

Am 14. September 1920 schwebte die *Colombia* wieder über Barranquilla ein und landete unter den Klängen der Militärmusik auf dem Flughafen von Veranillo. Vom Pfeifen der Fabriksirenen auf die Ankunft aufmerksam gemacht, war inzwischen die halbe Stadt herbeigeströmt, um das Flugzeug zu begrüßen. Der Kabine entstieg nur ein Passagier, der Scadta-Aktionär Stuart Hosie.[136]

Am 19. Oktober 1920 fand der erste offizielle Postflug auf der Strecke Barranquilla – Puerto Berio statt. Chefpilot Fritz Hammer war erkrankt und musste das Bett hüten, so dass die *Colombia* erstmals von Hellmuth von Krohn gesteuert wurde. Als Copilot fungierte Ingenieur Wilhelm Schnurbusch.

Der Flug war nicht nur als Postflug eine Premiere, es war auch das erste Mal, dass die Schwimmerversion der F 13 im regelmäßigen Luftverkehr eingesetzt wurde. Das ging natürlich anfangs nicht ohne Pannen ab. Das Flugzeug kam mit Nutzlast nur schwer aus dem Wasser, da der BMW-Mo-

(119) Rückkehr nach Barranquilla am 14. Sept. 1920

tor dafür einfach nicht hinreichend leistungsfähig war. Aber der Versailler Vertrag erlaubte der deutschen Flugzeugindustrie zu dieser Zeit keine stärkeren Motoren. »Das größte Gewicht, das Ihre Maschinen bisher hier aus dem Wasser hoben, aber mit Hängen und Würgen und mit einem leichten Gegenwind, sind 400 kg. Bei Windstille kann man aber nur mit 375 kg rechnen«, schrieb Fritz Hammer an die Jfa.[137] Zum ersten Postflug schaffte die *Colombia* nicht einmal diese Nutzlast, so dass der kaufmännische Leiter der Scadta Tietjen auf den Flug verzichten und von Hammer nach dessen Genesung mit der zweiten F 13 einen Monat später nachgeflogen werden musste.

Über den ersten Postflug und seine Probleme berichtete Hammer anschließend nach Dessau: »Trotz Nebels ging die Maschine am 19.10. um 7 Uhr pünktlich zu Wasser und startete um 7 Uhr 4 Minuten. Der Flug muss schlimm gewesen sein, denn unterwegs trafen sie Gewitter, Tropenregen und gingen überall durch. Leider ging zum 20. Male der Kühler leck und musste in Banco gelötet werden, wodurch ein großer Aufenthalt entstand und der Flug in einem Tage nicht geschafft werden konnte. In 5 Stunden und 12 Minuten wurde trotz des sehr schlechten Wetters die Strecke Barranquilla – Porto Berrio zurückgelegt und am anderen Morgen wegen ganz dicken Nebels erst um 10 Uhr 16 gestartet. Bis Girardot brauchte die

(120) F 13 *Colombia* in Girardot

Maschine 2 Stunden und 19 Minuten, so dass die erste durchgehende Reise von B. nach Girardot in 7 ½ Stunden geschafft wurde. Der Empfang und die Begrüßungsfeierlichkeiten waren einfach fabelhaft und nahmen Tage in Anspruch.«[138]

Leider passierte bei der Landung ein Missgeschick: Ein Schwimmer wurde eingedrückt und leckgeschlagen. Deshalb beschlossen die beiden Piloten, die Schwimmer gegen ein Radfahrwerk auszutauschen. Das Flugzeug musste zu diesem Zweck mit viel Mühe über die 25 m hohe Uferböschung gehievt und bis zu einem Flugplatz in der Nähe der Stadt transportiert werden.

Nachdem Schnurbusch das Landfahrgestell untermontiert hatte, wollte Krohn vor dem Weiterflug nach Bogotá einen Probeflug machen, aber er hatte erneut Pech:

»Der Start war wieder einwandfrei, der Flug ebenfalls. Nur meint Herr v. Krohn, die Fläche des Seitensteuers könnte größer sein in den Böen in der Nähe der Berge. Der Wind stand quer zur vorbereiteten Bahn. Krohn setzte daher die Maschine in der einen Ecke des Platzes auf. Er gab, um sie ganz stoßfrei hinzusetzen, ein wenig Gas. In dem Augenblick, da die Maschine darauf durchzog, schlug ein Rad an einen Stein, blieb daran hängen und riss das ganze Fahrgestell nach hinten. In ca. 10 m wurde die *Columbia* von 100 km Geschwindigkeit auf Null gebremst. Dabei musste der Bauch erheblich leiden. Leider auch ein Hauptholm, ein Tank, ein Übertragungshebel der Steuerung und sämtliche Bleche. Außer dem Propeller war sonderbarerweise die Maschinenanlage intakt geblieben.«[139]

Schnurbusch hatte Wochen zu tun, bis die Maschine wieder flugfertig war. Während Schnurbusch noch reparierte, traf Fritz Hammer mit seinem Passagier Tietjen in Girardot ein. Er hatte für den Flug nur 6 ½ Stunden gebraucht, ein Dampfer benötigte für die gleiche Strecke zwei Wochen. Von Girardot aus flogen Hammer und Tietjen weiter flussabwärts nach Neiva und von dort aus in die Hauptstadt Bogotá, wo sie am 14. Dezember 1920 eintrafen. Dort wurden sie von der deutschen Kolonie mit großem Jubel empfangen, waren sie doch die ersten Flieger, die den Weg von der Küste bis zur Hauptstadt zurückgelegt hatten.

Am darauffolgenden Tag wurde unter großer Anteilnahme der Hauptstadtbewohner die zweite F 13 auf den Namen *Bogota* getauft. Die Taufe hatte aber offensichtlich wenig Wirkung, denn »nachdem wir die Maschine am nächsten Tage, an einem Sonntag, getauft hatten, brach beim Ansetzen auf dem neuen Flugplatz die Achse unmittelbar hinter der Nabe an und das Flugzeug ging, das Fahrgestell zermanschend, über Kopf«, berichtete Hammer. »Da der Boden steinhart war, gab es einen gewaltigen Stoß, der den Motor um einige Zentimeter nach hinten rückte, Bleche und Holme und Beschläge zerstörend.«[140] Den Piloten war nichts passiert, aber das Flugzeug war mehrere Monate lang nicht verwendungsfähig.

Die Ergebnisse der Scadta waren 1920 naturgemäß noch sehr bescheiden. Da nur eine F 13 einsatzfähig war, waren vom September bis Dezember nur 12 Passagiere und 850 kg Gepäck, Fracht und Post befördert worden. Dabei wurden insgesamt 4825 Flugkilometer zurückgelegt.

Nachdem die Erfahrungen von 1920 gezeigt hatten, dass sich mit zwei F 13 kein regelmäßiger Luftverkehr betreiben ließ, reisten Fritz Hammer und Peter Paul von Bauer im Frühjahr 1921 nach Dessau, um mit den Junkerswerken über den Ankauf weiterer F 13 zu verhandeln. Bei aller Kritik an den noch vorhandenen Mängeln der F 13 war es den Aktionären der Scadta klar, dass das Ganzmetallflugzeug derzeit das einzige Verkehrsflugzeug war, das dem feuchtheißen Tropenklima gewachsen war. Ein französisches Luftverkehrsunternehmen, das schon vor der Scadta in Kolumbien tätig gewesen war, hatte den Betrieb nach zwei tödlichen Unfällen und einem Verlust von 250 000 Dollar einstellen müssen. Den Piloten war es nicht gelungen, innerhalb eines Jahres auch nur einen Langstreckenflug durchzuführen.[141]

(121) Taufe der F 13 *Bogota*

Nach den Vorstellungen der Scadta waren wenigstens noch drei zusätzliche F 13 notwendig, um einen planmäßigen und reibungslosen Luftverkehr einrichten zu können, aber die dafür notwendigen Mittel – Junkers forderte für eine F 13 ca. 17 000 Dollar – waren nicht vorhanden[142]. Auf eine Herabsetzung des Preises konnten sich die Junkerswerke nicht einlassen, da in Deutschland inzwischen der Versailler Vertrag in Kraft getreten und infolgedessen ab Juni 1921 der Bau von Flugzeugen verboten war, so dass die Jfa bald am Rande der Liquidität stand.

Um der Scadta entgegenzukommen, erklärte sich Junkers nach längeren Verhandlungen bereit, zwei F 13 bis zum Januar 1922 als Leihflugzeuge zur Verfügung zu stellen[143]. Eine von beiden, die A-9 *Cauca* erwarb die Scadta anschließend, Junkers beteiligte sich mit der zweiten, der A-8 *Magdalena*, ab Januar 1922 an der Scadta. Eine dritte F 13 namens *Caldas* kaufte im September 1921 Dr. v. Bauer, der mit dem Flugzeug eine wissenschaftliche Abteilung an die Scadta anschließen wollte.

Der aus einem österreichischen Adelsgeschlecht stammende Dr. Peter von Bauer war als Vertreter einer Reihenbildvermessungsgesellschaft, der N. V. Techn. Maatschapy-Aerophoto, Amsterdam, einer Tochtergesellschaft der berühmten Kinematographenfirma Messter, Berlin, nach Kolumbien gekommen und hatte ein sehr erfolgversprechendes Betätigungsfeld gefunden.

(122) Die F 13 *Caldas* über dem Magdalenenstrom

Die kolumbianische Regierung versuchte schon seit Jahrzehnten, eine brauchbare Karte des Landes herzustellen, dies war aber bisher immer an den hohen Kosten gescheitert. Um die Wirtschaft des Landes anzukurbeln, war es aber dringend notwendig, die unwegsamen Gebiete mit noch unerschlossenen Bodenschätzen kartografisch zu erfassen, damit Konzessionen vergeben werden konnten. Die kolumbianische Regierung war deshalb gerne bereit, ein Luftbildunternehmen zu unterstützen und eine Alleinkonzession zu vergeben.

Die Gründung und Unterhaltung eines eigenen Unternehmens erschien v. Bauer zu aufwendig, er bot deshalb der Scadta an, sich mit einem Kapital von 100 000 Dollar zu beteiligen, wenn diese bereit war, ihrer Gesellschaft eine wissenschaftliche Abteilung unter seiner Leitung anzuschließen. Der Scadta, die in erheblichen finanziellen Schwierigkeiten steckte, kam dieses Angebot gerade recht, sie nahm v. Bauer mit Freuden als Hauptaktionär in ihre Gesellschaft auf.

Während Hammer und v. Bauer zum Ankauf der Flugzeuge in Dessau weilten, war Pilot Hellmut von Krohn in Kolumbien ganz auf sich allein gestellt. Mit nur einer F 13 und der technischen Unterstützung des Monteurs Köpke hatte er vor allem zwei Aufgaben zu erfüllen: Er musste er die kolumbianische Bevölkerung für den Luftverkehr gewinnen und der Regierung beweisen, dass ein regelmäßiger Luftverkehr entlang des Magdalenenflusses möglich war, um eine Postkonzession zu erhalten.

Zur Eröffnung der Flugsaison im April 1921 flog Krohn mit der *Colombia* zweimal von Barranquilla nach Girardot, um nachzuweisen, dass tatsächlich an allen vorgesehenen Orten gelandet werden kann. Währenddessen war auch aus Deutschland ein neuer Motor eingetroffen, den der Monteur Köpke sogleich einbaute und der dabei das Flugzeug für die neue Saison noch einmal gründlich überholte.

Am 15. Mai 1921 war das Flugzeug wieder startbereit. Über den etwas ungewöhnlichen Testflug berichtete v. Krohn später in einem Brief an Hugo Junkers: »An diesem Tage fuhren einige Minister, u. a. auch der für den Postkontrakt wichtigste – der Regierungsminister – nach der Magdalenenflußmündung mit einem großen Dampfer in zahlreicher Gesellschaft. – Es war ein Sonntag, um 7 Uhr v. machten wir, nachdem der Ministerdampfer unsere Hallen passiert hatte, den Probeflug. Ich frischte Kriegserinnerungen auf. Stellte mir vor, dass das Schiff ein Fesselballon wäre und übte mich im Angreifen! Besonders bei diesem Flug freute ich mich über die Wendigkeit der Maschine! Immer runterstoßend bis dicht über die Schornsteine – darüber hinwegziehend – kurz kehrt und wieder herunter – und das so 5–10 Mal! Erfolg, dass am nächsten Tage die Töchter vom Regierungsminister mitflogen, neben einigen anderen Herren und Damen, die an demselben Tage mit dem Minister wieder nach Bogotá zurückreisten.«[144]

Begeistert wird Junkers über den Bericht wohl nicht gewesen sein, hatten die Junkerspiloten doch strenge Anweisung, sorgsam mit den Flugzeugen umzugehen und keine waghalsigen Manöver auszuführen.

Im Mai und Juni 1921 flog von Krohn nach Neiva und Girardot zu den »Ferias« – das waren große Viehmärkte mit Festlichkeiten – und unternahm dort zahlreiche Rundflüge mit den örtlichen Honoratioren und Besuchern, um für den Luftverkehr zu werben. Unterwegs lieferte er bei den Zwischenlandungen pünktlich die Post ab – mit dem Erfolg, dass der Scadta Anfang Juli 1921 der ersehne Postkontrakt erteilt wurde.

Nach dem Eintreffen der beiden neuerworbenen F 13 *Cauca* und *Magdalena* konnte Mitte September der regelmäßige Luftverkehr nach festen Flugplänen eröffnet werden. Wöchentlich fand ein Rundflug auf der Strecke Barranquilla – Girardot – Neiva (1150 km) statt, später kam noch die Strecke Barranquilla – Cartagena (120 km) dazu.[145] Vom September bis Dezember 1921 fanden 307 Flüge über insgesamt 34550 Flugmeilen statt, wobei 303 Fluggäste und 29,3 t Post und Gepäck befördert wurden. Es gab keine Unfälle.[146]

Die Flugsaison 1922 leitete v. Krohn mit einem spektakulären Flug ein. Er flog am 6. April mit seiner F 13 als erster von Barranquilla auf direktem Wege ohne Zwischenlandung über die 5400 m hohen Zentralkordilleren nach Cali, der bedeutendsten Stadt Westkolumbiens. So eine Reise war bisher nur auf einem umständlichen Wasserweg oder einem anstrengenden Ritt auf dem Rücken eines Pferdes von mindestens zwei Wochen über gefährliches Hochgebirge zu bewältigen, v. Krohn hatte für die 1200 km Entfernung hingegen nur 7½ Stunden gebraucht. Für einen weiteren Flug vom Magdalena- ins Caucatal brauchte er sogar nur 2 Flugstunden.

Durch solche Flüge und den zuverlässigen Luftverkehrsbetrieb auf dem Magdalenenstrom erwarb sich v. Krohn in Kolumbien einen ausgezeichneten Ruf. Kolumbianische Zeitschriften stellten fest, »dass sich in Kolumbien wohl kein einziger Ausländer der gleichen mit Respekt verbundenen Hochachtung erfreut wie Herr von Krohn«. Im Juni 1922 wurde er in der Hauptstadt Bogotá durch ein großes Bankett geehrt, an dem einflussreiche Vertreter der kolumbianischen Wirtschaft und auch Angehörige der deutschen Gesandtschaft teilnahmen.

Ende 1922 konnten sich die Leistungen der Scadta sehen lassen. Die Gesellschaft hatte inzwischen sechs F 13 in Betrieb, die von der Jfa in Zusammenarbeit mit Fritz Hammer an die tropischen Verhältnisse angepasst worden waren und nun einen regelmäßigen Luftverkehr zwischen Barranquilla, Girardot, Neiva und Cartagena durchführen konnten. In den angeflogenen Städten waren Postdienste eingerichtet worden, die die Post in der Stadt einsammelte und verteilte. In Santander war eine Tochtergesellschaft gegründet worden, die die Einrichtung eines Luftverkehrs zwischen Ukamaranga und dem Magdalenenfluss vorbereitete. Die wissenschaftliche Abteilung unter Leitung von Dr. v. Bauer hatte im ersten Jahr ihres Bestehens 700 Luftbilder vom Magdalenenfluss angefertigt und meteorologische Stationen eingerichtet.[147]

Der Reingewinn der Scadta betrug Ende des Jahres 1922 insgesamt 10 565,67 Dollar, davon wurden 3 % Dividende an die Aktionäre verteilt. Die Scadta war damit die erste eigenwirtschaftlich arbeitende Luftverkehrsgesellschaft der Welt.

Die ersten zwei Jahre hatte es nicht einen Unfall mit Personenschaden gegeben, was wesentlich zum Erfolg der Scadta beitrug. Doch das sollte nicht so bleiben. Am 4. Februar 1923 geriet Pilot Schütz mit seiner vollbesetzten F 13 A-2 *Columbia* kurz nach dem Start in Columbia in eine Fallböe, die das Flugzeug wieder nach unten drückte. Da der Fluss wenig Wasser führte, streifte das Flugzeug mit dem linken Schwimmer einen Felsen und überschlug sich. Dabei riss die Kabine zwischen den Türen, und der Vorderteil geriet unter Wasser. Pilot Schütz konnte sich aus dem Cockpit, das oben offen war, retten, sein Monteur Schröder wurde 10 Tage später am unteren Flusslauf tot aufgefunden. Die vier Passagiere, unter denen sich auch ein Kind befand, waren unverletzt geblieben.[148] Der Unfall minderte das Vertrauen der Passagiere in das Verkehrsflugzeug nicht, im Gegenteil, er hatte gezeigt, dass die solide Konstruktion wesentlich zum Schutz der Passagiere beitrug.

Auch die Piloten waren von diesem Flugzeug begeistert. Ende 1923 schrieb Hellmuth von Krohn an seinen Cousin Wolf Zimmer-Vorhaus: »Du erkundigst Dich nach meinen Erfahrungen mit der Junkersmaschine und erzähle ich Dir gern hierüber. Ich glaube, es Euch damals schon gesagt zu haben, welch begeisterter Anhänger ich von diesem Flugzeugtyp bin. Wir konnten vor 3 Jahren, als wir rausgingen – Juli 20 – gewiß kein geeigneteres Flugzeug wählen, um in den Tropen – in Columbien – einen Luftdienst einzurichten. Denn nach dreijährigem Dienst – hiervon jetzt 2½ Jahr regelmäßig – sind unsere ältesten Maschinen von den neuesten kaum zu unterscheiden! und das erstaunliche und bewundernswerte, daß – bis auf kleine Veränderungen – das Flugzeug aus der Fabrik im Aufbau genau dasselbe geblieben ist. Ein Beweis, wie genial es von vornherein durchdacht war. Der Hauptfaktor, der nur die Junkersmaschine geeignet erscheinen ließ, war der, daß die ganze Maschine aus Metall besteht. Eine Holzmaschine mit Stoffbespannung wäre bald verbraucht gewesen. Wir hatten zu Anfang keine Hallen und an den Zwischenhäfen noch heute nicht. Nach der Sonne von 50–70° ein Gewitterguß und dann wieder Sonne! Nach zehnstündigem Nachtregen der Start zur Reise von 1000 km! Wochenlang waren Maschinen diesen Witterungen ausgesetzt – ohne Dach, unter freiem Himmel – jedoch unversehrt! Bei starker Strömung auf felsigem Flußufer kam es oft vor, daß durch Stehenbleiben des Motors oder ungeschicktem Manövrieren ein Teil der Maschine, Flügel, Schwimmer oder Rumpf, gegen die Ufer geschleudert wurde. Es gab lokale Beschädigungen, die wieder ausgearbeitet wurden. Die Maschine im ganzen litt nie. Eine Holzmaschine wäre in gleichen Fällen oft restlos verbraucht gewesen. Abgesehen von diesen bedeutenden Vorzügen dieses Flugzeuges auf Grund seiner Metallkonstruktion vereinigt es seine flugtechnisch und – auf Grund seiner Rentabilität – kauftechnisch hervorragenden Vorteile. Fliegnerisch kann ich nur sagen, habe ich mich immer gefühlt, wie in einer Sportmaschine und nicht wie in einem Flugzeug, das bestimmt ist, 6 Menschen zu befördern. Die Form der Flügel und überhaupt der ganzen ver-

(123) F 13 am Magdalenenstrom

spannungslosen Maschine gibt eine Geschwindigkeit ohne Wind von etwa 150 km pro Stunde. Dieser Umstand und die Tatsache, daß der nur 185 PS besitzender B.M.W.-Motor nur etwa 40–50 Ltr. Benzin pro Stunde verbraucht, gestaltet das Flugzeug außerordentlich rentabel. Einzig dastehend war überhaupt die Tatsache, daß mit obigem Motor eine Maschine mit 6 Personen 6800 m Höhe erreichte; ein Beweis des außerordentlichen Steigvermögens. Bei meinem Fluge über die Anden vom Magdalenen- zum Caucastrom erreichte ich in einer Stunde 4500 m, in 1¼ Std. 5200 m Höhe! … Wenn Ihr mal was besonderes schönes aufziehen solltet, stehe ich zur Verfügung. Mit Junkerskisten immer!«

Um so tragischer war es, dass dieser mutige und zuverlässige Pilot, der die schwierigsten Flüge gemeistert hatte, einem banalen Rundflug zum Opfer fiel.

Während eines Besuches des Ministers für öffentliche Arbeiten flog Pilot Krohn mit drei Passagieren und seinem Mechanikern an Bord über Bogotá. Bei dem Versuch, eine Wolke zu überfliegen, übersteuerte der Pilot das Flugzeug und brachte es zum Absturz. Da er nur in einer Höhe von 300 m flog, konnte v. Krohn die Maschine über dem Boden nicht mehr abfangen. Er schlug gegen einen Baum und stürzte in ein mit Stroh bedecktes Haus, in welchem ein offenes Herdfeuer brannte. Durch die platzenden

(124) Sechs F 13 der Scadta

Benzinbehälter standen Haus und Flugzeug in kurzer Zeit in Flammen. Der Chefpilot der Scadta, sein Mechaniker sowie sämtliche Teilnehmer an dem Fluge starben sofort infolge der fürchterlichen Brandwunden, die sie erlitten hatten.[149]

Von Krohn wurde unter großer Anteilnahme der Bevölkerung zu Grabe getragen, die Zeitungen widmeten ihm ehrende Nachrufe, indem sie seine Leistungen für Kolumbien ausführlich würdigten: »Er vollführte Flüge von unvergleichlicher Kunst und Geschicklichkeit, wie den von Girardot nach Cali und von Barranquilla nach Cali, die allein schon genügen, um seinen Namen unter die der ersten und größten Flieger einzureihen … Columbien weiß noch nicht, was es gestern mit diesem einfachen und bescheidenen Manne verloren hat, dem tadellosen Kavalier von reiner Abstammung und hoher Kultur, der mit derselben Natürlichkeit und Eleganz den Frack trug, wie er das Steuer führte …«[150]

Der Unfall war ein schwerer Schlag für die Scadta, nicht nur personell, da sie einen der besten Flieger verloren hatte, sondern auch wirtschaftlich. Nachdem auch die F 13 *Santander* ausgefallen war, musste die wissenschaftliche Abteilung ihre F 13 *Caldas* dem Luftverkehr zur Verfügung stellen, was

(125) Werbung der Scadta

zu einer wesentlichen Verringerung ihrer Einnahmen führte. Trotzdem betrug der Reingewinn am Ende des Jahres 1924 insgesamt 42 422,59 Dollar, so dass 5 % Dividende an die Aktionäre ausgeschüttet werden konnten.[151]

Im Jahre 1925 war die Scadta mit sechs F 13 wieder voll betriebsfähig und auch die wissenschaftliche Abteilung konnte ihre Arbeit wieder aufnehmen. Sie hatte inzwischen einen großen Luftbildauftrag erhalten: im umstrittenen Grenzgebiet zwischen Kolumbien und Venezuela sollten 10 000 Quadratkilometer aus der Luft vermessen werden, da eine Vermessung am Boden wegen kriegerischer Indianerstämme nicht möglich war. In 16 Tagen wurden insgesamt 18 000 Luftbildaufnahmen angefertigt und damit der Grenzstreit zwischen zwei Völkern geschlichtet.[152]

Bis 1932 erwarb die Scadta insgesamt 22 Junkers F 13, mit denen sie den Hauptteil ihres Verkehrs abwickelte.

Die Lloyd Ostflug GmbH

Die Gründung der Lloyd Ostflug GmbH

In Europa war es der Firma Junkers im Jahre 1920 trotz intensiver Bemühungen der Vertriebsabteilung einfach nicht gelungen, Käufer für ihr Verkehrsflugzeug zu finden.

Nachdem sich die Verkaufsbeziehungen zur Svenska Lufttransport Ende 1919 zerschlagen hatten, war Jfa-Direktor Hans Sachsenberg im Juni 1920 persönlich nach Stockholm gereist, um nun die Svenska Lufttrafic doch noch als Käuferin zu gewinnen. Mit einem Wasserflugzeug fanden mehrere Vorführungsflüge in Gefle und Stockholm statt, die jedoch nicht problemlos verliefen. Das in Schweden erhältliche Benzin erwies sich als ungeeignet, der Motor kam nicht auf Touren und brachte das Schwimmerflugzeug oft nicht aus dem Wasser, so dass Passagierflüge nicht stattfanden oder abgebrochen werden mussten.[1] Pilot Eichler beklagte sich über ständige Startschwierigkeiten, auch sei die Schwimmerkonstruktion mangelhaft und am Rumpf hätten sich Risse im Duralumin gezeigt.[2] Nach einem Monat Verhandlung gelang es Hans Sachsenberg doch noch, die F 13 an die Svenska Lufttransport zu verkaufen, allerdings zu einem herabgesetzten Preis.[3]

Nach seiner Rückkehr im Juli 1920 bilanzierte Sachsenberg: »Der Gesamteindruck, den ich von meiner Reise in Schweden mit zurückgebracht habe, ist der, daß die gesamte Fliegerei dort noch in den Kinderschuhen steckt und man sich der außerordentlichen Schwierigkeiten, die mit einem regelrechten Luftverkehr verbunden sind, durchaus nicht bewusst ist. Aus diesem Grunde werden die Maschinen dort außerordentlich strapaziert. Ein Luftverkehr mit Landflugzeugen ist wohl überhaupt nur im Süden des Landes möglich, im Norden dagegen im Sommer ziemlich ausgeschlossen. Die Landungsplätze sind zu klein und größtenteils durch Hochspannungsleitungen nach allen Richtungen gekreuzt. Mit Wassermaschinen ist der Verkehr überall durchführbar, allerdings müssen, was bisher nicht der Fall ist, Anlagen geschaffen werden, die es ermöglichen, die Flugzeuge an Land zu rollen, was sonst nicht möglich ist, da die ganze Küste Felsenstrand hat. Den gesamten Absatz unserer J 13-Maschinen schätze ich in Schweden auf höchstens 10 bis 20 Stück.«[4]

(126) Rundflüge des Piloten der Svenska Lufttrafik Hans Eichler mit seiner F 13 im Juli 1920 in Helsingfors

Selbst diese vorsichtige Einschätzung war zu optimistisch. Es folgten keine weiteren Bestellungen, da das Flugzeug nach Auskunft des Direktors der Gesellschaft Lenn Jacobsen im Betrieb auf der Strecke Malmö – Warnemünde versagte.[5] Es wurde reparaturbedürftig nach Dessau zurückgeschickt.

Auch die beiden im Dezember 1919 an den Geschäftsmann v. Heeringen verkauften F 13 hatten ihrem Besitzer kein Glück gebracht. Der Probeflug der ersten F 13 am 29. Dezember 1919 verlief noch ohne Beanstandungen, als jedoch der Pilot am Silvestertag in Richtung Litauen starten wollte, brach ein Kipphebel am BMW-Motor. Dieses kleine Malheur ließ sich noch schnell beheben, aber bereits am Neujahrstag 1920 wurde das Flugzeug beim ersten Passagierflug so erheblich beschädigt, dass an einen weiteren Einsatz vorläufig nicht zu denken war.[6] »Am 1.1.20 lief der Motor auf dem Stand einwandfrei«, berichtete Seitz, »man hatte einen langen Start (250 bis 300 m) von der Junkers-Halle in Richtung Adlershof. Das Flugzeug war nicht überlastet, sondern hatte ein Gesamtgewicht von 1750 kg. Beim Rollen war nichts Auffälliges zu bemerken. Der Umstand, daß das Flugzeug so schlecht in die Höhe kam, wird heute zurückgeführt auf den weichen Boden und den Zustand des Motors. Man sei mit knapper Not über

(127) F 13 vor dem Büro der Svenska Lufttrafic

die Hallen der L.F.G. hinweggekommen. Bald fing der Motor an zu kochen und ließ gleich darauf mit Touren nach; schließlich sackte die Maschine vollkommen durch; man war zur Notlandung bei Alt-Glienicke gezwungen. Die Insassen blieben heil; das rechte Tragdeck ist restlos zertrümmert, desgleichen der Propeller und das Fahrgestell; der Rumpf war vollständig erhalten, was sehr für die Vorzüglichkeit der Konstruktion spricht. Die Benzintanks waren geplatzt. Die Maschine wurde abmontiert und auf zwei Pferdetransportwagen verladen. Zwei Monteure der L.F.G. begleiteten dieselbe nach Adlershof. Unterwegs wurde durch Unvorsichtigkeit noch der Schwanz (Leitwerk) beschädigt.«[7]

Herr von Heeringen ließ daraufhin das Flugzeug zu einem Lastflugzeug umbauen, da er fürchtete, dass sich so schnell nicht wieder ein zahlender Passagier für einen Flug in der F 13 finden würde. Außerdem bat er die Jfa, einen Mercedes-Motor einzubauen, da Ersatzteile für einen BMW-Motor schwer zu beschaffen waren.

Auch die zweite F 13 von Heeringens, die den Namen *Stieglitz* und einen gelben Anstrich erhielt, erfreute nur einen Monat lang seinen Besitzer. Noch vor dem ersten geplanten Flug nach Russland versagte am 25. Februar nach dem Start in Johannisthal wiederum der Motor. Der Pilot wollte daraufhin zum Flugplatz zurückkehren, da stellte sich plötzlich das Flugzeug senkrecht auf den linken Flügel, berührte mit der Flügelspitze den Boden und schlug mit der Nase auf. Die Kabine blieb intakt, aber das Cockpit war bis zur Steuersäule hin zerstört. Der Pilot hatte einen »Riesendusel« gehabt, wie sich der Junkers-Ingenieur Georg Madelung in seinem Unfallbericht ausdrückte, ihm sei nichts passiert.[8] Wesentlich schlimmer war der bereits erwähnte tragische Absturz einer F 13 drei Wochen zuvor ausgegangen, bei dem vier Tote zu beklagen waren.

Diese Häufung von Unfällen schreckte bald die Käufer in ganz Europa ab. Seitz schrieb Ende März an Hugo Junkers: »Ich habe mich an Ort und Stelle leider überzeugen müssen, daß die Mitteilungen des Herrn Hauptmann Hesse, wonach unser Flugzeug hier in Verruf geraten ist, nicht übertrieben waren. Man spricht in Fliegerkreisen von der ›Todeskiste‹, in die sich keiner hereinsetzen will.«[9]

Auch von Heeringen, der ursprünglich den Ankauf mehrerer Maschinen in Aussicht gestellt hatte, war enttäuscht: »Heeringen erklärte, daß er kein Junkers-Flugzeug mehr kaufen werde«, schrieb Seitz am 1. April 1920 an die Jfa. »Er kann das Gefühl nicht los werden, auf deutsch gesagt ›berumpst‹ worden zu sein. Von 30 Probeflügen hatten nur 10 einigermaßen befriedigt. Es seien nicht nur seine Flieger, welche über die Maschine abfällig urteilten, sondern andere Leute denken ebenso. … Er beabsichtigt sehr bald … uns die Flugzeuge zum Rückkauf anzubieten. Er fühle sich blamiert durch die dauernden Mißerfolge, umsomehr, als er für jeden Flug einen Riesenapparat beim Reichsluftamt, dem Auswärtigen Amt usw. habe in Bewegung setzen müssen.«[10]

Auch Junkers war beunruhigt. »Sowohl meine geschäftlichen Verpflichtungen als auch der Ruf unserer Firma und schließlich die Wichtigkeit der Förderung unserer Beziehungen zu Russland machen es sehr erwünscht, uns mit Herrn von Heeringen auf freundschaftlichen Fuß zu stellen«, forderte er von seinem Generalbevollmächtigten.[11]

Carl Seitz versuchte verzweifelt, dieses Problem zu lösen. Er wollte von Heeringen den Vorschlag machen, dass die Junkerswerke ihn bei der technischen Durchführung seines Luftverkehrsunternehmens unterstützen und besprach diese Idee mit dem gerade in Berlin weilenden Bruder des Jfa-Direktors Hans Sachsenberg, dem »Pour-le-Mérite«-Flieger Gotthard Sachsenberg. Der Kampfgeschwaderkommandeur Gotthard Sachsenberg hatte nach der Demobilisierung seiner Einheit im Baltikum die Ostdeutschen Landwerkstätten« (OLA) in Seerappen bei Königsberg gegründet. Mit etwas Landwirtschaft und der Reparatur von landwirtschaftlichen

(128) Gotthard Sachsenberg

Geräten wollte er seine Leute über Wasser halten, bis sich wieder eine Gelegenheit zum Fliegen ergab. Er selbst wollte seinen Hauptwohnsitz in Berlin aufschlagen und suchte nach einer Wohnung. Seitz bot ihm an, ein Zimmer im oberen Stockwerk des der Firma Junkers gehörenden Hauses in der Schöneberger Straße 11 zu beziehen und bei Bedarf das im Haus befindliche Berliner Büro von Seitz mit zu benutzen.[12]

In seinen Bürogesprächen mit Seitz erkannte Sachsenberg sofort die Chance, die sich ihm und seinen Leuten bot. Er überlegte, welche Argumente die Firma Junkers davon überzeugen könnten, statt von Heeringen ihn beim Aufbau eines Luftverkehrsunternehmens zu unterstützen. Am 27. April 1920 stellte er Hugo Junkers seinen Plan zur Gründung einer gemeinsamen Luftverkehrsgesellschaft vor. Sie sollte Teil der OLA sein, »aber mit eigenem Kapital, mit eigener Rechtsfähigkeit etc.« Zweck sei der Flugverkehr zwischen Königsberg und Berlin mit den Häfen Seerappen und Karlshorst (Berlin). Die Jfa solle dieser Gesellschaft die Flugzeuge zum Selbstkostenpreis verkaufen und sich mit der Differenz zum normalen Kaufpreis an der Gesellschaft beteiligen.[13] Die OLA wolle ihren Flugplatz in Seerappen und ihr Flugpersonal einbringen, das bereits Erfahrungen mit Junkers-Flugzeugen hatte. Die erforderlichen Betriebsmittel sollten durch Vermittlung der Junkerswerke von anderer Seite beschafft werden.[14]

Junkers zeigte Interesse. Die Piloten des ehemaligen Kampfgeschwaders Sachsenberg waren mit den Eigenarten der Metallkonstruktion bereits vertraut, ihre Einheit hatte am Ende des Krieges die Junkers-Militärflugzeuge J 9 und J 10 im Bestand gehabt. Auf der Strecke Berlin – Königsberg könnten sie die F 13 ausgiebig testen und ihre Erfahrungen sofort an das Herstellerwerk weiterleiten. Auf diese Weise käme das Flugzeug sicher bald aus den negativen Schlagzeilen heraus und könne sein Potential als wirtschaftliches und sicheres Verkehrsflugzeug voll ausschöpfen.

Am 18. Mai 1920 richtete Gotthard Sachsenberg ein Gesuch an den Oberpräsidenten in Königsberg, in dem es hieß: »Eine große deutsche Flugzeugfirma, die Firma Junkers, die im Bau von Verkehrsflugzeugen zur Zeit in Deutschland sowohl wie im Ausland an erster Stelle steht, beabsichtigt, die Erfahrungen, die bei dem Stammpersonal der Ostdeutschen Landwerkstätten mit der Behandlung gerade dieses Typs vorliegen, zu ihren Zwecken zu verwenden. Die Junkers-Werke verfolgen bei der Einrichtung dieses Unternehmens keineswegs Erwerbsabsichten. Es handelt sich für das Flugzeugwerk lediglich darum, Erfahrungen im Zivilluftverkehr zu sammeln und durch die Einrichtung eines selbständigen Luftverkehrs die Güte ihres Flugzeuges zu erproben und zu beweisen. … Die Firma ist bereit, erhebliche Opfer zur Durchführung ihrer Absichten zu bringen, weil eine Erfahrungsbereicherung für sie im Luftverkehrswesen von außerordentlicher Bedeutung sein wird. … Wir bitten die Angelegenheit streng vertraulich zu behandeln, da den Junkerswerken daran liegt, vorläufig in keiner Weise mit ihren Plänen an die Öffentlichkeit zu treten.«[15]

Die Verkehrsinteressen der Junkerswerke reichten weit über Königsberg hinaus. In Litauen verhandelte der Junkers-Vertreter Abramson zu dieser Zeit wegen einer Luftverbindung Berlin – Moskau über litauisches Gebiet. Die Hauptschwierigkeiten beständen darin, dass mit Russland noch kein Friedensvertrag abgeschlossen sei und die neugebildete litauische Regierung keine Wagnisse eingehen wolle, berichtete er nach Dessau.[16] Noch ehe jedoch diese Luftverkehrspläne praktisch umgesetzt werden konnten, erhielt der Ruf der F 13 als »Todesflugzeug« erneut neue Nahrung.

Am 2. Juni 1920 stürzte Pilot Griebsch, wie bereits erwähnt, bei einem Probeflug mit der für die Scadta in Kolumbien bestimmten F 13 nach einer Explosion bei Dessau ab. Das Flugzeug wurde vollständig zertrümmert, die Leiche zum Teil verbrannt. Ursache war diesmal ein Bruch der Benzinleitung. Jetzt wurde auch dem Konstrukteur Reuter endgültig klar, dass seine F 13 noch nicht völlig ausgereift war. In der Verwaltungskonferenz in der Jfa vom 11. Juni forderte er, die Flugzeuge »mehr im Betriebe zu halten«. Junkers müsse sich deshalb unbedingt an Luftverkehrsunternehmungen beteiligen. Auch die anderen Konferenzteilnehmer erkannten, dass weitere Aufträge von der absoluten Betriebssicherheit der Flugzeuge abhängen würden. »Bei einem weiteren Unglücksfall steht alles auf dem Spiel«, befürchtete Jfa-Direktor Hans Sachsenberg.[17]

Junkers suchte selbst nach einer Lösung für das Problem. Zusammen mit seinem Büroleiter Carl Seitz hatte er bereits zwei Tage nach dem Unfall von Griebsch das Büro des Schifffahrtsunternehmens »Norddeutscher Lloyd« in Berlin unter den Linden aufgesucht, um sich über die Aussichten eines Luftverkehrs in Deutschland zu informieren. Direktor Jordan hatte ihm mitgeteilt, dass sich bereits verschiedene Firmen zum sogenannten »Luftlloyd« vereinigt hätten und bot der Firma Junkers an, sich anzuschließen. Das Risiko bleibe zunächst den Firmen überlassen. Der Lloyd stelle aber seine wertvolle Organisation und sonstigen Hilfsmittel zur Verfügung. »Ich habe damals gleich Ihr Unternehmen erwähnt und versucht, die Strecke Berlin-Königsberg für Sie zu reservieren« schrieb Seitz an Gotthard Sachsenberg. »Es wurde uns aber gesagt, daß ›Albatros‹ auf dieser Strecke sich bereits Erfahrungen gesammelt haben und außerdem über wertvolle Beziehungen nach dem Osten verfügen.«[18]

Junkers zögerte. Er hatte lediglich die Absicht, zur technischen Verbesserung der F 13 und zur Förderung des Absatzes ein eigenes Verkehrsunternehmen zu betreiben und befürchtete, dass es bei der Zusammenarbeit mehrerer Baufirmen in einer Verkehrsgesellschaft Auseinandersetzungen darüber geben könnte, welche Flugzeuge verwendet werden.

Den Ausschlag gab ein weiteres Vorkommnis. In Ost- und Westpreußen sollten am 11. Juli 1920 Volksabstimmungen über die zukünftige Zugehörigkeit zu Deutschland oder Polen stattfinden. Die Deutsche Luftreederei (DLR) wollte zu diesem Zweck mit Unterstützung der Regierung so viel wie möglich wahlberechtigte Personen per Luftbrücke über den polnischen Korridor hinweg nach Ostpreußen befördern. Da der DLR nicht genügend Flugzeuge zur Verfügung standen, wollte sie bei den Junkerswerken mehrere F 13 mieten.[19] Die Junkerswerke gaben dafür am 9. Juni 1920 ihr grundsätzliches Einverständnis.

Inzwischen waren die Verantwortlichen bei der DLR durch den weiteren Unfall verunsichert worden und verlangten in ihrer Antwort am 12. Juni, dass die F 13 vor ihrem Einsatz erprobt werden müssen. »Sobald sich die Zuverlässigkeit der in Frage kommenden Maschinen herausstellt, würden wir umgehend mit Ihnen wegen Abschlusses eines Mietvertrages für die Personenbeförderung für die Strecke Stolp – Elbing, unter Umständen auch wegen Erwerbung einer oder mehrerer Maschinen in Verbindung treten.« Das Geschäft kam nicht zustande.

Unter dem Druck der Verhältnisse stellte Junkers seine Bedenken hinsichtlich einer Zusammenarbeit mit dem Norddeutschen Lloyd zurück. Er glaubte, in dem ausgeprägten Durchsetzungswillen von Gotthard Sachsenberg eine gewisse Gewähr dafür zu sehen, dass seinem Fabrikat und seiner Mitarbeit Verständnis und Interesse entgegengebracht würde.[20]

Am 28. Juni 1920 stellte Sachsenberg an das damalige Reichsamt für Luft- und Kraftfahrwesen den Antrag auf Zulassung der Ostdeutschen Landwerkstätten zum Luftverkehr auf der Strecke Berlin – Königsberg – Kowno – Riga – Reval, die später bis Moskau erweitert werden sollte. Ein weiterer Antrag wurde an das Reichspostministerium auf Subventionierung der Briefpostbeförderung auf dieser Strecke gerichtet.

In einer Besprechung mit Junkers am 13. Juli überreichte Gotthard Sachsenberg ein Exposé »Errichtung eines Luftverkehrsunternehmens auf der Strecke Berlin – Königsberg einerseits, und Königsberg – Kowno – Riga – Reval andererseits«. Darin führte er unter anderem aus: »Wenn auf irgend einer Strecke Deutschlands ein Luftverkehrsunternehmen Aussicht auf Rentabilität hat, so ist die von uns vorgesehene Strecke über den polnischen Korridor hinweg am aussichtsreichsten, zumal in Zukunft auch eine Königsberger Messe abgehalten werden soll und außerdem mit einer regen Personenbeförderung nach Russland und den Randstaaten gerechnet werden kann.«[21] Für das Luftverkehrsunternehmen berechnete Sachsenberg einen Bedarf von sechs Flugzeugen und zehn Piloten und hielt ein Kapital von 3,5 Mill. Mark für erforderlich.

Dieses Exposé war am 5. August 1920 Gegenstand einer Besprechung zwischen dem Norddeutschen Lloyd, den Junkers-Werken und Gotthard Sachsenberg. In der Besprechung wurde festgestellt, dass sowohl der Norddeutsche Lloyd als auch die Junkerswerke ein großes Interesse an der baldigen Ausführung der von Sachsenberg vorgelegten Pläne hätten, dass aber die Finanzierung noch geklärt werden müsse. Hugo Junkers erklärte, seine Werke könnten sich nur in einem sehr bescheidenen Maße beteiligen, da alle zur Verfügung stehenden Mittel für die Erweiterung seines Flugzeugwerkes und den Aufbau der Serienproduktion benötigt würden. Er sei aber bereit, »dass bei jedem an das Unternehmen abzuliefernde Flugzeug ein Viertel bis ein Drittel des Kaufpreises als Kapitalbeteiligung der Junkers-Werke in Anrechnung gebracht wird«.[22] Dabei gehe er selbstverständlich davon aus, dass das Unternehmen ausschließlich Junkers-Flugzeuge benutzen würde. Nach längerer Debatte erklärte sich Direktor Jordan bereit, dem Aufsichtsrat des Norddeutschen Lloyd den Vorschlag zu machen, dass sich der Lloyd mit bis zu 2 Millionen an dem Unternehmen beteiligt.

Mitte August 1920 begaben sich Gotthard Sachsenberg und Direktor Jordan zum Postminister, um über die Subvention der Strecke Berlin-Königsberg zu verhandeln. Dort trafen sie auf Direktor Hüttner von den Albatros-Werken, der seinen Anspruch auf diese Strecke verteidigte und erklärte, die Albatros-Werke hätten bereits Flüge zwischen Berlin und Schneidemühl durchgeführt.

Postrat Thilo, der Sachsenberg bereits eine Zusage gegeben hatte, empfahl eine gütliche Einigung. Sachsenberg war an einer reibungslosen Zusammenarbeit mit dem Postministerium sehr gelegen, er schlug deshalb den Albatroswerken eine Beteiligung an seinem Luftverkehrsunternehmen vor. Da die Albatroswerke zu dieser Zeit nur umgebaute Kriegsflugzeuge hatten, gingen sie auf das Angebot ein und erklärten sich bereit, aus ihren Flugzeugen die Motoren auszubauen und dem Unternehmen zur Verfügung zu stellen. »Diese Zusage und die Vorteile, daß wir die Häfen der Albatros-Werke in Schneidemühl und Danzig benutzen können, sind allein schon so wertvoll, daß die Nachteile, die sich später evtl. daraus ergeben könnten, daß Albatros seine noch zu konstruierenden Flugzeuge in dem Unternehmen ebenfalls ausprobieren will, gern in Kauf genommen werden können«, schrieb Sachsenberg anschließend an Junkers.

Damit war das Flugmotorenproblem jedoch nur teilweise gelöst. Am 8. Juni 1920 hatte das Alliierte Militär-Komitee den Antrag von Junkers auf Ankauf von 100 Flugmotoren zu je 160 PS abgelehnt mit der Begründung, dass diese Motoren auch für Kriegsflugzeuge verwendet werden könnten und damit den Luftfahrtklauseln des Versailler Vertrages nicht entsprechen würden. So standen die Junkerswerke bei jeder Lieferung einer F 13 vor dem Problem der Motorenbeschaffung.

In einer weiteren Sitzung am 30. August 1920 wurde zwischen den beiden beteiligten Flugzeugbaufirmen Einigkeit darüber erzielt, dass das Unternehmen als Studiengesellschaft zu betrachten sei, um auf einer Versuchsstrecke Erfahrungen mit neuen Verkehrsflugzeugtypen und in der Luftverkehrstechnik überhaupt zu sammeln. Junkers wies ausdrücklich darauf hin, dass er nur unter dieser Voraussetzung bereit sei, der Gesellschaft seine Flugzeuge unter dem Normalpreis zu liefern.

Nicht einig war man sich lange Zeit in der Frage der Finanzierung und Kapitalbeschaffung. Selbst bei knappster Berechnung war ein Kapitalbedarf von 3,5 bis 4 Millionen Mark erforderlich. Junkers lehnte es weiterhin ab, Bargeld in das Unternehmen einzubringen, der Norddeutsche Lloyd wollte keinesfalls mehr als 1,5 Millionen Mark zur Verfügung stellen, die Albatroswerke wollten sich in der Hauptsache auf die Zurverfügungstellung gebrauchter Motoren beschränken und die Ola verfügte nur über 100 000 Mark, die sie als Abstandssumme vom Reichswehrministerium erhalten hatte.

Die Junkerswerke gerieten zu dieser Zeit immer mehr unter Druck. Die Nachrichten über die ersten tödlichen Unfälle der F 13 in den USA drangen im Herbst 1920 bis nach Deutschland, bei der Scadta in Kolumbien kam die Schwimmerversion des Flugzeuges nicht recht aus dem Wasser und das nach Schweden verkauftes Flugzeug kam reparaturbedürftig zurück. »Wir haben die Maschine nur etwa 60 Stunden mit sehr unbefriedigenden Ergebnissen geflogen und wurden schnell veranlasst, die Maschine von der Strecke Malmö-Warnemünde fortzunehmen, da man sich überhaupt nicht auf sie verlassen konnte und sie die Pläne umstieß«, beklagte sich der Direktor der Svenska Lufttrafik A.B., Lenn Jacobson.[23]

Nach einer Aufstellung der Junkerswerke waren bis Ende Oktober 1920 insgesamt 85 F 13 gebaut worden, davon war eine zerstört, 28 waren an Larsen geliefert worden (davon fünf nicht abgenommen und bezahlt), zwei hatte die Scadta in Kolumbien gekauft, ein Flugzeug war nach Schweden

(129) Junkers-Flugzeugwerk 1921

verkauft worden und befand sich in Dessau zur Reparatur, zwei waren an von Heeringen geliefert worden und befanden sich ebenfalls zwecks Reparatur bei der Jfa, die F 13 *Annelise* war in Kowno beschlagnahmt worden, 50 Flugzeuge befanden sich noch im Besitz von Junkers.[24]

Bei der Jfa kam langsam Panik auf. Für Löhne und Material wurden wöchentlich 500 000 Mark benötigt, der Bedarf für Oktober 1920 belief sich einschließlich Kreditrückzahlungen auf 3 Millionen Mark. Die Banken waren bereits in so hohem Maß beansprucht, dass die Jfa ihre Waren verpfänden musste. Es bestand die Gefahr, dass die besten Arbeiter abwanderten.

Direktor Hans Sachsenberg schlug in der Verwaltungssitzung vom 8. Oktober vor, die Produktion von Flugzeugen einzustellen und die Arbeiter nur noch unproduktiv zu beschäftigen. Das würde wenigstens den Materialverbrauch verringern. Direktor Schleissing wollte die Massenfabrikation der F 13 stoppen, weil darunter auch die Qualität gelitten hätte. Von den zahlreich neu eingestellten Arbeitern hatte sich ein Teil als ungeeignet erwiesen und musste wieder entlassen werden.

Junkers ließ sich jedoch in seiner optimistischen Haltung nicht beirren und sprach seinen Mitarbeitern Mut zu: »Wir dürfen nicht kurzsichtig sein

(130) Direktorium der Jfa: Otto Reuter, Hermann Schleissing und Hans Sachsenberg

wegen der momentanen Baisse. … Dem Flugzeuge ist eine große Rolle als Verkehrsmittel vorbehalten … Einstweilen stehen unsere Leistungen noch an erster Stelle. Die Frage ist für uns nur, ob und wie wir in den Bedarf hineinkommen. … Die Unglücksfälle haben keine Ursachen grundsätzlicher Art bezügl. des Junkersflugzeuges gezeigt, sie hatten nichts mit unserem Typ als solchem zu tun. Also nicht ängstlich sein, daß uns der Boden entzogen werden könnte. … Das verspannungslose Metall-Flugzeug hat überall Anerkennung gefunden, auf der ganzen Welt wird daran gearbeitet. Es wäre töricht, wenn wir uns unseren Vorsprung entgehen lassen. Wir müssen sehen, wie wir über die Schwierigkeiten hinwegkommen.« Carl Seitz ergänzt: »Wir sollten die Zeit benutzen, den Qualitätsfaktor nachzuprüfen und die Vorwürfe Larsens aus der Welt zu schaffen.«[25]

Drei Tage später wurde gleich die nächste Verwaltungssitzung einberufen, bei der die technischen Mängel der F 13 erörtert wurden. Junkers wies noch einmal darauf hin, dass es darauf ankommt, den Nachweis der Ungefährlichkeit zu erbringen. Auch Schleissing forderte, dass die Vorwürfe Larsens hinsichtlich des Rohrleitungssystems, des Trimmtanks usw. ernsthaft geprüft werden müssten. Dazu sei der Betrieb der Erfahrungsstrecke, wie sie Oberleutnant Sachsenberg vorgeschlagen hätte, wichtig.[26]

(131) Serienbau F 13 (Foto vom 16. Juli 1921)

Nach der Sitzung ergriff Gotthard Sachsenberg die Initiative und setzte dem wochenlangen ergebnislosen Verhandeln ein Ende. Er teilte dem Norddeutschen Lloyd am 19. Oktober mit, dass die Zusage des Reichspostministeriums ungültig werden würde, wenn der Flugverkehr nicht bald aufgenommen wird. Unter Hinweis auf die Dringlichkeit der Subventionsfrage ersuchte er den Lloyd um baldige endgültige Zusage. An Junkers schrieb er am gleichen Tag: »Postrat Thielo brachte klar zum Ausdruck, daß wir unsere Ansprüche auf die Strecke Berlin-Königsberg in kurzer Zeit ebenso verlieren würden, wie wir sie im Begriff sind, jetzt schon teilweise auf der Strecke Königsberg – Riga – Reval an die Deutsche Luftreederei zu verlieren.«[27]

Das wirkte. Anfang November 1920 einigte man sich schließlich auf vier Millionen Mark Stammkapital, von denen jeder der vier Gesellschafter je ein Viertel in Sach- und Geldwerten übernahm. Da die Ostdeutschen Landwerkstätten nur über ca. 100 000 Mark verfügte, das aus dem Fürsorgefonds für entlassene Heeresangehörige stammte, bekam sie ihre Einlage von den anderen drei Gesellschaftern als Kredit.

Am 7. November 1920 konnte endlich die Gründungssitzung der »Lloyd Ostflug GmbH« stattfinden. Der Name leitete sich vom Norddeutschen

Lloyd her, weil dieser mit seinem Agenturapparat die Zentralorganisation bildete. Die Bezeichnung »Lloyd« erschien deshalb auch in den Firmennamen der Gesellschaften »Lloyd-Luftdienst« und »Lloyd-Luftverkehr Sablatnig«. Als Geschäftsführer wurden Gotthard Sachsenberg und Walter Blankenstein von der Luftfahrt-Friedenskommission eingesetzt.

Gleich nach Gründung der Lloyd Ostflug stellten sich schon die ersten Schwierigkeiten ein, verursacht durch das immer noch herrschende Flugzeugbauverbot. Die Entente gab der Firma Albatros nur sieben von den zehn Motoren frei, die Albatros in das Unternehmen einbringen wollte, so dass für die drei von Junkers einzubringenden F 13 nur ein Mercedes-Motor zur Verfügung stand. Sachsenberg fühlte sich deshalb außerstande, den Betrieb in der vorgesehenen Weise durchzuführen.

Um die Postsubvention nicht zu verlieren, beabsichtigte Sachsenberg zunächst, den Betrieb Königsberg – Berlin mit den Albatros-Maschinen allein aufzunehmen. Den Betrieb teilweise mit Junkers- und teilweise mit Albatros-Maschinen zu betreiben und dabei den Passagierverkehr aufzunehmen, wäre einer Benachteiligung derjenigen Passagiere gleichgekommen, die mit den nicht überdachten Albatros-Militärmaschinen fliegen mussten. Die Jfa bestand jedoch darauf, dass die Junkers-Flugzeuge unter allen Umständen von Anfang an mit eingesetzt werden müssten, denn sonst wäre der Grund für die Beteiligung, die Erprobung der F 13 im praktischen Luftverkehr, hinfällig geworden.

Den einzigen Ausweg sah Sachsenberg im Ankauf und der Verwendung ausländischer Motoren. Da aber nach den Bestimmungen des Versailler Vertrages nicht nur der Bau von Flugzeugen und Flugmotoren in Deutschland verboten war, sondern auch die Einfuhr, befürchtete er die anschließende Beschlagnahme der F 13.

Die Leitung der Lloyd Ostflug beschloss daraufhin die Errichtung eines Zweigbetriebes in der Freien Stadt Danzig, wohin ausländische Motoren eingeführt werden durften. Wenn die Jfa die Flugzeuge per Bahn nach Danzig lieferte, könnten sie dort als Eigentum dieser Tochterfirma eingetragen und mit den ausländischen Motoren bestückt werden. Anschließend könnten diese Flugzeuge als »Danziger« auch nach Deutschland fliegen.[28]

Da die Gründung der Danziger Tochterfirma noch einige Zeit in Anspruch nehmen würde, entschloss sich die Jfa, einstweilen von Heeringens zurückgegebene F 13 *Stieglitz* als Leihflugzeug zur Verfügung zu stellen und eine der alten F 13 mit BMW-Motor einzubringen. Damit konnte die Lloyd Ostflug nun endlich am 27. Dezember 1920 ihre erste Luftpoststrecke Berlin-Schneidemühl-Königsberg eröffnen.

Am 7. Januar 1921 besichtigte der Verkehrsminister Groener in Johannisthal die Anlagen der dort ansässigen Luftverkehrsgesellschaften und unternahm einen Flug mit der F 13 der Lloyd Ostflug. Pilot war der inzwischen aus den USA zurückgekehrte Emil Monz. Diesen hatten offensichtlich die Erlebnisse in den USA sehr mitgenommen und Carl Seitz machte sich Sorgen um ihn: »Ich hatte den Eindruck, als ob Herr Monz nicht mehr mit der früheren Ruhe und Vorsicht fliegt«, schrieb er an Junkers. »Es wäre verständlich, wenn die Erlebnisse und die gegenwärtige Unsicherheit seiner Lage ungünstig auf ihn einwirkten, und ich halte es auch aus diesem Grunde für ratsam, ihm möglichst bald zu sagen, was aus ihm werden soll.«[29] Die Sorgen waren nicht unbegründet, denn sechs Wochen später war Monz tot, abgestürzt mit einer F 13 der Lloyd Ostflug.

Emil Monz war mit der F 13 D 128 am 18. Februar 1921 morgens um 8 Uhr in Königsberg gestartet. An Bord befand sich auch der technische Leiter von Lloyd Ostflug, Ingenieur Oskar Kretschmar. Gegen 10 Uhr gerieten sie in der Nähe von Lauenburg bei dem Gut Wussow in eine starke Nebelbank. Arbeiter, die in der Nähe auf einem Feld arbeiteten, berichteten später, sie hätten das Flugzeug mehrmals über dem Feld kreisen gehört. Offensichtlich wollte Monz eine Notlandung vornehmen, konnte aber den Nebel nicht mehr von den mit Schnee bedeckten Feldern unterscheiden und bohrte sich mit dem Kopf des Flugzeuges in den Boden. Der Nebel soll so stark gewesen sein, dass die etwa 50 m von der Unfallstelle beschäftigt gewesenen Arbeiter wohl das Zerschmettern des Flugzeuges gehört, nicht aber den Vorgang haben beobachten können. So wurde das Unglück erst um 12 Uhr mittags bemerkt, als sich der Nebel lichtete. Das Flugzeug war vollständig zerstört und beide Insassen tot.[30]

Um den Lloyd-Ostflug nicht mit dem Unfall zu belasten, ließ Gotthard Sachsenberg der Presse nur mitteilen, dass es sich bei dem verunglückten Flugzeug um eine Maschine der Ostdeutschen Landwerkstätten handeln würde. Eine nähere Bezeichnung des Typs vermied er dabei.[31]

Junkers persönlich widmete seinem besten Piloten persönlich einen Nachruf[32]:

Nachruf!

Am 18. Februar verunglückte tödlich bei einer Notlandung infolge Schneesturms und Nebels mein früherer Mitarbeiter

Herr Ingenieur Emil Monz.

Der Verstorbene hat jahrelang seine besten Kräfte in den Dienst der Sache gestellt, für die wir in unerschütterlichem Vertrauen auf Deutschlands Wiedererstehen arbeiten. —

Von all den Eigenschaften und Vorzügen, die mir Herrn Monz lieb und wert machten, sind besonders zu rühmen sein lauterer und biederer Charakter, die Begeisterung für den erwählten Beruf und seine ehrliche und treue Gesinnung. —

Hierfür danke ich ihm über das Grab hinaus!

Hugo Junkers.

(132) Nachruf auf Emil Monz

Die Danziger Luftpost

Wenn auch der tödliche Unfall von Monz nicht auf einen Konstruktionsfehler der F 13 zurückzuführen war, so war den Junkersleuten schon bei Gründung der Lloyd Ostflug klar, dass ein erneutes Desaster beim Einsatz im deutschen Luftverkehr unbedingt verhindert werden musste. Junkers rief deshalb gleich zu Beginn des Jahres 1921 eine Konferenz ein, an der Vertreter aller Junkersbetriebe teilnahmen. Thema war die gegenwärtige Lage und die sich daraus ergebenden Änderungen im Arbeitsprogramm.

Einleitend stellte Junkers fest, dass vom bisherigen Programm der Umsatzsteigerung durch Serienfabrikation abgegangen werden müsse. Grund dafür sei einerseits die Weltwirtschaftskrise und das Verhalten der Entente gegenüber der deutschen Flugzeugindustrie, andererseits lägen die Ursachen für den fehlenden Absatz der F 13 bei den Junkerswerken selbst. Es sei nicht genügend dafür gesorgt worden, dass das Flugzeug in technischer Hinsicht den Anforderungen der Praxis gerecht werde, kritisierte er seine Mitarbeiter. Es müssten Schritte getan werden, um das verlorengegangene Prestige wieder zu heben.

Jfa-Direktor Schleissing und Chefkonstrukteur Reuter gaben zu, »daß gewisse praktische Unvollkommenheiten der Konstruktion nachteilig wirken und gewirkt haben«, und entschuldigten sich damit, dass zu wenig Gelegenheit gewesen wäre, die Mängel abzustellen. »Viele Mängel zeigen sich erst, wenn eine gewisse Anzahl in Betrieb ist«, meinte Reuter und wies darauf hin, dass das Flugzeug an die jeweilig zu stellenden Anforderungen der betreffenden Verhältnisse (Klima, Bodenbeschaffenheit, Atmosphäre, Windströmung, Wetterlage, verfügbares Personal) angepasst werden müsse und dass die Fehler erst nach und nach erkannt würden. In die Massenfabrikation dürfe nur eingetreten werden, wenn eigene Erfahrungen an mindestens zehn Maschinen vorlägen. Jco-Direktor Spaleck schlug vor, das Tätigkeitsgebiet der Forschungsanstalt durch praktischen Flugbetrieb zu ergänzen und dafür die Lloyd Ostflug nutzbar zu machen. Alle waren sich darin einig, dass die Herstellung der F 13 keinesfalls aus der Hand gegeben werden darf. Die eigene Fabrikation sei die beste Stütze für die Weiterentwicklung, betonte Junkers. Bis sich wieder bessere Absatzmöglichkeiten ergäben, sollen die 50 unverkauften und 30 im Bau befindlichen Flugzeuge nach den bisherigen Erfahrungen geändert werden. Dadurch könnten auch größere Entlassungen verhindert werden. Als organisatorische Maßnahme zur Verbesserung der Qualität wurde vorgeschlagen, eine unabhängige »Bauaufsicht« zu schaffen, die nach Fehlern in der Konstruktion und Herstellung fahnden sollte. Ergänzt werden sollte dies durch ein Vorschlagswesen mit Prämiensystem. Ziel wäre die »Revision des jetzigen Typs J.13«.[33]

Um dieses Arbeitsprogramm in die Praxis umzusetzen, mussten unbedingt mehr F 13 auf den Strecken der Lloyd Ostflug eingesetzt werden. Dem stand aber entgegen, dass auch die Firma Albatros ihre Flugzeuge erproben und anpassen wollte und der Bedarf nicht groß genug war, dass beide Firmen zu ihrem Recht kamen. Junkers erkannte das schon früh: »Wir dürfen unsere Interessen nicht zu sehr mit denen der Gesellschaft verkuppeln. Wir sitzen sonst mit Albatros auf gleicher Stufe«, sagte er in einer Besprechung im Hauptbüro am 15. Januar 1921. »Es ist sehr wichtig, daß wir sobald als möglich in Danzig eine Gesellschaft auftun. Wir müssen fliegen können.«[34]

Drei Tage später wurde in einer Aufsichtsratssitzung die Geschäftsführung der Lloyd Ostflug ermächtigt, die Verhandlungen zur Gründung einer Tochtergesellschaft in Danzig weiterzuführen. Vorangetrieben wurden die Verhandlungen durch die immer schärfer werdenden Kontrollen der Alliierten.

Nach dem Friedensvertrag von Versailles, der die Kriegsschuld Deutschlands festschrieb, war für die Frist von sechs Monaten nach Inkrafttreten des Friedensvertrages die Herstellung und Einfuhr von Luftfahrzeugen und Luftfahrzeugmotoren verboten worden. Diese Frist war am 10. Juli 1920 abgelaufen. Da sich inzwischen die deutsche Flugzeugindustrie zwangsläufig auf das Gebiet der Verkehrsluftfahrt konzentriert hatte und inzwischen auch respektable Ergebnisse vorweisen konnte, fürchteten die Alliierten offensichtlich die Konkurrenz und hatten am 22. Juni 1920 in Boulogne beschlossen, das Bauverbot zu verlängern bis drei Monate, nachdem die Interalliierte Luftfahrt-Überwachungs-Kommission (Ilük) die Durchführung des Artikels 202 des Friedensvertrages festgestellt habe. Dieser Artikel verlangte die Auslieferung bzw. Zerstörung allen Kriegsluftfahrtmaterials. Darunter fiel nach Meinung der Entente zum Beispiel auch die Ablieferung von Flugmotoren größer als 160 PS. Da diese Motoren aber für die zugelassenen Zivilflugzeuge gebraucht wurden, versuchte natürlich jede deutsche Flugzeugfirma, diese Ablieferung auf irgendeine Weise zu umgehen, was die Alliierten wiederum dazu veranlasste, die Aufhebung des Bauverbotes ständig hinauszuzögern.

Die deutsche Regierung weigerte sich lange Zeit, die Boulogner Beschlüsse anzuerkennen und verweigerte die Unterschrift. Nachdem die Entente daraufhin mit der Besetzung des Ruhrgebietes drohte, akzeptierte Deutschland die Forderungen des »Londoner Ultimatums«. Am 29. Juni 1921 verbot die Reichsregierung bis auf Weiteres den Bau von Luftfahrzeugen und Luftfahrzeugmotoren. Erst am 5. Mai 1922 konnten die Flugzeug- und die Flugmotorenfabrikation wieder aufgenommen werden. Beide wurden jedoch nun durch eine Typenkontrolle mittels »Begriffsbestimmungen« weiterhin beschränkt. Damit sollte weiterhin eine militärische Verwendbarkeit der Zivilflugzeuge ausgeschlossen werden. Erst ab Mai 1926 konnte die deutsche Luftfahrtindustrie wieder ohne Beschränkungen produzieren.

Noch bevor die deutsche Regierung sich dem »Londoner Ultimatum« gebeugt hatte, begann die Jagd der Alliierten nach noch vorhandenem

(133) Flugzeuge der Danziger Luftpost

»Kriegsmaterial«, um der Deutschen Regierung zu beweisen, dass noch nicht alles abgeliefert sei. Im Februar 1921 fand die Ilük in den Junkerswerken drei in F 13 eingebaute BMW-Motoren und in Johannisthal eine F 13 mit eingebautem BMW-Motor vor. Diese F 13 war zwar am 22. Mai 1920 als Zivilflugzeug zugelassen worden, jedoch ausdrücklich nur mit 160-PS-Mercedes-Motor. Die BMW-Motoren mussten ausgebaut und abgeliefert werden.

Um den Einsatz der F 13 im Flugbetrieb zu ermöglichen, wurde am 26. Februar 1921 von vier Strohmännern die Danziger Luftpost gegründet, die in die Gesellschaft je eine Rumpler-Maschine aus dem Eigentum der Lloyd Ostflug einbrachten. Durch einen Vertrag bestätigten sie, dass sie die Gründung als Treuhänder der Lloyd Ostflug vorgenommen hatten.[35] Über den Danziger Kaufmann Algie, der als Strohmann der Ostdeutschen Landwerkstätten fungierte, wurden nun bis zum 17. Juni 1921 zwölf F 13 in die Danziger Luftpost eingebracht, davon sechs als Leihflugzeuge und sechs als Eigentum der Jfa.[36] Drei der Maschinen wurden mit einem Siddeley-Puma-Motor von 246 PS ausgerüstet. Dazu mussten einige Änderungen am Flugzeug vorgenommen werden, so z. B. die Erhöhung des Kühlers und der Motorhaube.[37]

(134) Flugleitung der Danziger Luftpost

Die Danziger Luftpost übernahm das Personal der Lloyd Ostflug, darunter auch den bisherigen Danziger Flugleiter Erhard Milch. Milch gab damit seine Stellung bei der Polizei endgültig auf und übernahm die Leitung der Danziger Luftpost.

Am 15. März 1921 eröffnete der Lloyd Ostflug mit den F 13 der Danziger Luftpost den regelmäßigen Passagierflugverkehr Berlin-Schneidemühl-Königsberg. Milch warb in allen Danziger Zeitungen für seinen Luftverkehr und ließ Reklamekarten drucken: »Die Personenbeförderung wird durch die modernsten Junkers-Kabinenflugzeuge ausgeführt. Sonderbekleidung wie Pelze, Schutzbrillen usw. überflüssig«. Mit den Berliner Zeitungsverlagen vereinbarte er, jeden Tag 600 Exemplare des *Berliner Tageblattes* nach Danzig und ungefähr ebenso viele weiter nach Königsberg zu fliegen.[38] Um Passagiere anzulocken, wurden die Flugpreise so niedrig wie möglich angesetzt. Der Flug Berlin-Königsberg kostete 240 Mark, brachte aber dafür eine Zeitersparnis von etwa 10 Stunden Reisezeit mit sich, denn eine Bahnfahrt dauerte auf der gleichen Strecke damals noch 14 Stunden. Eingeweiht wurde die Strecke vom Polizeipräsidenten von Königsberg und dem Regierungspräsidenten von Ostpreußen, die mit dem fahrplanmäßigen Flugzeug zu einer dringenden Sitzung von Königsberg

(135) Start einer F 13 in Danzig

nach Berlin flogen. Die Gesamtflugzeit betrug 4 Stunden 10 Minuten, einschließlich der vorgesehenen Zwischenlandung in Schneidemühl.[39]

Am 1. April 1921 wurde Danzig an die Strecke angeschlossen und am 20. April wurde ein Vertrag mit Litauen abgeschlossen, so dass im Laufe des Sommers die Strecke bis nach Kowno und Riga hin erweitert werden konnte.

Bereits vor Gründung der Lloyd Ostflug hatten der Jfa-Direktor Schleissing und Gotthard Sachsenberg mit dem Polnischen Aero-Club Posen (Poznań) über eine Zusammenarbeit verhandelt. In Polen war es bisher noch nicht gelungen, einen regelmäßigen Luftverkehr aufzunehmen, weil keine geeigneten Verkehrsflugzeuge zur Verfügung standen. »Für Kriegszwecke hat man Polen durchweg alte, minderwertige Flugzeuge (sehr viel D-Havilland) geliefert«, hatte sich Dipl.-Ing. Wasilewski bei den Junkersleuten beschwert. Einige für den Luftverkehr von der Entente gelieferten Flugzeuge hätten ebenfalls den Erwartungen in keiner Weise entsprochen. Deshalb sei man »zu der Ansicht gekommen, dass die deutschen Flugzeuge denen der Entente doch entschieden überlegen sein müssten«.[40]

Einen ersten Erfolg hatte die Danziger Luftpost während der Königsberger Messe zu verzeichnen. Auf der Strecke Danzig-Königsberg und Ber-

(136) Erhard Milch (2. v. l.) und Hans Sachsenberg (2. v. r.) vor einer F 13

lin-Königsberg wurden in den ersten zwölf Tagen 80 zahlende Passagiere befördert. Die Verkehrsflugzeuge waren größtenteils ausverkauft. Auf der Strecke Danzig-Königsberg wurde teilweise zwei- bis dreimal am Tage geflogen.[41]

Ab 15. Mai 1921 wurde die Zwischenstation Schneidemühl durch Stettin ersetzt. Mit Hilfe des Führers der Stettiner Polizeifliegerstaffel Albert Mühlig-Hofmann hatte sich der Lloyd Ostflug die Erlaubnis verschafft, dort landen zu dürfen.[42]

Am 10. Mai 1921 war in Polen die Luftverkehrsgesellschaft Aero-Targ gegründet worden. Diese schloss am 19. Mai einen Vertrag mit der »Danziger Luftpost GmbH« ab und führte vom 28. Mai bis 6. Juni 1921 anlässlich der Posener Messe mit sechs F 13 Propagandaflüge durch. Von Warschau, Krakau, Danzig und Lodz wurde ein regelmäßiger Flugdienst nach Posen eingerichtet.[43] Damit geriet die Danziger Luftpost in Kollision mit den Interessen der französischen Luftfahrtgesellschaft Franco-Roumaine, die in Polen ebenfalls am Aufbau von Luftverkehrsstrecken arbeitete. »Der Erfolg der Aero-Targ mit diesen Verkehrsflugzeugen übertraf alle Erwartungen und erregte in Polen großes Aufsehen. Mit einem Schlage waren die monatelangen Arbeiten der Franzosen in Polen überholt worden, da sich die polnischen Interessenten scharf gegen die veralteten Flugzeugtypen der Alliierten aussprachen«, schrieb der *Anhalter Anzeiger.*[44]

Am 10. Juni 1921 berichtete der Leiter der Danziger Luftpost Erhard Milch an Hugo Junkers: »Das polnische Unternehmen ist vorläufig beendet. Mit Ausnahme der Dz 157, die wegen Motordefekt – Siddeley Puma! – noch in Polen ist, sind alle Flugzeuge wohlbehalten zurückgekehrt. Die Junkerslimousinen haben im Publikum und Presse eine ganz hervorragende Aufnahme gefunden. Wenn man den Berichten glauben darf, will kein Mensch mehr mit anderen Flugzeugen fliegen. Die polnische Gesellschaft lässt durch uns bei Ihnen anfragen, ob und wieviel Flugzeuge ohne Motor sofort von Ihnen geliefert werden können und welche Kaufbedingungen Sie stellen.«[45]

Aus diesem Geschäft wurde jedoch nichts. Nach Beendigung der Posener Messe wurde der »Aero-Targ« von der polnischen Eisenbahn-Gesellschaft die Konzession wieder entzogen. Als Grund wurden die Benutzung deutschen Fluggerätes und die Beschäftigung deutscher Besatzungen und Personals der Danziger Luftpost angegeben.[46] Offensichtlich wollte die polnische Regierung die politische Unterstützung der Alliierten, mit deren Hilfe Polen nach dem Ersten Weltkrieg seine Unabhängigkeit erreicht hatte, nicht aufs Spiel setzen.

Zwei der F 13, die in Polen beschlagnahmt worden waren, mussten kurz darauf wieder freigegeben werden, weil Gotthard Sachsenberg sich vier Tage vor dem Abfliegen der Flugzeuge aus Danzig vom polnischen Verkehrs-, Kriegs- und Außenministerium in Warschau hatte bescheinigen lassen, dass die Flugzeuge jede staatliche Unterstützung erhalten und nicht beschlagnahmt werden dürfen.[47]

Nicht nur in Polen wurde gegen die F 13 der Danziger Luftpost vorgegangen, sondern auch die übrigen Junkers-Flugzeuge waren in Gefahr. Nachdem sich Anfang Juni 1921 abzeichnete, dass die Deutsche Regierung die Beschlüsse von Boulogne anerkennen würde, nutzte die Jfa schnell die noch vorhandenen Ausfuhrgenehmigungen, die ursprünglich für Larsens Flugzeuge bestimmt waren und schaffte vierundzwanzig F 13 noch schnell über die Grenze nach den Niederlanden, wo sie eingelagert wurden. Drei weitere Flugzeuge wurden auf Anforderung von Seitz, der sich in den USA befand, dorthin entsandt, zwei Flugzeuge gingen an die Ad Astra in der Schweiz.[48] Auch auf den nach Deutschland führenden Strecken der Lloyd Ostflug wurden von der Ilük im Juli sieben Danziger F 13 mit der Begründung beschlagnahmt, es würde sich um verkappte deutsche Flugzeuge handeln. Vier der Leihflugzeuge konnten durch Überschreibung auf Litauen noch schnell gerettet werden.[49]

(137) Bahntransport von F 13

Auf diesen vier Leihflugzeugen ruhte nun der gesamte Luftverkehr der Lloyd Ostflug zwischen Berlin und Riga. Diese Tatsache nahm Gotthard Sachsenberg zum Anlass, die Stellung der Junkerswerke in der Gesellschaft entscheidend zu stärken. »Die technische, also die Hauptkraftquelle des Lloyd-Ostfluges sind die Junkers-Werke, deren Einfluss auf Grund der Constellation im Lloyd-Ostflug ein zu geringer ist. In Zukunft müssen die Junkers-Werke ihrem Risiko und ihren Opfern entsprechend der ausschlaggebende Teil sein. In der neu zu gründenden Gesellschaft muss Junkers mindestens die Hälfte des Kapitals und der Stimmen besitzen. Das würde die bisher möglichen Gefahrmomente einer Einengung beseitigen.«[50]

Über den Einsatz der F 13 bei der Lloyd Ostflug gibt es einen Bericht des Piloten Bruno Rodschinka, der einen guten Einblick in die Schwierigkeiten dieser Zeit ermöglicht:

»Meine Tätigkeit beim Lloyd-Ostflug vom August bis Oktober auf der Strecke Königsberg – Kowno – Riga konnte ich mit der Junkers-Maschine Dz-39 Fabriknummer 585 mir die Zufriedenheit der Direktion erwerben. Gerade auf dieser Strecke wurden Anforderungen an das Personal, aber ganz besonders an die Maschinen gestellt. Für 585 war Kowno als Heimat-

(138) F 13 der Danziger Luftpost

hafen bestimmt. In Königsberg, Kowno und Riga war an ein unter Dach und Fach bringen der Maschine nicht zu denken und somit jeder Witterung ausgesetzt. Die Beschaffenheit des Kownoer Flugplatzes war eine weniger angenehme und stellte hohe Ansprüche an eine Verkehrsmaschine. Durch das wellige Gelände war das Fahrgestell ganz spez. in Mitleidenschaft gezogen, denn mindestens 75 % meiner Flüge wurden mit voller Last ausgeführt. In der Zeit von Mitte August bis Ende Oktober habe ich mit dieser Maschine allein 30 000 km zurückgelegt und zwar zwischen Kowno – Riga (225 km) und Königsberg – Kowno (220 km). Nach Königsberg zwangen uns gewisse Maßnahmen auf Acker zu landen, die nicht gerade als geeignete Landestellen anzusprechen waren. Auf der Strecke Kowno – Riga mußte ich durch plötzlich auftretenden Nebel mehrere Notlandungen vornehmen, und ist gerade diese Strecke durch ihre schlechte Bodenbeschaffenheit für Landungen das Schlechteste auf allen unseren Flugstrecken und wurde meist hohe Anforderung an die Maschine spez. Fahrgestell gestellt. In Riga hielten auch die D.L.R. und Sablatnig Luftverkehr aufrecht und war es uns allen am besten vor Augen geführt, welche Maschine den Anforderungen am besten Trotz bietet und kann man es der Junkers-Maschine niemals absprechen; denn D.L.R. mit Fokker Limousinen blieben ebensoviel aus wie Sablatnig. Nicht wegen Motordefekt, sondern wegen Aufplatzen des

Tragdeckfourniers, oder Lösen der Rumpfbespannung, andernteils Lösen der Tragdeckbespannung. Die Tragdeckbespannung bei Sablatnig wurde ganz besonders durch Witterungseinflüsse mitgenommen und mußte somit mindestens wöchentlich 2 mal mit Cellon bestrichen werden und die Folge davon war, daß bei einem geringen Druck gegen die Bespannung schon das schönste Loch drinnen war. Hatte diese Maschine bei starkem Regen längere Zeit im Freien gestanden, so mußten erst die Tragdecks mit irgend einem spitzen Gegenstand bearbeitet werden, um somit das gesammelte Wasser ablassen zu können. Dieses ging solange, bis einmal die Maschine auf der Strecke wegen Auflösung der Tragdeckbespannung notlanden mußte und damit ihr glanzvolles Ende im Luftverkehr auf dieser Strecke besiegelte. Gegen alle diese Witterungseinflüsse hat die Junkers Trotz und blieb bei ihrer alten Beschaffenheit, nur daß sie höchstens bei starkem Regenwetter und Hagel gesäubert wurde. Auch fliegerisch hat sich die Junkers-Maschine bewiesen, denn bei Sturm, Hagel und Regen ist die Maschine zur bestimmten Zeit angekommen, wogegen die Konkurrenz notlanden oder zum Ausgangshafen zurückkehren mußte. Den besten Beweis lieferte die Maschine am 4.10. Ich startete in Kowno und wurde 120 km vor Riga schon von einem starken Hagel und Orkan überrascht und konnte mich doch bis zum Ziel durchringen. Alles überstand die Maschine gut. Sie wurde in Riga verankert. Als Stärke des Orkans will ich anführen, daß Bäume entwurzelt wurden, Telegraphenstangen umgeknickt und sämtlicher Verkehr auf der Düna eingestellt war. Über Nacht wurde eine andere Junkers aus ihrer Verankerung gerissen und mindestens 50 m weit durch einen Graben hinter einen Schuppen geschleudert und nur der Propeller trug eine leichte Beschädigung davon, sonst war die Maschine startbereit. Hält das eine Sabi- oder Fokker-Limousine aus? Leider war auch diesmal keine Konkurrenz-Maschine zu ihrem Ziel gekommen. Die Fokker-Limousine mußte auf der Nehrung zwischen Danzig und Königsberg notlanden. Sie landete glatt, konnte nun aber nicht mehr gehalten werden und wurde somit vom Wind restlos zertrümmert. Die Konkurrenz hat nichts ungenutzt gelassen, manch unfaires Wort gegen die Junkers auszustreuen, aber die Tatsachen haben hier im Osten bewiesen, welche Stellung die Junkers im Luftverkehr einnimmt.«[51]

Die Trennung

Im Sommer 1921 zeichnete es sich bereits ab, dass die Interessen der Firma Junkers und des Norddeutschen Lloyd immer mehr auseinanderliefen. Der Norddeutsche Lloyd wollte durch engeren Zusammenschluss mehrerer Firmen (Sablatnig, Rumpler, Albatros) eine Konkurrenz zu dem damals schon recht erfolgreichen Luftverkehrsunternehmen Deutsche Luftreederei aufbauen, für Junkers hingegen sollte der Luftverkehr zur Erprobung und Vervollkommnung seiner Flugzeuge dienen.

Gotthard Sachsenberg widersetzte sich den Fusionierungsbestrebungen des Norddeutschen Lloyd. Er war der Auffassung, »daß die Zeit eines Zusammenschlusses aller Lloyd-Luftverkehrsunternehmungen erst dann gekommen ist, wenn der Verkehr die Baufirmen nicht mehr braucht«. Das Zusammenarbeiten mehrerer Flugzeugbaufirmen in einer Verkehrsgesellschaft sei ein Hemmnis für die weitere Entwicklung.[52]

Der von Seiten des Norddeutschen Lloyd eingesetzte Geschäftsführer Blankenstein hingegen beschwerte sich beim Aufsichtsrat über seinen Kollegen Sachsenberg: »Ich kann mich der Tatsache nicht verschließen, daß die Geschicke der Lloyd-Ostflug Gesellschaft bisher mehr nach der Politik des Herrn Sachsenberg gelenkt sind als nach der des Aufsichtsrates.«[53]

Am 4. August 1921 fand eine Besprechung des Norddeutschen Lloyd mit Junkers statt, in der Junkers mitgeteilt wurde, dass Albatros eine weitere Zusammenarbeit mit Sachsenberg ablehnt. Junkers stellte sich hinter Sachsenberg: »Da Lloyd immer wieder betont, daß er nur ein ideelles Interesse für die Luftfahrt hat, auf der anderen Seite nicht genügend betont werden kann, dass es für die Junkers-Flugzeugwerke ein Lebensinteresse ist, diese Pionierarbeit zu leisten, müssen Letztere den ausschlaggebenden Einfluss auf die Entwicklung dieser Gesellschaft haben.«[54]

Zwölf Tage später eskalierte die Situation. Geheimrat Stimmung vom Norddeutschen Lloyd erklärte, daß er als Aufsichtsratsvorsitzender gezwungen sein werde, die Frage der Abberufung Sachsenbergs zur Abstimmung zu bringen, falls Sachsenberg nicht freiwillig ausscheide.[55] Hugo Junkers wehrte sich: »Der Betrieb kann bei Austritt Sachsenberg nicht weitergehen«, notierte er. »Die Stationen verzweifeln an der Direktion. Die gehen, sobald Sachsenberg geht.« Auch fand er die Verdienste von Junkers nicht entsprechend gewürdigt: »Das, was den Lloyd Ostflug lebensfähig gemacht hat, ist die Verwendung von Junkers-Flugzeugen; Verdienst Sagos, auf Vorzüge desselben hingewiesen zu haben; statt Dank erntet er Misstrauen, dasselbe gilt von Junkers. … Das war das Beste im Lloyd Ostflug, die Junkers-Flugzeuge und Sachsenberg.«[56]

Es half alles nichts. Die Vorschläge von Blankenstein und Sachsenberg zur Umgründung der Lloyd Ostflug führten zu keiner Einigung. Am 29. August 1921 wurde in einer Aufsichtsratssitzung der Lloyd Ostflug die Trennung der beiden Gesellschaftergruppen Lloyd – Albatros und Junkers – Ostdeutsche Landwerkstätten beschlossen. Eine anschließend eingesetzte Kommission regelte die Aufteilung der Strecken, Bodenorganisationen, Flugzeuge und Sachwerte. Die Danziger Luftpost wurde an die Firma Junkers übertragen. Sie musste jedoch angesichts der ständigen Verfolgung durch die Entente Ende Oktober ihren Betrieb einstellen. Von den von der Jfa eingebrachten bzw. von der Jfa geliehenen acht F 13 waren vier verfügbar, da sie rechtzeitig auf Litauen überschrieben worden waren. Die anderen vier waren beschlagnahmt worden.[57] »Dieser Fall (Lloyd – Sachsenberg) zeigte die ganze Ohnmacht dieser Herren, wo es sich um Pionierarbeit handelt«, hielt Hugo Junkers verbittert fest.

Erneut wurden von der Jfa-Direktion Überlegungen angestellt, ob unter diesen Umständen der Flugzeugbau nach Aufhebung des Bauverbotes weitergeführt werden kann. »Da die zur Zeit vorhandenen Mittel der Jfa längstens bis Mitte September bei sparsamster Wirtschaftsführung ausreichen, müssen bis dahin neue Mittel zur Verfügung stehen.«[58]

Die Rettung war eine Beschlagnahme von 23 nach dem 10. Januar 1919 gebauten F 13 durch die Entente. »Die Beschlagnahme ist für Junkers ein Segen gewesen«, schrieb Hugo Junkers am 15. September erleichtert in sein Notizbuch.[59] Denn für diese und die im Hamburger Hafen beschlagnahmten Flugzeuge erhielt Junkers nach zäher Verhandlung vom Reichsschatzministerium insgesamt 19 Millionen Mark.[60] Hauptargument von Junkers war, dass die F 13 »von der Ilük als Zivilflugzeug schon bestimmt und anerkannt sei, daß also nach Aufhebung des Bauverbotes dieser Typ auf jeden Fall weiter gebaut werden könnte, selbst wenn die Begriffs-Bestimmungen noch so ungünstig ausfallen«.[61] Eine Lösung für das Absatzproblem war es allerdings nicht. Nach der Beschlagnahme besaß die Jfa noch 46 unverkaufte Flugzeuge, davon waren neun verliehen worden.[62]

Als feststand, dass die Trennung im Lloyd Ostflug nicht mehr abzuwenden war, hatte Gotthard Sachsenberg bereits am 23. August Junkers vorgeschlagen, ganz aus dem Lloyd auszuscheiden und eine »reine Junkers-Verkehrs- und Propaganda-Organisation« zu gründen. Diese sollte durch einen Luftverkehr mit Junkers-Flugzeugen Propaganda für den Junkers-Flugzeugbau betreiben, zum Zwecke des Absatzes von Jfa-

(139) Die Brüder Gotthard (links außen) und Hans Sachsenberg (rechts außen) vor einem Wasserflugzeug F 13. Neben Hans Sachsenberg der Pilot Richard Thiedemann

Erzeugnissen Luftverkehrsunternehmen gründen, Auslandsexpeditionen durchführen und die Ausbildung von verkehrstechnischem Personal übernehmen. Die Gesellschaft sollte Junkers gegenüber die Verantwortlichkeit eines Agenten haben, sollte aber selbst nichts verdienen. Vielmehr sollte der Gewinn ausschließlich im Interesse von Junkers verwendet werden.[63] Nach mehreren Beratungen mit der Jfa-Direktion über die Form dieser Organisation einigte man sich darauf, dass dem Zentralbüro vorläufig nur eine Abteilung Luftverkehr unter Leitung von Gotthard Sachsenberg angeschlossen werden sollte. Junkers wollte »erst sehen, wie die Dinge laufen«.[64]

Am 27. Dezember lag der Auseinandersetzungsvertrag der Lloyd Ostflug fertig vor. Noch am gleichen Tag reiste der Leiter der kurz vorher eingerichteten »Junkers-Werke Abteilung Luftverkehr Berlin«, Gotthard Sachsenberg, im Auftrag von Junkers nach Russland.[65]

(140) Hugo Junkers und der US-Fliegergeneral Mitchell vor einer Danziger F 13 (Foto vom 24. Februar 1922)

Die Abteilung Luftverkehr 1922

Der Kampf um die Strecke Berlin – Moskau

Junkers hatte schon sehr früh ein wirtschaftliches Interesse für Russland gezeigt. Das verkehrsmäßig nur mangelhaft erschlossene große Reich erschien ihm ideal als Absatzmarkt für seine Verkehrsflugzeuge. »Die Erkenntnis von der Bedeutung ›Flugzeuge als Verkehrsmittel‹ wächst von Tag zu Tag … bei den schlechten Verkehrsverhältnissen in Russland … ist sicherlich das Flugzeug berufen, beim ›Wiederaufbau‹ Russlands eine große Rolle zu spielen«, hatte er am 8. Juni 1921 notiert.[1]

In Gotthard Sachsenberg hatte er einen Gleichgesinnten getroffen. Auch dieser maß Russland für den Aufbau von Luftverkehrsstrecken große Bedeutung zu: »Die für Deutschland lebenswichtige Frage der wirtschaftlichen Wiederherstellung der östlichen Gebiete kann erfolgreich erst dann begonnen werden, wenn Verkehrsmittel in Russland geschaffen werden, die unabhängig von dem vollkommen verwahrlosten Eisenbahnbetriebe zunächst den allernotwendigsten Personen-, Post- und Güterverkehr sicherstellen. Bei den schlechten Wegeverhältnissen in Russland ist dazu in erster Linie der Luftverkehr berufen«, schrieb er im März 1921 in der Zeitschrift *Der Luftweg*.[2]

Im Herbst 1921 war das Reichswehrministerium an Junkers mit dem Vorschlag herangetreten, in der Sowjetunion Militärflugzeuge herzustellen. Die Russische Regierung hatte Deutschland im Mai – nach Beendigung des russisch-polnischen Krieges – um Unterstützung bei der Reorganisation der Roten Armee gebeten. Das Reichswehrministerium sah hier eine Möglichkeit, den Versailler Vertrag zu umgehen und im Ausland weitere Forschungen auf militärischem Gebiet voranzutreiben. Die sowjetische Luftwaffe hatte zu erkennen gegeben, dass sie die Metallbauweise der Firma Junkers bevorzugen würde.

Im November 1921 lud die Russische Regierung die Firma Junkers zu einem Besuch nach Moskau ein, um die Verhältnisse für den Metall-Flugzeugbau an Ort und Stelle zu untersuchen und gegebenenfalls Verträge über die Einrichtung eines Metall-Flugzeugbaues in Russland abzuschließen. Vor der Abreise der Kommission fanden im November 1921 Sitzungen mit dem russischen Handelsvertreter Viktor Kopp in Berlin und Dessau statt. Bedingung von Junkers für die Aufnahme der Fabrikation in Russland waren eine eigene Luftverkehrsverbindung zur Fabrikationsstätte und ein Anteil am innerrussischen Luftverkehr. »Die Bedingung der Übertragung einer Luftlinie von Deutschland nach der Fabrikationsstätte, sowie der Anteil am innerrussischen Verkehr ist schon im November 1921 als conditio sine qua von Junkers und der mit ihm arbeitenden Gruppe bezeichnet worden«, schrieb Gotthard Sachsenberg später.[3] Auf dieser Forderung habe die Firma Junkers deshalb bestanden, weil Sachsenberg inzwischen zu Ohren gekommen war, dass die Russische Regierung Fabrikation und Verkehr nicht an die gleiche Firma vergeben wolle. Die Bedingung war nach Sachsenberg von den Vertretern der Russischen Regierung hier in Berlin als berechtigt anerkannt worden. Die russische Regierung hielt sich jedoch nicht an diese Abmachung. Am 24. November 1921 unterzeichneten der Leiter der sowjetrussischen Handelsvertretung in Berlin, Boris Stomonjakow und der Direktor der deutschen Aero-Union AG, Ferdinand Rasch, einen Vertrag zur Gründung eines deutsch-russischen Luftfahrtunternehmens (Deruluft). Die Deruluft erhielt für zunächst fünf Jahre die Lizenz zum alleinigen Betrieb des Flugverkehrs zwischen dem Deutschen Reich und Sowjetrussland.

Davon war Junkers bei den Verhandlungen mit dem Reichswehrministerium im November 1921 nichts bekannt. Trotz großer Bedenken hatte sich Junkers auf den Vorschlag eingelassen, in Fili bei Moskau Militärflugzeuge zu produzieren.[4] Ausschlaggebend war dabei wohl auch das noch herrschende Bauverbot für Flugzeuge in Deutschland[5] und die Versicherung des RWM, dass »für das Risiko der Firmen für materielle und ideelle Werte im Hinblick auf die unsicheren russischen Verhältnisse … das deutsche Reich Verlustgarantie übernehmen« wollte.[6]

Dabei war sich Junkers des Risikos voll bewusst. An Jco-Direktor Paul Spaleck, der im Januar 1922 Gotthard Sachsenberg nachgereist war, um ihn bei den Verhandlungen in Moskau zu unterstützen, schrieb er am 20. Januar 1922. »Einmal belasten wir den Beginn unserer fabrikatorischen Tätigkeit im Auslande mit dem Odium des Kriegslieferanten, noch dazu für eine Macht, die unseren sonstigen Absatzgebieten in Europa und Übersee völlig fremd und isoliert gegenübersteht. Eine Kompromittierung dieses Vorhabens bedeutet die Vernichtung der Anlagen in der Heimat und eine außerordentliche Erschwerung des Aufbaues im Ausland. Zweitens schafft die Erfüllung dieser Forderung uns selbst durch unsere eigene Arbeit eine Konkurrenz. Sie zögert die Verfolgung des eigentlichen Zieles wesentlich

(141) Besuch des russischen Finanzkommissars Krestinski am 22. Nov. 1923 in Dessau (v. l. n. r. Versuchsing. Stefan von Prondzynski, Pilot Friedrich Hucke, Hugo Junkers, Nikolai Krestinski, G. Lohse)

hinaus, verbraucht die spärlich vorhandenen Mittel und bindet lebenswichtiges Personal.« Deshalb stand an erster Stelle seiner Gegenforderungen an die Russische Regierung die »Conzessionen auf Luftverkehrsstrecken, im besonderen Monopolconzessionen auf der Strecke Moskau – Kowno, die für uns lebenswichtig als Verbindungsstrecke mit der Heimat ist.«[7] Die russische Regierung, die sehr an der baldigen Aufnahme der Produktion von Militärflugzeugen interessiert war, versprach der Junkers-Delegation, dass sie »diesbezüglichen Wünschen entsprechen würde«.[8] Am 6. Februar 1922 wurde die Vereinbarung über den Bau von 100 Flugzeugen pro Monat abgeschlossen und die Junkerswerke verpflichteten sich, sofort die Vorarbeiten dafür aufzunehmen.

Im Laufe der weiteren Verhandlungen im Februar stellte sich zum Entsetzen von Junkers heraus, dass die Monopolkonzession auf die Strecke Moskau – Berlin bereits an die Deruluft vergeben war. Alle nachträglichen Versuche der Russen, die Aero-Union zu einem Verzicht auf das im November 1921 erhaltene Monopolrecht zu bewegen, schlugen fehl.[9] Am 1. Mai 1922 eröffnete die Deruluft ihre Strecke Königsberg – Moskau.

Wenige Tage später, am 5. Mai 1922, gründete Junkers nach Auflösung der Lloyd Ostflug GmbH seine erste eigene Luftverkehrsgesellschaft, die Lloyd-Junkers-Luftverkehr GmbH. Sie übernahm die Flugkonzessionen, die der Lloyd Ostflug auf den Strecken Berlin – Königsberg – Kowno – Riga und Hamburg – Stettin zustanden.[10]

Um die Deruluft unter Druck zu setzen, sicherte sich Sachsenberg mit Hilfe einer Amerikanisch-Litauischen Handelsgesellschaft ein Monopol auf den Luftverkehr in und durch Litauen. Anschließend erklärte er sich in einem Brief an den Volkskommissar für Finanzen Nikolai Krestinski bereit, die Deruluft am litauischen Luftverkehr zu beteiligen, wenn die russische Regierung Junkers dafür die Rechte auf die Strecke Riga – Moskau einräumen würde.[11]

Die russische Regierung wollte sich von Sachsenberg nicht unter Druck setzen lassen. Sie fragte bei der Aero-Union am 28. Dezember 1922 an, ob sie »gewillt sei, eine Konzession für den Bau von Flugzeugen und Luftverkehr auf der Strecke Schweden – Moskau – Persien zu Bedingungen, die ihrem wesentlichen Inhalt nach mitgeteilt wurden, zu übernehmen«. Diese lehnte am 8. Januar 1923 ab: »Wir gestatten uns, Ihnen mitzuteilen, daß unsere Gesellschaft von dem gemachten Angebot, eine Konzession zum Bau von Flugzeugen und zum Luftverkehr auf der Strecke Schweden – Moskau – Persien zu den angegebenen Bedingungen zu übernehmen, keinen Gebrauch zu machen beabsichtigt, und daß sie demzufolge keine Einwendungen dagegen erhebt, daß die russische Regierung die Konzession zu den mitgeteilten Bedingungen an eine andere Firma vergibt. … Wir geben jedoch der Erwartung Ausdruck, daß hierdurch die künftige Möglichkeit für die Aufnahme des Flugzeugbaues in Russland seitens anderer, unserem erweiterten Konzern nahestehender Firmen nicht beeinträchtigt wird, und daß ferner der Durchführung der weiteren Luftverkehrspläne der ›Deruluft‹ keine Hindernisse bereitet werden. Insbesondere bitten wir, die Verbindungen Königsberg – Moskau – Charkow – Odessa und Königsberg – Riga – Petersburg für öffentliche Verkehrszwecke unserer Gruppe vorzubehalten und andere damit in Wettbewerb tretende öffentliche Luftverkehrslinien nicht zuzulassen.«[12]

Am 18. Januar 1923 fand in Dessau eine Besprechung von Ministerialdirektor Bredow vom Reichsverkehrsministerium mit Professor Junkers über den Interessenkonflikt zwischen Junkers und der Lloyd-Aero-Union-Gruppe (Deruluft) beim Luftverkehr nach Russland statt. Prof. Junkers hielt eine Zusammenarbeit beider Gruppen für schwer machbar, da sie zu verschieden wären. »Der Unterschied zwischen den beiden Luftverkehrsgruppen ist darin zu sehen, daß von Junkers-Seite aus die Förderung des Flugzeugbaues durch den Verkehr als eine primäre Forderung aufgestellt wird, während die Aero-Lloyd A.G. die reinen Verkehrsinteressen mehr in den Vordergrund rückt«, betonte er. Möglich sei eine Art Arbeitsgemeinschaft bei der Ausarbeitung der Flugpläne, Tarife und Verhandlungsmodalitäten mit Ententestaaten. Ein Monopol, wie es die Deruluft gegenüber anderen deutschen Interessenten erworben hat, hielt er im Interesse der gesamten deutschen Wirtschaft für außerordentlich schädlich. Wenn dieser Zustand nicht beseitigt würde, wäre das Junkers'sche Fabrikationsunternehmen in Russland schwer gefährdet.[13]

Das Reichsverkehrsministerium drohte daraufhin, beiden Gesellschaften die Subventionen zu verweigern, wenn sie sich nicht einigen würden.[14]

Am 28. März 1923 fand daraufhin eine Besprechung im Auswärtigen Amt mit Vertretern der Firma Junkers über Verkehrspläne von Junkers in Osteuropa statt. Dort wurde den Vertretern von Junkers im Interessenkonflikt mit dem Aero Lloyd wegen der Linie Berlin-Königsberg-Riga-Petersburg nochmals »dringend eine unmittelbare Einigung anempfohlen«.

Junkers verlor bald das Interesse an dieser Strecke. Er hatte sich bei seinen Verhandlungen in Russland um die Zuweisung einer Produktionsstätte in Petersburg bemüht, um dort Wasserflugzeuge herstellen zu können; die Verhandlungen scheiterten jedoch und damit fiel auch der vorgesehene Luftverkehrsstützpunkt »ins Wasser«.[15] Er konzentrierte sich nun auf den Ausbau der Schweden-Persien-Strecke.

Der Militärflugzeugbau in Russland kam nur schleppend in Gang, da ein geeigneter Flugzeugtyp erst konstruiert werden musste, aber den Junkerswerken inzwischen ein fähiger Konstrukteur fehlte, denn Chefkonstrukteur Otto Reuter war während der Verhandlungen im Moskau am 22. Januar 1922 verstorben. Forschungsdirektor Otto Mader hatte zwar die J 1 konstruiert, war aber mehr Motorenfachmann als Flugzeugkonstrukteur und machte sich nur widerwillig an diese Aufgabe. »Mader will Flugzeugbau abgeben, es greift ihn seelisch zu sehr an«, notierte Junkers.[16] Es verging über ein Jahr, bis mit dem Bau des Militärflugzeuges J 21 begonnen werden konnte.

(142) F 13 Dz 32 auf dem Flugplatz Moskau

Zur Überbrückung kam man bei Junkers auf die Idee, die F 13 auch als Militärmaschine anzubieten: »Militärmaschinen können wir zurzeit wegen der Ententevorschriften hier in Dessau nicht bauen, es käme nur beschleunigter Bau derselben in Moskau in Frage«, schrieb Gotthard Sachsenberg am 10. Juni 1922 aus Berlin an die Junkersvertreter Bentheim und Walter in Moskau. »Wir müssen uns daher möglichst darauf legen, den Russen auch als Militärmaschine die J 13 als geeignet darzustellen. Wir werden Ihnen darüber noch Reklamekarten, die die amerikanische Limousine mit 30 M.-G.s aus der Luft schießend darstellt, zukommen lassen. Die Verwendung als Nachtbombenmaschine muss auch möglichst dazu ausgenutzt werden, dass die jetzige Bestellung mehr auf Limousinen eingestellt ist.«

Als Demonstrationsobjekt traf im Mai 1922 eine in Danzig zugelassene F 13 unter Führung des Piloten Alfred Gothe in Moskau ein. Nach einigen Probeflügen über Moskau luden die Junkersvertreter Walter und Beier den stellvertretenden Chef der russischen Luftflotte Onufriev zu einem Vorführungsflug nach Petersburg ein. In Begleitung seines Sekretärs und eines russischen Ingenieurs bestieg Onufriev am Morgen des 14. Juni 1922 auf dem Moskauer Flugplatz Chodynka das Junkers-Flugzeug. Nach einem knapp vierstündigem Flug entlang der Bahnstrecke erreichte Gothe mit dem vollbesetzten Flugzeug St. Petersburg, konnte jedoch zuerst keinen Flugplatz entdecken: »Trotz eifrigen Suchens war es uns nicht mög-

(143) Ankunft der F 13 am 14. Juni 1922 in Petersburg

(144) Der stellvertretende Chef der russischen Luftflotte Onufriev (5. v. l.) mit Begleitung nach der Ankunft in St. Petersburg (6. v. l. Pilot Gothe, 3. v. l. Walther)

lich, einen für uns in Frage kommenden Notlandeplatz zu erspähen, denn das Seen- und Sumpfgebiet zieht sich von Twer bis an Petersburg hin. Wir umkreisten zunächst den Platz, um ihn uns näher anzusehen, da er in allen Richtungen von Kanälen durchzogen ist, die wohl normalerweise mit Bohlen abgedeckt sind, welcher aber infolge der Brennstoffknappheit während des letzten Winters verheizt worden sind. Um die Landung auf diesem schlechten Flugplatz zu erleichtern, waren an allen offenen Stellen Landungsfeuer angesteckt worden, die aber derartig qualmten, dass uns das Landen beinahe unmöglich gemacht wurde. Trotz alledem setzte unser Führer 10.45 Uhr die Maschine glatt hin und wir bedankten uns bei dem Kommandeur des Flugplatzes für diese Aufmerksamkeit.«[17]

Am darauffolgenden Tag kutschierte Alfred Gothe einige Redakteure der Petersburger Zeitungen durch die Luft, die danach auch erwartungsgemäß positiv über das neuartige Verkehrsflugzeug berichteten und besonders die kurze Reisezeit zwischen Moskau und St. Petersburg hervorhoben. »Nachdem die Petersburger durch einen Zeitungsbericht von der Flugdauer unseres Apparates in Kenntnis gesetzt wurden, ist es zum Stadtgespräch geworden, wie es nur möglich ist, dass man in 3¾ Stunden von Moskau nach Petersburg fliegen kann, da man ja von Petersburg mit der Vorortbahn 3½ Stunden braucht, um nach dem 30 km entfernt liegenden Kurort Sestroretzk zu gelangen«, berichteten die Junkersvertreter.

Am 17. Juni 1922 wollte Gothe um 5 Uhr morgens zum Rückflug nach Moskau starten, kam jedoch von dem durch starken Regen aufgeweichten Boden nicht weg. »Schließlich blieb uns nichts anderes übrig, als auf den angefaulten Bohlen der Kanalabdeckung zu starten, was auch gänzlich gelang.« Der Rückflug dauerte eine halbe Stunde länger als der Hinflug, da das Flugzeug mit starkem Gegenwind zu kämpfen hatte. Die dabei immerhin noch erreichte Geschwindigkeit von 150 km/h reichte trotzdem aus, das zur Begleitung aufgestiegene russische Jagdgeschwader abzuhängen. Die Einsitzer gaben bereits 25 km hinter St. Petersburg das Rennen auf und kehrten zum Flugplatz zurück.

Die Zeitschrift *Iswestija*, die am 18. Juni 1922 über diesen Flug berichtete, resümierte: »Dies sind die Erfolge des ersten Passagierfluges zwischen Moskau und Petersburg: 6 Passagiere durchflogen diese Strecke im Mittel gerechnet innerhalb 4 Stunden, während sie mit dem Schnellzuge wenigstens 12 Stunden unterwegs gewesen wären. Die Gesamtkosten für das Flugzeug bestanden für Betriebsstoffe in der einen Richtung gerechnet – pro Kopf der Passagiere in Höhe von 11 Millionen (nach Marktpreisen gerechnet), es ist also die Fahrt im Flugzeug billiger als die in der Eisenbahn.«[18]

(145) Pilot Gothe und Monteur Beier in Moskau

Durch den Artikel in der *Iswestija* wurde der offensichtlich nicht informierte Kriegskommissar Leo Trotzki auf den Inspektionsflug Onufrievs aufmerksam gemacht und er verlangte von der Luftflotte einen ausführlichen Bericht. Ein Mitarbeiter der Luftflotte bat daraufhin die Junkerswerke um ein Album mit Fotos vom Flug und einer ausführlichen Beschreibung der F 13, das er Trotzki und Lenin überreichen wollte.

Diese Gelegenheit wollten die Junkersvertreter nicht ungenutzt lassen: »Ich versprach dem Herrn, der diese Sache zu bearbeiten hat, die Unterlagen baldigst zu beschaffen und hoffe Sie sind damit einverstanden, zumal uns dadurch Gelegenheit geboten wird, an maßgebender Stelle J 13 auch als Militärmaschine geeignet darzustellen. Ich bitte dies bei der Abfassung der Beschreibung besonders zu berücksichtigen und alle sich darauf beziehenden Fotos beizulegen.«[19] Die Bemühungen der Junkersleute in Moskau hatten offensichtlich Erfolg, denn nach Inbetriebnahme des Junkerswerkes in Fili bei Moskau im Jahre 1923 wurden dort militärische Versionen der F 13 – in Russland als Ju 13 bezeichnet – montiert.

Eine weitere Demonstration der hervorragenden Eigenschaften ihres Verkehrsflugzeuges gelang den Junkerswerken am 30. Juli 1922. Pilot Alfred Gothe transportierte den russischen Finanzminister Rosenholz nach des-

(146) F 13 im Junkerswerk Fili

sen Verhandlungen mit Vertretern von Junkers und dem Reichswehrministerium in Berlin mit der F 13 D-202 in 10 Stunden und 40 Minuten ohne Zwischenlandung nach Moskau. Ein derartiger Flug stellte hohe Anforderungen an das Flugzeug und den Piloten: »Ich musste mitunter die Zähne zusammenbeißen, wenn ich müde werden wollte, und auch das Wetter, das später etwas böig geworden war, machte mir zu schaffen, so dass ich meine ganze Aufmerksamkeit der Steuerung meines braven Flugzeuges zuwenden musste«, berichtete Gothe anschließend. »Endlich, allerdings noch in weiter Ferne, sah ich die Türme von Moskau! Ich war überglücklich, als ich feststellen durfte, dass ich die 1800 Kilometer lange Strecke in 10 Stunden 40 Min. zurückgelegt hatte. Glatt ging auch die Landung auf dem Moskauer Flugplatze vonstatten, und ich durfte die Glückwünsche der Vertreter der Fa. Junkers und meiner alten russischen Freunde entgegennehmen.«[20]

Da Start und Landung amtlich kontrolliert worden war, wurde der Flug als deutsche Höchstleistung für einen ununterbrochenen Flug von 1599,83 km von der Deutschen Flugsportkommission anerkannt.[21] Die Zeitschrift *Iswestija* vom 1. August 1922 sprach sogar von einem europäischen Rekordflug für Distanz-Flüge ohne Zwischenlandung. Das war natürlich ein kleiner Triumph für die Junkersleute, denn das von der Deruluft verwandte Fokker-Flugzeug brauchte für die Strecke ein Drittel mehr Zeit.

(147) Pilot Gothe und Monteur Flader nach ihrem Rekordflug
Berlin – Moskau am 30. Juli 1922

Das Flugzeug war für die wissenschaftlich-experimentelle Flugstation des Kommissariats für Landwirtschaft bestimmt, die damit Versuche zur Heuschreckenbekämpfung durchführen wollte. Da die Junkersvertretung in Moskau aber inzwischen erfahren hatte, dass zum ersten Male seit 1916 in Nishni Nowgorod wieder eine Messe stattfinden sollte – sie hatte für Russland die gleiche Bedeutung wie die Leipziger Messe in Deutschland – und das Messekomitee einen Flugverkehr einrichten wollte, bat Walter den Chef der Flugstation Valentei um Überlassung des Flugzeuges für die Dauer der Messe.

Am 2. August 1922 wurde der Messeflugverkehr der »Aviakultura« und der Firma Junkers eröffnet. Das Flugzeug verkehrte dreimal wöchentlich und legte die 410 km zwischen Moskau und Nishni Nowgorod in 2½ Stunden zurück. Gegenüber der Eisenbahnreise sparte man auf diese Weise 13½ Stunden Fahrzeit. Der Preis für einen Hinflug betrug 120 Millionen Rubel, das entsprach damals ungefähr 30 Dollar.

Die Bilanz des ersten Junkers-Luftverkehrs auf russischem Boden konnte sich sehen lassen. Bis zum Schluss der Messe am 25. September hatte die F 13 insgesamt 57 Flüge durchgeführt und dabei 209 Passagiere und 2633 kg Fracht befördert. Die Flüge wurden mit einer Regelmäßigkeit von fast 100 % durchgeführt, es gab nur zwei Verspätungen von 7 bzw. 12 Minuten.[22]

Nach den vielen Unfällen im Jahre 1921 und den Schwierigkeiten auf der Strecke der Lloyd Ostflug war das ein erster kleiner Erfolg, den die neugegründete Abteilung Luftverkehr der Junkerswerke verbuchen konnte. Er gab den Junkersleuten neuen Ansporn, trotz aller Schwierigkeiten weiter um den Luftverkehr auf nunmehr sowjetischem[23] Boden zu kämpfen.

Die inzwischen weiter geführten Verhandlungen zwischen Junkers und der russischen Regierung hatten bisher zu keinem Ergebnis geführt. Junkers wehrte sich nach Rückkehr der Delegation aus Moskau dagegen, in dem heruntergekommenen und stark reparaturbedürftigen ehemaligen Autowerk in Fili bei Moskau die Produktion aufzunehmen und die dort herzustellenden Militärflugzeuge zum Selbstkostenpreis an die Russen abzugeben. Nachdem nun auch die Konzession für einen Luftverkehr zwischen Kowno und Moskau in Frage gestellt und inzwischen auch das Flugzeugbauverbot wieder aufgehoben worden war[24], kam er immer mehr zu der Überzeugung, dass die Aufnahme der Produktion von Militärflugzeugen in Russland für ihn mehr Nachteile als Vorteile bringen würde. »Es wäre ein schlechter Tausch, das Dessauer Werk mit seinen in der Entwicklung begriffenen großen Aufgaben verdorren zu lassen, um fern von Deutschland unter sehr zweifel-

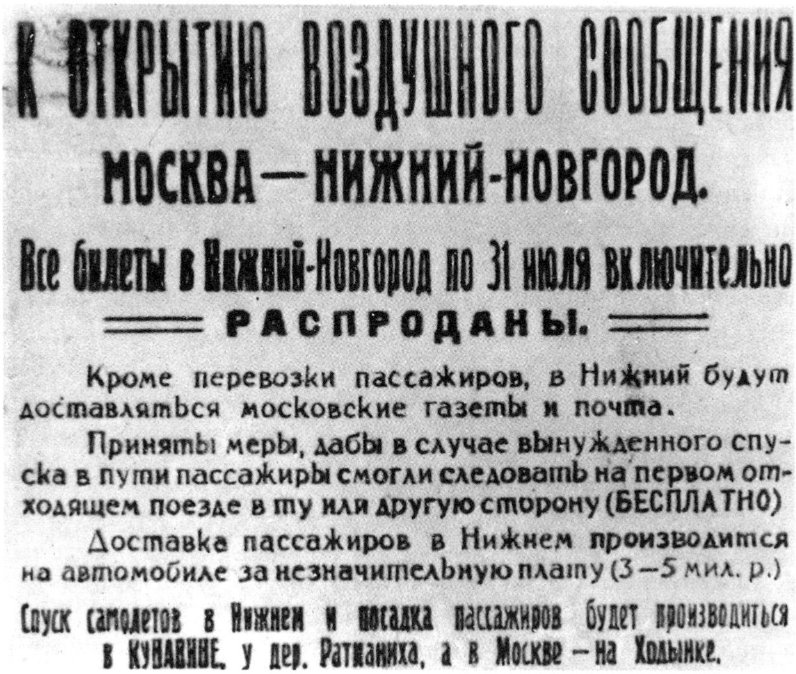

К ОТКРЫТИЮ ВОЗДУШНОГО СООБЩЕНИЯ
МОСКВА—НИЖНИЙ-НОВГОРОД.

Все билеты в Нижний-Новгород по 31 июля включительно
РАСПРОДАНЫ.

Кроме перевозки пассажиров, в Нижний будут доставляться московские газеты и почта.

Приняты меры, дабы в случае вынужденного спуска в пути пассажиры смогли следовать на первом отходящем поезде в ту или другую сторону (БЕСПЛАТНО)

Доставка пассажиров в Нижнем производится на автомобиле за незначительную плату (3—5 мил. р.)

Спуск самолетов в Нижнем и посадка пассажиров будет производиться в КУНАВИНЕ, у дер. Ратманиха, а в Москве — на Ходынке.

(148) Plakat mit der Ankündigung der Eröffnung der Strecke Moskau – Nishni Nowgorod

(149) Postkarte von der Eröffnung der Strecke Moskau – Nishni Nowgorod

haften wirtschaftlichen, politischen und sozialen Verhältnissen ein neues Werk zu gründen«, notierte Junkers am 13. Juli 1922.[25]

Anlass für diese Notiz war eine Besprechung mit dem russischen Finanzminister Rosenholz gewesen, die am gleichen Tage stattgefunden hatte. In dieser Besprechung sollten noch einige offenstehende Punkte geklärt werden, in denen bisher keine Einigung erzielt worden war und die Rosenholz als so schwerwiegend bezeichnete, dass er unter keinen Umständen nachgeben wollte. Eine Vermittlung der »Sondergruppe R« hatte er abgelehnt und Junkers gegenüber erklärte er, »wenn die Junkerswerke diese Forderungen nicht so, wie sie vorlägen, akzeptieren würden, so sei ein weiteres Verhandeln gänzlich zwecklos«. Junkers ließ sich jedoch nicht unter Druck setzen und betonte, dass so »sehr schwer eine Lösung gefunden werden könne«, weil »unmögliche Forderungen an die Junkers-Werke gestellt würden«.

Die »Sondergruppe R« (R = Russland) war 1921 zwecks Forcierung der deutsch-russischen Zusammenarbeit auf militärwirtschaftlichem Gebiet gegründet worden.[26] Sie wollte auf jeden Fall einen Abbruch der Verhandlungen verhindern und berief sogleich eine Sitzung ein, an der von Seiten Junkers Gotthard Sachsenberg und Friedrich Patze teilnahmen. In dieser Besprechung kritisierte General Hasse das Verhalten von Junkers und erklärte, dass er den Abbruch der Verhandlungen ohne vorherige Information der Sondergruppe als Brüskierung empfände und dass damit unangenehme politische Folgen verbunden sein könnten, auf jeden Fall aber die Junkers-Werke für immer aus Russland ausgeschlossen sein würden. Junkers solle nochmals an Rosenholz herantreten und ihm eine Vermittlung durch die Sondergruppe anbieten.[27]

Ende Oktober 1922 wurden die Verhandlungen in Moskau wieder aufgenommen und am 26. November 1922 war man sich endlich soweit einig, dass ein Vertrag über die Herstellung von Metallflugzeugen und Flugmotoren abgeschlossen werden konnte. In einem zweiten Vertrag erhielt Junkers als Ersatz für die ursprünglich geplante Strecke Berlin – Moskau eine Konzession auf die Einrichtung eines Transitluftverkehrs zwischen Schweden und Persien durch russisches Gebiet und auf Luftvermessung (Luftbildaufnahmen) in Russland. In Kraft traten die Verträge erst am 28. Januar 1923, nachdem sie vom Rat der Volkskommissare unterzeichnet worden waren.[28] Der Grund für diese Verzögerung lag darin, dass die russische Regierung auch der Aero-Union eine Konzession zum Bau von Flugzeugen und zum Luftverkehr auf der Strecke Schweden – Moskau – Persien angeboten hatte. Die Aero-Union lehnte erst am 28. Dezember 1922 das Angebot ab und

(150) Luftbild von Moskau mit Erlöserkirche vom Juli 1922

erklärte, sie wolle dem Abschluss des Bau- und Verkehrsvertrages mit der Firma Junkers keine Schwierigkeiten in den Weg legen. Sie bitte jedoch, die Verbindungen Königsberg – Moskau – Charkow – Odessa und Königsberg – Riga – Petersburg für öffentliche Verkehrszwecke der »Deruluft« vorzubehalten und andere damit in Wettbewerb tretende öffentliche Luftverkehrslinien nicht zuzulassen. Die Deruluft werde außerdem ein Projekt für den weiteren Ausbau eines einheitlichen russischen Luftverkehrs vorlegen.[29]

Noch vor Jahresende beschloss Junkers, die Produktion in Dessau erheblich auszuweiten: »Mit dem Betrieb, den wir haben, müssen wir so schnell als möglich hochkommen«, erklärt er in einer Besprechung am 15. Dezember 1922. »Auch der russische Betrieb hängt von der hiesigen Frage, insbesondere der Arbeiterfrage, ab. … Noch nie habe ich so unwirtschaftlich gearbeitet wie bisher in Russland.« Er befürchtete, dass dadurch das Dessauer Werk in Mitleidenschaft gezogen werden würde. »Zuerst muss Dessau sicher sein«, erklärte er, »von den phantastischen Plänen der Russen lassen wir uns nicht führen. Wir müssen bedächtig, kaufmännisch vorgehen, auch die Vergeudung unserer besten Kräfte muss abgestellt werden.« Er wollte 500 Arbeiter einstellen und einen Flugplatz anlegen. Dazu war ein Kapital von 1 Milliarde Papiermark (ca. 100 000 Dollar) notwendig. Junkers beschloss, einen Teil des für Russland zur Verfügung gestellten Kapitals in Dessau zu verwenden: »Müssen das russische Kapital heranziehen. Die Verfolgung der russischen Aufgabe wird gefördert, da dieses in möglichst kurzer Zeit möglichst viele Flugzeuge haben will.«[30]

Im Nachhinein erklärte das Reichswehrministerium, dass der Konzessionsvertrag vom 26.11.1922 vorn vornherein undurchführbar gewesen sei und dass Junkers dies hätte erkennen müssen. Er sei in keiner Weise vom RWM veranlasst worden, ihn in dieser Weise abzuschließen.[31]

Der Polnische Aero-Lloyd

Im Frühjahr 1922 arbeitete der Leiter der Danziger Luftpost Erhard Milch mit dem Generaldirektor seines Treibstofflieferanten »Fanto« einen Plan für eine Luftverkehrsstrecke aus, die die Konzernfilialen in Danzig und Warschau und die Erdölfelder in der Nähe von Lemberg verbinden sollte. Um eine Konzession und Subventionen zu erhalten, sollte mit Beteiligung von Junkers eine Luftverkehrsgesellschaft gegründet werden. Die deutsche Beteiligung, die anfangs bei 100 % lag[32], sollte jedoch geheim bleiben, um die Subventionierung nicht zu gefährden.[33]

Am 20. August 1922 verkauften die Junkerswerke an Dr. Ignatz Wygard und Dr. B. Rzuchowski als Mitbegründer der Firma Aerolloyd formell zwei neue und eine gebrauchte F 13 zu 18 000 US-Dollar pro Flugzeug (mit Motor).[34] Im gleichen Monat erhielten beide vom polnischen Eisenbahnministerium eine Konzession auf die Strecke Danzig – Warschau – Lemberg und die sich daraus ergebenden Anschlussstrecken. Nachdem die Subventionierung geklärt worden war, wurde am 27. August 1922 ein Arbeitsgemeinschaftsvertrag zwischen der Danziger Luftpost und der in Gründung befindlichen Aerolloyd GmbH Warschau geschlossen. In diesem Vertrag verpflichtete sich die Danziger Luftpost, ihre Organisationserfahrungen zur Verfügung zu stellen und die erste Zeit mit ihrem Danziger Personal auszuhelfen. Sollten die drei F 13 für den Betrieb nicht ausreichen, wollte die Danziger Gesellschaft ihre Flugzeuge tagesweise an die Aerolloyd vermieten. Wygard und Rzuchowski verpflichteten sich ihrerseits, Benzin in ausreichenden Mengen zu den offiziellen Richtpreisen zur Verfügung zu stellen. Die kommerzielle Geschäftsführung lag in den Händen des Aerolloyd Warschau, die technische Durchführung des Luftverkehrs wurde der Danziger Luftpost übertragen, die jedoch nach außen hin nur die Vertre-

(151) Eine polnische F 13 übernimmt Fracht in Danzig

tung für den Aero-Lloyd in Danzig hatte.[35] Am 5. September 1922 eröffnete der polnische Aero-Lloyd mit drei F 13 und Danziger Piloten die Strecke Danzig – Warschau – Lemberg. Da die Regierung die Verwendung polnischer Piloten vorgeschrieben hatte, wurden noch im Herbst drei Piloten polnischer Herkunft eingestellt und gründlich ausgebildet.[36]

Die modernen Verkehrsflugzeuge hatten sofort großen Zulauf. Neben der Passagier- und Postbeförderung war die Beförderung von Fracht im großen Stil aufgenommen worden. Im Laufe eines Tages gelangten so Pakete und Frachtstücke vom Absender in Danzig bis zum Empfänger in Lemberg, was eine erhebliche Verbesserung gegenüber allen übrigen Beförderungsmöglichkeiten bedeutete. Bereits im ersten Betriebsmonat beförderten die Flugzeuge des polnischen Aerolloyd 255 Passagiere und ca. 2,5 Tonnen Post und Fracht.

Da die polnische Strecke subventioniert wurde, bemühten sich die Junkerswerke, den Verkehr auf der Strecke Danzig – Lemberg auch im Winter aufrechtzuerhalten und sich so gegenüber den anderen Gesellschaften einen Vorteil zu verschaffen. Die F 13 wurden zu diesem Zweck mit einer Heizeinrichtung versehen.[37] Stolz berichtete Erhard Milch Anfang November 1922 an die Junkers-Flugzeugwerke: »Der Name Junkers hat in Polen zurzeit den besten Ruf von allen Flugzeugfabriken der Welt, was wir ohne Zweifel behaupten können. Hat doch die polnische Regierung mehrfach versucht, durch uns eine Junkers-Flugzeugfabrik nach Polen zu bekommen. Einen besseren Beweis für das Urteil der Fachleute und der öffentlichen Meinung dürfte es im Hinblick auf die politische Konstellation kaum geben.«[38]

Auch die Danziger Luftpost erfreute sich auf ihrer Strecke Berlin – Stettin – Danzig – Königsberg – Kowno – Riga weiterhin regen Zuspruchs. In der Flugsaison 1922 wurden mit F-13-Flugzeugen vom Mai bis September 2344 Personen und 4,5 Tonnen Fracht und Post befördert.

Der Bayerische Luftlloyd

Die Tätigkeit der Ende 1921 gegründeten Abteilung Luftverkehr der Junkerswerke beschränkte sich nicht nur auf den Ausbau der Luftverkehrsstrecken nach dem Osten und Norden Europas. Auch im eigenen Land wurde nach luftverkehrsmäßig noch wenig erschlossenen Gebieten Ausschau gehalten.

Im Süden Deutschlands bot sich eine Zusammenarbeit mit der am 16. Juni 1919 gegründeten Bayerischen Luftlloyd GmbH an, eine der wenigen deutschen Luftverkehrsgesellschaften, die noch nicht der Aero Union angeschlossen waren, aber von dieser heftig umworben wurde.

Der Bayrische Luftlloyd beflog ab 11. April 1921 mit alten Kriegsflugzeugen vom Typ Rumpler C I und Albatros L 30a die Strecke München – Konstanz, konnte jedoch damit finanziell auf keinen grünen Zweig kommen, denn die Flugzeuge konnten höchstens Post befördern, für einen Passagierflug waren sie nur sehr bedingt geeignet. Aber die Gesellschaft besaß sehr gute Anlagen in München, eine absolute Monopolstellung in Bayern und eine Konzession auf die Strecken München – Konstanz mit Aussicht auf eine Weiterführung nach Zürich und war daher für den Junkers-Luftverkehr außerordentlich interessant.

Noch vor Gründung der Abteilung Luftverkehr war Gotthard Sachsenberg im November 1921 nach München gereist und hatte den Gesellschaftern des Bayerischen Luftlloyd zwei Danziger F 13 als Beteiligung angeboten. Dafür sollten 50 % der GmbH-Anteile und die Geschäftsführung an Junkers übergehen. Die Gesellschafter gingen darauf ein und erteilten der Firma Junkers das Recht, den Luftlloyd im Junkers'schen Sinne zu leiten und nur noch Junkersflugzeuge zu erwerben. »Ich glaube, daß wir uns durch den Anschluss eine außerordentlich günstige Position in Süddeutschland geschaffen haben und dadurch wieder den Weg nach der Tschecho-Slowakei, Ungarn, Rumänien auf der einen Seite, Italien auf der anderen Seite. Mit der Einbringung unserer zwei Danziger Flugzeuge sind diese vielseitigen Vorteile wohl außerordentlich günstig erkauft«, schrieb Gotthard Sachsenberg am 22. November 1921 an Junkers.[39]

Die Übergabe der ersten F 13 am 13. April 1922 gestaltete sich zu einem gesellschaftlichen Ereignis, das in der Presse gebührende Beachtung fand.[40] Die eingebrachte Danziger F 13 namens *Schwalbe* war mit einem AS Puma-Motor ausgestattet.[41] Die vorgesehene zweite Danziger F 13 *Kiebitz* konnte am 13. April nicht übergeben werden, weil sie beschädigt war. Als Ersatz wurde später der bei der Jfa noch vorhandene Prototyp D 1 *Herta* geliefert.

Beide F 13 wurden auf der schon bestehenden Strecke München – Konstanz eingesetzt. Am 1. Juni 1922 kam eine weitere Luftverkehrslinie hinzu: die F 13 *Schwalbe* eröffnete die Strecke von München zum Passionsspielort Oberammergau. Am Eröffnungsflug nahm der Pressevertreter Jurinek teil, der ein Loblied auf das neue Verkehrsflugzeug in seine München-Augsburger Abendzeitung setzt: »Auf die Sekunde pünktlich surrt von Schleißheim her die Junkers-Metalluftlimousine ›Schwalbe‹ des Bayerischen Luft-Lloyd gen Oberwiesenfeld und landet in unserer unmittelbaren Nähe. Wir steigen ein, an der Doppelsteuerung nehmen die Piloten Platz, der Motor springt an, die Gebirgsflugpremiere nach Oberammergau beginnt. Nach etwa 20 Meter Anlauf hebt sich die Maschine, der Höhenmesser zeigt in schneller Folge 50 Meter, springt auf 80, 130, 200 Meter. Nach einer Probeschleife über Oberwiesenfeld wird der Kurs direkt ins oberbayrische Bergland genommen … Eine seltsame romantische Stimmung löst im Innern das Fliegen aus. Man fühlt sich frei von aller Erdenschwere und Erdenlast und segelt unbekümmert in den Äther, über sich blaue Himmelsseide gespannt. Ein Sonnenleuchten, das fast das Auge blendet. Der Starnberger See ist erreicht. Auf 1200 m ist bereits die ›Schwalbe‹ gestiegen. … Da blenden bereits von rechts her neue Wasserspiegel: der Ammersee ist's; und rings um ihn wie treue Hüter der Gestade die vielen Dörflein und Ortschaften. Der Dunstschleier ist von den Bergen gewichen und vor uns türmt sich das ganze bayrische Bergland himmelan. Ein Hochalpinist müßte bei diesem Anblick geradezu in Entzücken geraten. … 2000 Meter sind wir über der Erde heranpropellert an das Gebirge, das uns bereits von allen Seiten umgibt. Leichte Böen schaukeln uns. Ein Druck der Piloten und noch höher klimmt mühelos das Flugzeug. Die Wetterscheide ist erreicht, die Piloten fangen geschickt die Böen ab. Das Gefühl des Geschaukeltwerdens hat man nicht, man sitzt in den Klubsesseln der Limousine und raucht sein Pfeifchen oder seine Zigarette in stummer Bewunderung vor der Alpenpracht. Rechts und links, vorn und hinten Berge, nichts als Berge. Eine gewisse Beklemmung erfaßt einen, aber es ist beileibe nicht die Beklemmung, geboren aus Angst und Zaghaftigkeit, sondern aus Staunen und Bewunderung. So sah man noch nie in seinem Leben die Berge wie in dieser Viertelstunde. … Mit gedrosseltem Motor läßt sich die ›Schwalbe‹ bis auf 700 Meter Höhe hinabgleiten. Oberammergau liegt unter uns. Wir sehen seine Fahnen flattern, in das Passionsspieltheater schauen wir aus luftiger Höhe hinein. Es drängen sich noch einmal gleichsam als Schlußakkord einer erhebenden Sinfonie alle Eindrücke dieser Gebirgsflugpremiere von nur 30 Minuten Dauer in einen kurzen Moment zusammen. Die Piloten haben das auf samtgrüner Wiese ausgebreitete weiße Landungskreuz erblickt, wir schnallen uns in den Klubsesseln an und abwärts gehts auf weichen Wiesengrund. Die Maschine steht. Das erste Flugzeug im weltentrückten Passionsspieldorf Oberammergau ist glücklich eingetroffen. Dörfler und Fremde eilen zum Flugplatz und bestaunen den Riesenvogel. Der Luftverkehr München-Oberammergau hat seine Taufe erhalten.«

Auch die bayrische Prominenz nutzte die Gelegenheit zu einem kostenlosen Flug: Ministerpräsident Graf Lerchenfeld und Handelsminister Hamm ließen sich nach dem Passionsspiel im bequemen Verkehrsflugzeug in nur einer halben Stunde von Oberammergau nach München kutschieren.[42] Doch nicht nur bayrische Regierungsmitglieder konnte der bayerische Luftlloyd werbewirksam vermarkten, auch der spätere Papst Pius XII. meldete sich für einen Flug nach Oberammergau an. Pilot Hans Baur bot dem damaligen Nuntius Pacelli daraufhin an, ihn nach den Passionsspielen mit seiner F 13 wieder abzuholen und ihm dabei bei einem Flug über die Zugspitze die Schönheiten der bayerischen Alpen zu zeigen.[43] Ursprünglich sollte der Flugbetrieb von München nach Oberammergau nur während der Passionsspiele durchgeführt werden, aber offensichtlich fand das neue Verkehrsflugzeug so regen Zuspruch, dass der Bayerische Luftlloyd in Oberammergau einen ständigen Flugplatz einrichtete, um von dort aus Gebirgsflüge bis hin zur Zugspitze und Rundflüge über die Bayerischen Königsschlösser durchzuführen. Im Sommer und Herbst 1922 konnten auf diese Weise über 1000 Passagiere die Schönheiten Bayerns und der Alpen aus der Luft bewundern. Als dritte Strecke wurde am 1. August 1922 München – Schleißheim eingerichtet. Dabei wurde Schleißheim jedoch nicht im direkten Flug angepeilt, sondern es wurde eine große Schleife über München gezogen. Der Flug war als eine Art Propagandaflug gedacht und kostete dem Fluggast nur 200 Mark.[44]

(152) F 13 mit Danziger Kennung in Oberammergau

(153) Danziger F 13 auf dem Flugplatz München-Schleißheim

Das erste Betriebsjahr des Bayerischen Luftlloyd unter Führung von Junkers war ein voller Erfolg. Nach Betriebseinstellung am 1. Oktober 1922 bilanzierte eine Leipziger Zeitung: »Die Übersicht über die Flugverkehrssaison 1922 ergibt das überraschende Resultat, daß der Bayerische Luft-Lloyd mit seiner Passagierfrequenz an der Spitze steht. Das ist ein Erfolg, der neben der flugtechnischen Organisation in der Hauptsache dem siegreichsten Flugzeug der Welt, der Junkers-Metall-Limousine, zugute kommt. In Bayern waren mehrere dieser Flugzeuge vom 1. April bis 1. Oktober in Betrieb, nicht ein einziger Unfall, nicht ein einziger Bruch ereignete sich während dieser sechs Monate, obwohl außer dem täglichen Flug München – Konstanz hin und zurück noch 453 Rund-, Platz- und Gebirgsflüge und ein Flug München – Wien und zurück stattfanden. Dieser 100-prozentige Sicherheitskoeffizient ist überhaupt das erste Mal in einer Flugsaison erzielt worden.«

Insgesamt hatten die F 13 des Bayerischen Luftlloyd vom April bis zum 1. Oktober 1922 rund 60 000 Flugkilometer zurückgelegt. Durch die inzwischen geschaffenen Anschlüsse nach Genf und Berlin war Bayern innerhalb weniger Monate zu einem Durchflugsland für den internationalen Luftverkehr von Nord nach Süd geworden, was zu einer erheblichen Steigerung des Passagieraufkommens geführt hatte. Ließen sich noch im April 1922 nur 21 Passagiere mit dem neuen Verkehrsflugzeug befördern, so war die Zahl der Passagiere im September auf 429 gestiegen. Insgesamt hatte der Bayerische Luftlloyd mit seinen F 13 in dieser Flugsaison 1324 Passagiere befördert, das war Rekord im damaligen deutschen Personenflugverkehr.[45]

Während die Junkers F 13 mit vielen Rund- und Propagandaflügen den süddeutschen Raum eroberte, hatte eine zweite deutsche Flugzeugfirma – die Firma Dornier – im Metallflugzeugbau nachgezogen und ihr erstes Verkehrsflugzeug aus Metall herausgebracht. Am 14. Oktober 1922 sollte ihr neuer Typ »Komet II« der Öffentlichkeit vorgeführt werden. Dabei kam es zu einem Zusammentreffen beider Verkehrsmaschinen: »Die flugsportliche Sensation dieses Flugzeugpremieren-Nachmittags bestand darin, daß sich diese zweite Metallflugzeugkonstruktion in ganz zufälligem Konkurrenzkampf mit der ersten Metallflugzeugkonstruktion der Junkers-Metall-Limousine messen konnte. Selbst wenn wochenlange Vorarbeiten diesem flugsportlichen Ereignis vorangegangen wären, hätte es nicht besser klappen können, wo Meister Zufall der Arrangeur war. Die Junkers-Metall-Limousine hat sich bereits als sicherste Flugmaschine die Welt erobert. Dieser metallene Vogel deutscher Provenienz fliegt schon in allen Weltteilen, im deutschen Flugverkehr ist er ganz besonders im abgelaufenen Flug-

(154) F 13 auf dem Starnberger See

(155) F 13 auf dem Kochelsee

sommer heimisch und populär geworden. Es wäre darum ungerecht, wollte man bei den Vergleichen zwischen dem Dornier-Metall-Luftlandauer und der Junkers-Metall-Limousine den gleichen Maßstab anlegen. Dornier will und wird sich erst durchsetzen und beweisen, daß das Metall-Flugzeug das beste, sicherste und bequemste ist, die Junkers-Maschine ist sturm- und wettererprobt.«[46]

Als weitere Werbemaßnahme organisierte der Junkers-Luftverkehr einen spektakulären Flug, der in einem Film festgehalten wurde: die erstmalige Überfliegung von Großglockner und Großvenediger mit zwei Verkehrsflugzeugen vom Typ F 13. Die erste F 13 wurde von Pilot Hans Baur gesteuert, an Bord befanden sich außerdem die Baronin von Dedem zu Driesberg mit Tochter, Kunstmaler Peter Martin Lampel aus München und Artur von Schwertführer von der Kinotechnischen Abteilung der Deutschen Filmschule, der den Flug filmte. Kameramann im zweiten Flugzeug war Willi Ruge, außerdem befanden sich in der Kabine der Journalist Rolf Brand[47], der Direktor der Kinotechnischen Filmschule in München Dr. Wolter und der Leiter des Unternehmens Ingenieur Walter Rockenfeller vom Junkers Luftverkehr. Pilot war Franz Kneer vom Bayrischen Luftlloyd.

Hans Baur flog mit seiner F 13 über Salzburg, Hallein, den Pinzgau und den Großglockner, den er bei heftigen Böen viermal umkreiste. Anschließend überquerte er den Groß-Venediger in 4000 m Höhe und kehrte dann über Kufstein nach München zurück. Die *Münchner Zeitung* vom 3. November 1922 berichtete anschließend: »Diese erstmalige Überfliegung des Großglockners und Großvenedigers erfolgte ohne sonderliche Vorbereitungen auf Maschinen, die alltäglich und seit Jahren bereits ihren Verkehrsdienst brav erfüllt hatten; es waren Flüge über ein noch unerprobtes Gelände unternommen mit vollkommenster Ausnützung aller Belastungsmöglichkeiten, in den knappen günstigen Stunden einer ungewissen Novemberwitterung. Diese Rekordleistung der deutschen Metalleindecker ist insofern noch besonders bemerkenswert, weil die Motore den vom Feindbund auferlegten Bestimmungen auf geringe Pferdestärken genau entsprochen haben.«

(156) Die Junkers F 13 über dem »Steinernen Meer«[48]

Die Bodensee-Luftverkehrsgesellschaft

Im Juni 1922 ging die Firma Junkers in Süddeutschland eine weitere Beteiligung ein. In Betriebsgemeinschaft mit der »Bodensee-Luftverkehrsgesellschaft W. Truckenbrodt u. Cie, Konstanz« wurde ein Bedarfsluftverkehr mit einer F 13 durchgeführt.[49]

Die Bezeichnung »Luftverkehrsgesellschaft« war in diesem Zusammenhang etwas übertrieben, denn die Gesellschaft bestand nur aus dem Piloten Willy Truckenbrodt und einer von Junkers eingebrachten F 13. Damit führte Truckenbrodt auf Anfrage Rundflüge über den Bodensee aus.

Ein Fluggast, der in einem Zeitungsartikel einen solchen Flug beschrieb, behauptete seltsamerweise: »Das Flugzeug, das schon eine unermüdliche Flugarbeit hinter sich hat, ist ein Ganzmetallflugzeug der Junkers-Flugzeuge AG in Dessau. … Es führt das Zeichen CH-59.«[50] Die F 13 mit der Kennung CH-59 stand zu dieser Zeit schon seit einem knappen dreiviertel Jahr in Budapest. Kaiser Karl von Österreich hatte sie gechartert, um seinen ungarischen Thron zurückzuerobern. Eine mögliche Erklärung wäre, dass Tru-

(157) F 13 des Bodensee-Luftverkehrs

ckenbrodt im Sommer 1922 als Interimslösung eine F 13 mit den reparierten Flügeln der CH-59 erhalten hat, denn die heute noch im Budapester Verkehrsmuseum stehende F 13 trägt die Flügel der Schwestermaschine CH-66. Von 1923 bis Ende 1925 flog Pilot Wilhelm Truckenbrodt die F 13 *Falke*.

Der Rumpler-Luftverkehr

Die dritte süddeutsche Luftverkehrsgesellschaft, die 1922 eine Betriebsgemeinschaft mit den Junkerswerken einging, waren die Rumplerwerke in Augsburg. Diese Flugzeugfirma betrieb bereits seit dem Jahre 1919 einen eigenen Luftverkehr mit umgebauten Kriegsflugzeugen vom Typ Rumpler C I. Von Juli bis Oktober 1920 hatte sie die Strecken Berlin – Leipzig, Berlin – Breslau, Berlin – Frankfurt a. M. und München – Frankfurt a. M. betrieben und versucht, ab 20. Oktober 1920 eine Luftverkehrsstrecke Frankfurt – München – Wien einzurichten. Dieser Plan scheiterte jedoch am Eingriff der Entente, die Auslandsflüge mit ehemaligen Militärflugzeugen untersagt hatte.

Ab dem Jahre 1921 beschränkte sich der Rumpler-Luftverkehr nur noch auf die Strecke Berlin – Leipzig – Nürnberg/Fürth – München – Augsburg und beförderte hier insgesamt 721 Passagiere.

Im Sommer 1922 ging Rumpler eine Betriebsgemeinschaft mit Junkers ein und beflog ab 1. September die Strecke Berlin – Leipzig – Nürnberg – München – Augsburg mit F 13. Dadurch wurde eine durchgehende Junkersstrecke Berlin – Zürich geschaffen.[51]

Anlässlich der Frankfurter Herbstmesse vom 8. bis 14. Oktober 1922 organisierte der Rumpler-Luftverkehr mit zwei F 13 Rund- und Fernflüge vom Frankfurter Flugplatz am Rebstock aus. Der Preis für einen einfachen Flug betrug pro Person 4 000 Mark. Wie die Zeitung berichtete, hielt sich der Andrang deshalb in Grenzen.

Über mangelnde Interessenten an einem Flug konnten sich hingegen die Veranstalter des 1. Hofer Flugtages am 15. Oktober 1922 nicht beklagen. Der Rumpler Luftverkehr wollte an diesem Tag mit zwei Flugzeugen, einer Rumpler Taube und einer F 13, Propagandaflüge durchführen. Dazu hatte die Ortsgruppe Hof des Deutschen Luftsportverbandes einige Freiflüge verlost. Am Morgen des 15. Oktober warteten die Gewinner und andere Interessenten bei strahlendem Sonnenschein vergeblich auf die beiden Flugzeuge. Die Rumplertaube, die pünktlich am Vortage eingetroffen war, konnte wegen einer Motorstörung nicht starten; in der nächtlichen Kälte war ein Magnetstück gebrochen. Von einer F 13 war nichts zu sehen. Sie hatte sich im Nebel am Vortage verflogen und war in der Nähe von Františkovy Lázně (Franzensbad) in der Tschechoslowakei notgelandet, wo sie erst einmal beschlagnahmt worden war. Da die tschechischen Behörden aber von dem Hofer Flugtag in der Zeitung gelesen hatten, gaben sie das Flugzeug nach kurzer Prüfung wieder frei. Gegen Mittag traf es endlich in Hof ein, so dass bis Einbruch der Dunkelheit noch einige Flüge durchgeführt werden konnten.[52]

Die Propagandaaktionen hatten sich trotzdem gelohnt. Durch den Einsatz der F 13 im Jahre 1922 erhöhte sich beim Rumpler-Luftverkehr die Zahl der beförderten Passagiere auf 1128, das bedeutete eine Steigerung um ca. 45 % zum Vorjahr.

Die Ad Astra

Zum Zwecke des weiteren Ausbaus der Südstrecken verhandelte Gotthard Sachsenberg im Mai 1922 mit der schweizerischen Fluggesellschaft »Ad Astra« über die Einrichtung eines gemeinsamen Luftverkehrs auf der Strecke Nürnberg/Fürth – Zürich – Genf.

Die am 15. Dezember 1919 gegründete »Ad Astra« stand zu diesem Zeitpunkt kurz vor der Pleite. Sie hatte im Jahre 1920 versucht, einen Bedarfsluftverkehr innerhalb der Schweiz ohne staatliche Subventionen aufzubauen und aus diesem heraus einen regulären Streckenbetrieb zu entwickeln. Dieser Plan misslang, da das Wirtschaftsleben des Landes noch in der Nachkriegskrise steckte und der Fremdenverkehr noch nicht den erhofften Umfang angenommen hatte. Erschwerend kam hinzu, dass zwei der verwendeten Savoia-Flugboote infolge Materialfehlers im Sommer 1920 abgestürzt waren – mit tödlichen Folgen für die Besatzung. Bereits am Ende der ersten Flugsaison war über die Hälfte des Aktienkapitals aufgebraucht, so dass sich die Ad Astra gezwungen sah, im darauffolgenden Jahr den Betrieb stark zu reduzieren und einen Teil der Piloten zu entlassen.

Nach den miserablen Erfahrungen der Ad Astra mit den Savoia-Flugbooten versuchte es die Gesellschaft mit einem Metallflugzeug von Dornier, auch dieses flog nur drei Tage und wurde bei einer Landung zertrümmert.[53]

Zu dieser Zeit verhandelte die Firma Junkers wegen des drohenden Bauverbotes mit der Firma Arbenz in Zürich über den Bau von Junkersflugzeugen in der Schweiz[54]. Hier hatte Junkers auch ca. 100 Flugmotoren vor dem Zugriff der Alliierten gesichert. Um seine Geschäftspartner von der Güte des Flugzeuges zu überzeugen, sollte das Flugzeug im praktischen Betrieb vorgeführt werden.

Ende Mai 1921 wurden zwei F 13 in die Schweiz überführt und dort am 24. Juni 1921 als Wasserflugzeuge zugelassen. Nachdem die ersten Probeflüge problemlos verlaufen waren, geriet der große Vorführungsflug am 27. Juni zum Desaster. Es gelang nicht, das Flugzeug aus dem Wasser zu bekommen. Der Chef der Schweizer Luftstreitkräfte, der extra aus Bern angereist war und an dem Flug vom Züricher See nach Lugano teilnehmen wollte, musste unverrichteter Dinge mit der Bahn wieder nach Hause fahren.[55] Mit der zweiten Wassermaschine wurde erneut ein Start versucht, aber auch mit zwei ganz leichten Passagieren und ruhiger See misslang er erneut. Das Blamable an der Sache war, dass zur gleichen Zeit ein Dornier-Flugboot, das von einer japanischen Kommission abgenommen wurde, mit sieben Passagieren problemlos aus dem Wasser kam. Jfa-Direktor Hans Sachsenberg vermutete die Anbringung und Form der Schwimmer als Ursache: »Da unsere Landmaschine in Dübendorf, welches noch ca. 100 m höher als der Züricher See liegt, mit kleinen Flächen und 750 kg Zuladung selbst bei Windstille nach ca. 300 m Anlauf glatt startet, was ungefähr der gleichen Leistung in Deutschland entspricht, können für das Versagen der Wassermaschine die Höhen- und Temperaturunterschiede keine wesentliche Rolle spielen. Es bestätigt sich daher mein Gefühl, das ich bisher bei sämtlichen Startversuchen mit unserer Wassermaschine hatte, daß das Deplacement eventuell auch die Form der Schwimmer die Hauptursachen für das Versagen sind. Es ist daher unerläßlich, bei den für später in Aussicht genommenen Flugbooten eingehende Versuche auf dem Gebiete des Schwimmer- respektive Flugboot-Baues zu unternehmen, um weitere Mißerfolge und Fehlschläge auszuschalten.«[56]

Vermutlich war das Mietangebot der Firma Junkers nach diesem Misserfolg besonders günstig, denn die Ad Astra stellte trotz schlechter finanzieller Lage beide F 13 mit der Kennung CH 59 und CH 66 in ihren Dienst. Ende des Sommers wurde von der Leitung der Ad Astra erwogen, die Aktiengesellschaft ganz aufzulösen. Direktor Rihner reichte am 1. September 1921 sein Entlassungsgesuch ein, an seine Stelle trat Edwin Schwarzenbach. Dieser war jedoch fest entschlossen, die Ad Astra aus ihrer Krise herauszureißen, und wenn es mit Hereinnahme fremden Kapitals war.

Die Wahl zwischen einer Anlehnung an die »Compagnie des Grands Express Aériens« und einer Betriebsgemeinschaft mit der Firma Junkers fiel zugunsten letzterer aus, da das Projekt von Sachsenberg, mit vier modernen Metall-Verkehrsmaschinen einen gemeinsamen Luftverkehrsbetrieb auf einer internationalen Strecke einzurichten, am ehesten Erfolg zu versprechen schien. Noch bevor jedoch ein Vertrag zwischen Junkers und der Ad Astra abgeschlossen werden konnte, trübte ein Vorfall die Verhandlungen, der dem Junkerspiloten Wilhelm Zimmermann erst negative Schlagzeilen und dann ein Aufenthaltsverbot für die Schweiz einbringen sollte.

Am 25. Oktober 1921 konnte der *Anhalter Anzeiger* mit einer sensationellen Neuigkeit aufwarten. Unter der Überschrift »Das Abenteuer Karls des Plötzlichen« brachte die Zeitung folgenden Bericht:

»Die Flucht im Junkers-Flugzeug. Bern 23.10. Über den Wegflug eines Flugzeuges aus Dübendorf erfährt die Schweizer Depeschenagentur folgende Einzelheiten: Bei der Ad Astra-Gesellschaft wurden am Mittwoch

(158) F 13 der Ad Astra auf dem Züricher See

[19.10.1921] vier Billets für einen Flug nach Genf und zurück bestellt. Die Billets wurden bezahlt und für den Flug der Junkers-Apparat ›CH-59‹ bestimmt. Am Donnerstag [20.10.1921] kurz nach 12 Uhr mittags erfolgte die Abfahrt. Das Flugzeug wurde aber nicht von vier, sondern von fünf Personen bestiegen, die in zwei Automobilen angefahren waren. Die Gesichter der Passagiere waren nicht zu erkennen, da sie stark eingehüllt waren. Der Pilot ist ein Ausländer namens Zimmermann, der von einer deutschen Flugzeuggesellschaft den Auftrag erhalten hatte, in Dübendorf so lange zu bleiben, bis die Ad Astra-Gesellschaft den Apparat übernommen habe. Seit der Abfahrt aus Dübendorf fehlt von der Ad Astra-Gesellschaft jede Nachricht über den Verbleib ihres Flugzeuges. Sie meldete daher diese Angelegenheit jetzt dem Eidgenössischen Flugzeugamt.«

Bei zwei dieser vermummten Gestalten handelte es sich um niemanden anders als um den im Schweizer Exil lebenden Kaiser Karl I. von Österreich – als Karl IV. auch König von Ungarn – und seiner Gemahlin Zita. Der 33-jährige Habsburger, der Mitte November 1918 auf Drängen der Regierungen sowohl auf den österreichischen wie auch auf den ungarischen Thron verzichtet hatte, konnte sich mit dem Verlust seiner Herrschaft nicht abfinden. Er vertraute fest auf das Gottesgnadentum eines Monarchen und hoffte auf eine baldige Restauration.

Ende 1919 bestand auch berechtigte Hoffnung, dass Karl in Kürze wenigstens den ungarischen Thron zurückerhalten würde. Miklós Horthy hatte die kommunistische Räteregierung von Béla Kun kurze Zeit nach ihrer Einsetzung mit seiner Nationalarmee wieder gestürzt und die Monarchie erneut ausgerufen. König Karl sollte jedoch erst zurückkehren, wenn sich die politische Lage wieder beruhigt habe. Horthy wurde am 1. März 1920 von der ungarischen Nationalversammlung als Reichsverweser ausgerufen, machte dann aber keinerlei Anstalten, das offizielle Staatsoberhaupt aus der Schweiz zurückzurufen. Ungeduldig geworden, reiste König Karl IV. Ostern 1921 nach Ungarn und verlangte von Horthy den Rücktritt. Dieser verweigerte das Ansinnen mit Hinweis auf innenpolitische Schwierigkeiten und eine drohende Intervention der Entente. Karl ließ sich überzeugen und kehrte in die Schweiz zurück.

Am 20. Oktober 1921 wollte Karl IV. einen zweiten Versuch machen, auf den ungarischen Thron zurückzukehren. Am geeignetsten erschien ihm die Einreise per Flugzeug, da er auf diese Weise direkt bis Budapest vordringen konnte, ohne an einer Grenze aufgehalten zu werden. Pilot Wilhelm Zimmermann, der sich nach Übergabe der F 13 an die Ad Astra noch in der Schweiz aufhielt, sollte den Flug ausführen. Zimmermann schrieb in seinem Bericht an die Junkerswerke: »Zwei sachverständige Beauftragte des Königs überzeugten sich durch einen Probeflug am 17.10.21 nochmals von der Eignung und den Leistungen des Flugzeuges und teilten mir, da ich mit der Führung der beiden Junkers-Flugzeuge in der Schweiz betraut war und auch diesen Probeflug ausgeführt hatte, ihren Auftrag und ihr Vorhaben mit. Da nach Klarstellung der Sachlage und Verbürgung für alle entstehenden Folgen durch die Person des Königs Karl für die in Mitleidenschaft gezogenen Firmen eher ein Vorteil als ein Nachteil zu erwarten war (das in Frage kommende Flugzeug war durch Kauf in den Besitz der Schweizer Gesellschaft übergegangen, die Zahlung indes noch nicht erfolgt), entschloss ich mich nach längerer Überlegung, den Flug ohne Vorwissen meiner Firma auszuführen, und sagte meine Mithilfe zu.«

Am 20. Oktober 1921 um 12.15 Uhr startete das Flugzeug in Dübendorf und landete etwa vier Stunden später in der Nähe des ungarischen Dorfes Cziraki, das ca. 150 km von Budapest entfernt lag. Dort übernachtete das Königspaar, um am nächsten Morgen weiter zu den königstreuen Truppen im damaligen Abstimmungsgebiet Westungarn zu reisen. Pilot Zimmermann wurde angewiesen, aus Geheimhaltungsgründen den Rückflug vorerst aufzuschieben, um kein unnötiges Aufsehen zu erregen. Er reiste am darauffolgenden Tag nach Budapest, um sich die für die Rückkehr nach Deutschland nötigen Papiere zu besorgen. Auch der zweite Versuch Karls IV., den ungarischen Thron zurückzuerobern, schlug fehl. Horthy ließ den König verhaften und nach einer kurzen Internierung in der Abtei Tihany am Plattensee mit seiner Familie zur Insel Madeira bringen, wo Kaiser Karl am 1. April 1922 starb.

Über den Verbleib der F 13 schrieb Zimmermann: »Durch die unerwartete Veränderung der Lage, die Unruhe im Lande und das Stocken der Verkehrsmittel war es mir nicht mehr möglich, den über 150 km von Budapest entfernt liegenden Landeplatz Cziraki früh genug zu erreichen, um den Rückflug zu unternehmen. Außerdem hätte auch der nötige Brennstoff nicht mehr zeitig genug beschafft werden können. Nach zehntägigem Aufenthalt in Ungarn gelang es mir selbst nur unter größten Schwierigkeiten, über die Tschecho-Slovakei nach Deutschland zu kommen. Das Flugzeug sollte nach meiner Abreise von Cziraki vorläufig in einer Scheune beim dortigen Schlosse eingestellt werden. Zeitungsnachrichten zufolge soll es nunmehr beschlagnahmt worden, nach Budapest geschafft und dort ausgestellt sein.«[57] Die F 13 wurde später an das Verkehrsmuseum in Budapest übergeben, wo sie noch heute zu sehen ist.

Zu Beginn des Jahres 1922 war das gesamte Aktienkapital der »Ad Astra« endgültig aufgebraucht. Die am 16. März einberufene Generalversammlung beschloss daraufhin, den Lufttourismus aufzugeben und einen planmäßigen Luftverkehr in Anlehnung an gleichgerichtete ausländische Bestrebungen einzurichten. Dazu sollten neue Aktien im Werte von insgesamt 140 000 Schweizer Franken herausgegeben werden.

Die seit 1921 laufenden Verhandlungen mit den Junkerswerken wurden nun erfolgreich abgeschlossen und eine Betriebsgemeinschaft vereinbart. Die Ad Astra brachte in diese Betriebsgemeinschaft ein Kapital von 200 000 Franken ein und die Junkerswerke beteiligten sich mit vier F 13, Reserveteilen usw., ebenfalls im Gesamtwert von 200 000 Franken. Hugo Junkers, die Direktoren Sachsenberg und Schleissing und Rechtsanwalt Wirth von den Junkerswerken traten in den Verwaltungsrat der Ad Astra ein.

Am 1. Juni 1922 eröffnete Direktor Henri Pillichody mit der F 13 CH 92 die Strecke Genf – Zürich – Konstanz – Nürnberg/Fürth. Die drei anderen F 13 der Ad Astra erhielten die Zulassungen CH 91, CH 93 und CH 94. Sie wurden ebenfalls auf dieser Linie eingesetzt.

(159) Das Flugzeug CH 59 der Ad Astra in Budapest

(160) F 13 der Ad Astra auf dem Züricher See

Die Internationale Wasserflugwoche in Neapel

Gotthard Sachsenberg wollte sich mit dem Siegeszug der F 13 in Bayern und der inzwischen durchgehenden Luftverkehrsstrecke Genf – Berlin nicht zufriedengeben. Ein innerdeutscher Luftverkehr war zu wenig, um die Vorteile des neuen Verkehrsflugzeuges richtig zur Geltung zu bringen und dessen Absatz für längere Zeit zu sichern. Um auch ausländische Kunden zu gewinnen, musste ein von Deutschland ausgehendes internationales Luftverkehrsnetz aufgebaut werden.

Sein Bruder, der Jfa-Direktor Hans Sachsenberg, hatte sich seit 1921 vergeblich bemüht, einen Lizenzbau der Junkersflugzeuge F 13 und JG 1 – ein Großflugzeug, welches aufgrund der Baubestimmungen in Deutschland nicht fertiggebaut werden konnte – in Italien auf den Weg zu bringen. Seine Verhandlungen mit Caproni, den Ansaldo- und Fiatwerken blieben ohne Ergebnis. Das war unter anderem auch darauf zurückzuführen, dass er kein Vorführungsflugzeug zur Verfügung hatte. Der schon in die Wege geleitete Flug einer an die »Ad Astra« verliehenen F 13 nach Italien scheiterte daran, dass Sachsenberg keine Einfluggenehmigung bekam.[58] Um die Leistungsfähigkeit der F 13 dennoch unter Beweis zu stellen, bot sich die Teilnahme an der Internationalen Wasserflugwoche an, die vom 6. bis 13. August 1922 in Neapel stattfand. Schon der Hinflug der beiden F 13 *Marabu* mit der Kennung D 191 und *Meise* mit der Kennung D 192 sollte demonstrieren, dass eine Luftverkehrsverbindung zwischen Deutschland und Italien über die Alpen hinweg möglich war.

Wilhelm Zimmermann, der die F 13 »Meise« flog, kam am Abend des 23. Juli 1922 als erster in Neapel an. In einem zehnstündigen Flug mit nur einer Zwischenlandung zwecks Auswechslung einiger Zündkerzen war der 25-jährige Pilot von Dessau über Hof, Bayreuth, Ingolstadt, München, Innsbruck, Bozen, Trient, Verona, Bologna, Jest, Gran und Sasso bis nach Neapel durchgeflogen. Die Strecke Innsbruck – Bozen hatte er dabei in einer Höhe von 5000 Metern zurückgelegt.

Die F 13 *Marabu*, die von dem 24-jährigen Piloten Hans Eichler gesteuert wurde, hatte etwas Pech beim Start. Sie geriet an eine sumpfige Stelle, sank ein und beschädigte dabei den Propeller. Eichler konnte erst nach Auswechslung des Propellers gegen Mittag starten und musste in München übernachten. In seiner Maschine flog auch der 20-jährige Sohn von Hugo Junkers, Werner Junkers mit. Er machte zu dieser Zeit ein Praktikum als Flugzeugmechaniker in der Jfa, um sich auf das Studium eines Ingenieurs

(161) Die beiden F 13 in Neapel

vorzubereiten. Auch Eichler brauchte nur elf Stunden reine Flugzeit bis Neapel. Die beiden F 13 waren mit Radfahrwerk nach Neapel geflogen und hatten die Schwimmer mitgenommen. So konnte gleich an Ort und Stelle der unkomplizierte Umbau der F 13 von einem Land- in ein Wasserflugzeug praktisch vorgeführt werden.

Die Teilnahme an der Wasserflugwoche in Neapel war nicht ohne Risiko für Junkers. Die F 13 war von den Alliierten nur mit 160-PS-Mercedes-Motor zugelassen worden, aber mit dieser Motorleistung wären die F 13 nicht aus dem Wasser gekommen. Um dennoch teilnehmen zu können, hatte die Junkers von den Bayerischen Motorenwerken die Erlaubnis bekommen, einige BMW-Motoren so im Aussehen zu verändern, dass sie nicht mehr als BMW IIIa erkennbar waren. Dieses Täuschungsmanöver verhalf zwar den Junkerswerken zu einer Starterlaubnis, verärgerte aber im Nachhinein die Bayerischen Motorenwerke, da einige Zeitungen von Junkers-Motoren sprachen.[59]

Unter herrlichem Sonnenschein begann am 6. August in Neapel bei zahlreich erschienenem Publikum die Wasserflugwoche. Als erstes mussten sich die Flugzeuge am frühen Morgen der Wasserdichtungsprüfung für den großen Wettbewerb um den »Tyrrhenischen Pokal« unterziehen, die

(162) F 13 kurz nach den Start zum Wettbewerb um den »Tyrrhenischen Pokal« in Neapel 1922

im Eintauchen der Boote bzw. Schwimmer in sechs aufeinanderfolgenden Stunden bestand. Beide F 13 bestanden diese Prüfung ohne Probleme.

Den ersten Hauptteil der Veranstaltung bildete der Wettbewerb um den Pokal des Königs von Italien. Es handelte sich hierbei um ein Geschwindigkeitsrennen für Wasserflugzeuge mit 200 kg Handelszuladung über eine dreizehnmal zu durchfliegende Strecke von insgesamt 400 Kilometer Länge. Die Strecke Neapel – Capo – Posillipo – Torre del Creco – Neapel war durch Hissen kleiner Ballone in größeren Abständen kenntlich gemacht. Am Start hatten sich sechs Bewerber eingefunden, die außer Zimmermann alle italienische Flugboote steuerten.

Pilot Wilhelm Zimmermann, der die Strecke nicht wie vorgeschrieben dreizehnmal, sondern vierzehnmal durchflog, konnte den zweiten Platz belegen, während der italienische Leutnant Pellegrini auf einem Savoya-Flugboot S 13 aus dem Rennen als erster Sieger hervorging. Pellegrini benötigte eine Gesamtzeit von zwei Stunden 9 Minuten 32 Sekunden bei einer mittleren Stundengeschwindigkeit von 170 bis 172 km/h, während Zimmermann die Strecke in zwei Stunden 17 Minuten 42 Sekunden bewältigte. Die anderen Teilnehmer flogen teils Savoya-Flugboote, teils Macchi 18-Flugboote.

(163) Werner Junkers füllt während des Wasserflugzeug-Wettbewerbes in Neapel Betriebsstoff auf

Die italienische Presse äußerte sich lobend über Zimmermanns Leistung und hob hervor, daß das deutsche Flugzeug nur mit einem Motor von 185 PS-Leistung ausgerüstet war, während die italienischen Teilnehmer besonders für den Wettbewerb gebaute Flugboote flogen, die Motoren von nicht unter 260 PS als Antriebskraft hatten. Der erste Preisträger erhielt den Pokal des Königs von Italien sowie 3000 Lire, Zimmermann bekam 2000 Lire zugesprochen, aber nicht ausgezahlt.[60]

Am zweiten Tag des Wettbewerbs stand den Piloten und Flugzeugen eine besonders schwere Prüfung bevor. Im Wettbewerb um den »Großen Tyrrhenischen Pokal«, der zum ersten Male durch den Kgl. Aeroklub von Italien ausgeschrieben worden war, wurde ein Rennen über eine Strecke von 2000 km durchgeführt, bei dem ein Anwassern auf dem Meere bei Nacht mit Fluggästen und voller Belastung gefordert war. Mit einer Gesamtzeit von 17 Stunden 8 Minuten 52 Sekunden gewann Zimmermann den Pokal, Eichler wurde mit einer Zeit von 17 Stunden 38 Minuten und 55 Sekunden Zweiter.[61] Als einer der Ersten gratulierte der Vorsitzende des Aero-Clubs von Deutschland v. Tschudi am 14. August 1922 Junkers zu dem Erfolg seiner Flugzeuge in Neapel, denn der Sieg von Junkers war auch für die übrige

(164) Luftbild von Terracina 1922

deutsche Flugzeugindustrie nicht ohne Bedeutung: »Ich bin sehr gespannt zu hören, ob nicht von Ententeteilnehmern Schwierigkeiten bereitet werden. Wenn dies nicht der Fall sein sollte, oder solche Bemühungen vergeblich sein werden, dann hat die Teilnahme Ihrer Flugzeuge in Neapel noch eine ganz besondere Bedeutung, insofern, als die Fédération Aéronautique Internationale dann eingesehen haben dürfte, daß eine Gegenarbeit ihrerseits gegen Deutschland inopportun ist.«[62] Die Befürchtungen des Aeroclub-Vorsitzenden waren nicht unberechtigt. Wie die *B.Z. am Mittag* am 16. August 1922 berichtete, gab es in französischen Zeitungen heftige Kritik an der Teilnahme der deutschen Flugzeuge. Die F 13 hätte gegen die Bauvorschriften der Alliierten verstoßen, hieß es.

Zimmermann und Eichler unternahmen nach Beendigung des Wettbewerbs mit ihren beiden F 13 Rundflüge, wobei auch Luftbilder angefertigt wurden. Am 30. August kehrte Zimmermann mit der F 13 *Meise* über Konstanz nach Dessau zurück, die F 13 *Marabu* hingegen verblieb als Demonstrationsobjekt für die von Gotthard Sachsenberg angestrebten Verhandlungen in Neapel. Der Leiter der Abteilung Luftverkehr war nach dem Erfolg von Zimmermann und Eichler sofort nach Italien gereist, um mit dortigen Industriellen erneut über den Lizenzbau der F 13 zu verhandeln. Wollte er die mit Junkersflugzeugen beflogenen Luftverkehrstrecken bis nach Italien und Griechenland hin erweitern, musste er eine Flugzeugfirma finden, die

(165) Luftbild von Gaeta 1922

zumindest zu einer Scheinfabrikation der F 13 bereit war, denn in Italien durften nur im Lande hergestellte Flugzeuge im Luftverkehr eingesetzt werden.[63] Obwohl Gotthard Sachsenberg acht Wochen lang intensiv verhandelte, musste auch er wie sein Bruder ohne greifbares Ergebnis nach Dessau zurückkehren. Das Interesse der Italiener an Verkehrsflugzeugen und Luftverkehrsstrecken war zu dieser Zeit gering, im Vordergrund stand der Aufbau des Militärflugwesens.[64] Das Auswärtige Amt empfahl der Firma Junkers, ihre Bau- und Verkehrspläne in Italien aufzugeben, sie müsste mit einem Verlust von Betriebskapital und Betriebsgeheimnissen rechnen. In Spanien wären die Bedingungen günstiger.[65]

Die F 13 *Marabu* verblieb noch eineinhalb Jahre in Neapel, um den maßgebenden italienischen Kreisen Gelegenheit zu geben, sich die Sache nochmals zu überlegen. Am 4./5. November 1923 flog Pilot Frantz mit dem »Marabu« von Neapel aus über das Mittelmeer nach Barcelona, wo inzwischen ebenfalls Verhandlungen über einen Lizenzflugzeugbau und einen möglichen Luftverkehr aufgenommen worden waren. Der Flieger wurde später zu einem Sanitätsflugzeug umgebaut und 1925 an das Spanische Rote Kreuz übergeben.

Den »Tyrrhenischen Pokal« hat Wilhelm Zimmermann übrigens nie ausgehändigt bekommen. Im Juni 1923 teilte das italienische Luftfahrtkommissariat der Firma Junkers auf Anfrage mit, dass der »Große Tyrrhenische Pokal« noch nicht hergestellt worden sei, »weil der künstlerische Wettbewerb und die Vorlage der entsprechenden Entwürfe auf unbestimmte Zeit hinausgeschoben worden sei.« Außerdem würde der Pokal in drei aufeinanderfolgenden Jahren ausgetragen und demjenigen zuerkannt, der ihn zweimal gewonnen hat. Wenn dies nicht der Fall sei, demjenigen, der ihn im dritten Jahr gewonnen hat.[66]

(166) F 13 *Meise* mit der Plakette: »Sieger im Wasserflugzeugwettbewerb um den Tyrrhenischen Pokal Neapel 1922«

Die Ungarische Luftverkehrs AG

Wie schon im Kapitel »Schweiz« berichtet, hatten die Ungarn bereits im Oktober 1921 mehr oder weniger unfreiwillig Bekanntschaft mit einer Junkers F 13 gemacht. Das bei dem Putschversuch des abgedankten Habsburger Kaisers und ungarischen Königs Karl von Österreich beim ungarischen Dorf Cziraki gelandete Flugzeug war von der ungarischen Regierung beschlagnahmt worden. Nachdem die Jfa vom nach Deutschland zurückgekehrten Piloten Wilhelm Zimmermann über das Schicksal der Maschine unterrichtet worden war, wandte sie sich an den ungarischen Luftverkehrsdirektor Stefan v. Petroczy mit der Bitte um Auskunft über seine weiteren Pläne mit der F 13. »Wir haben selbstverständlich ein Interesse daran, daß die Maschine gut behandelt wird«, hieß es in dem Schreiben. »Vielleicht wäre es den Ungarn unter Umständen sogar sehr erwünscht, mit der Maschine Luftverkehr zu betreiben und damit die Leistungen einer zeitgemäßen Verkehrs-Flugmaschine kennenzulernen und den weiteren Ausbau des Luftverkehrsnetzes von vornherein mit den besten Mitteln zu beginnen.«[67]

(167) F 13 *Meise* vor Start zum Elbe-Donau-Flug auf der Elbe bei Dessau

Die Jfa bot v. Petroczy an, Piloten nach Ungarn zu schicken, die das Flugzeug den Interessenten vorfliegen und ungarische Piloten anlernen könnten. Das lehnte der Luftverkehrsdirektor mit den Worten ab: »Das Junkers-Flugzeug Sr. Majestät König Karls befindet sich gegenwärtig in Budapest und wird voraussichtlich im Nationalmuseum als Reliquie deponiert werden. Das Eigentumsrecht an dieser Maschine ist bisher noch ungeklärt, es dürfte jedoch Tatsache sein, daß Seine Majestät diese Maschine nach dreifacher Überzahlung von den Ad-Astra-Werken gekauft hat. Die Maschine wird keinesfalls für Luftverkehrszwecke in Benützung genommen werden.«[68]

Es stand auch gar nicht in der Macht des ungarischen Luftverkehrsdirektors, mit der beschlagnahmten F 13 zu dieser Zeit einen Luftverkehr im Lande einzurichten. Ungarn hatte nach dem Ersten Weltkrieg über ca. 800 Flugzeuge besessen, die jedoch 1919 von den Rumänen, die sich während des Ersten Weltkrieges der Entente angeschlossen hatten, größtenteils konfisziert worden waren. Mit den zurückgebliebenen, für den Zivilverkehr umgebauten Maschinen hatte eine ungarische Luftverkehrsgesellschaft namens MAEFORT 1920 einen Flugdienst eingerichtet, der jedoch von dem Alliierten im April 1921 untersagt worden war. Außerdem ließ die Entente-Kontrollkommission alle Flugzeuge der Gesellschaft zerstören und verhängte ein Flugverbot, das erst am 19. November 1922 wieder aufgehoben wurde.[69]

Noch vor Aufhebung des Flugverbotes war im Oktober 1922 die Ungarische Luftverkehrs A.G. (Magyar Légiforgalmi Rt.) gegründet worden, die Verkehrsflugzeuge vom Typ Fokker F III ankaufte und einen Luftverkehr Budapest – Wien eröffnete. Die Junkerswerke, die es ebenfalls auf diese Strecke abgesehen hatten, nahmen sofort wieder Verhandlungen in Ungarn auf und kamen mit dem ungarischen Grafen Endre Jankovich-Bésan überein, eine gemeinsame Luftverkehrsgesellschaft zu gründen.[70] Graf Jankovic-Besan reichte beim ungarischen Handelsminister Walko einen Antrag auf eine Luftverkehrskonzession ein, die ihm auch drei Tage nach Aufhebung des Flugverbotes am 22. November erteilt wurde. Noch vor Weihnachten startet in Dessau Pilot Wilhelm Zimmermann mit der F 13 *Meise*, mit der er bereits in Italien beim Wasserflugzeug-Wettbewerb Aufsehen erregt hatte, auf der Elbe bei Roßlau zu einem 800 km langen Flug nach Budapest. Nach 6½ Stunden reiner Flugzeit landete Zimmermann wohlbehalten auf der Donau in Budapest. Auch mit diesem Flug sorgte Zimmermann für Aufsehen. Erstmals flog ein Wasserflugzeug weite Strecken über Land, ein nicht ungefährliches Unternehmen.

Das *Hamburger Fremdenblatt* schrieb begeistert über diesen Flug: »Der Flug stellt eine einzigartige Leistung dar, weil zum ersten Male die Stromläufe der Elbe und Donau als Landungsbasis für Verkehrsflugzeuge benutzt wurden, dennoch legte das Flugzeug weite Strecken über Land zurück, abseits der vorgenannten Wasserlinie. Das zeugt von dem besonderen Vertrauen des Werkes in sein ja auch schon so oft bestbewährtes Fabrikat und des Führers in das ihm anvertraute Flugzeug; denn eine Zwischenlandung des mit Schwimmern ausgestatteten Wasser-Verkehrsflugzeuges hätte, fern von der Wasserbasis notwendig werdend, unter Umständen verhängnisvoll werden können. … Der jetzige Elbe-Donau-Flug Dessau-Budapest bildet einen neuen Markstein in der Entwicklung des Luftverkehrs mit Wasserflugzeugen, die in dem schon oft und glänzend bewährten Junkers-Typ ihren besten Vertreter haben.«[71]

Das Jahr 1922 hatte Junkers in der Hauptsache dazu gedient, Erfahrungen im Luftverkehr zu sammeln, die Piloten zu schulen und durch zahlreiche Propagandaflüge Vertrauen zum neuen Verkehrsmittel zu wecken. Insgesamt wurden in diesem Jahr nur acht F 13 gebaut, aber 21 verkauft, davon sechs an die Lloyd Ostflug GmbH, vier an die Ad Astra, drei an den Polnischen Aerolot, drei an die Scadta, zwei an die russische Luftflotte, eines nach Japan und zwei an die ESA.

(168) F 13 H-MACB der Aeroexpress R.T. ab der Anlegestelle bei Siofok am Balaton

(169) Einweihung des Balaton-Luftverkehrs in Siofok 1923

(170) Junkers-Ganzmetall-Flugzeuge. Plakat von Riemer
(Aus: *Illustrierte Flugwoche* vom 02.08.1922, Heft 16)

Ein europäisches Luftverkehrsnetz

Der Reichstag fliegt

Anfang Januar 1923 begann ein hektisches Treiben in den Junkerswerken. Für die kommende Flugsaison war nach Abschluss des Konzessionsvertrages mit der russischen Regierung über die Schweden-Persien-Linie eine erhebliche Ausweitung des gesamten Streckennetzes vorgesehen. Zu diesem Zweck wurde eine größere Anzahl Piloten eingestellt, die gründlich ausgebildet werden sollten.

Auf den Luftverkehrstrecken sollte in Zukunft nicht nur technisches, sondern auch menschliches Versagen weitgehend ausgeschlossen werden. Neben einem theoretischen Unterricht, der u. a. Navigation, Materialkunde, Aerodynamik und Wetterkunde umfasste, erhielten die Flugzeugführer auch eine praktische Einweisung im Flugzeugwerk selbst. Dort mussten die zukünftigen Verkehrsflieger innerhalb von vier Monaten alle Abteilungen des Werkes durchlaufen. Sie sollten sich vor allem mit den Eigenschaften und der Behandlung des von Junkers verwendeten Materials, des Duraluminiums, gründlich vertraut machen, damit sie im Notfall Reparaturen selbst vornehmen könnten.[1] Erst nach gründlicher Ausbildung wurde ihnen die Führung einer F 13 anvertraut, immer mit der Ermahnung, dass Sicherheit vor Ehrgeiz gehe. »Ein Nachlassen seiner Nerven und das Auftreten irgendwelcher gesundheitlicher Störungen und Hemmungen, die ihn am Fliegen behindern, erkennt der Flugzeugführer selbst zuerst. Von seinem Verantwortungssinne muss erwartet werden, dass er sofort um Enthebung vom Flugdienst nachsucht, um sich entweder auf Urlaub oder bei anderer dienstlicher Tätigkeit zu erholen, oder um überhaupt zu einer anderen Tätigkeit überzugehen. Durch unangebrachten Ehrgeiz schädigt sich der Flugzeugführer selbst und er wird zugleich eine Gefahr für den Luftverkehr.«[2]

Wichtigstes Problem war die Finanzierung des Luftverkehrs, der ohne staatliche Subventionen damals nicht möglich war. Zu diesem Zweck lud Hugo Junkers den Hauptausschuss des Reichstages in die Junkerswerke ein. Im Zentrum des Besuchsprogramms stand die Aufklärung der Abgeordneten über die nationale, volkswirtschaftliche und politische Bedeutung der Junkers-Werke und des Junkers-Flugzeuges.[3]

(171) Die sieben Junkers F 13 in Berlin-Johannisthal vor dem Abflug nach Dessau

Der Besuch wurde akribisch vorbereitet. Der Flug von Berlin nach Dessau wurde zu einer überzeugenden Demonstration des Junkers-Luftverkehrs. An dem Flug beteiligten sich 24 Abgeordnete des Hauptausschusses des Reichstages, der Reichstagspräsident Löbe und Ministerialdirigent Bredow vom Reichsluftamt. Einer der Teilnehmer berichtete in der *Deutschen Allgemeinen Zeitung*: »Nach kurzer Autofahrt waren die Fluggäste auf dem Flugplatz bei Berlin und verteilten sich auf die sieben bereitstehenden Flugzeuge. Ein, zwei, drei Flugzeuge nahmen ihren Anlauf, hoben sich, schwebten. Endlich kamen wir an die Reihe, und eine an unvergesslichen Eindrücken reiche Fahrt über eine im Sonnenschein glitzernde Schneelandschaft begann.«[4]

Die Abgeordneten landeten nach einstündigem Flug auf einem improvisierten Flugplatz in der Nähe von Roßlau und wurden mit Kraftwagen nach Dessau befördert. Nach einem einleitenden Vortrag von Junkers über die Notwendigkeit, Deutschlands Produktion durch Qualitätsarbeit zu heben und dabei äußerste Wirtschaftlichkeit anzustreben, erfolgte eine Werksbesichtigung. In kurzen Vorträgen über Bedeutung und Ausbreitung des Luftverkehrs wurde den Abgeordneten auch erklärt, warum ein firmeneigener Luftverkehr vorerst noch notwendig sei: »Die Notwendigkeit für

(172) Ministerialrat Bredow, der Leiter der Danziger Luftpost Erhard Milch und ein Pilot vor einer F 13

(173) Reichstagspräsident Paul Löbe (links) und Mitglieder des Hauptausschusses des Reichstages vor der F 13 Dz 41 der Danziger Luftpost

Reichstag.

Berlin, den 26. Februar 1923.

H e r r n

Professor Dr. J u n k e r s,

Junkers-Werke

D e s s a u.

Hochgeehrter Herr Professor!

Die unterzeichneten Mitglieder des Haushaltsausschusses des Reichstags fühlen sich gedrängt, Jhnen und Jhren Herren Mitarbeitern für die freundliche Einladung zum Besuch Jhrer Werke und für die Art, wie dieser Besuch gestaltet wurde, noch einmal auf das herzlichste zu danken.

Die großen technischen Leistungen und die frühere schnelle Entwicklung Jhrer Werke waren den meisten von uns bekannt. Nicht minder aber auch der schwere Daseinskampf, den die Flugzeugindustrie unter den Bedingungen des Versailler Vertrages zu führen hat. Es war uns daher wichtig und interessant, nähere Kenntnis davon zu gewinnen, ob und auf welchen Wegen es gelungen war, die ungeheueren entgegenstehenden Schwierigkeiten zu überwinden. Was wir gesehen und gehört haben, hat bei uns den nachhaltigsten Eindruck hinterlassen.

Die Grundtendenz Jhrer Unternehmungen, selber nur Qualitätswaren zu erzeugen, und wie durch das eigene Beispiel so auch durch Wort und Schrift die Pflege der Qualitätsarbeit in der deutschen Jndustrie zu fördern, erscheint uns nicht nur wichtig und weitsichtig vom engeren Standpunkt Jhrer eigenen Werke, sondern auch durchaus im Jnteresse unserer Jndustrie gelegen. Gerade in Zeiten wie den gegenwärtigen, wo unser Land, durch zahlreiche

Fesseln

(174) Dankschreiben des Haushaltausschusses des Reichstages an Hugo Junkers vom 26.2.1923[5]

Fesseln gehemmt, nicht produzieren kann, was und wie wir wollen, hat die deutsche Jndustrie mehr noch als je zuvor höchstes Gewicht auf die Erzeugung von Qualitätswaren zu legen, wenn sie sich auf dem Weltmarkt behaupten will. Die aus Jhren Unternehmungen hervorgehenden Qualitätswaren, geschaffen in dauerndem, engsten Zusammenwirken von Wissenschaft und Praxis, wie es in Jhrer Forschungsanstalt geübt wird, haben Jhren Werken trotz aller Hemmungen, ja, wie aus Jhrem Vortrag hervorging, zum Teil als direkte Folge dieser äußeren Hemmungen Erfolge gebracht, die den Ruf der Junkers-Werke weit über Deutschlands Grenzen hinausgetragen haben.

Der von Jhnen eingerichtete und unterhaltene Luftverkehr nach dem Ausland trägt im besonderen Maße dazu bei, die zerrissenen Fäden wirtschaftlicher Beziehungen zu fremden Ländern neu zu knüpfen und durch Pünktlichkeit und Sicherheit des Dienstes deutschen Unternehmungen wieder Freunde zu gewinnen.

Solche großen Erfolge ehren nicht nur die leitende Spitze. Sie hätten ohne die freudige Hingabe aller leitenden Persönlichkeiten an die Jnteressen des Werks, ohne das vertrauensvolle Zusammenarbeiten der Leitung mit den Angestellten und Arbeitern nicht erzielt werden können. So flüchtig unser Besuch bei der Kürze der Zeit und der Fülle des zu Besichtigenden auch sein mußte, so haben alle Beteiligten ganz unabhängig voneinander diesen Eindruck erhalten.

Unser Ausflug nach Dessau wird mit all dem Schönen und Jnteressanten, das wir dank Jhrer Güte erlebt, gesehen und gehört haben, jedem von uns eine wertvolle Erinnerung bleiben, und das von Jhnen unserm Ausschuß freundlichst gestiftete Flugzeugmodell wird auch den nach uns Kommenden von einer der erfreulichsten Sitzungen Kenntnis geben, die der Haushaltsausschuß des Reichstags je gehabt hat. Darüber hinaus aber bedeutet in dieser schweren sorgenvollen Zeit

unser

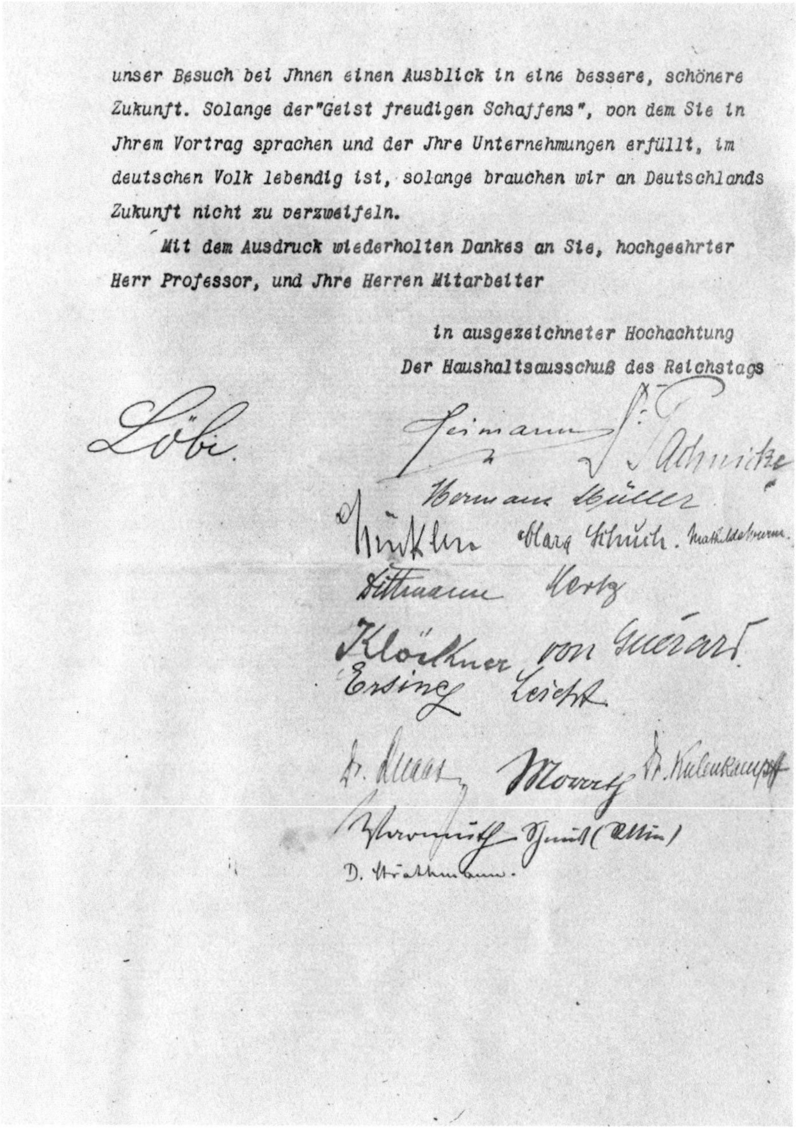

unser Besuch bei Jhnen einen Ausblick in eine bessere, schönere Zukunft. Solange der "Geist freudigen Schaffens", von dem Sie in Jhrem Vortrag sprachen und der Jhre Unternehmungen erfüllt, im deutschen Volk lebendig ist, solange brauchen wir an Deutschlands Zukunft nicht zu verzweifeln.

Mit dem Ausdruck wiederholten Dankes an Sie, hochgeehrter Herr Professor, und Jhre Herren Mitarbeiter

in ausgezeichneter Hochachtung
Der Haushaltsausschuß des Reichstags

den Flugzeugkonstrukteur selbst, Luftverkehr zu treiben, ergibt sich aus der Tatsache, daß nur er in der Lage ist, absolute Sicherheit und Zuverlässigkeit des Verkehrs zu gewährleisten, da er und sein Personal das in den Dienst der Allgemeinheit gestellte Beförderungsmittel gründlich kennen. Diese Kenntnis ermangelt dem reinen Verkehrsunternehmer, wodurch die Gefahr naheliegt, das auftretende Unfälle das Vertrauen des Publikums in die Zukunft des Flugverkehrs zunichte machen.«[6]

Einen Monat später folgte eine weitere groß angelegte Propagandamaßnahme. Für die Dauer der Leipziger Messe vom 4. bis 10. März 1923 wurde ein regelmäßiger Passagier- und Postflugdienst zwischen Leipzig und Berlin eingerichtet. Auch von Danzig, Königsberg, Hamburg, Fürth, München und Breslau wurden Messegäste nach Leipzig transportiert. Aufgrund der großen Nachfrage mussten zwanzig F 13 eingesetzt werden.[7] »Bei 48 Flügen wurden 212 Fluggäste befördert, wovon der größte Teil auf Messebesucher entfällt, die es vorzogen, zur Rückreise nach Berlin anstelle der dichtbesetzten Eisenbahnzüge die rasche und bequeme Flugverbindung zu nutzen.«[8]

Nach Rundflügen über die Stadt Leipzig warb ein Junkersvertreter für die Unterstützung des Luftverkehrs seiner Firma und prangerte die Beschränkungen der deutschen Luftfahrt durch die Entente an: »Die Verkehrsluftfahrt wird in die politischen und kulturellen Beziehungen der Völker zueinander allmählich große Änderungen bringen, sie wird die einzelnen Völker einander nähern, so daß sich diese erst richtig kennen lernen. Vom Kennenlernen bis zur gegenseitigen Schätzung ist dann der Weg nicht mehr so weit. Die Luftfahrt selbst ist auf die gegenseitige Unterstützung aller Völker, die sie verbindet, angewiesen. Man kann kein großes Land überfliegen, wenn dort nicht die Verkehrsflugzeuge wärmste Unterstützung bei Behörden und Allgemeinheit finden. … Durch Verbote und Beschränkungen der Luftfahrt vermeidet man keinen Krieg, noch vertreibt man das deutsche Volk aus der Luft, wohl aber erinnern diese Schikanen uns stets an die mangelnde Gleichberechtigung und geben uns Grund zur Unzufriedenheit. Unsere Forderung geht dahin: »Fort mit allen zwecklosen Schikanen! Freiheit und Gleichberechtigung im Flugzeugbau und Luftfahrt!« Und gerade in dieser Frage können Sie, meine sehr verehrten Damen und Herren, ausschlaggebend zur Förderung der internationalen Luftfahrt, sowie zur Befriedigung unserer Ansprüche beitragen, und damit dem Gedanken des Fortschritts und der Völkerversöhnung dienen. … Das Flugzeug mit dem Sie geflogen sind, entspricht vollständig den Baubeschränkungen, die uns durch die Entente auferlegt sind. Das Junkers-Flugzeug dieser Konstruktion ist heute fast fünf Jahre alt und braucht sich trotzdem bei einem

(175) Start von F 13 in Berlin zum Messeflug nach Leipzig

Vergleich mit den neuesten Typen des In- und Auslandes nicht zu verstecken. Mit Stolz behaupten wir, dass das Junkers-Flugzeug selbst im Jahre 1923 noch an der Spitze aller Verkehrsflugzeuge steht … Unsere Firma, die Junkers-Werke A.-G., Dessau, befasst sich eben nicht nur mit Flugzeugbau, sondern auch in ganz besonders hervorragender Weise mit Luftverkehr, da wir nur in dieser Verbindung eine zweckmäßige Fortentwicklungsmöglichkeit der Luftfahrt in ihrem heutigen Stadium erblicken können. Diese Initiative unserer Firma, die wohl einzig dastehen dürfte, dient nicht nur dem Nutzen einer Gesellschaft oder eines Landes, sondern weit mehr dem Fortschritt der internationalen Luftfahrt überhaupt. Nun richte ich an Sie meine sehr verehrten Damen und Herren, die inständige Bitte, helfen Sie durch Ihre wertvolle Mitarbeit Junkers, sein Ziel zu erreichen zum Besten der Luftfahrt und zum Besten der Menschheit.«[9]

Herausragendes Ereignis der Messe war jedoch die Eröffnung des Flugplatzes Leipzig-Mockau unter Teilnahme des Reichspräsidenten Friedrich Ebert: »Am 7. März war Mockau der Schauplatz einer eindrucksvollen Feierlichkeit. Fünf Junkers-Eindecker brachten den Reichspräsidenten mit zahlreichem Gefolge von Berlin nach Leipzig und auch die Sächsische Regierung wurde im Flugzeug von Dresden abgeholt. Der Reichspräsident,

(176) Einweihung des Flugplatzes Leipzig-Mockau am 7. März 1923

der durch seine Teilnahme an dem Flug das Interesse der Reichsregierung an der Förderung dieses neuen Verkehrszweiges bekundet hat, eröffnete nach kurzen Ansprachen den Weltflughafen Leipzig-Mockau. Nicht unerwähnt darf bleiben, daß die Flugzeuge in Berlin vom Tempelhofer Feld starteten und daß sich dieses Gelände, abgesehen von einigen Unebenheiten, für Start und Landung als geeignet erwies. Schon die kurze Zeit des Messeflugverkehrs erbrachte den deutlichen Beweis, wie vorteilhaft ein dem Zentrum der Stadt nahe gelegener Flughafen ist. So kann erwartet werden, daß nunmehr auch die Frage des Tempelhofer Feldes in das entscheidende Stadium getreten ist. … Die Gelegenheit zu Rundflügen über Leipzig wurde von weit über 500 Personen wahrgenommen.«[10]

Noch im gleichen Jahr wurde auf Initiative der Junkerswerke auch der Flugplatz Berlin-Tempelhof ausgebaut und die Abteilung Luftverkehr zog von Johannisthal nach Tempelhof um.[11]

Im März 1924 stimmte der Berliner Magistrat der Bildung einer rein städtischen Gesellschaft für den Flugplatz auf dem Tempelhofer Feld zu. Die Flughafengesellschaft schloss mit den Luftverkehrsgesellschaften besondere Pachtverträge ab, behielt aber die Verwaltung selbst in der Hand. Der Ausbau zum Zentralflughafen war damit sichergestellt.[12]

(177) Reichspräsident Ebert entsteigt einer F 13

(178) Reichspräsident Ebert und Kaumann bei der Eröffnung des Flugplatzes Leipzig. Rechts neben Ebert halb verdeckt Gotthard Sachsenberg, davor Gottfried Kaumann

Vor Beginn der Flugsaison 1923 wurde auch der 33. Ausschuss des Reichstages nach Dessau eingeladen. Dieser Ausschuss befasste sich mit Verkehrsfragen und hatte auch das Luftverkehrsgesetz bearbeitet. Die Reichstagsabgeordneten trafen am 24. April in Dessau ein und wurden mit Vorträgen, Lichtbildern und Werksbesichtigung über die Arbeit der Junkerswerke informiert. Den Hauptvortrag hielt wiederum Hugo Junkers selbst, der nochmals die Notwendigkeit eines firmeneigenen Luftverkehrs begründete und um Unterstützung seines Werkes bat: »Wir mussten das tun, um unsere Flugzeuge einzuführen, um neue Typen in den Verkehr zu bringen. Der Luftverkehr ist aber für uns nicht die Hauptsache, sondern das ist die Ausbildung neuer besserer Flugzeuge. Wenn wir, wie Ihnen das Herr Direktor Sachsenberg noch näher auseinandersetzen wird, im Luftverkehr besonders mit Erfolg uns betätigt haben, so ist das wohl in erster Linie auf die hervorragenden Leistungen der Herren zurückzuführen, die sich dem Luftverkehr gewidmet haben, sodann aber auch auf den Vorzug, den das Metallflugzeug gebracht hat, und schließlich noch auf die ganze Organisation unseres Unternehmens, da sie nicht an Aufsichtsrat und sonstige hemmende Momente gebunden ist, und daß sie daher eine sehr starke Stoßkraft entwickeln kann. Wir konnten einheitlich vorgehen. Und so ist es uns gelungen; auch auf dem Gebiet des Luftverkehrs namhafte Erfolge zu erzielen, die uns zu der Hoffnung berechtigen, dass wir den deutschen Namen und die Interessen Deutschlands mit Erfolg im Auslande vertreten können. … Wenn Sie berufen sind, bei Ihren weiteren politischen Verhandlungen über das Schicksal der deutschen Flugindustrie zu entscheiden, so darf ich Sie bitten, auch dabei des Unternehmens zu gedenken, das mit der Flugzeugindustrie so eng verknüpft ist, dass nicht bloß die Flugzeugindustrie allein betroffen wird, sondern auch ein Unternehmen, das sich die Qualitätsarbeit zum Ziele gesetzt hat.«[13]

Dass es den Junkerswerken nicht nur darum ging, ihr neues Verkehrsflugzeug einzuführen und um Kunden zu werben, geht aus einem Dokument hervor, dass die Abteilung Luftverkehr Anfang April 1923 an das Auswärtige Amt gesandt hatte. In diesem Dokument wurden die Ziele des Junkers-Luftverkehrs erläutert und um Unterstützung des Reiches bei der Ausdehnung des Luftverkehrs über die deutschen Grenzen hinaus gebeten: »Das Ziel der Verkehrspolitik des Junkers-Konzerns ist die Ausbreitung des deutschen Luftverkehrs nach dem Ausland überhaupt und im besonderen nach jenen Gebieten, in denen der Luftverkehr … berufen ist, Lebensinteressen des Deutschen Reiches wahrzunehmen«, heißt es dort. »Die Kohle wird immer mehr durch das Öl verdrängt und zum treibenden Moment

(179) Planierungsarbeiten auf dem Flugplatz Tempelhof im Oktober 1923. Im Hintergrund Flugzeughallen und Verwaltungsgebäude des Junkers-Luftverkehrs.

(180) Junkers-Werke Abteilung Luftverkehr Berlin

in der Weltpolitik um das Ringen um den Besitz der Öl produzierenden Gebiete der Erde geworden. … Die Wahrung der deutschen Interessen an der Welt-Ölproduktion kann daher nur durch das Vordringen der deutschen Wirtschaft nach den hier in Frage kommenden Gebieten erfolgen. … Das Luftverkehrsprogramm des Junkers-Konzerns erstreckt sich demnach auf alle Staaten, nach und in denen aus den hier angeführten Gesichtspunkten die Einrichtung deutscher Luftverkehrslinien erstrebenswert ist, sei es, um mit raschen Verkehrsmöglichkeiten die propagandistische Wirkung zu verbinden, sei es, um allgemeinen Interessen zu dienen. Mit besonderem Nachdruck werden die Luftverkehrslinien nach den europäischen und Vorderasiatischen Ölfeldern vorgetrieben. … Auf Grund der von ihnen für die deutschen Gesamtinteressen geleisteten Arbeit glauben die Junkers-Werke berechtigt zu sein, die Hilfe des Reiches zu erbitten, wenn diese Unterstützung geeignet ist, die Kosten zu verringern, oder durch vermittelndes Einschreiten der deutschen Vertretungen im Auslande Zeit zu ersparen.«[14]

Die Osteuropa-Union

Wichtigstes Ziel des Junkers-Luftverkehrs Anfang 1923 war die Herstellung einer eigenen Luftverkehrsverbindung zwischen Deutschland und der Transitstrecke Schweden-Persien, für die Sachsenberg in Moskau eine Konzession erhalten hatte. Da die Deruluft die von Junkers geplante Direktverbindung Berlin – Moskau vor der Nase weggeschnappt hatte, musste eine andere Lösung gefunden werden. Zur Sicherung des Weges durch Polen wurde am 22. Januar 1923 erst einmal ein Arbeitsgemeinschaftsvertrag zwischen dem polnischen Aerolloyd und der Danziger Luftpost auf 10 Jahre geschlossen.[15] Die Deruluft hatte inzwischen bei der Russischen Regierung auch ihren Anspruch auf die Strecke Berlin-Königsberg-Riga-Petersburg angemeldet.[16] Damit wäre Junkers der unmittelbare Anschluss an ihre Schweden-Persien-Linie über Lettland verwehrt gewesen. Um das zu verhindern, suchte Gotthard Sachsenberg am 28. März um Unterstützung der Firma Junkers im Auswärtigen Amt nach. Ministerialrat Köpke wollte sich jedoch in diesen Streit nicht einmischen und legte dringend eine unmittelbare Einigung nahe. Konsul Hahn forderte die Junkersvertreter auf, von der Ausdehnung ihrer Strecken nach Persien und Afghanistan »möglichst wenig Aufhebens in der Presse zu machen, um eine Beunruhigung der

Engländer zu vermeiden«. Das wurde zugesagt, »aber darauf hingewiesen, daß die Mitteilungen hierüber von der Russischen Regierung selbst in die Presse lanciert worden wären.«[17]

Noch vor der Eröffnung der Flugsaison 1923 gelang es Gotthard Sachsenberg, die Lettländische Luftverkehrsgesellschaft Riga und die estnische Aeronaut A.G. Reval für eine Betriebsgemeinschaft mit Junkers zu gewinnen. Sie wurden mit dem Polnischen Aerolloyd und dem in Entstehung begriffenen Junkers-Luftverkehr Russland zur Osteuropa-Union zusammengefasst. Die neugegründete Osteuropa-Union eröffnete am 7. Mai 1923 den Luftverkehr auf den Strecken Berlin – Danzig – Königsberg – Memel – Riga – Reval. Die Eröffnung der geplanten Anschlussstrecke nach Petersburg wurde mehrmals angekündigt, da man sich mit der Deruluft nicht einig wurde, konnte sie nicht verwirklicht werden.

Die Aeronaut A.G. erhielt von Junkers am 6. Juni 1923 die F 13 »Schwan« und eröffnete damit am 1. Juli die Strecke Reval – Helsingfors, so dass also die Strecken des Junkers Luftverkehrs Ende 1923 bis zur finnischen Hauptstadt reichte. Hier wurde noch vor Jahresende mit Beteiligung der Junkerswerke eine Luftverkehrsgesellschaft, die Aero O. Y. gegründet, die im Verlaufe des Jahres 1924 ebenfalls Mitglied der Osteuropa-Union wurde.

Um den Anschluss an den neu entstehenden Luftverkehr nicht zu verlieren, begannen erste Städten mit dem Ausbau von Flughäfen. Nach der Eröffnung des Flughafens in Leipzig im März 1923 wurde am 17. Juni des Jahres der neue Flughafen Danzig-Langfuhr feierlich eröffnet. Mit acht F 13 wurden Rundflüge für 300 geladene Gäste durchgeführt. »Über die Flüge selbst, die samt und sonders glänzend verliefen, gab es nur eine Stimme: die einhellige Begeisterung. Des Publikums bemächtigte sich in den bequemen Limousinen das Gefühl absoluter Sicherheit. Es steht zu erwarten, daß die Nachfrage nach Flugmöglichkeiten nach den Erfahrungen des gestrigen Sonntags aus allen Kreisen des großen Publikums gewaltig zunehmen wird«, schrieb das *Junkers Nachrichtenblatt*.[18]

Die gründliche Ausbildung der Piloten vor Beginn der Flugsaison hatte sich offensichtlich gelohnt, die Menschen begannen Vertrauen zum neuen Verkehrsmittel zu fassen.

(181) Plakat der Ost-Europa-Union

Der Junkers-Luftverkehr Russland

Nach Inkrafttreten des Konzessionsvertrages über die Schweden-Persien-Strecke am 29. Januar 1923 wurden die Vorbereitungen für die erste Teilstrecke von Moskau nach Tiflis in Angriff genommen. Eine sofortige Aufnahme des Flugbetriebes war jedoch nicht möglich, da ein Sturm am Tage zuvor die Anlagen des Moskauer Flugplatzes auf dem Chodynkafeld zerstört hatte. Junkers-Vertreter Hans Müller berichtete nach Dessau: »Gestern war hier ein Sturm von ungeahnter Heftigkeit der den Russen manches Opfer kostete. Auf dem Flugplatz wurden zwei Zelte weggerissen, die in dem einen befindlichen B.E's[19], drei Stück an der Zahl, wurden vom Sturm erfaßt und zwei davon aufeinandergeworfen, der dritte auf einen Zaun gesetzt, so daß alle drei restlos zu Bruch gingen. Eine vierte Maschine, ein Farman wurde hoch geschleudert und setzte sich auf den Rücken, natürlich ebenfalls restlos kaputt. Die Pfähle der Zelte, Telefonstangen, knickten wie Rohr, der große Morellwindmesser auf dem Kommandantengebäude des Aerodroms wurde gleichfalls weggerissen, nachdem er mit dem letzten Atemzuge noch 24 scm angezeigt hatte, mehr auszuhalten vermochte er nicht.«

Auch die Lage in Moskau beschrieb er: »Die Privatläden, die noch vor kurzem aufstrebten, schließen schon wieder, da sie die horrenden Steuern, bis und über eine Milliarde pro Tag nicht bezahlen können. Die Staatsgeschäfte werden um so luxuriöser. Die Privatwirtschaft wird ganz allmählich, aber systematisch erdrosselt. Z. Zt. herrscht hier eine große Kreditnot, kein flüssiges Geld ist vorhanden, was bewirkt, daß erstens die Zinssätze ins Ungemessene steigen und zweitens die Devisen schwer an den Mann zu bringen sind. Zutrauen zu Russlands Wirtschaftspolitik haben die Russen nicht, was sich besonders im Absatz der neuen Russischen Staatsbanknoten und der Geldanleihe ausprägt. Auf den Straßen und im Theater sieht man von Tag zu Tag mehr Eleganz, in einem Vierteljahr ist es wohl unmöglich, ohne Cut etc. ins Theater zu gehen. Auch das Gesellschaftsleben wird eleganter, der Russe findet schnell wieder den Weg zu alter ›Kultur‹«.[20]

Bis zur Aufnahme des Luftverkehrs nach Persien wurde im Februar die F 13 in Moskau vorgeführt und aus Rundflügen erste Einnahmen erzielt.[21]

Am 16. März 1923 war es endlich soweit. Pilot Georg Jüterbock startete mit der auf Schneekufen gesetzten F 13 *Kuckuck* auf dem tief verschneiten Moskauer Flugplatz zum Erkundungsflug nach Tiflis. Als Copilot fungierte Arved v. Schmidt, der die Reise dokumentieren sollte.

(182) Eine F 13 in Tiflis

Erste Zwischenstation war Orel, am darauffolgenden Tag ging es weiter über Kursk, wo das Schneekufenfahrwerk gegen Räder ausgetauscht wurde, bis nach Rostow am Don. Bei einer Zwischenlandung in Charkow unternahm der damalige Präsident der Ukraine und spätere russische Gesandte in London Rakowski einen kurzen Rundflug. In Rostow bat der Oberkommandierende der kaukasischen Armee die Junkersleute nach ihrer Ankunft, sich die Stadt von oben ansehen zu können.

Über Mineralnyje Wody erreichten sie am 19. März 1923 Wladikawkas und schickten sich am folgenden Tag daran, zum ersten Male den Kaukasus zu überqueren. »In weiten Schleifen stiegen wir auf 3000 Meter Höhe. In blendender Weiße lag vor uns die Kette des Kaukasus. Als wir endlich hoch genug waren, gingen wir auf die Bergwelt zu und waren bald mitten drin. Was wir jetzt zu sehen bekamen, kann eine ungewandte Feder einfach überhaupt nicht beschreiben. Vier winzige Menschlein klebten in der kleinen Maschine, die unbeirrt hoch über den Millionen Jahre alten Schluchten, über uralten Bergriesen, die die Anfänge der Geschichte der Menschheit schon gesehen hatten, mit Sturmessausen dahinzog. Vor dem königlichsten aller Berge des Kaukasus, dem gewaltigen Kasbek, machten wir unsere pflichtschuldige Reverenz. Sein Anblick war der Höhepunkt des ganzen Fluges. Nachdem er hinter uns lag, ging es bald in die tiefe Schlucht, in der Tiflis selbst liegt.«[22]

(183) Ankunft der F 13 *Kuckuck* im April 1923 in Teheran; Begrüßung durch die deutsche und russische Gesandtschaft

(184) F 13 *Kuckuck* nach Rundflügen im April 1923 in Teheran.
1. Graf Schulenburg (dt. Gesandter), 2. Konsul Sommer, (Dt. Gesandtschaft), 3. Schumiertzki (russ. Gesandter), 4. Frau Schumiertzki, 5. Pilot Jüterbock

Von Tiflis aus führte der Erkundungsflug weiter über Baku, Lenkoran und Enseli bis Teheran, das am 14. April 1923 ohne weitere Zwischenfälle erreicht wurde.

Das Erscheinen der F 13 in Persien wurde zum vollen Erfolg. »Reza Khan, der persische Kriegsminister und z. Zt. stärkste Mann in Persien, will eine Militärpost einrichten und forderte von mir ein Angebot für zwölf J 13 und vier Schulmaschinen, eine große persische Firma ein solches über sechs J 13«, schrieb Schmidt am 17. Mai an die Abteilung Luftverkehr in Berlin. Diese eigenständigen Verhandlungen der Junkersvertreter wurden jedoch schnell unterbunden »durch ungeschicktes ultimatives Vorgehen des russischen Gesandten, das sich in Ausschlachtung des großen Eindrucks unseres Flugzeuges im Interesse der russischen Politik und in der Verhinderung jeder selbständigen geschäftlichen Auswertung unseres Erscheinens äußerte«. Um die russischen Geschäftspartner nicht zu verärgern, schlug Schmidt vor, dass »der Verkauf der Maschinen, wenn sich irgend welche Widerstände bei den Russen ergeben sollten, verzögert wird, bis der russische Markt gedeckt ist.«[23]

Die F 13 *Kuckuck* war bereits Ende April über den Ararat nach Tiflis zurückgekehrt und wurde im Mai an eine große Baumwollplantage in der Muganstepppe übergeben. Dort stellte das Flugzeug die Verbindung zwischen den weit verstreuten Arbeitsplätzen und dem Verwaltungszentrum her, überwachte Dämme, führte Luftbildvermessungen durch und bekämpfte Heuschrecken. »Fest steht aber schon jetzt, daß unser ›Kuckuck‹ der erste Vogel mit »landwirtschaftlicher Praxis«, nicht der letzte sein wird. Die Art wird sich einbürgern«, schrieb das *Junkers-Nachrichtenblatt*.[24] Im Juli kehrte das Flugzeug zum Heimathafen nach Moskau zurück.

Noch während sich die F 13 auf dem Weg nach Teheran befand, hatte der »Junkers Luftverkehr Russland« mit 40 Angestellten das Haus Nikolskaja 7 in der besten Geschäftsgegend von Moskau bezogen. In der unteren Etage des Hauses wurde ein Reisebüro eingerichtet, das Ende Mai seine Tätigkeit aufnahm.[25]

Inzwischen waren auch die Junkerspiloten Kurt Bauerhin, Fritz Tödheide, Otto Wieprich, Bruno Rodschinka, Fritz Morzik, Robert Moßbacher, Kurt Eger, Othello Schäfer, Franz Kneer, Alfred Gothe und Fritz Kießner in Moskau eingetroffen und hatten ihr Flugzeugführerheim in der Petrograder Chaussee 32 bezogen.[26]

Am 31. Mai 1923 startete die ersten beiden Verkehrsflugzeuge auf dem Moskauer Flughafen Chodynka mit Passagieren und Post zum Flug über Charkow – Rostow – Noworossijsk – Batumi nach Tiflis. In Rostow am

(185) Muganen auf der Baumwollplantage »Lenin« vor der F 13 R-RECA

(186) Flugzeugführerheim in der Petrograder Chaussee 32 in Moskau

Don wurden nach Eintreffen der ersten Maschine zahlreiche Rundflüge unternommen, an der auch Pressevertreter teilnahmen.

Am nächsten Tage flogen beide F 13 weiter nach Batumi, das nach einem vierstündigen Fluge erreicht wurde. Dort trennten sie sich, eine Maschine flog weiter nach Tiflis und die andere zurück nach Rostow.

Da bereits einige Tage vor der Eröffnung einige Flugzeuge nach den Zwischenlandeplätzen überführt worden waren, konnte am 1. Juni auch schon der Flug in umgekehrter Richtung durchgeführt werden. »Die etwa 2100 km lange Strecke wird in zwei Tagen geflogen und stellt an die Nerven des Flugzeugführers besonders in der Gegend südöstlich Noworossijsk außergewöhnliche Anforderungen«, schrieb Pilot Bruno Wentscher im *Junkers-Nachrichtenblatt*. Aber das Interesse der russischen Regierung an dieser Luftlinie sei groß, da eine Verlängerung bis Teheran und eventuell sogar bis Kabul geplant sei.[27]

Zur Propagierung ihrer Fluglinie veranstaltete der Junkers-Luftverkehr Ende Juni 1923 in Moskau anlässlich der russischen Flugwoche einen »Junkers-Tag«. Am 26. Juni trafen drei F 13, geführt von den Junkers-Piloten Krause, Schuster und Liehr, in Moskau ein. An Bord befand sich der zweite Geschäftsführer der Abteilung Luftverkehr Dr. Gottfried Kaumann.

»Die stattliche Zuschauermenge, die sich trotz der frühen Stunden angesammelt hatte, bestaunte und bewunderte unsere Vögel, die ihnen doch immer wieder etwas Neues bieten. Um die ausgerichtet aufgestellten Flugzeuge herum bewegten sich Militärs, Kommissionen und Fachleute, deren Fragen kein Ende nehmen wollte«, berichtete Junkers-Mitarbeiter Preuß.

Auch die russische Prominenz war anwesend und ließ sich diese Schauvorführungen nicht entgehen. »Bei der vor den Schau- und Rundflügen durch den Volkskommissar für Kriegswesen, Trotzki, und Kameneff abgehaltenen Flugparade wurden die leitenden Herren unseres russischen Luftverkehrs, Patze, sowie Dr. Kaumann, der gerade in Moskau weilt, durch den Inspektor der zivilen Luftflotte, Koretzki, mit den leitenden Persönlichkeiten der Sowjetrepublik bekannt gemacht. In seiner Rede, die Trotzki aus Anlass der Parade hielt, äußerte er sich sehr anerkennend über die deutschen Flugzeuge. Punkt 6 Uhr rollten zwei Maschinen zum Start, um die hohen und höchsten Würdenträger des Staates und Anhänger der Fliegerei über Moskau zu schaukeln. Hunderte von Menschen waren bereits vorgemerkt und rastlos starteten die Maschinen immer wieder, so daß eine Nachtschicht gut angebracht gewesen wäre, aber auch die hätte nicht alles bewältigen können.«

(187) Pressevertreter auf einer F 13 in Rostow (Juli 1923)

(188) F 13 *Pelikan* des Junkers-Luftverkehrs Russland im Juli 1923 in Moskau

Einen ungeplanten Zwischenfall dieses Flugtages konnten die Junkers-Piloten dazu benutzen, ihr Können eindrucksvoll zu demonstrieren. Das F-13-Streckenflugzeug *Adler* mit der Besatzung Kießner und Flader hatte beim Start in Charkow eine Beschädigung des Fahrgestells erlitten. In aller Eile wurden auf dem Moskauer Flugplatz Warnzeichen aufgestellt. »Ein Landekreuz liegt aus; links des Landekreuzes steht ein Mann mit einer Fackel und einem Rad, welches er im Augenblick, wo das Flugzeug, durch Leuchtkugeln vom Landen abgehalten, über ihn hinwegfliegt, von sich werfen soll, um anzuzeigen: Beschädigung linke Seite, Radlandung rechts!«

Abends gegen 9 Uhr traf das mit Bangen erwartete Flugzeug in Moskau ein. »Eine nervöse Bewegung ging durch die Zuschauer, mußte doch sogleich das eintreten, was die menschliche Sensationslust befriedigen kann. Als das Flugzeug zur Landung ansetzte, schoß ich, an der Einflugstelle stehend, zur Warnung Leuchtsignale ab und wiederholte dies öfter. Trotzdem näherte sich der *Adler* immer mehr dem Boden und man konnte deutlich sehen, wie die linke hintere Federstrebe des Fahrgestells hin und herpendelte. Lautlos und mit zurückgehaltenem Atem harrte die Menge auf das erwartete Schauspiel und erlebte – eine glatte Landung.«[28]

Trotz dieses Erfolges stellte sich immer mehr heraus, dass die Schweden-Persien-Strecke zu einem Verlustgeschäft für Junkers werden würde. »70 000 $ und 7 Flugzeuge. Conventionalstrafe von 50 000 Goldrubeln. Das geht über die zulässige Grenze unseres Engagement hinaus. Das scheint mir denn doch unsere finanzielle Leistungsfähigkeit zu stark zu beanspruchen«, notierte Junkers bereits am 24. Juni 1923.[29] Hinzu kamen die hohen Ausgaben für die Einrichtung der Flugzeugfabrikation im Zweigwerk Fili bei Moskau. »Der Luftverkehr, Direktion Moskau, ist auf Grund der hohen Juliausgaben der Fabrikation erneut gebeten worden, nur bis zum 15. August zu fliegen«, schrieb die Zentrale Moskau der Junkerswerke am 6. August 1923.[30]

Anfang September stellte der Junkers-Luftverkehr Russland den Flugbetrieb auf der Strecke Moskau – Tiflis ein. Bruno Wentscher berichtete darüber »Gerade noch vor Toresschluß konnte ich der Einladung der Moskauer Direktion des Junkers-Luftverkehrs folgen, die in diesem Jahre probeweise eingerichtete Luftpostlinie nach dem Süden und Südosten Rußlands aus eigener Anschauung kennenzulernen. Mit der *Wachtel*, in deren bequemer Kabine ich am Mittwoch die weite Reise antrat, ging zugleich die Anweisung zum Abbau und Aufrollen der Strecke an die verschiedenen Stationen ab. Mit dem letzten fahrplanmäßigen Postflugzeug soll ich morgen den Rückflug antreten. Die Gründe für das verhältnismäßig frühzeitige Einstel-

(189) Junkers-Pilot Franz Kneer mit F 13 im Juni 1923 in Charkow

len des Flugbetriebes liegen, wie mir Direktor Patze erklärte, weniger in der vorgeschrittenen Jahreszeit als in dem Bedürfnis, nach Abschluß der Vorarbeiten für die 1924 zu eröffnende Flugpostlinie Stockholm – Helsingfors – Petersburg – Moskau – Charkow – Rostow – Tiflis – Teheran die gewonnenen Erfahrungen in Verbindung mit der Heimat auszuwerten und in der Notwendigkeit, die Unkosten zunächst auf ein Mindestmaß zu beschränken, bis die vertraglich zugesicherten anderweitigen Einnahmequellen sich als genügend gesichert erwiesen haben.«[31]

Die Ergebnisse der Strecke Moskau – Tiflis waren 1923: 340 Flüge, 651 Passagiere, 4099 kg Gepäck.[32]

Im Frühjahr 1924 wurden die Verhandlungen über eine Subventionierung der Luftverkehrsstrecke Schweden-Persien fortgesetzt, aber weder die russische noch die persische Regierung zeigten großes Interesse. Ein Grund dafür war die Gründung eigener Luftverkehrsgesellschaften in Russland. Am 8. März 1923 war auf Anregung Lenins die »Rossiskoye Obshestvo Dobrovolnogo Vozduzhnogo Flota« (»Dobrolet«) gegründet worden. Sie eröffnete am 15. Juli 1923 ihre erste Luftverkehrsstrecke Moskau – Nishni Nowgorod.

Die Dobrolet gründete im Herbst 1923 in Baku eine Tochtergesellschaft, die »Aserbaidshanische Freiwillige Luftflotte« (Asdobrolet), die eine F 13 erwarb und Sonderflüge nach Tiflis und zu Faktoreien an der persischen Grenze durchführte. Sie ging einige Monate später in der transkaukasischen Luftverkehrsgesellschaft »Sakavia« auf, die 1924 die Strecke Batumi – Tiflis – Baku weiterhin mit Junkersflugzeugen betrieb. Die »Sakavia« bestand aber nur ein Jahr und wurde dann ebenfalls aufgelöst.

In der Ukraine wurde 1924 die Gesellschaft Ukrwosduchputj gegründet, die mit der sowjetischen Luftverkehrsgesellschaft Deruluft zusammenarbeitete und eine Anschlussstrecke von Moskau nach Charkow einrichtete. Damit lohnte sich eine Neueröffnung der gleichen Strecke durch den Junkers-Luftverkehr Russland nicht mehr.

Im Herbst 1924 gelang es dem Junkers-Vertreter Jaroljmek, nach einer langen Reihe von Verhandlungen mit Sardar Sipah, dem persischen Ministerpräsidenten, und Reza Khan, dem Kriegsminister in Teheran, Subventionen für den Betrieb der Strecke Baku – Teheran zu erhalten. Die Flugzeuge und Piloten im persischen Dienst sollten ausschließlich durch die Junkers-Werke gestellt werden, bis eine Fliegerschule eingerichtet worden sei. Fünf in Russland zugelassene F 13 wurden nach Teheran überführt und mit ihnen am 20. Dezember 1924 die Strecke Baku – Teheran offiziell eröffnet.

Die Nachricht über den Erfolg der Firma Junkers in Persien veranlasste den Leiter der englischen zivilen Luftfahrt im englischen Luftfahrtministerium, Generalmajor Sir W. Sefton Brancker am 26. September 1924 zu einem Besuch in Dessau. Sollte es Junkers doch noch gelingen, eine direkte Luftverkehrsstrecke von Stockholm bis Persien einzurichten, wären die Engländer zu einer Zusammenarbeit gezwungen.

Die *Times* vom 3. Oktober 1924 kommentierte den Vertragsabschluss in Teheran: »Obwohl der Vertrag im Wortlaut noch nicht veröffentlicht worden ist, kann man ohne Zweifel annehmen, dass die Organisation und die Einrichtung einer großen transasiatischen Luftverkehrsstrecke in deutsche Hände gelegt werden soll. … Vor einiger Zeit war es klar, dass die Deutschen zu dem Glauben neigten, dass der sicherste Weg zu einer herrschenden Stellung im internationalen Luftverkehr in einer Zusammenarbeit mit England liege. Ihr Ziel war es, auf Grund eines soliden Aufbaues einen unwiderlegbaren Anspruch auf eine Mitarbeit mit England herzustellen. In Rußland sind die Junkers-Werke schon lange monopolisiert: sie haben ihre Fühler nach Skandinavien ausgestreckt und in Budapest sind sie bereits an dem Tor nach den Balkanstaaten angelangt. Der Wert ihrer letzten Er-

(190) F 13 mit russischer Kennung R-RECC in Teheran

oberung in Persien ist besonders groß, da sie die Herrschaft über die Luftwege nach Afghanistan und der indischen Grenze bedeutet. Der kürzliche Besuch Branckers in Berlin und Dessau soll bestimmt verheißungsvolle Resultate gebracht haben.«[33]

Der Junkers-Luftverkehr Persien wurde mit Unterbrechungen bis zum März 1932 mit Junkers F 13 und dem Schwesternflugzeug W 33 betrieben. Von 1927 bis zur Betriebseinstellung wurden mit acht Flugzeugen 2 ½ Mill. Kilometer geflogen und rd. 20 000 Passagiere und 800 000 kg Fracht befördert.[34]

Die Transeuropa-Union (TREU)

Nach dem erfolgreichen Elbe-Donau-Flug von Wilhelm Zimmermann mit der F 13 *Meise* Mitte Dezember 1922 wurde am 9. Januar 1923 von Jankovic-Besan und Junkers in Budapest die Aeroexpress R. T. gegründet. Das Grundkapital betrug 160 Mio ungarische Kronen, die Junkers-Flugzeugwerke waren durch Einbringung von sechs F 13 zu 51 % beteiligt.[35]

Die Aeroexpress R. T. nahm im Januar 1923 mit vier F 13 mit Propaganda- und Rundflügen den Betrieb auf. Die F 13 »Meise« war nicht darunter, sie blieb Eigentum der Junkerswerke. Zimmermann unternahm damit Flugversuche auf der Donau, die er in einem Erfahrungsbericht[36] niederlegte. Im März flog er mit der *Meise* – diesmal mit Radfahrwerk – wieder nach Dessau zurück.

Außer der Aeroexpress waren im Jahre 1923 in Ungarn auch die schon erwähnte Ungarische Luftverkehrs A.-G. und die französische Fluggesellschaft Franco-Roumaine auf der Strecke Wien – Budapest tätig, wobei sich zeigte, dass diejenige Gesellschaft, die das Junkers-Verkehrsflugzeug benutzte, auch die meisten Fluggäste hatte. Während die Franco-Roumaine in 1017 Flügen nur 928 Passagiere beförderte, konnte die Aero-Express R.T. 1643 Fluggäste bei 526 Flügen verbuchen und lag damit auch über der Leistung der Ungarischen Luftverkehrsgesellschaft, welche 1432 Fluggäste in 426 Flügen befördert hatte.

Einer der bedeutendsten Fluggäste war Bischof Graf Mikes, der im Mai 1923 mit einer F 13 nach Rom flog. Das *Junkers-Luftverkehr Nachrichtenblatt* berichtete darüber:

»Das Flugzeug H.-MACE der ungarischen Gesellschaft flog am 5. Mai vom Budapester Flughafen Matyasföld unter Führung des Direktors Pepi Maier nach Szombathely (Stein am Anger), um dort die Fluggäste aufzunehmen. Am folgenden Tage, 12 Uhr mittags, startete der Junkers-Eindecker mit dem Bischof und seinem Sekretär, Dr. Palkö, als Fluggästen in Szombathely und traf nach 2½ stündigem Fluge über die österreichischen Alpen in Udine ein. Der Bischof von Udine hatte sich mit zahlreichem Gefolge zur Begrüßung der ungarischen Gäste auf dem Flugplatz eingefunden. Am 8. wurde der Flug fortgesetzt. Der Start in Udine erfolgte um 7 Uhr morgens, die Landung auf dem Flugfelde Francesco Baracca bei Rom um 1 Uhr mittags. Auch hier wurde der Bischof und sein Begleiter auf das gastfreundlichste aufgenommen.

Zu der Audienz beim Papste wurde auch der Flugzeugführer zugelassen. Ein kleiner Verstoß gegen die Etikette – der Flugzeugführer hatte keine zu einem Salonanzug passende Kravatte – wurde auf den Hinweis Maiers, daß er kein Diplomat, sondern Pilot sei, nachgesehen. Der Papst zeigte großes Interesse für das Flugwesen, segnete das Flugzeug und spendete eine Plakette des hl. Christoph, die dann in der Kabine des Flugzeuges angebracht wurde.

Der Junkers-Eindecker erregte überall großes Aufsehen, in Udine geradezu Begeisterung; in Rom begab sich auch der Kommandant der ita-

(191) Bischof Graf Mikes mit seinem Sekretär Dr. Palkö und der Flugzeugbesatzung vor der F 13 *Huhn*

(192) Die vom Papst Pius XI. gestiftete Plakette anlässlich des Fluges von Bischof Graf Dr. Mikes nach Rom

lienischen Fliegertruppe inkognito auf den Flugplatz, um das Flugzeug zu besichtigen.

Am 14., 6 Uhr morgens, wurde bei strömendem Regen der Rückflug angetreten. Dank günstigen Windes dauerte der Flug bis Udine, teilweise über das Adriatische Meer, nur 3½ Stunden. Am nächsten Tage trafen der Bischof und Dr. Palkö wieder wohlbehalten in Szombathely ein. Über die Annehmlichkeiten der Luftreise war Bischof Graf Mikes voll des Lobes.«[37]

Um eine durchgehende Flugverbindung von München nach Budapest errichten zu können, wurde unter 85 %-iger Beteiligung der Junkerswerke[38] am 3. Mai 1923 die Österreichische Luftverkehrs AG gegründet. Kurz darauf wurde eine Konferenz aller mit Junkers in Südeuropa zusammenarbeitenden Luftverkehrsgesellschaften einberufen, die am 9. und 10. Mai 1923 in München stattfand. Gegenstand dieser Konferenz war die Klärung aller Fragen für die reibungslose Durchführung des Flugverkehrs auf den Südstrecken. Teilnehmer waren das Schweizerische Luftamt, die Reichspost- und Reichszollverwaltung, das Bayerische Handelsministerium und Ministerium des Innern, die Polizeidirektion München, die Städte München, Nürnberg und Fürth und die Luftverkehrsgesellschaften Ad Astra AG, Österreichische Luftverkehrs AG, Ungarischer Aero Express R.T., Rumpler Luftverkehr AG, Bayerischer Luftlloyd AG und die Junkerswerke Abt. Luftverkehr Berlin.

Die beteiligten Luftverkehrsgesellschaften beschlossen eine Zusammenarbeit zunächst nur in Form einer Betriebsgemeinschaft, die den Namen Trans-Europa-Union (TREU) erhielt und ihren Sitz in München hatte. Die eigentliche Gründungsversammlung der Union sollte nach erfolgreichem Abschluss der Flugsaison 1923 stattfinden. Zweck der Union war eine wirtschaftliche Zusammenarbeit auf internationalen Strecken. Der Verkehr wurde der Union übertragen, die Ausführung oblag der Firma Junkers.[39]

Vier Tage später, am 14. Mai 1923, startete in München um 8.45 Uhr Pilot Kneer mit einem Postflugzeug Junkers A 20 zum Flug nach Genf und um 9.00 Uhr Pilot Bauer mit dem Verkehrsflugzeug F 13 D 219 zum Flug nach Wien. Damit waren die ersten beiden gemeinsamen Strecken der TREU München – Zürich – Genf und München – Wien eröffnet.

Am 22. Mai 1923 folgte die Wiedereröffnung der Strecke Berlin – Dessau – Leipzig – Fürth/Nürnberg – München, mit der der Anschluss an die Strecken der Osteuropa-Union hergestellt wurde, und am 16. Juni starteten F 13 Wasserflugzeuge auf der Donau, um die Strecke Wien – Budapest einzuweihen.

(193) F 13 der Aeroexpress R.T. auf der Donau

Auf dem nun 1613 km umfassenden Streckennetz der Trans-Europa-Union wurden, wie auch auf den Strecken der Osteuropa-Union, nur Junkersflugzeuge eingesetzt. Dem Junkers-Flugzeugwerk war es nach den Erfahrungen im Luftverkehr 1922 gelungen, die F 13 soweit zu verbessern, dass es kaum noch Anlass für Klagen gab. »Die ›Type J-13‹ ist das zurzeit anerkannt beste Verkehrsflugzeug, das sämtlichen flugtechnischen Forderungen entspricht. Nicht nur seine Flugleistungen übertreffen diejenigen des Handley-Page, sondern seine Bauart ist sämtlichen übrigen Flugzeugen weit überlegen«, schwärmte eine Schweizer Zeitung.[40]

Am Ende der ersten Flugsaison konnte festgestellt werden, dass die versuchsweise Zusammenarbeit der Luftfahrtgesellschaften verschiedener Nationalitäten in einer Gemeinschaft erfolgreich verlaufen war. Die Schweizer »Ad Astra« hatte ihre Passagierbeförderung um das Siebenfache erhöht, auch der ungarische Aero-Express und die Österreichische Luftverkehrsgesellschaft erzielten auf ihrer Strecke Budapest – Wien, die mit F 13 Wasserflugzeugen beflogen wurde, gute Ergebnisse. Der Aero-Express hatte in 526 Flügen insgesamt 1643 Fluggäste ohne Unfall befördert.

(194) Werbeplakat der Junkerswerke 1923

Die Gründungsversammlung der Transeuropa-Union fand am 22. Oktober 1923 statt. Die Begrüßungsansprache hielt Junkers. Er vermerkte es als sehr positiv, dass man sich in München trotz außer- und innerpolitischer Schwierigkeiten zusammengefunden hatte, um ein Werk von hoher friedlicher Bedeutung zu schaffen: »Wenn man den Globus zur Hand nimmt und feststellen muß, wie winzig klein die Staatengebilde Mitteleuropas sind, und daß diese nichts anderes zu tun wissen, als sich gegenseitig von außen und von innen heraus das Leben so schwer und unerträglich wie möglich zu machen, so möchte man lachen, wenn nicht so bitter ernste Folgen mit dem Verhalten verknüpft wären, die einem das Lachen wohl austreiben. Scheint es doch, als wenn die Menschen vergäßen, übersähen, daß sie außer den gegensätzlichen Interessen, welche sie auseinander treiben, viele viel größere gemeinsame Interessen haben, welche sie zusammenführen sollten. Diese gemeinsamen Interessen zu pflegen und dadurch die Menschen zusammenzuführen, den Zank und Hader auf ein erträgliches Maß zurück zu führen, das ist die große, schöne Aufgabe, der wir uns heute widmen wollen.«[41]

Den Geschäftsbericht verlas der Leiter der Abt. Luftverkehr der Junkerswerke Gotthard Sachsenberg. Mit Stolz konnte er darauf verweisen, dass mit den Junkers-Verkehrsflugzeugen auf den Strecken der TREU eine Sicherheit von 100 % und eine Regelmäßigkeit von 97 bis 100 % erreicht worden sei, »eine Leistung, wie sie im internationalen Luftverkehr bislang einzig dasteht«. Zu verdanken sei dies der Qualität der Flugzeuge, den Piloten, die Höchstleistungen vollbracht hätten und der guten Zusammenarbeit. »Dank der Mitarbeit jeder einzelnen an der Betriebsgemeinschaft beteiligten Gesellschaften konnte die ›Treu‹ den Beweis erbringen, daß sich für die Organisation eines internationalen Flugverkehrs eine Basis finden läßt, welche die Vereinigung mannigfacher auch vielfach auseinandergehender Interessen ermöglicht.«

In den ersten Verwaltungsrat wurden neben den Vertretern der einzelnen Luftverkehrsgesellschaften auch der Direktor des Deutschen Museums München, Dr. Oskar v. Miller, der Reichstagsabgeordnete Dr. Kulenkampff und Professor Junkers gewählt. In der sich unmittelbar anschließenden ersten Sitzung des Verwaltungsrates wurde auf Vorschlag von Junkers der Schöpfer des Deutschen Museums Reichsrat Dr. v. Miller zum ersten Vorsitzenden gewählt. Er begründete seinen Vorschlag damit, dass Dr. v. Miller »durch seine hervorragende Organisationstätigkeit, durch seine vorbildliche Unparteilichkeit und durch seine ausgedehnten Beziehungen die denkbar geeignetste Persönlichkeit sei, an die Spitze der Trans-Europa-Union zu treten«. Exzellenz von Miller nahm die Wahl an.

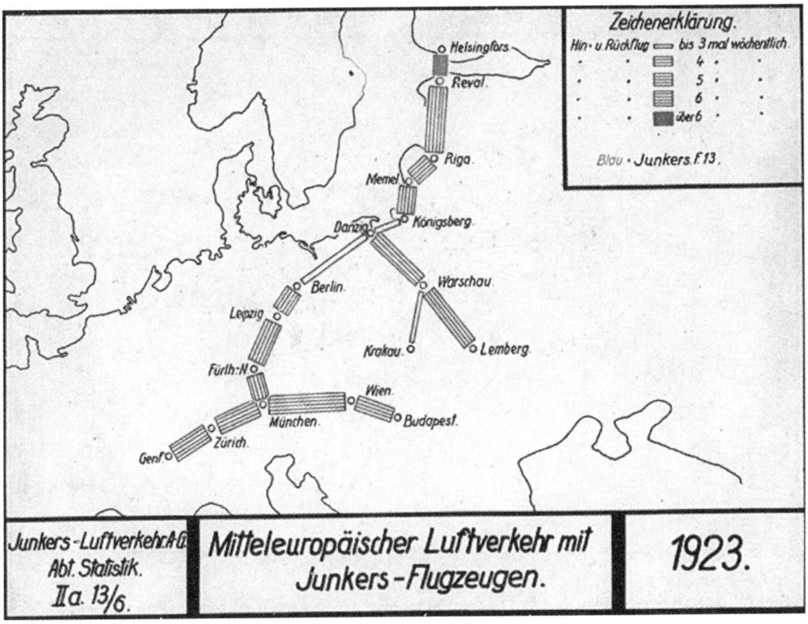

(195) Statistik des Junkers-Luftverkehrs 1923

Ein Luftverkehrsprogramm

Nach Gründungsversammlung der Transeuropa-Union veröffentlichte das Junkers-Luftverkehr Nachrichtenblatt am 31. Oktober als Sonderausgabe unter dem Titel »Internationales Luftverkehrsprogramm – Ein Beitrag zur Förderung des europäischen Verkehrswesens« die weiteren Ziele der Abteilung Luftverkehr bis 1926. Dieses Programm war gedacht als Vorschlag zur internationalen Regelung des öffentlichen Luftfahrtdienstes und sollte »zur Erhöhung des wirtschaftlichen und verkehrstechnischen Nutzeffektes dieses neuen Verkehrsmittels« dienen. Dieser Nutzeffekt sollte durch ein enges Zusammenwirken mit Erdbeförderungsmitteln, die Einrichtung von regelmäßigen Nachtflugstrecken und durch technische Weiterentwicklungen wie Vergrößerung der Flugzeuge, Schwerölflugmotor und Höhenflug erreicht werden. Damit sollte Luftverkehr »von der durch die staatliche Subventionierung bedingten Abhängigkeit« befreit und wirtschaftlich gestaltet werden.

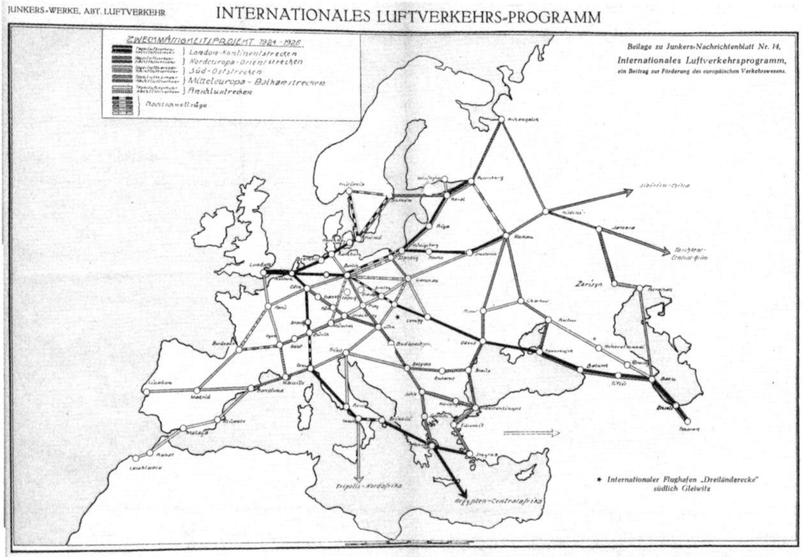

(196) Internationales Luftverkehrsprogramm des Junkers-Luftverkehrs

Als Voraussetzung für die Verwirklichung dieses Programms wurde vor allem die Besserung der wirtschaftlich-politischen Verhältnisse Europas angesehen. Durch internationale Fahrplankonferenzen sollten die Flugpläne aufeinander abgestimmt werden. Als eine wichtige Aufgabe sah der Junkers-Luftverkehr dabei seine »Mitwirkung beim Wiedereinschluss des Russischen Reiches mit seinen unermesslichen Rohstoffquellen und Absatzmöglichkeiten in das europäische Wirtschaftsgebiet« an.

Das Streckenprogramm sah folgende Strecken vor: London-Kontinent-Strecken (blaue Linien), die bis Persien geführt wurden, ein Mitteleuropa-Netz (rote Linien), ein Süd-Ost-Netz (braune Linien und ein innerrussisches Netz (grüne Linien).

Für die einzelnen Strecken waren genaue Reisepläne ausgearbeitet worden. Ein Reiseplan London – Enseli (Persien) sah folgendermaßen aus: Den Berechnungen lagen die statistisch erwiesenen Leistungen der Junkers-Verkehrsflugzeuge F 13 zugrunde, von denen 1923 über 100 im Einsatz waren. Dabei wurde die Durchschnittsreisegeschwindigkeit vorsichtig mit 110-Stunden-Kilometern und die tägliche Reisedauer mit 10 Stunden zugrunde gelegt und ein zweistündiger Aufenthalt in Rechnung gestellt. Nor-

Reiseplan London—Enseli.

1. Tagflug:

London	ab	7^{00}	
Rotterdam	an	10^{00}	ca.
Rotterdam	ab	10^{30}	
Hannover	an	14^{00}	ca.
Hannover	ab	14^{30}	
Berlin	an	16^{30}	ca.

Nachtschnellzug:

Berlin	ab	18^{30}	
Gleiwitz	an	5^{00}	ca.

2. Tagflug:

Gleiwitz	ab	7^{00}	
Lemberg	an	10^{30}	ca.
Lemberg	ab	11^{00}	
Odessa	an	16^{30}	ca.

Nachtflug mit Wasserflugzeug:

Odessa	ab	18^{30}	
Noworossijsk	an	24^{00}	ca.
Noworossijsk	ab	00^{30}	
Batum	an	4^{30}	ca.

3. Tagflug:

Batum	ab	7^{00}	
Tiflis	an	9^{30}	ca.
Tiflis	ab	10^{00}	
Baku	an	14^{00}	ca.
Baku	ab	14^{30}	
Enseli	an	17^{30}	ca.

(197) Reiseplan London – Enseli

malerweise flogen die F 13 mit 130 km/h Durchschnittsgeschwindigkeit, so dass ein Spielraum für ungünstige Witterung usw. verblieb. Als Zeitersparnis gegenüber dem Bodenverkehr wurde für die einzelnen Strecken angegeben:

Das Luftverkehrsprogramm fand in der in- und ausländischen Presse große Beachtung. Die *Berliner Volks-Zeitung* schrieb: »Man wird dem Junkers-Konzern für seine Initiative nur dankbar sein können. Es ist in der Tat höchste Zeit, daß sich Europa seiner technischen Möglichkeiten erinnert, um seine Massen in West, Ost, Nord und Süd aus dem furchtbaren Elend der letzten Jahre der Folge von Zersplitterungen und hasspolitischem Unrecht und wirtschaftlicher Anarchie herauszuführen. Dafür ist es dann

Strecke	Bodenverkehr	Flugzeug	Zeitersparnis
London—Kristiania	ca. 55 Std.	ca. 27 Std.	1 Tag 4 Std.
London—Petersburg	„ 84 „	„ 33 „	2 Tage 3 „
London—Moskau	„ 92 „	„ 35 „	2 „ 9 „
London—Teheran	„ 270 „	„ 74 „	8 „ 4 „
London—Smyrna	„ 129 „	„ 56 „	3 „ 1 „
Lissabon—Petersburg	„ 130 „	„ 56 „	3 „ 2 „
Lissabon—Moskau	„ 180 „	„ 53 „	5 „ 7 „
Lissabon—Braila	„ 130 „	„ 40 „	3 „ 18 „
Bordeaux—Konstantinopel	„ 94 „	„ 42 „	2 „ 4 „
Bordeaux—Athen	„ 108 „	„ 42 „	2 „ 18 „
Berlin—Konstantinopel	„ 68 „	„ 28 „	1 Tag 16 „

(198) Zeitersparnis auf den einzelnen Flugstrecken

auch nicht so wesentlich, ob nun der Plan der Junkers-Werke als Ganzes ausgeführt wird, oder ob man erst mit der Realisierung einzelner Strecken beginnt oder ob man endlich andere Projekte für wichtiger hält. Das Wichtigste ist, daß das Problem eines europäischen Luftverkehrsnetzes endlich von allen Beteiligten aufgerollt und tatkräftig erwirkt wird.«[42]

Bilanz 1923

Viereinhalb Jahre nach ihrem Erstflug hatte sich das kleine Verkehrsflugzeug F 13 nach anfänglichen Misserfolgen zu einem internationalen Erfolgsflugzeug emporgearbeitet. Unter dem tatkräftigem Einsatz der Abteilung Luftverkehr wurde sie inzwischen in mehreren Ländern als Hauptverkehrsflugzeug eingesetzt, so in Kolumbien, Russland, der Schweiz, Österreich, Ungarn, Schweden, Lettland, Finnland und Polen, auch in Persien flog eine F 13 im Kurierdienst der Regierung.

Die Abteilung Luftverkehr der Junkerswerke hatte die Gründung von Luftverkehrsgesellschaften in Europa wesentlich vorangetrieben. Ihre Beteiligung bestand vor allem in Verkehrsflugzeugen F 13, was den Absatz des Flugzeuges sicherstellte. Im Jahre 1923 erreichte die Jfa ihren Höchststand beim Serienbau der F 13, insgesamt wurden 75 Exemplare gebaut.

In Europa betrug die Länge der von der Abteilung Luftverkehr der Junkerswerke flugplanmäßig betriebenen Strecken rund 5600 km, dabei

Beteiligungen der Junkers-Flugzeugwerk A.G. (Stand 30.09.1923)[43]	
Schweizerische Luftverkehrs A.G. Ad Astra Aero, Zürich	35.000 Mark
Bodensee Luftverkehrsges. W. Truckenbrodt, Konstanz	5.000 Mark
Bayerische Luft Lloyd G.m.b.H München	12.000 Mark
Lloyd Junkers Luftverkehr G.m.b.H, Berlin	1 Mark
Österr. Luftverkehrs A.G., Wien	25.000 Mark
Sächs. Flughafen Betriebs-Ges., Dresden	1 Mark
Aero Express R. T., Budapest	25.000 Mark
Tagolcza Bányá R.T., Budapest	2.000 Mark
Rumpler Luftverkehrs A.G., München	1.000 Mark

Tab. 1: Beteiligungen der Junkers-Flugzeugwerk A.G. 1923

kamen 60 Verkehrsflugzeuge F 13 zum Einsatz.[44] Es wurde eine 100%-ige Sicherheit erreicht. Das *Berliner Tageblatt* vom 22. Dezember 1923 bemerkte dazu: »Die Bilanz des Jahres ist denkbar günstig und gekrönt von der erfreulichen Tatsache, daß kein Passagierflugzeug der deutschen Werke bei den planmäßigen Flügen verunglückt ist. Eine sehr bemerkenswerte Tatsache, wenn man bedenkt, daß in weiten Kreisen der Flug immer noch als riskante Angelegenheit und der Flugzeugführer als eine Art Held angesehen wird. Riskant sind Probeflüge, ist das Einfliegen neuer Maschinen. Der Passagierflug mit erprobten Führern und Maschinen wäre nach den Ergebnissen des vergangenen Jahres geradezu sicher.«

Die Zahl der weltweit mit den Verkehrsflugzeugen F 13 beförderten Passagiere hatte sich, wie aus Tabelle 2[45] zu ersehen ist, innerhalb der letzten drei Jahre verzehnfacht, bei der beförderten Fracht lag die Leistungssteigerung noch wesentlich höher:

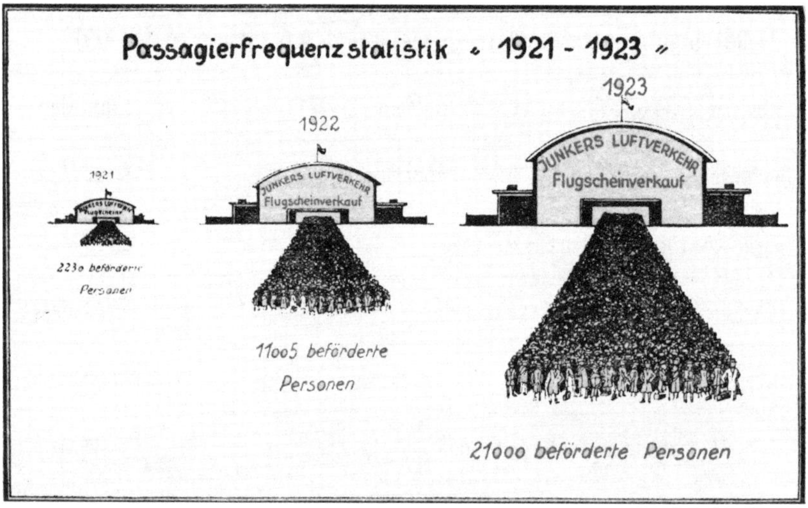

(199) Statistik der vom Junkers-Luftverkehr betriebenen Strecken 1921–1923

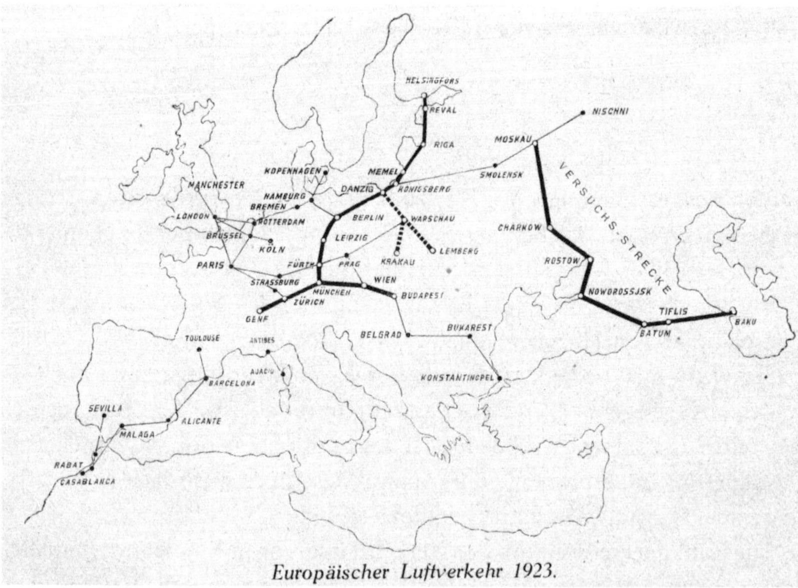

(200) Die hervorgehobenen Strecken wurden vom Junkers-Luftverkehr mit F 13 betrieben.

	1921	1922	1923	1924	1925
Insgesamt zurückgelegte Flugkilometer	350.000	536.355	1.266.769	1.875.371	4.801.462
Beförderte Personen	2.230	11.005	26.509	40.298	93.639
Beförderte Fracht in kg	2.500	16.180	67.035	142.866	656.542

Tab. 2: Statistik Junkers-Luftverkehr 1921–1925 (Junkers-Nachrichten 1926, Heft 1, S. 7)

Die Gründung der Junkers-Luftverkehrs AG

Im Jahre 1924 wollte man mit der Eröffnung des Luftverkehrs nicht mehr auf den Frühling warten. Die Osteuropa-Union richtete bereits im Februar einen Winterluftverkehr auf der Strecke Helsingfors – Reval ein. Dazu wurden die F 13 mit Schneekufen ausgerüstet.

Die Beteiligung am Luftverkehr über den zugefrorenen Finnischen Meerbusen sei sehr rege, schrieb das *Junkers-Luftverkehr Nachrichtenblatt.*[46] »Leider fehlte es der an sich so günstigen Strecke Stockholm – Reval an der notwendigen Erweiterung nach Osten, so daß sie letzten Sommer nicht wieder in Betrieb genommen wurde, sondern offenbar mit der Wiedereröffnung gewartet wird, bis sich die Verhältnisse in Rußland soweit geklärt haben, daß ein durchgehender Verkehr von Schweden über Estland nach dem Innern Rußlands durchführbar wird«, bedauerte die Zeitschrift *Luftfahrt.*[47]

In München berieten die Mitglieder der Transeuropa-Union im Februar 1924 in einer Verwaltungskonferenz ihr weiteres Vorgehen. Gotthard Sachsenberg schlug vor, die bisher eingerichteten Luftverkehrsstrecken der TREU weiter nach Westen hin über Frankfurt bis nach Köln auszudehnen und die Strecke Berlin – Wien abzukürzen, indem sie über Dresden und Prag geführt wird. Zu diesem Zweck waren die Gründungen eigener Gesellschaften in Frankfurt am Main und in Dresden in die Wege geleitet worden, die sich der TREU anschließen sollten. Die Strecke Wien-Budapest sollte bis nach Angora hin erweitert werden. Zu diesem Zweck hatte der ungarische Aero-Express eine F 13 kann Konstantinopel entsandt, die dort vorgeführt werden sollte.

(201) F 13 auf Schneekufen

Im Mittelpunkt der Beratung stand die Verbesserung der Wirtschaftlichkeit. Um das Luftverkehrsunternehmen rentabel zu gestalten, war nach Meinung von Junkers der Bau von Großflugzeugen unbedingt erforderlich. Der Vorsitzende des Verwaltungsrates Dr. v. Miller stimmte ihm bei: «Ich halte die Vergrößerung der Flugzeuge für die wichtigste Frage, die wir überhaupt haben. Die Vergrößerung der Flugzeuge wird am meisten den Betrieb popularisieren und die meisten Freunde dem Luftverkehr schaffen.« Das dafür notwendige Kapital sollte durch Beteiligungen weiterer Gesellschaften beschafft werden. Dazu sollte der Verkehr im Inneren des Netzes verdichtet werden. »Je mächtiger die TREU im Innern wird, desto größer wird ihr Anschluß für alle internationalen Linien werden. Diesen Anschluß zu vergrößern halte ich für eine der Hauptaufgaben«, betonte v. Miller. Als Vorbild stellte er den deutschen Eisenbahnverband hin, dem sich auch Österreich, Ungarn, die Schweiz, Frankreich und Belgien angeschlossen hatten. »Dieser deutsche Eisenbahnverband hat über alle technischen und Verkehrsfragen einheitlich zu beraten und zu beschließen. Ein derartiger Verband aller am Luftverkehr beteiligten Gruppen wäre anzustreben.«[48]

In Auswertung dieser Verwaltungskonferenz schlug Gotthard Sachsenberg in einem Schreiben an Junkers vom 10. März 1924 die Gründung einer Junkers-Luftverkehrs Aktiengesellschaft vor. Damit sollten die Eigentumsverhältnisse des Fluggeräts und der Beteiligungen von Junkers bzw. der Jfa an den verschiedenen Luftverkehrsunternehmungen geregelt werden. Die Finanzierung sollte durch Aufnahme führender Persönlichkeiten aus Finanz- und Wirtschaftskreisen in die Aufsichtsorgane der einzelnen Gesellschaften gefördert werden. Für die Heranziehung fremden Kapitals war die Umwandlung der Abteilung Luftverkehr in eine Aktiengesellschaft notwendig.

Junkers nahm den Vorschlag von Gotthard Sachsenberg an und ließ eine von ihm für formale Zwecke gegründete Gesellschaft, die Aero-Lloyd A.G., Berlin, in »Junkers-Luftverkehrs A.G.« (JLAG) umbenennen.[49] Die JLAG übernahm im wesentlichen die Aufgaben der bisherigen Abteilung Luftverkehr: Betrieb des Luftverkehrs in Deutschland und über dessen Grenzen hinaus, Reparatur von Flugzeugen, Ausbildung von Flugzeugführern, Vornahme von Handelsgeschäften aller Art, welche in Verbindung mit dem Luftverkehr, den damit zusammenhängenden Agenturen und dem Absatz von Flugzeugen stehen, Gründung von Luftverkehrsgesellschaften im In- und Ausland, Eingehen von Interessen- und Betriebsgemeinschaften.[50] Die Formalitäten der Gründung zog sich noch den ganzen Sommer über hin, offizielles Gründungsdatum war der 13. August 1924.

Um einen direkten Kontakt zum Flugzeugwerk herzustellen, siedelte die Abteilung Luftverkehr, die bisher in Berlin ansässig war, nach Dessau über und erhielt ein eigenes Gebäude im Stadtteil Ziebigk.

Im Jahre 1924 wurde die Kabineneinrichtung der F 13 modernisiert. Diese Aufgabe wurde dem späteren Schwiegersohn von Junkers, dem 35-jährigen Architekten Friedrich Drömmer übertragen.

Drömmer war 1923 von München nach Dessau gekommen, um bei der Einrichtung des von der Familie Junkers neu erworbenen Hauses in der Albrechtstraße mitzuwirken. Junkers war mit seiner Arbeit offensichtlich sehr zufrieden, denn er stellte den jungen Künstler in seiner Propagandaabteilung[51] ein und beauftragte ihn 1924 auch mit der Einrichtung von Flugzeugkabinen. Wie Drömmer später berichtete, habe er an der ersten Standard-Kabineneinrichtung aus Leichtmetall gearbeitet.[52] Ein Jahr später schuf Drömmer das Markenzeichen der Junkerswerke: den stilisierten fliegenden Menschen. Dieser Fliegende Mensch steht heute als Denkmal für Junkers am Stadteingang von Dessau.

(202) Gebäude des Junkers-Luftverkehrs in Dessau-Ziebigk

(203) Büroraum des Junkers-Luftverkehrs

(204) Innenraum der neugestalteten F 13 im Rohzustand

(205) Neuausstattung der F 13 mit Ledersesseln

Zur Verwirklichung des Nachtluftverkehrs fanden im März 1924 auf dem Tempelhofer Flugplatz Nachtlandeversuche von Seiten der Optischen Anstalt C. P. Görz und des Junkers-Luftverkehrs statt. Im Scheinwerferlicht wurden Flüge und Landungen ausgeführt.[53]

Anlässlich der Leipziger Messe 1924 wurden Rundflüge ausgeführt, bei denen den Passagieren während des Fluges sogar Radiokonzerte geboten wurden. Dazu war von der Firma Vox in die F 13 mit der Kennung D 230 eine Rundfunkeinrichtung eingebaut worden. Als Antenne diente ein Kupferdraht, der über beide Flügel des Flugzeuges gespannt worden war. Jeder Passagierplatz war mit einem Doppelkopfhörer ausgestattet worden. Die musikalische Übertragung soll ohne jede Störung vor sich gegangen sein.[54]

Die Rundfunkübertragung – hier mehr ein Gag – bewies die Machbarkeit eines Funkverkehrs zwischen einer Bodenstation und dem Flugzeug. Am 6. März 1924 wurde die erste deutsche Flughafenfunkstelle in Hamburg-Fuhlsbüttel übergeben, erbaut von der Dr.-Erich-F.-Huth-Gesellschaft im Auftrag des Reichsverkehrsministeriums.[55] Damit war es u. a. möglich, den Flugzeugen laufend Wetterberichte zu übermitteln.

Der Funkverkehr beschleunigte die Weiterentwicklung des europäischen Luftverkehrs. Neben dem schon erwähnten Nachtluftverkehr, der anfangs nur mit Postflugzeugen durchgeführt wurde, wurde der Winterluftverkehr im Herbst 1924 auf weitere Strecken in Skandinavien und Polen ausgedehnt. Auch der Luftverkehr auf der TREU-Strecke Frankfurt – Nürnberg – München – Wien – Budapest wurde ab November 1924 fortgesetzt. Die dabei gesammelten Erfahrungen sollten dazu genutzt werden, ab 1925 einen ganzjährigen durchgehenden Luftverkehr auf allen Junkersstrecken einzuführen.

Das erste Großverkehrsflugzeug

Zur Leipziger Messe im März 1924 wurde der Junkers-Luftverkehr Opfer seines eigenen Erfolges. Die Nachfrage überstieg das Angebot bei weitem, über 50 Flüge mussten abgesagt. werden. Das Aufsichtsratsmitglied der Rundfunk Vertriebs-AG Schultze-Horn beschwerte sich bei Junkers, dass er morgens von Berlin zur Leipziger Messe geflogen sei, aber den Rückflug am Nachmittag nicht antreten konnte, da alle Flugzeuge besetzt waren. Dadurch habe er die Gesellschafter-Versammlung am Abend ver-

(206) Radiokonzert in einer F 13

(207) Radio-Bordstation auf der F 13

passt. Auf dem Leipziger Flugplatz hätte eine unglaubliche Desorganisation geherrscht. Fluggäste, die bereits Karten für Platzflüge gekauft hatten, wurden immer wieder vertröstet bzw. es wurde ihnen empfohlen, sich das Geld an der Kasse zurückzahlen zu lassen. Die Kassenschalter waren derart überfüllt, dass die Passagiere sich nur mit Mühe und Not Zutritt zum Schalter verschaffen konnten.[56] Das Messeamt Leipzig schloss sich dieser Beschwerde an. Es hätten über 50 Flüge abgesagt werden müssen.[57] Es bestand nun kein Zweifel mehr, der Junkers-Luftverkehr brauchte schnellstens größere Flugzeuge.

Bereits im Juni 1923 hatte Hugo Junkers ein größeres Flugzeug für 10 bis 12 Personen »ähnlich der F 13« mit einem bis drei Motoren geplant und er hatte den 26-jährigen Konstrukteur Ernst Zindel mit der Vorplanung beauftragt.[58] Der Verwirklichung dieses Projektes standen mehrere Schwierigkeiten gegenüber. Für eine einmotorige Version gab es in Deutschland keine Flugmotoren mit entsprechender Leistung, deshalb musste Zindel die Motorleistung auf drei Motoren verteilen. Vorgesehen war der Einbau von drei Junkers-L 2-Motoren mit je 230 PS, der jedoch von den Alliierten nicht genehmigt wurde. Erlaubt wurde nur ein L-2-Mittelmotor und zwei Außenmotore von je 160 PS.

Nach Fertigstellung des Flugzeuges konnte es nicht in Dessau eingeflogen werden, da der Flugplatz der Jfa für ein Großflugzeug ungeeignet war.[59] Das Flugzeug musste zum Junkers-Flugplatz in Nürnberg-Fürth überführt werden, wo Pilot Wilhelm Zimmermann am 19. September den Erstflug absolvierte.

Dieses neue Großflugzeug vom Typ G 24 bedeutete gegenüber der F 13 nicht nur einen Fortschritt hinsichtlich der Anzahl der zur Verfügung stehenden Passagiersitze, es konnten auch Geschwindigkeit, Reichweite und vor allem die Verkehrssicherheit erhöht werden. Durch den Einbau von drei Motoren war die Möglichkeit geschaffen worden, auch bei Ausfall eines Motors den Flug bis zum nächsten Flugplatz fortsetzen zu können. Bei ihren Leistungen musste die G 24 jedoch bis zur Aufhebung der Begriffsbestimmungen unter ihren Möglichkeiten bleiben, da die Alliierten nur eine Geschwindigkeit von 170 km/h zuließen.

(208) F 13 zur Leipziger Messe 1924

(209) Mittelgerüst und Kabine der G 24 im Bau

(210) G 24 im Bau

(211) Erstflug der G 24 am 19. Sept. 1924 in Fürth

(212) G 24 in Fürth

(213) Kabine der G 24 mit Ledersitzen und Toilette

Die Nordeuropa-Union

Zu Beginn des Jahres 1924 traf in Helsingfors die erste F 13 ein. Sie erhielt das finnische Kennzeichen K-SALA. Mit ihr eröffnete die Aero O. Y. im Februar des Jahres ihren ersten Linienflug nach Reval.

Zu dieser Zeit verhandelte Herr Hauck als Bevollmächtigter der Junkerswerke bereits mit schwedischen Interessenten über die Gründung einer Luftverkehrslinie Stockholm – Helsingfors. Durch geschickte Verhandlungsführung und vor allem aufgrund der Tatsache, dass er kurzfristig zwei F 13 W anbieten konnte, siegte er über die Konkurrenz. Im Ergebnis der Verhandlungen wurde am 5. Mai 1924 in Stockholm unter Beteiligung von Junkers die A. B. Aerotransport gegründet. Die Bezeichnung »Osteuropa-Union« hatte nun keine Berechtigung mehr, sie wurde in Nordeuropa-Union (NEU) geändert.

Die F 13 war zu diesem Zeitpunkt in Schweden kein unbekanntes Flugzeug mehr. Nachdem die Svenska Lufttrafik diese Type 1921 und 1922 auf ihrer Strecke Stockholm – Reval verwendet hatte, konnte sie auf dem Wettbewerb der Verkehrsflugzeuge anlässlich der Göteborger Luftfahrtausstellung Erfolge erzielen. Dort hatte eine F 13 Land den 2. und eine F 13 Wasser den 3. Platz errungen.

Die beiden für die Aerotransport bestimmten F 13 »Kreuzschnabel« und »Schleiereule« trafen unter Führung der Piloten Arthur Neumann und Fritz Loose zwei Tage nach Gründung der Gesellschaft in Stockholm ein. Dort erhielten sie die schwedischen Kennzeichen S-AAAB und S-AAAC.

Mit der S-AAAC wurde am 1. Juni 1924 in Anwesenheit des schwedischen Verkehrsministers die Strecke Stockholm – Helsingfors mit 4 Passagieren an Bord eröffnet. Die Strecke wurde allerdings Ende August bereits wieder eingestellt, nachdem die finnische Postverwaltung eine Subvention der Linie abgelehnt und auch die schwedische Postverwaltung aus diesem Anlass eine Unterstützung ausgeschlossen hatte. Während des knapp drei Monate langen Verkehrs auf dieser ersten schwedischen Fluglinie wurden insgesamt 75 600 km zurückgelegt und 320 Personen sowie ca. 300 kg Post befördert. Nur einmal während der Dauer des Verkehrs trat ein Maschinendefekt auf, der zum Abbrechen des Fluges zwang.[60]

Im zweiten Halbjahr 1924 betrieb die A. B. Aerotransport mit ihren F 13 außerdem die Luftverkehrsstrecke Hamburg – Malmö und richtete einen Pendelverkehr Malmö – Kopenhagen ein.

(214) F 13 beim Verkehrsflugzeugwettbewerb in Göteborg 1923

(215) Frachtübernahme in Stockholm

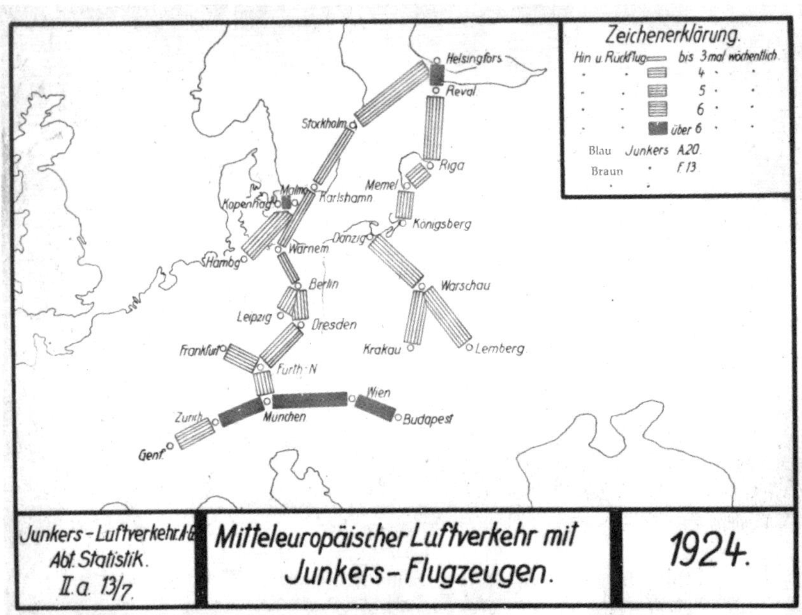

(216) Mitteleuropäischer Luftverkehr mit Junkers-Flugzeugen im Jahre 1924. Die Nachtluftpoststrecke Berlin – Warnemünde – Stockholm wurde mit A 20 Postflugzeugen beflogen, alle anderen Strecken mit F 13

Am 11. August 1924 wurde die Strecke Berlin – Dresden – Fürth als Passagier-, Post- und Frachtdienst mit blumengeschmückten Junkers F 13 eröffnet. Die Strecke verband das Ostseeluftverkehrsnetz mit dem Netz der Trans-Europa-Union.[61]

Am 18. August 1924 eröffnete die Nordeuropa-Union mit einem Wasserflugzeug A 20 die erste regelmäßig betriebene Nachtluftpoststrecke Europas von Berlin nach Stockholm. Es gab nun auch eine durchgehende Flugverbindung zwischen Budapest bzw. Zürich und Stockholm.[62]

Die damit geschaffene Verbindung aller europäischen Junkers-Luftverkehrsstrecken erforderte nun auch eine Verschmelzung beider Unionen und eine vertraglich verankerte einheitliche Betriebsführung durch den Junkers-Luftverkehr.

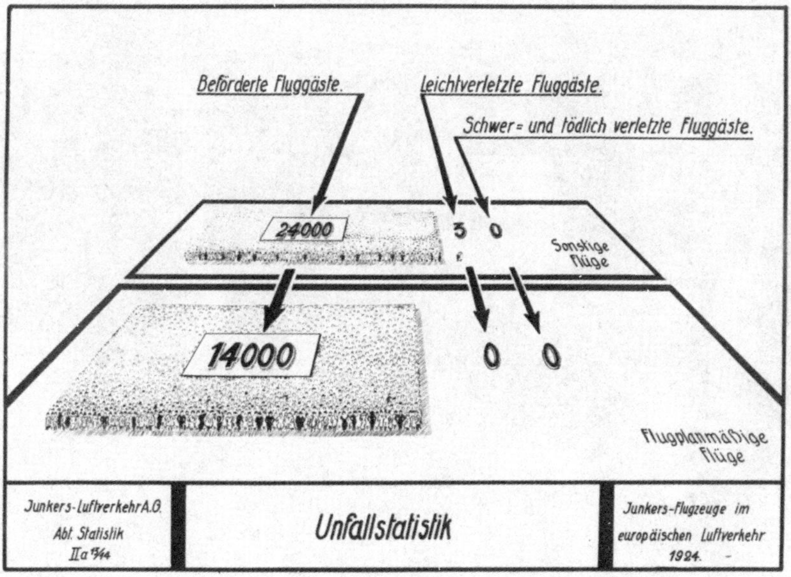

(217) Junkers-Flugzeuge im europäischen Luftverkehr 1924: Unfallstatistik

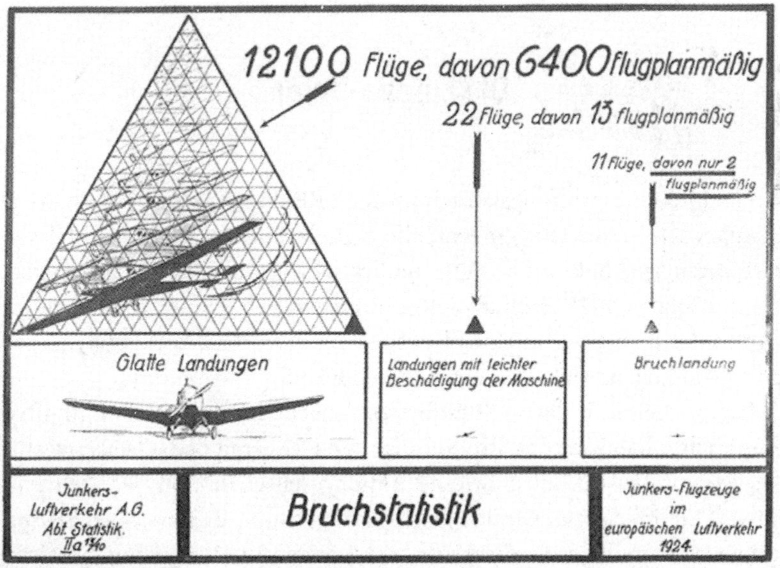

(218) Junkers-Flugzeuge im europäischen Luftverkehr 1924: Bruchstatistik

(219) Junkers auf der Landwirtschaftlichen Ausstellung in Hamburg 1924 mit Werbeplakat »Weltflugverkehr Junkers«

Die Europa-Union

Bereits in der Verwaltungskonferenz der TREU im Februar 1924 hatte Dr. v. Miller den Vorschlag gemacht, alle Junkers-Linien in einer Gesellschaft zusammenzuschließen. Die Vertreter der Schweiz sträubten sich jedoch dagegen: »Solange man noch an Subventionen gebunden ist, … solange wird man in der Schweiz von einer Erweiterung der TREU nichts wissen wollen«, gab Rechtsanwalt Dr. Wirth zu Bedenken.

Junkers ließ sich davon nicht beirren. Nachdem die Abteilung Luftverkehr im Sommer 1924 das Streckennetz der TREU mit dem Ostseestreckennetz verbunden und sich in eine Aktiengesellschaft umgewandelt hatte, entwarf sie im September 1924 den Plan »Europa-Union«. Der Prospekt sollte als Grundlage für die Vorbesprechungen in Dessau mit Vertretern der Trans- und Nord-Europa-Union dienen. Die Europa-Union sollte die Form einer Kommanditgesellschaft auf Aktien erhalten und eine gleichberechtigte Zusammenarbeit aller beteiligten Gesellschaften garantieren.

Geplant war ein Aktienkapital von 10 Millionen Mark. Die JLAG sollte die unbeschränkte Haftung übernehmen. »Eine Realisierung des Programms der Europa-Union … hätte der JLAG unter Sachsenberg eine hegemoniale Stellung im zwischenstaatlichen Luftverkehr in Mittel-, Nord- und Südeuropa verschafft.«[63]

Im Jahre 1925 wurden zu den Luftverkehrslinien der Nord-Europa-Union, die die Ostsee-Randstaaten umfassten, den Linien der Transeuropa-Union, die Süddeutschland mit der Schweiz, Österreich und Ungarn verbanden, und der von der Junkers Luftverkehr AG betriebenen Nord-Süd-Verbindungslinie Stockholm – Berlin – München, noch eine Strecke von Ost- nach Westeuropa hinzugefügt.

In Vorbereitung dazu wurde im Januar 1925 in Breslau die Schlesische Luftverkehrs-AG gegründet, an der sich die Junkerswerke mit 25 % Aktienkapital beteiligten. Im Monat darauf erfolgte die Gründung der Luftverkehrsgesellschaft Ruhrgebiet AG (Lurag), die ebenfalls eine Betriebsgemeinschaft mit den Junkerswerken einging. Damit konnte eine durchgehende Luftverkehrsstrecke zwischen Breslau und dem Ruhrgebiet über Görlitz, Dresden, Leipzig und Kassel eingerichtet werden. Nachdem noch in Gleiwitz die Oberschlesische Luftverkehrs AG gegründet worden war, war damit erstmalig eine direkte Luftverbindung zwischen dem oberschlesische und dem westfälischen Industrierevier geschaffen worden.

Weiterhin gründeten die Junkerswerke Anfang 1925 in Kopenhagen die Dansk Lufttransport A.G., Kopenhagen und in London die Air Express Co. Ltd und die TREU ging eine Betriebsgemeinschaft mit der N.V. Nederlandsche Wereldverkeer Matschappij, Amsterdam ein, wodurch eine durchgehende Flugverbindung Malmö – Kopenhagen – Amsterdam – London entstand.

Der Plan einer Streckenerweiterung nach Osten war vorerst aufgegeben worden. Nach einem heftigen Kampf mit der französischen Luftverkehrsgesellschaft Franco-Roumaine um die Strecke Konstantinopel-Angora hatte sich die türkische Regierung bereit erklärt, beiden eine Konzession für drei Monate zu geben, aber die Firma Junkers zog sich im letzten Moment zurück. Die Reparatur von Duraluminflugzeugen weitab von Spezialwerkstätten wäre zu schwierig gewesen.[64]

Um einen reibungslosen Flugverkehr zwischen all diesen mit Junkers in Betriebsgemeinschaft arbeitenden Gesellschaften zu gewährleisten, schlossen sich am 7. Mai 1925 die Nord-Europa- und die Trans-Europa-Union wie geplant zu einer Kommanditgesellschaft auf Aktien zusammen. An der neuen Europa-Union waren beteiligt: die Ad Astra Co., Zürich, Aero

Osaheyhtio, Helsingfors, Aeronaut, Reval, die A.B. Aerotransport, Stockholm, der Bayerische Luftlloyd, München, die Bayerische Luftverkehrs A. G., München, die Danks Lufttransport A. B., Kopenhagen, Danziger Luftpost, Danzig, die Junkers Luftverkehr A.G., Dessau-Ziebigk, die Nord-Europa-Union, Riga, die Aero-Lat, Riga, die Oberschlesische Luftverkehrs AG, Gleiwitz, die Österreichische Luftverkehrsgesellschaft AG, Wien, die Rumpler Luftverkehr AG, Wien, die Transeuropa-Union, München (in Betriebsgemeinschaft mit N. V. Neederl. Werel Vereer-Matsch., Amsterdam), die Schlesische Luftverkehrs AG, Breslau, die Luftverkehrsgesellschaft Ruhrgebiet AG und die Sächsische Luftverkehrs AG, Dresden. Die Gesellschaft war vorerst nur eine Organisationsgesellschaft, denn das Kapital betrug nur 50 000 RM. Die endgültige Gründung sollte nach Ende der Flugsaison stattfinden.[65]

Die Europa-Union basierte auf einem einheitlichen Flugzeugtyp, dem Junkersflugzeug. Bis Ende 1924 waren im Passagierluftverkehr nur F 13 verwendet worden, in der Flugsaison 1925 kamen auf den stärker frequentierten Strecken einige dreimotorige G 24 hinzu. Die Nachtluftpoststrecken wurden nach wie vor mit den zweisitzigen Postflugzeugen A 20 beflogen.

Durch die Verwendung von nur drei unterschiedlichen Flugzeugtypen eines Herstellers konnten die Überholungen und Reparaturen sehr kostengünstig gestaltet werden. Die Junkers-Flugzeugwerke wurden von Reparaturen vollständig entlastet und konnten sich ganz auf die Serienproduktion konzentrieren. Dafür wurden in ganz Europa Werften und kleinere Werkstätten eingerichtet, die zu einer Reparaturgemeinschaft verbunden wurden. »Durch die Dezentralisation der Werften und die Einrichtung von kleineren, nur im Bedarfsfalle mit Personal (beweglichen Arbeitskolonnen) zu besetzende Reparaturwerkstätten auf den einzelnen Verkehrsstrecken, ferner durch Entlastung der Flugleitungen in technischer Hinsicht (Startbereitmachen durch Werftpersonal) lassen sich die Kosten sowohl im eigentlichen Luftverkehr als auch im Werftbetrieb erheblich herabsetzen,« heißt es im Prospekt der »Europa Union«.

Die der Europa-Union angehörenden Gesellschaften erweiterten ihr Streckennetz im Sommer 1925 beträchtlich. Neben der schon erwähnten Flugverbindung Malmö – London wurden auch in Süd- und Osteuropa neue Luftverkehrslinien geschaffen.

Am 27. April 1925 flog das erste Junkersflugzeug von Wien nach Krakau und verband somit den österreichischen mit dem polnischen Luftverkehr. Auch das innerösterreichische Streckennetz wurde erweitert. So wurden Verbindungen von Wien über Linz und Gmunden nach St. Wolfgang am

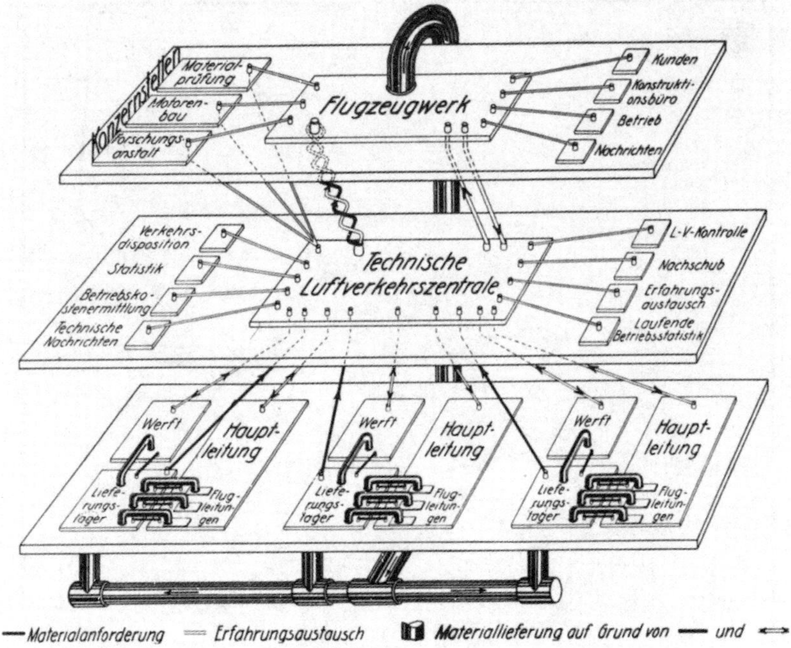

(220) Zusammenarbeit zwischen Junkers-Flugzeugwerk und Junkers-Luftverkehr

Wolfgangsee geschaffen, auch Klagenfurt mit Wien verbunden. Die Ad Astra in der Schweiz erweiterte ihr Streckennetz von Zürich über Lausanne bis Genf.

Auch im Innern Deutschlands verdichtete sich das Flugstreckennetz des Junkers-Luftverkehrs immer mehr. Die Oberschlesische Luftverkehrs AG eröffnete im Mai 1925 die Strecke Gleiwitz – Breslau – Berlin mit Anschluss an die große Ost-West-Linie Breslau – Ruhrgebiet. Die im Februar 1925 gegründete Luftverkehrsgesellschaft Ruhrgebiet AG (Lurag) hatte am 11. Mai einen Interimsflugplatz in der Nähe von Dorsten eröffnet, da das Ruhrgebiet um diese Zeit noch besetzt und der Luftverkehr dort von den Alliierten verboten worden war. Von Dorsten aus eröffnete die Lurag im Laufe des Sommers Flugstrecken nach München und Frankfurt, nach Hamburg über Münster und Bremen, nach Leipzig über Erfurt und Kassel, eine Direktverbindung nach Berlin und eine nach Amsterdam, wo Anschluss an die Fluglinie nach London bestand. Nach Ende der Besatzungszeit konnte die Lurag am 30. August ihren neuen Flughafen in der Nähe von Essen einweihen.

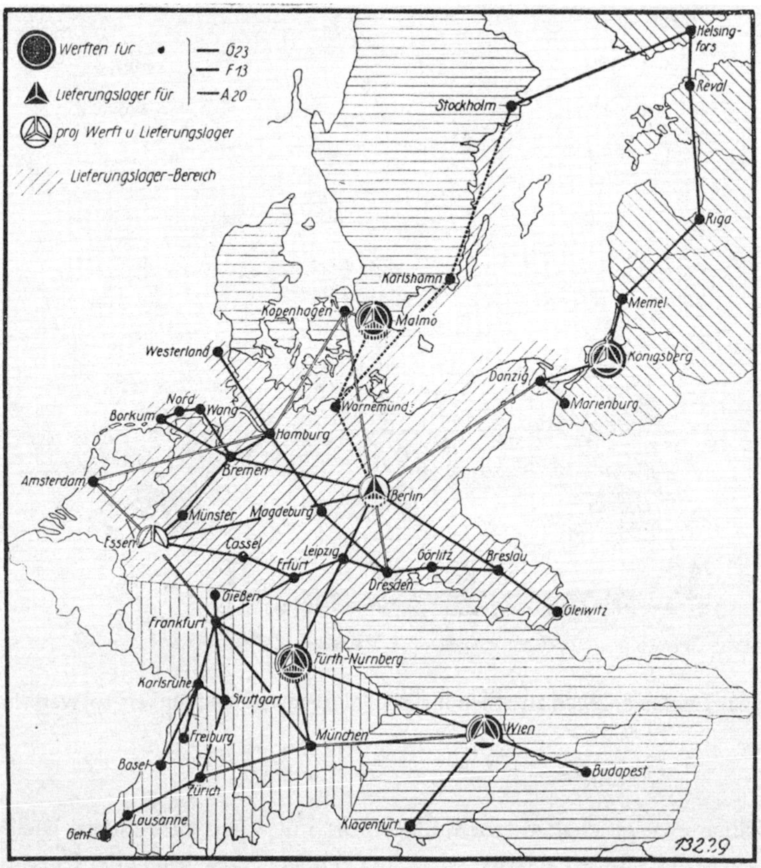

(221) Werft und Belieferungsplan im Bereich der Europa-Union 1925

Die Junkers Luftverkehrs AG (JLAG) betrieb ab 18. Mai wieder ihre Nachtluftpoststrecke Berlin – Warnemünde – Karlshamn – Stockholm und dazu eine Tagesstrecke Berlin – Kopenhagen, die nach Einstellung der Strecke Berlin – Stockholm als Nachtstrecke weitergeführt wurde. Auf dieser Nachtstrecke wurden ab Oktober 1925 erstmalig auch Passagiere befördert.

Am 29. Mai wurde von der JLAG ein Versuchsflug mit einer F 13 W von der Elbe bei Dessau bis nach Dresden durchgeführt. Dieser Flug diente zur Vorbereitung der 1. innerdeutschen Wasserstrecke Dresden – Magdeburg – Altona, die im August 1925 in Betrieb genommen wurde. Auf dieser Strecke wurden bis November 1925 insgesamt 134 Flüge durchgeführt und dabei 479 Passagiere befördert.

(222) Die F 13 am Wasserflughafen Duisburg erregt Aufsehen

(223) F 13 auf der Elbe bei Dresden

(224) F 13 auf dem Flugplatz Berlin-Tempelhof

Auf dem gesamten mitteleuropäischen Streckennetz der JLAG hatten die Junkers-Flugzeuge im Jahre 1925 von Januar bis einschließlich November in 30 000 Flügen 80 000 Passagiere, 370 t Fracht und Gepäck sowie 250 t Post befördert. Hierbei wurden nahezu 4,5 Mill. Flugkilometer zurückgelegt.[66] Mit Beteiligungen an 29 in- und ausländischen Verkehrsgesellschaften war der Junkers-Luftverkehr ein internationaler Luftfahrtkonzern und auf dem besten Weg, die »dominierende Fluggesellschaft der Welt« zu werden.[67]

Die Alliierten waren beeindruckt. Trotz der Baubeschränkungen des Versailler Vertrages war es der Firma Junkers gelungen, mit ihrer F 13 im Verkehrsflugzeugbau die Weltspitze zu erreichen. Mit knapp 3000 Arbeitern und Angestellten war die Jfa das größte Flugzeugwerk der Welt. Der Leiter der englischen zivilen Luftfahrt im englischen Luftfahrtministerium, Generalmajor Sir W. Sefton Brancker, bezeichnete die Firma Junkers bei seinem Besuch in Dessau am 26. September 1924 gar als »Flugzeugschmiede für den Weltluftverkehr«[68] und stellte in Aussicht »dass das Eis der Begriffsbestimmungen im Schmelzen ist und dass eine für alle befriedigende Lösung bald eintritt.«[69]

Der Aufbau eines europäischen Luftverkehrsnetzes hatte die Junkerswerke viel Geld gekostet, aber als nach der Gründungversammlung der Europa-Union im Herbst 1925 diese Investitionen in Form von weiteren

(225) Sioux des Zirkus Krone vor einer F 13 auf dem Flugplatz Tempelhof (1925)

Kapitalbeteiligungen und Gewinnen an das Werk zurückfließen sollten, war Junkers gezwungen, vor der Konkurrenz zu kapitulieren und den Luftverkehr an das Reich zu übergeben. Das Konzept der Beteiligung an Luftverkehrsgesellschaften mit dem Ziel, zuverlässige Abnehmer für seine Verkehrsflugzeuge zu finden, war nicht aufgegangen.

Was war passiert? Das immer dichter werdende Netz der deutschen Luftverkehrsstrecken hatte zu heftigen Konkurrenzkämpfen zwischen der Junkers Luftverkehrs AG und dem 1923 gegründeten Deutschen Aero-Lloyd geführt. Da beide Gesellschaften nicht eigenwirtschaftlich arbeiten konnten, führten sie einen erbarmungslosen Kampf um die Subventionierung durch die Länder und Kommunen.

Der Deutsche Aero-Lloyd, der 1924 nur drei Luftverkehrsstrecken, nämlich die Strecken Berlin – London, Rotterdam – Kopenhagen und Berlin – Danzig – Königsberg betrieben hatte, erweiterte 1925 sein Streckennetz auf insgesamt 22 Strecken mit einem Umfang von ca. 8000 km. Das Streckennetz des Junkers Luftverkehrs betrug zur Zeit seiner größten Ausdehnung – im September 1925 – auf den von Deutschland ausgehenden Strecken insgesamt 10 100 km. Zum Saisonende 1925 zeigte der deutsche Luftverkehr

(226) F 13 auf dem Flugplatz Berlin-Tempelhof

ein Linienbild, »welches nahezu dem der direkten D-Zug-Verbindungen entsprach«.[70]

Im Jahre 1925 waren die Beihilfen, die das Deutsche Reich an beide Gesellschaften zahlen musste, auf fünf Millionen Reichsmark angestiegen. Eine Aufteilung des Liniennetzes unter die beiden Luftverkehrsgesellschaften konnte von den Reichsbehörden nicht erreicht werden, so dass auf einigen Strecken, wie z. B. auf den Strecken Berlin – Leipzig, Berlin – Danzig – Königsberg und Berlin – Kopenhagen, die Flugzeuge beider Gesellschaften nebeneinander flogen.

Mit der offiziellen Begründung, dass auf diese Weise Reichsgelder verschleudert würden, betrieb das Reichsverkehrsministerium nach der Gründungsversammlung der Europa-Union die Vereinigung beider deutscher Luftverkehrsgesellschaften zur »Deutschen Lufthansa A.G.« Dahinter stand weniger die Sorge um die sinnvolle Verwendung von Steuergeldern. Der Staat wollte sich vielmehr mit Hilfe von Beteiligungen an Luftverkehrsgesellschaften im Geheimen eine schlagkräftige Luftwaffe aufbauen. Diese Pläne störte der immer mächtiger werdende Junkers-Luftverkehr, der seine eigenen Wege ging.[71]

Nicht nur wegen der horrenden Kosten beim Aufbau seines Luftverkehrsnetzes steckte Junkers in finanziellen Schwierigkeiten. Er hatte in das

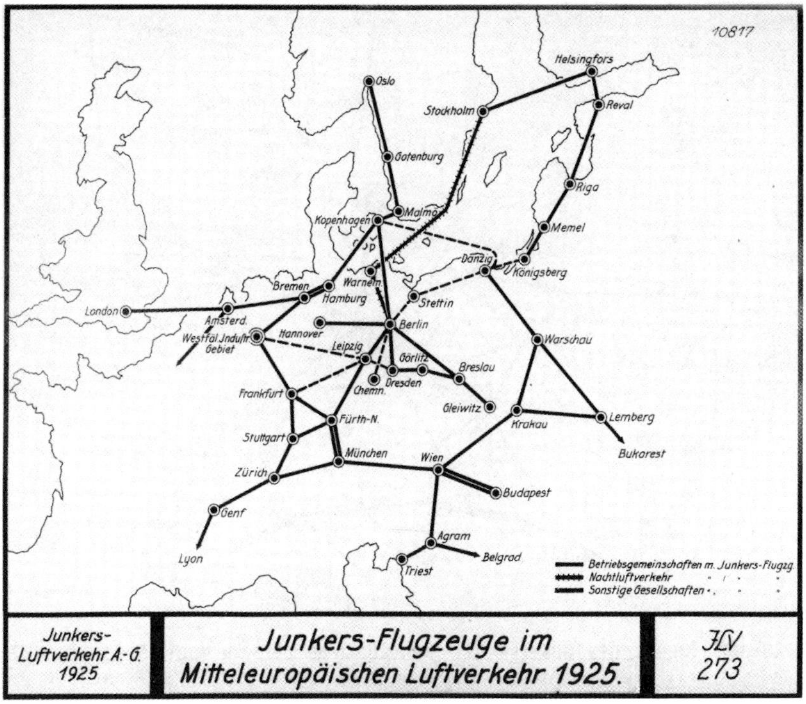

(227) Strecken der Europa-Union und des Aero-Lloyd 1925

Werk Fili – in dem guten Glauben, alle Kosten vom Reichswehrministerium ersetzt zu bekommen – über 20 Millionen Goldmark investiert. Da sich das Reich mit den Zahlungen Zeit ließ und andererseits die Russen auf Fertigstellung der Flugzeuge drängten, hatte er einen befristeten Kredit von 12 Millionen Mark aufnehmen müssen. Mit der Rückzahlung dieses Kredites samt Schuldzinsen war Junkers im Herbst 1925 bei den Banken in Verzug geraten, da das Reich ihn plötzlich hängen ließ und die zugesagten Zahlungen einstellte. Es hatte nach den Verträgen von Genua und der damit verbundenen Wiederannäherung an die Westmächte das Interesse an einem Bau von Militärflugzeugen in Russland verloren. Da die Produktion der Flugzeuge in Fili nur schleppend in Gang kam, hatte das Reichswehrministerium inzwischen Fokker-Flugzeuge gekauft und bezweifelte plötzlich den Umfang der von Junkers angegebenen Investitionen in Russland. Junkers hatte den Fehler gemacht, die Absprachen mit dem Reichswehrministerium im Jahre 1921 nicht schriftlich fixieren zu lassen; das RWM hatte dies aus Geheimhaltungsgründen verweigert. Deshalb hatte er kei-

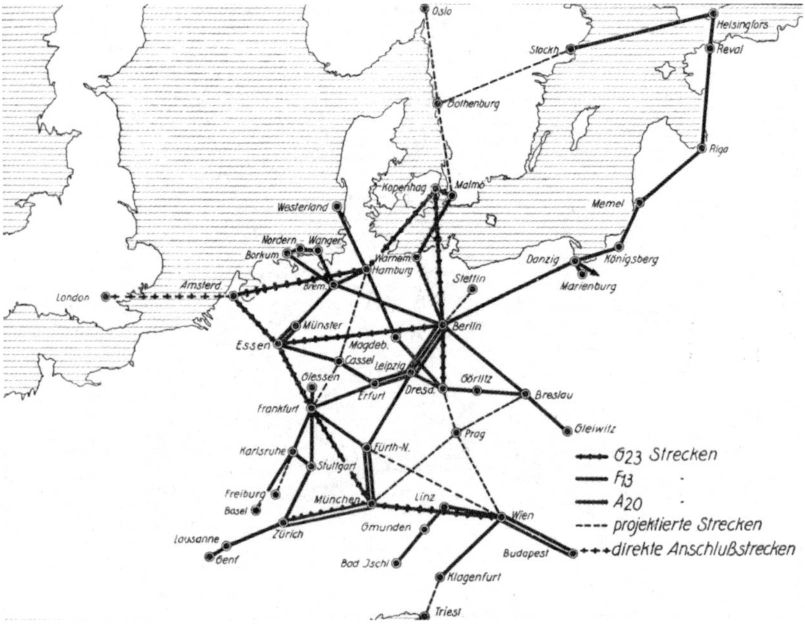

(228) Das Flugnetz des Junkers-Luftverkehrs nach dem Stande vom 1. September 1925

nerlei Handhabe, gegen das Ministerium vorzugehen und den versprochenen Ersatz aller Investitionen in Russland einzuklagen. »Ich kann in Ihrem Verhalten nur eine maßlose Ungerechtigkeit und Vergewaltigung … der Junkers-Werke und Organisation erblicken«, stellte Junkers auf einer Sitzung zur Fusionierung von Aerolloyd und Junkers am 27. November 1925 fest. »Wenn Junkers in seiner kaufmännischen Kalkulation einen, allerdings schweren Irrtum begangen hat, so ist es der, daß er trotz aller äußeren kriegerischen Verluste fest darauf vertraute, daß die sittlichen Kräfte in seinem Vaterland noch vorhanden, noch stark sind … Er hat deshalb auf Zusicherungen gebaut, die ihm mündlich von den maßgebenden Stellen gemacht worden sind. Diese sind nicht gehalten worden, darum ist Junkers in finanzielle Schwierigkeiten geraten. … Man hat die finanzielle Notlage, in die er dadurch hineingeraten ist, daß er sich für die Staatsinteressen eingesetzt hat, ausgenützt, um ihm unter irgend welchen zum Teil ganz unzutreffenden Gründen, zum Teil nebensächlichen Gründen, ihm nicht nur seine Eigentumsrechte an dem Luftverkehr und an einer Flugzeugfabrik zu nehmen, sondern auch diese gegen seine und Vieler Ansicht unter staatliche Kontrolle zu bringen …«[72]

(229) Der Flugplan des Junkers-Luftverkehrs 1925

Am 1. Oktober 1925 musste das Junkers-Flugzeugwerk die Lohn- und Gehaltszahlungen einstellen. Das RVM übernahm 80 % der JLAG-Aktien und brachte sie als Reichsbeteiligung in die Lufthansa ein. Gotthard Sachsenberg wurde als Direktor der JLAG abgesetzt. Erhard Milch, der im Gegensatz zu Sachsenberg beim Reichsverkehrsministerium einen guten Stand hatte, übernahm seine Stelle und wechselte als technischer Direktor in die Lufthansa über.

Der Aero-Lloyd, hinter dem große Teile der deutschen Wirtschaft, fast alle anderen deutschen Flugzeugfirmen und die Banken standen[73], besetzte nun alle wichtigen Posten in der Lufthansa. Hugo Junkers wurde nicht in den Aufsichtsrat der Deutschen Lufthansa übernommen. Sein Flugzeugwerk erkämpfte er sich jedoch zurück, am 1. Januar 1927 ging es wieder in seinen alleinigen Besitz über.

(230) Junkers-Werkhalle für Tragflächenbau 1925

(231) Ankunft einer schwedischen G 24 mit Reparationsgeldern von 10 Mill. Pfund Sterling am 25. August 1925 auf dem Flughafen London

Ein Flugzeug erobert die Welt

Die Spitzbergen-Expedition

Wie im Kapitel »Die Junkers-Larsen-Gesellschaft« beschrieben wurde, hatte der Arktisforscher Roald Amundsen von Larsen eine F 13 erworben, um damit am 20. Juni 1923 von Alaska aus den Nordpol zu überqueren. Bei den Probeflügen im Mai und Juni stellte sich heraus, dass das Skifahrgestell der überladenen Maschine nicht gewachsen war und zweimal abbrach. Auch der Motor arbeitete nicht einwandfrei. Daraufhin brach Amundsen am 10. Juni den Polflug ab.

Noch während sich Amundsen auf seinen geplanten Polflug vorbereitete, bestieg sein Agent, der dänische Schiffsmakler Haakon H. Hammer, in New York ein Schiff und reiste nach Europa. Unklar bleibt, ob er auf irgendeinem Wege von den misslungenen Probeflügen erfahren hatte, denn die Presse meldete davon nichts. Inzwischen hatte sich das Verhältnis zwischen ihm und Amundsen merklich abgekühlt, denn Amundsens Bruder Leon hatte in Norwegen herausgefunden, dass Hammer als Geschäftsmann einen außerordentlich schlechten Ruf hatte und Roald Amundsen vor ihm gewarnt.

Ein Auftrag von Amundsen lag also mit ziemlicher Sicherheit nicht vor, als Hammer Ende Mai in Dessau bei Hugo Junkers vorsprach und die Entsendung einer Hilfsexpedition für Amundsen anregte. Auch in einem Interview mit dem *Berliner Tageblatt* vom 6. Juni 1923 erklärte er nur, dass er Amundsen mit einer zweiten Expedition, die unter seiner Leitung stände, entgegenfliegen wolle und sich dafür die Unterstützung der Junkerswerke gesichert habe.

Die norwegische Regierung stand Hammers Bestrebungen um eine Hilfsexpedition ausgesprochen misstrauisch gegenüber. Man vermutete, dass Hammer mit dieser Expedition Amundsen zuvorkommen und unter dem Deckmantel der Hilfeleistung selbst als erster den Nordpol erreichen wollte. Wie die späteren Ereignisse zeigten, war diese Spekulation nicht ganz unberechtigt. Außerdem hatte die norwegische Regierung, die Amundsens »Maud«-Expedition finanzierte, selbst ein Schiff mit drei Bordflugzeugen nach Spitzbergen entsandt, um Amundsen im Notfall zu Hilfe eilen zu können. Die Flugzeuge waren jedoch mit Schwimmer ausgestattet und hatten nur einen geringen Aktionsradius. Sie waren nicht dazu geeignet, Amundsen über weite Strecken hinweg suchen zu können.

Nachdem Junkers Hammer gegenüber sein Einverständnis erklärt hatte, wurde in Dessau Anfang Juni völlig überstürzt die sogenannte »Hammer-Junkers-Expedition« zusammengestellt. Bis zum 20. Juni, dem geplanten Termin des Polfluges, blieben nur noch drei Wochen Zeit und man hatte weder einen Plan noch eine Ausrüstung, nicht einmal die Teilnehmer standen fest.

Die erste Woche verging mit Organisationsarbeiten. Als Leiter wurde von Junkers Seite der Mitarbeiter der Abteilung Luftverkehr Wilhelm Löwe ernannt, der zusammen mit seinem Vorgesetzten Gotthard Sachsenberg die Piloten und Monteure auswählte und einen Vertrag ausarbeiten ließ. Dieser wurde am 8. Juni 1923 von Haakon Hammer unterzeichnet.[1] Die Piloten erhielten den Auftrag, nördlich von Spitzbergen Depots mit Treibstoff, Lebensmitteln, Medikamenten und weiteren Ausrüstungsgegenständen anzulegen. Wie Pilot Arthur Neumann später in einem Interview berichtete, wurde ihnen gleichzeitig auch aufgetragen, »unter größten Vorsichtsmaßnahmen den Versuch zu unternehmen, zum Pol vorzudringen«.[2]

Einen weiteren Hinweis darauf, dass von Anfang an auch in Betracht gezogen war, bis zum Nordpol vorzudringen, gibt ein Brief des Expeditionsleiters Löwe vom 2. Juni 1923 an seinen Kollegen Eberhard Cranz, der sich auf der Seeflugstation Kiel-Holtenau aufhielt. In diesem Brief bat er Cranz, sich bei der Marineleitung für die Entsendung eines Kreuzers mit einer Peilstation nach Spitzbergen einzusetzen, da die Peilstation auf Spitzbergen von der norwegischen Regierung betrieben wird. »Wir sind für die Durchführung einer erfolgreichen Hilfsaktion zur Unterstützung Amundsens auf ein einwandfreies Zusammenarbeiten mit dieser Peilstation angewiesen, jedoch müssen wir die Möglichkeit in Betracht ziehen, dass sich unsere Hilfsaktion in eine Forschungstätigkeit erweitert, die zur Auffindung des Nordpols führen kann. Sobald diese Möglichkeit greifbare Formen anzunehmen beginnt, müssen wir damit rechnen, dass von Seiten der Peilstation Sabotage getrieben wird.«[3]

Um die Hilfsexpedition zu einer Forschungsexpedition erweitern zu können, brauchte Löwe einen renommierten Wissenschaftler, der sich in der Arktis auskannte. Zu diesem Zweck suchten er und sein Kollege Gottfried Kaumann vom Junkers-Luftverkehr den Direktor des Preußischen Aeronautischen Observatoriums Lindenberg Hugo Hergesell auf. Dieser hatte im Jahre 1910 als Begleiter von Graf Zeppelin in Spitzbergen die Möglichkeit der Überquerung des Nordpols mit dem Luftschiff erforscht und von 1911 bis 1914 auf Spitzbergen ein Geophysikalisches Observatorium betrieben und galt als Spezialist für diese Gegend. Hergesell schlug seinen Mitarbeiter Prof. Kurt Wegener vor. Dieser sei ein ausgezeichneter Pilot und Meteorologe; er habe bereits ein Jahr lang am Observatorium gearbeitet und an einer Rettungsexpedition quer durch Spitzbergen teilgenommen. Wenn die Junkerswerke bereit wären, ihm einen Ersatzpiloten für Forschungsflüge zur Verfügung zu stellen, würde er sofort den Urlaub von Wegener beim Kulturministerium beantragen.[4]

Als weitere Expeditionsmitglieder wurden die Piloten Heinz Pütz und Arthur Neumann ausgewählt. Als Ersatzpilot war der gebürtige Däne Fredy Duus vorgesehen, weil er gleichzeitig als Dolmetscher dienen konnte. Die Verbindung zu den norwegischen Behörden sollte der Marineoffizier Christian Doxrud übernehmen, der zeitweilig Amundsens Schiff *Fram* befehligt hatte.

Kurz vor Abreise stieß zufällig noch eine Person zur Expedition, die sich bald als deren wichtigstes Mitglied herausstellen sollte: der Schweizer Flieger und Fotograf Walter Mittelholzer.

Walter Mittelholzer war Chefpilot und Direktionsmitglied der schweizerischen Fluggesellschaft Ad Astra, an der Junkers damals beteiligt war. Er war am Samstag, den 9. Juni 1923 mittags mit einem Flugzeug aus München in Berlin eingetroffen, um nach Riga weiterzufliegen. Bei seiner kurzen Stippvisite im Büro der Junkers-Flugleitung in Berlin platzte er mitten in die Vorbereitungen zur Spitzbergen-Expedition. Den dortigen Mitarbeitern kam der mit Luftaufnahmen bestens vertraute und hochgebirgserfahrene Flieger gerade recht. Mittelholzer galt als »einer der besten Fachleute Europas für Schnee- und Eisfotografie«[5], seine Aufnahmen von Spitzbergen und dem Nordpolarmeer wäre ein willkommener Beitrag zur Refinanzierung der Expedition.

Für Mittelholzer kam das Anliegen zwar sehr überraschend, aber er überlegte nicht lange und sagte zu. Viel Zeit zum Überlegen wäre ihm auch nicht geblieben, denn bereits um 19 Uhr fuhr der Schnellzug nach Hamburg und bis dahin musste noch eine Ausrüstung zusammengestellt werden. Mittelholzer, der sich sofort auf die Suche machte, hatte Glück. Die Photochemischen Werke Goerz in Berlin übergaben ihm nach einem kurzen Telefonat eine erstklassige Film- und Fotoausrüstung: eine Kino-Apparatur mit Kassetten für 120 m Film, eine Plattenkamera 13 x 18 cm und eine Handkamera mit 18 cm Brennweite, dazu das dazugehörige Aufnahmematerial.

Der eiligst aufgestellte Plan sah vor, dass Mittelholzer und Haakon Hammer zusammen mit dem Junkers-Pressechef Andreas Fischer von Poturzyn von Hamburg aus mit einer mit Schwimmern versehenen F 13 nach Norwegen fliegen sollten, um mit den norwegischen Behörden über die technische und finanzielle Unterstützung der Expedition zu verhandeln. Der zweite Teil der Expedition sollte mit der speziell für den Arktisflug ausgerüsteten zweiten F 13 die Strecke bis Bergen per Schiff zurücklegen.

Am Sonntag, den 10. Juni 1923 startete Pilot Heinz Pütz um 8.42 Uhr mit der F 13 *Meise* und den Passagieren Hammer, Fischer v. Poturzyn und Mittelholzer an Bord auf der Elbe in Hamburg zum Flug nach Kristiania. Nach vier Stunden Flugzeit – sie überflogen gerade die dänische Insel Falster – fing der BMW-Motor an, unregelmäßig zu arbeiten und setzte zeitweise aus, so dass Pütz gezwungen war, bei dem Ort Hesnaes zu landen. Die Ursache des Defektes war bald gefunden, ein Magnet war nicht fest genug im Boden angeschraubt und hatte sich gelockert. Es gelang Pütz und seinem Monteur Südbröker zwar, den Schaden zu beheben, aber inzwischen hatte sich das Wetter verschlechtert und es herrschte hoher Seegang. Pütz gelang es nun nicht mehr, das mit 500 kg Nutzlast schwer beladene Flugzeug aus dem Wasser zu heben, es wurde sofort nach dem Abheben von Windböen und schweren Wellen wieder heruntergedrückt. Beim vierten Startversuch geriet die Maschine unter eine hohe Welle, sie tauchte zwar wieder auf, hatte aber bei dem heftigen Aufprall das äußere Drittel des linken Flügels verloren.[6]

Pütz blieb keine andere Wahl, er musste wieder an den Strand zurückrollen und den Flug aufgeben. Seine Passagiere ließen sich mit einem Bauernwagen zum nächsten Bahnhof transportieren, um dann mit dem Schnellzug nach Kopenhagen zu reisen.

Expeditionsleiter Wilhelm Löwe war inzwischen mit Prof. Wegener, den Piloten Neumann, Duus und dem Monteur Holbein mit dem Dampfer *Merkur* auf dem Weg nach Spitzbergen. An Bord befand sich auch, festgezurrt mit Haltetauen, die F 13 *Biene*, die dem Anlass entsprechend in *Eisvogel* umbenannt worden war. Das Flugzeug war eine normale Serienmaschine mit einem 185 PS-BMW-Motor. Die beiden vorderen Passagiersitze waren entfernt und an deren Stelle ein großer Zusatztank eingebaut worden, so dass die F 13 bis zu 18 Stunden ununterbrochen in der Luft bleiben konnte. Über diesem Reservetank war eine Tischplatte montiert, auf dem die Karten ausgebreitet werden konnten.[7] Das Flugzeug war mit den neuesten Navigationsinstrumenten ausgestattet: einem Abtriftmesser von der Optischen Anstalt Goerz, mit dem die jeweilige Abtrift und Geschwindigkeit des Flugzeuges bestimmt werden konnte, einem Libellen-Quadranten mit künstlichem Horizont, mit dem die geografische Länge und Breite fixiert werden konnte, und zwei Fluidkompassen, die am Flugzeug kardanisch aufgehängt und montiert worden waren.

Am Montag, den 11. Juni 1923 trafen Mittelholzer, Hammer und Fischer von Poturzyn in Kristiana ein und verhandelten mit den Behörden über eine technische und finanzielle Unterstützung der Expedition. Die norwegische Regierung war sich dessen wohl bewusst geworden, dass die eigenen Militärflugzeuge für Amundsen im Notfall keine große Hilfe bieten könnten und erklärte sich bereit, die »Hammer-Junkers-Expedition« als Teil der eigenen Amundsenhilfe zu akzeptieren.[8] Bis zur Weiterfahrt nach Bergen komplettierten Mittelholzer und Hammer die Ausrüstung und nahmen am 12. Juni 1923 die noch fehlenden Ersatzteile in Empfang, die der Junkerspilot Erich Aland von Berlin nach Kristiania nachgeflogen hatte. Am 13. Juni 1923 trafen sie in Bergen ein. Dort hatte inzwischen auch der Dampfer *Merkur* angelegt, so dass die Expedition nach Ankunft des Zuges am 14. Juni komplett war. Am 17. Juni 1923 traf der norwegische Dampfer *Eidshorn* in Bergen ein, der die Expedition weiter nach Green Harbour bringen sollte. Das Flugzeug und die Ausrüstungsgegenstände wurden auf dem Dampfer verstaut, und voll banger Erwartung traten die Expeditionsmitglieder den letzten Teil ihrer Reise an. Würde es ihnen gelingen, Amundsen zu finden, falls er den Flug nicht bis Spitzbergen schafft?

Die Ungewissheit dauerte nur drei Tage, dann wurde ihnen diese Sorge genommen. Auf dem Dampfer traf am 20. Juni 1923 ein Telegramm der Junkerswerke ein, in dem es hieß, dass Amundsen den Polflug beim norwegischen Kriegsministerium abgesagt hätte. Die Junkers-Expedition musste daraufhin ihren Dampfer am 21. Juni in Tromsø verlassen. Noch auf dem Schiff hatten die Expeditionsmitglieder dem Leiter der Abteilung Luftverkehr Gotthard Sachsenberg telegrafiert, dass sie eine »sportsmäßige Lösung der Situation« vorschlagen würden und Sachsenberg schnellstens 5000 kg Brennstoff nachschicken solle. Sachsenberg telegrafierte zurück, dass sie versuchen sollten, die skandinavischen wissenschaftlichen Institute und die norwegische Marine für eine materielle und ideelle Unterstützung der Expedition zu gewinnen. Die norwegische Regierung hingegen solle für die bisher aufgelaufenen Kosten von 6000 Dollar aufkommen. Worauf Hammer erwiderte, dass Sachsenberg gegenüber der Presse schweigen und ihm die Angelegenheit überlassen solle.[9]

Der Junkers-Pressechef Fischer von Poturzyn war nach Ausschiffung der Expedition sofort nach Dessau geeilt, um mit Junkers und dem Jfa-Direktor

(232) Die F 13 *Eisvogel* wird von der *Merkur* auf den norwegischen Dampfer *Eidshorn* verladen.

Schleissing die Lage zu erörtern. Am 23. Juni 1923 fand im Büro von Hugo Junkers eine Besprechung statt, zu der auch Gotthard Sachsenberg und sein Stellvertreter Gottfried Kaumann aus Berlin angereist waren. Junkers und Schleissing waren nach Wegfall der norwegischen Unterstützung schon aus Kostengründen für eine schnelle Rückkehr der Expedition, jedoch überzeugte Sachsenberg die Sitzungsteilnehmer davon, die Gelegenheit zu nutzen, um durch Mittelholzer Luftbildaufnahmen von zum Teil noch unerforschten Gebieten Spitzbergens machen zu lassen. Eventuell ließe sich die norwegische Regierung so doch noch dazu bringen, die Kosten der Expedition zu übernehmen. Junkers erklärte sich daraufhin bereit, die Expedition noch in Spitzbergen zu belassen, verlangte aber eine zeitliche Begrenzung des Aufenthaltes.[10]

Das mehrfach angedeutete Vorhaben, eventuell bis zum Nordpol vorzudringen, war nicht Gegenstand der Besprechung – es ist zu vermuten, dass dieser Plan der Abteilung Luftverkehr entstammt oder sogar nur zwischen den beiden Expeditionsleitern Löwe und Hammer abgesprochen worden war.

Sachsenberg setzte anschließend alle Hebel in Bewegung, um eine weitere Finanzierung der Expedition sicherzustellen. Telegrafisch bot er dem norwegischen Verbindungsoffizier Doxrud die Expeditionsleitung an, wenn es ihm gelingen würde, bei seiner Regierung eine Unterstützung für die Erforschung Spitzbergens aus der Luft zu erhalten. Auch Fischer von Poturzyn sprach erneut beim norwegischen Ministerpräsidenten vor, doch es gelang weder ihm noch Doxrud, finanzielle Unterstützung von den Norwegern zu erhalten. Immerhin fand sich ein holländischer Kohledampfer bereit, die Expedition kostenlos nach Spitzbergen und zurück nach Rotterdam zu transportieren. Als Sachsenberg jedoch versuchte, die holländische Unterstützung als politisches Druckmittel gegen die norwegische Regierung einzusetzen, bekam er von Hammer und Löwe aus Norwegen ein wütendes Telegramm: »Wir sind in dieser Lage durch zuviel Reden und Einmischung. Überlasst mir die Verantwortung. Wir übersehen Situation genau. Rückkehr ganz unmöglich und Ihre Verantwortung. Holländisch privater Natur darf nicht politisch gebraucht werden. Verbessert unsere Lage durch Unabhängigkeit. Wenn Sie und Fischer von jetzt ab schweigen wollen garantieren wir Expedition nach Spitzbergen und zurück zu führen und ein gutes Verhältnis mit norwegischem Staat wieder einsetzt. Moral Expedition erstklassig und einstimmig.«[11]

Junkers entschloss sich daraufhin schweren Herzens, die Expedition auf die eigene Kappe zu nehmen. Am 29. Juni 1923 teilte er dem Leiter des Observatoriums Lindenberg Geheimrat Hergesell mit, dass er nach dringenden telegrafischen Bitten der Expeditionsteilnehmer und besonders auch Prof. Wegeners, diesen Gelegenheit zu wissenschaftlichen Forschungen geben wolle.[12] Noch am gleichen Tag informierte Gotthard Sachsenberg den norwegischen Gesandten über die Entscheidung von Hugo Junkers, die Expedition auf eigene Kosten und eigenes Risiko weiterzuführen. Er drückte die Hoffnung aus, dass die Forschungsergebnisse eventuellen späteren Flügen von Amundsen zugute kommen würden.[13]

Inzwischen war der norwegische Kohledampfer *Ameland* in Tromsø eingetroffen, so dass am 30. Juni 1923 Flugzeug und Ausrüstung verladen werden konnten. Am 3. Juli 1923 erreichte die Spitzbergen-Expedition die ehemalige Walfangstation und holländische Kohlebasis Green Harbour. Die folgenden Tage waren angefüllt mit Auslade- und Überführungsarbeiten sowie ersten Erkundungsflügen von Neumann und Mittelholzer über Spitzbergen. Am 6. Juli 1923 wagten beide schon einen 300 km langen Fotoflug, bei dem Mittelholzer die Eisfjords fotografierte und Landungsmöglichkeiten auf den Gletschern und dem Eis der Buchten sondierte. Sie

(233) F 13 *Eisvogel* mit Expeditionsmitgliedern auf Spitzbergen – v. l. n. r.: Wegener, Neumann, Hammer, Duus; oben: W. Löwe, Holbein, Wedekind

(234) Pilot Arthur Neumann

(235) F 13 *Eisvogel* auf Spitzbergen

(236) F 13 *Eisvogel* auf Spitzbergen

überflogen die Vermelandkette, den Esmarkgletscher und wagten sich bis hinauf in die Dicksonbai, wo sich ihnen aus 2000 m Höhe ein gewaltiges Panorama erschloss. Löwe telegrafierte begeistert nach Hause: »Nach kurzen Erkundungsflügen Adventbai heute 30 km Wissenschaftsphotoflug Eisfjord Dicksonbai. Photoresultat ausgezeichnet. Voraussichtliche Verlängerung Aufenthalt bei Reduzierung Personal notwendig. Mittelholzer einverstanden wenn Ad Astra Rücksichten erlauben.«[14] Die Reduzierung des Personals bestand in der freiwilligen Abreise von Wegener am darauffolgenden Tag, Mittelholzer hingegen konnte bleiben.

Am 7. Juli 1923 starteten Neumann und Mittelholzer bei herrlichem Wetter zu einem weiteren Erkundungsflug, an dem nun auch Hammer teilnahm. Dieses Mal wollte Mittelholzer das Gebiet zwischen Dreikronen, Ekmanbai und dem Vorlandsund filmen und herausfinden, ob sich das große Gletschergebiet in dieser Gegend für Notlandungen bei späteren Flügen eignete. Neumann musste eine Drehung nach der anderen mit der F 13 ausführen, damit Mittelholzer aus den offenen Kabinenfenstern links und rechts seine Aufnahmen machen konnte.

Nachdem diese beiden Erkundungsflüge ohne Probleme verlaufen waren, wollten Mittelholzer und Neumann bei herrlichem Wetter am 8. Juli den großen Flug in Richtung Pol wagen. Dazu hatten sie den *Eisvogel* bis zur Fassungsgrenze mit Treibstoff, Notproviant und Ausrüstungsgegenständen beladen, so dass Neumann Mühe hatte, das Flugzeug aus dem Wasser zu bekommen.

Nach einer Flugstunde hatten sie bereits das letzte bisher kartographierte Gebiet, die Billen-Bai, erreicht. Vor ihnen lagen die steilen Felsen des Chydenius-Gebirges. Als Neumann mit der vollbeladenen Schwimmermaschine die hohen Berge überfliegen wollte und Vollgas gab, setzte plötzlich der Motor aus. Es blieb ihm nichts weiter übrig, als sich in einer Höhe von 1700 Metern zwischen den Bergspitzen durchzulancieren, wobei das Flugzeug von starken Böen kräftig durchgeschüttelt wurde.

Nach mehr als zwei Stunden Flug gelang es Neumann, das Flugzeug endlich in einer Höhe von 2000 m zu halten und bis zur Hinlopen-Straße durchzudringen. Hier begann das noch unerforschte Nordostland.

Ein starker Nordostwind hinderte sie am schnellen Vorankommen und bei jedem Kurvenflug, den Mittelholzer zu Fotografierzwecken anordnete, trieb die Maschine wieder nach Süden ab. Trotzdem gelang es ihnen, auf der Höhe der Walfischinseln bis zum 80. Breitengrad vorzudringen. Nun war von ferne der Pol auch ohne Kompass auszumachen. Das Ziel war fast greifbar nahe – da begann der Motor wieder zu stottern und setzte teilweise

(237) Dalsandkette mit Trollheimplatz von Südosten

(238) Lommebai

(239) New-Toppen, höchster Gipfel Spitzbergens im Chydenius-Gebirge

(240) Fair Haven

sogar ganz aus. Dem flugerfahrenen Mittelholzer wurde die Sache zu riskant, er reichte seinem Piloten Neumann einen Zettel nach vorn: »Wollen wir nicht lieber kehrtmachen?«

Neumann schilderte später in einem Interview seinen inneren Kampf: »Ich verließ mich auf mein Fliegerglück. Immer wieder weise ich nach Norden: Dort liegt der Pol! Der Höhenmesser zeigt 2200 m. Über uns azurblauer Himmel. Standort etwa 83 Grad nördlicher Breite. Ohne Defekt am Motor und mit ausreichenden Treibstoffvorräten wäre es durchaus möglich gewesen, den Pol in vier bis fünf Flugstunden zu erreichen. Sollte es uns nicht doch gelingen? Noch einmal überlege ich: Eine Reparatur auf dem Eis versuchen? Andererseits – mit diesem tuckernden Motor weiterzufliegen hätte das sichere Ende bedeutet. Wer würde uns hier oder weiter nördlich finden können? Schweren Herzens entschließen wir uns: Abdrehen vom Nordkurs! Noch ein letzter Blick in Richtung Norden, dann entschlossen Kurs West und nach einer sanften Linkskurve Richtung Südwest und Süden …«[15]

Wie weise diese Entscheidung war, stellte sich nach der Landung in Green Harbour heraus. Der Magnet I, der den Strom für die Zündung der Zündkerzenreihe 1 liefern sollte, war defekt. Bei Vollgas reichte die Zündung des parallel geschalteten Magnet II nicht aus, um die Verbrennungsgase zu entzünden, der Motor konnte also nur noch bei niedriger Tourenzahl arbeiten. Wären sie im Nordpolarmeer gelandet, hätte die Motorkraft für einen erneuten Start aus dem Wasser nicht ausgereicht. Ihnen wäre nur noch die Möglichkeit geblieben, das Flugzeug als Motorschiff zu benutzen und sich mit laufenden Propellern soweit wie möglich zurück nach Spitzbergen zu kämpfen.[16] Ein ziemlich aussichtsloses Unterfangen …

Aber auch wenn sie den Nordpol nicht erreicht hatten, mit der Überfliegung des 80. Breitengrades waren sie die bisher am weitesten nach Norden vorgedrungenen Flieger – es war ein neuer Rekord. In einer Flugzeit von 6 Stunden und 40 Minuten hatten sie eine Strecke von ca. 1000 km zurückgelegt und eine reiche Ausbeute an fotografischen und filmischen Aufnahmen gewonnen.

Leider gelang es Neumann nach seiner Rückkehr in Spitzbergen nicht, den defekten Motor zu reparieren. Alle möglichen Ersatzteile hatte die Expedition mitgeschleppt, an einen Ersatzmagneten für den Motor hatte keiner gedacht. Der nächste Dampfer aus Norwegen traf erst in drei bis vier Wochen ein, so lange konnte die Expedition nicht warten. Obwohl noch Treibstoff für 20 Flugstunden vorhanden war, musste Mittelholzer schweren Herzens auf weitere Fotoflüge verzichten und mit dem nächsten Dampfer am 15. Juli 1923 abreisen.

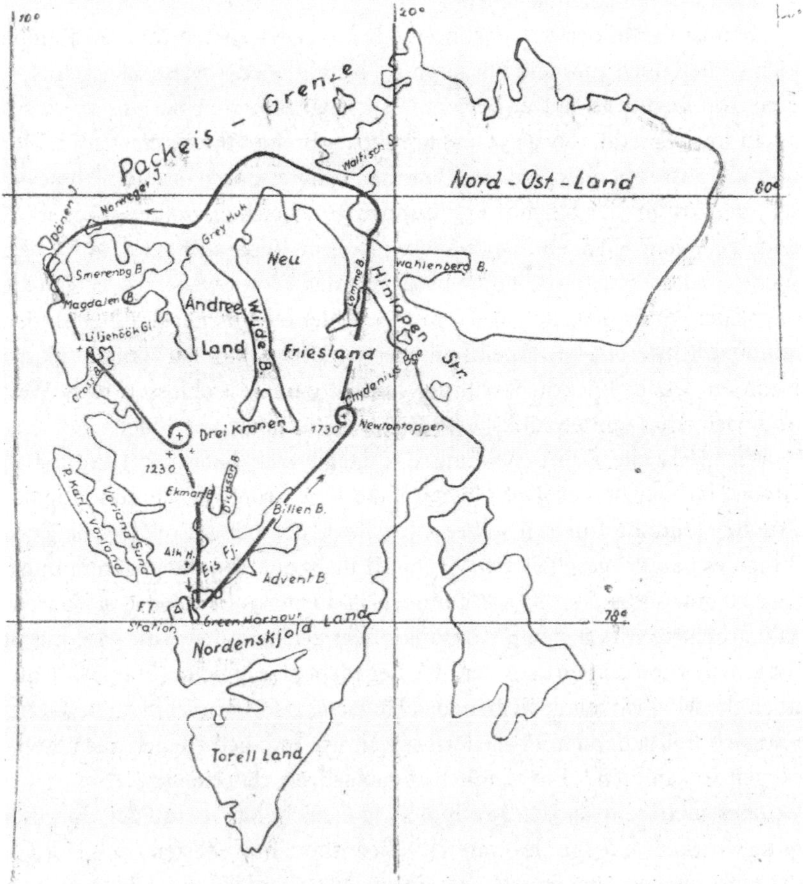

Skizze des Spitzbergen-Fluges.
Maßstab auf 70° Breite. 1 : 600 000.

(241) Skizze des Spitzbergen-Fluges

Über den Wert der fotografischen Ausbeute der Expedition schrieb später Kapitän Hans Boykow: »Wenn man bedenkt, dass der ursprüngliche Hauptzweck der Expedition ein ganz anderer war, dass infolge des dieses Hauptzweckes, dessen Erfüllung ja an ein bestimmtes, sehr naheliegendes Datum gebunden war, dass es infolgedessen gar nicht möglich war, die in Betracht kommenden Leute für diesen neuen Spezialzweck vorzubilden, muss gesagt werden, dass das wissenschaftliche Ergebnis dieser Expedition immerhin ein sehr reiches genannt werden muss. Keine andere Expedition, die speziell für diese Zwecke ausgerüstet worden war, hätte ohne Hilfe des Flugzeuges in einem weit längeren Aufenthalt auch nur annähernd ein Material zutage fördern können, wie es diese Flugzeugexpedition in wenigen Tagen und bei ihrem vollkommen improvisierten und nicht auf diesen Spezialzweck zugeschnittenen Charakter erbracht hat.«[17]

Das Film- und Fotomaterial erhielt Haakon Hammer mit dem Auftrag, es in Amerika zu vermarkten. In einem am 21. August 1923 abgeschlossenen Vertrag verpflichtete er sich, den durch Tätigkeiten in Zusammenhang mit der Spitzbergen-Expedition (Veröffentlichungen, Vorträge, Verkäufe) erzielten Gewinn so lange an die Junkerswerke abzuführen, bis die Unkosten der Expedition gedeckt waren. Von den darüber hinausgehenden Einnahmen könne er die Hälfte für sich beanspruchen[18] – Hammer verschwand mit dem Filmmaterial auf Nimmerwiedersehen.

Bei der Spitzbergen-Expedition hat sich noch einmal deutlich herausgestellt, dass der Schwachpunkt des ansonsten hervorragenden Flugzeuges F 13 der Motor war. Sowohl der erste Unfall Amundsens mit der JL 6 als auch der Unfall der F 13 D-192 und der Abbruch des Nordpolfluges war auf Schwierigkeiten mit dem BMW-Motor zurückzuführen. Noch 1923 begann man bei Junkers mit dem Bau des Flugmotors L 1, dem 1924 der Serienmotor L 2 folgte. Aus diesem wurde der erfolgreiche Motor L 5 entwickelt, der im Ozeanflugzeug W 33 *Bremen* seine absolute Zuverlässigkeit unter Beweis stellen konnte.

Auch die Erfahrungen, die Mittelholzer bei den Luftbildaufnahmen aus der F 13 gewonnen hatte, wurden weiter verwertet. In Dessau wurde eine Luftbildzentrale aufgebaut, die sich mit der Entzerrung und fotografischen Bearbeitung von Luftbildaufnahmen beschäftigte. Zur genauen fotografischen Kartierung aus der Luft wurde – wie in einem späteren Kapitel noch zu sehen sein wird – eine F 13 zum Luftbildflugzeug umgebaut, bei dem die Aufnahmen mit einer über einem Loch im Boden des Flugzeuges befestigten Kamera geschossen werden konnten.

Die erste Südamerika-Expedition

Bereits Ende des Jahres 1919 hatte bei Junkers ein Vertreter namens Breuler vorgesprochen, der das Junkers-Verkehrsflugzeug in Argentinien einführen wollte. Er warb damit, dass das Land sehr deutschfreundlich sei, sich die Transportverhältnisse in einem argen Zustand befänden, der erforderliche Brennstoff im Lande selbst gewonnen werden könnte und auch das Klima sehr günstig sei. Für die Flugzeuge gäbe es ein weites Betätigungsfeld, neben Personen könnten auch hochwertige Waren durch das Flugzeug wirtschaftlich befördert werden. Junkers zeigte Interesse und entsandte im Frühjahr 1920 seinen Ingenieur Erich Offermann nach Argentinien mit dem Auftrag, Ausschau nach einer kapitalkräftigen Gesellschaft zu halten, die zur Gründung einer Luftverkehrsgesellschaft bereit wäre. Junkers wolle sich mit zwei Flugzeugen als Sacheinlage beteiligen.

Nach seiner Rückkehr bestätigte Offermann die guten Absatzaussichten in Südamerika. Das Kapital für eine Luftverkehrsgesellschaft bekäme man aber nur zusammen, wenn die Flugzeuge an Ort und Stelle vorgeführt würden. Damit wurde dieser Plan erst einmal ad acta gelegt, denn die Kosten für derartige Vorführungsflüge erschienen Junkers dann doch zu hoch. Außerdem hatten sich inzwischen Absatzmöglichkeiten in den USA ergeben, die wesentlich aussichtsreicher erschienen.

Zwei Jahre später rückte der Südamerikamarkt bei Junkers doch wieder in den Mittelpunkt des Interesses. Nach tödlichen Unfällen mit der F 13 bei der amerikanischen Luftpost im Herbst 1921 hatte sich in den USA kein Käufer mehr gefunden, auch in Europa stockte der Absatz und in den Junkers-Flugzeugwerken stapelten sich unverkäufliche Flugzeuge. Die Beteiligung an der Lloyd-Ostflug, war Anfang 1922 ebenfalls gescheitert.

In dieser Zeit lernte Hugo Junkers einen Amerikaner kennen, der auf ihn großen Eindruck machte und seine Südamerikapläne wesentlich beeinflussen sollte. Dieser tauchte erstmals im Sommer 1921 bei Junkers auf. Er stellte sich als Oberst Dr. Edward C. Gibbs vor und gab an, als Arzt im Auftrag des US-amerikanischen Department of Health in Deutschland und Polen Studien über Seuchen anzufertigen. Junkers, der sehr gesundheitsbewusst war, fasste bald Vertrauen zu diesem Mann, ließ sich von ihm in Sachen gesunde Lebensweise beraten und hielt auch seine Familie dazu an, die Ratschläge dieses Arztes zu beherzigen. »Er ist ein Mensch in des Wortes bester Bedeutung, das Ideal eines ›Arztes‹«, notierte er im November 1921.[19]

(242) Edward Gibbs beim Besuch des Chefs der amerikanischen Luftstreitkräfte General Mitchell am 24. Febr. 1922 in Dessau. V. l. n. r.: Gibbs, General Foulois (Chef der militärischen Mission der USA), General Mitchell und Hugo Junkers

Die Besuche von Oberst Gibbs in Dessau wurden immer häufiger und zogen sich immer mehr in die Länge, das freundschaftliche Verhältnis zwischen beiden Männern vertiefte sich und bald wurden auch geschäftliche Probleme besprochen. In diesen Gesprächen überzeugte Gibbs im Laufe des Jahres 1922 Junkers davon, eine Flugzeugexpedition nach Kuba zu entsenden. Er habe dort beste Beziehungen und werde die Gründung einer kubanischen Luftverkehrsgesellschaft in die Wege leiten. Das dazu nötige Barkapital solle von kubanischen und amerikanischen Geldgebern aufgebracht werden.

Junkers, der sich nach dem Erfolg der kolumbianischen Luftverkehrsgesellschaft Scadta mit dem Verkehrsflugzeug F 13 wieder mit dem Gedanken angefreundet hatte, sich doch noch weiter in Südamerika zu engagieren, erklärte sich bereit, die zwei für Argentinien bestimmten F 13 einen Umweg über Kuba nehmen zu lassen. Zusätzlich stellte er Gibbs 2500 Dollar für die Organisationskosten zur Verfügung und verpflichtete sich, auf eigene

Rechnung auch zwei Mitarbeiter nach Kuba zu senden, die Gibbs bei der Gründung der Gesellschaft unterstützen sollten. Falls Gibbs die nötigen Postkonzessionen erhalten und sich für die Rentabilität der Gesellschaft verbürgen könne, würde Junkers 51 % des Aktienkapitals, das bis zu einer Million Dollar betragen könne, zeichnen. Gibbs sollte dann die Generalvertretung für die Gesellschaft und einen Aktienanteil erhalten.[20]

Den Auftrag, die Südamerika-Expedition zu organisieren, bekam der Leiter der Abteilung Luftverkehr, Gotthard Sachsenberg. Dieser übersandte am 27. September 1922 an Professor Junkers folgenden Plan: Die Junkers-Vertreter Hermann Bitterich und Eduard Hahn sollten Oberst Gibbs nach Kuba begleiten, um die Ankunft der Flugzeuge und deren Besatzung vorzubereiten und Vorführungsflüge zu organisieren. Die beiden F 13 mit Piloten und Monteuren sollten Ende November in Havanna eintreffen und mit Unterstützung von Bitterich vierzehn Tage auf Kuba für die zu gründende Luftverkehrsgesellschaft werben. Während dieser Zeit sollte Eduard Hahn nach Jamaika, Haiti und Saint Thomas (Britische Jungferninseln) reisen, um Vorbereitungen für den Weiterflug der F 13 über die karibischen Inseln nach Trinidad zu treffen.

Von Trinidad aus sollten beide Flugzeuge entlang der südamerikanischen Küste bis nach Buenos Aires fliegen, dabei sollten Zwischenstopps in den brasilianischen Städten Rio Grande und Porto Alegre eingelegt werden. Dort sollten die Junkersvertreter Wieland und Gronau die Ankunft der Flugzeuge vorbereiten, Prospekte verteilen und finanzkräftige Interessenten zu Probeflügen einladen. Der kaufmännische Leiter der Expedition Walter Stahl, sollte von Kuba aus mit dem Schiff nach Buenos Aires vorausfahren, um dort für einen gebührenden Empfang der Junkersexpedition zu sorgen. Es war ein großzügiger und kühner Plan, der jedoch in völliger Unkenntnis der Verhältnisse vor Ort aufgestellt worden war und nach Überwindung vieler unvorhergesehener Schwierigkeiten zum Schluss in einer Katastrophe enden sollte.

Während der Vorbereitungen für die Expedition stieß noch ein weiteres Expeditionsmitglied dazu, das Sachsenberg nicht eingeplant hatte: Hugo Junkers ältester Sohn Werner, der als Mechaniker bei der Jfa tätig war, um den Flugzeugbau von Grund auf kennenzulernen, wollte unbedingt an der Expedition teilnehmen. Junkers notierte am 27. September 1922 in sein Tagebuch: »Werner, Teilnahme an Reise nach Cuba etc. – Untersuchung auf Tropenfähigkeit in Berlin: u. a. wie er Chinin (gegen Fieber) verträgt. Gegebenenfalls müsste er die ganze Reise mitmachen als Monteur eines der Flugzeuge. Es dürfte nicht vorkommen, dass er unterwegs ausfällt … Wenn er mitgeht, so ist in der Zwischenzeit (etwa 5 Wochen) seine Ausbildung in der Jfa im Kühler-, Behälter- und Schwimmerbau erforderlich; er muß bei der Montage des Schwimmergestells zugegen sein, ferner Reparaturen an den genannte Teilen ausführen können. Der Zeitpunkt der Abreise richtet sich nach der Fertigstellung der Schwimmer.«[21]

Im Oktober 1922 reiste der erste Teil der »Junkers-Expedition Westindien-Südamerika«, wie sie genannt wurde, nach Kuba ab. Dort angekommen, bereiteten die beiden Vertriebsmitarbeiter Hermann Bitterich und Eduard Hahn wie geplant die Ankunft der Flugzeuge vor und knüpften zusammen mit Dr. Gibbs Kontakte zu finanzkräftigen Inselbewohnern, die für eine Beteiligung an einer Luftverkehrsgesellschaft in Frage kamen. In der Presse wurde eifrig Propaganda für das Junkers-Verkehrsflugzeug betrieben.

Am 11. November 1922 ging auch der zweite Teil der Delegation in Hamburg an Bord. Mit dem Dampfer *Danzig* reisten die Expeditionsleiter Walter Stahl und Walter Jastram, der die technische Leitung innenhatte, sowie die Piloten Hermann Müller, Max Drewsky, Carl Hense und die Monteure Wilhelm Thill, Werner Junkers und Lindenberg. Die beiden F 13 *Flamingo* und *Birkhahn* wurden, in 10 Kisten verpackt, auf den Dampfer *Schwarzwald* verladen.

Als erster erreichte der Dampfer *Danzig* am 1. Dezember 1922 nach einer stürmischen Überfahrt Havanna, freudig erwartet von Hermann Bitterich, Eduard Hahn und Oberst Gibbs. Bis zur Ankunft der beiden Flugzeuge eine Woche später wurden Quartiere gesucht, Zollformalitäten erledigt und der Montageplatz vorbereitet. Als die beiden F 13 endlich am 6. Dezember eintrafen, verhinderten jedoch Feiertage und Wochenende die sofortige Löschung des Dampfers, sodass erst am 12. Dezember mit der Montage begonnen werden konnte.

Die beiden Vertriebsmitarbeiter Bitterich und Hahn waren inzwischen nicht untätig gewesen. Sie hatten den Senator Dr. Henrique Dolz und dessen Sohn Ricardo, der Rechtsanwalt war, aufgesucht und versucht, beide für die Gründung einer Luftverkehrsgesellschaft zu gewinnen. Dabei mussten sie feststellen, dass Edward Gibbs sie nicht nur bei ihren Bemühungen nicht unterstützte, sondern im Gegenteil noch versuchte, den Geschäftsverkehr zwischen Familie Dolz und den Junkersleuten zu unterbinden und selbst Aktien an Dolz und dessen Freunde zu verkaufen. Dolz gegenüber erklärte Dr. Gibbs, dass er der alleinige Vertreter von Junkers sei und Bitterich und Hahn nur Hilfsdienste leisten würden. Als Bitterich und Hahn ihn daraufhin zur Rede stellten, erklärte Gibbs beide für entlassen.

LA PRENSA.— Domingo, Diciembre 3, 1922. Pag. 17.

NUEVA LINEA AEREA ENTRE LAS ANTILLAS

Mapa donde puede verse el recorrido de la línea de transporte aéreo con aviones metálicos Junkers que será establecida en breve entre varios puertos de Cuba y las Antillas, por una compañía radicada en Cuba que organizarán y dirigirán legalmente los doctores Ricardo y Enrique Dolz.

Coronel Edward C. Gibbs, que como experto voluntario del Departamento de Sanidad de New York, bajo las órdenes del Comisionado Copeland, estuvo en Polonia, y que acaba de llegar a Cuba para la implantación de un servicio aéreo en las Antillas con aparatos metálicos alemanes Junkers.

EL Coronel Edwards C. Gibbs, famoso desde su viaje de inspección a Polonia, por cuenta del Departamento de Sanidad Americano, bajo las órdenes del actual Senador por New York, y entonces Jefe de Sanidad el doctor Copeland, ha llegado a la Habana acompañado de los señores Bitterich, Scheisner y Hahn, para recibir los famosos hidroplanos de aluminio "Junkers" el último adelanto alemán en aviación, invento del doctor Hugo Junkers.

Estos aviones con capacidad para seis y hasta ocho pasajeros se usan con éxito en toda Europa y en parte de América, y sobre cualquiera de sus alas macizas pueden pararse quince hombre sin que por eso pierdan nada. La fotografía adjunta lo demuestra.

El coronel Gibbs ha venido a Cuba con el objeto de constituir una compañía cubana de transporte aéreo. La empresa será de gran importancia para Cuba, pues proyecta establecer unas líneas permanentes de la Habana a Cayo Hueso, a Santiago de Cuba, haciendo escalas en los puertos de importancia de Cuba, y en la playa de Varadero. De Santiago saldrá otra línea a Jamaica, Haití y Puerto Rico, y de allí a las Antillas Menores, estableciendo un circuito de transporte aéreo en las Indias Occidentales. Esta línea se empleará tanto para el transporte de pasajeros como de correspondencia, en la ruta que se puede notar en el mapa adjunto.

Los aviones Junkers ofrecen gran seguridad y tienen actualmente el record mundial de altura habiendo llegado a 22,500 pies de elevación, y por medio de esta línea la correspondencia de Sur América se demorará muchísimo menos, ayudando así a estrechar los lazos de unión entre ambas Américas y las Antillas.

La formación y dirección legal de la Compañía estará a cargo de los doctores cubanos señores Ricardo y Enrique Dolz, abogados consultores.

Ya han llegado a la Habana dos de los hidroplanos que fueron embarcados directamente desde Alemania y dentro de pocos días comenzarán los vuelos de exhibición a los cuales serán invitadas las autoridades, prensa y demás organismos públicos.

Han llegado también a la Habana siete empleados de la casa Junkers, pilotos y mecánicos que junto con los señores Bitterick, Jefe técnico y el señor Hahn, director comercial, representantes directos estos dos del señor Junker, piensan trabajar conjuntamente con el señor Gibbs en la organización de la compañía y en los trabajos preparatorios para el desembarque de los aviones y próximos vuelos.

Por no haber cabido en el vapor "Dantzig" los aeroplanos no llegaron ayer como se había anunciado, pero estarán aquí dentro de pocos días.

La compañía que se proyecta organizar tendrá un capital social de un millón de pesos de lo cual corresponderá una parte al señor Junkers que en pago de acciones contribuirá con su nombre, experiencia y material y el capital para el funcionamiento de la sociedad será levantado por medio de la venta de acciones en Cuba y los Estados Unidos.

Los precios de los viajes serán poco más de lo que costará ir por tren o mar y en cambio tardarán como cinco veces menos que el viaje por tren y ocho del de mar.

Profesor Hugo Junkers, famoso profesor alemán que se distinguió junto con el ingeniero Oechelhauser, en el estudio del desarrollo de las máquinas o motores de combustión e inventor de los aeroplanos metálicos con alas gruesas de libre sustentación.

Avión Junkers, metálico, de seis asientos para el servicio público, habilitado con cuchillas para ser utilizado sobre hielo.

Ala de ensayo de 10 metros de largo para un avión monstruo Junkers.

(243) Artikel in einer kubanischen Zeitschrift über die Pläne von Mr. Gibbs

‘BROADCASTING’ RADIO THROUGH ‘HAVANA LIFE’

5 Cts. | HAVANA LIFE | 5 Cts.

SOCIETY
Fred. M. de Stéfano, owner and managing Editor.
Steinhart No. 13, Marianao. Phone: I-7622.
FASHION

SPANISH
Acogido a la Franquicia Postal Havana & Marianao, Cuba.
PRICE: FIVE CENTS.
ENGLISH

Acogido a la Franquicia Postal y Recibido en Correos como Correspondencia de Segunda Clase.

HAVANA LIFE IS THE ONLY RADIO NEWSPAPER IN THE REPUBLIC OF CUBA

“SAINT PETER”

Will Open the Gates of Oriental Park Today

Mr. Charles C. Campau, better known as the ‘‘Saint Peter’’ of Oriental Park; will again today, November 30; open the gates of the Cuba American Jockey Club at Ma-[illegible]anao.

Mr. Campau, strict in the discharge of his hard tasks, is an energetic ‘‘diplomat’’, who seconds the steps of Mr. Frank J. Bruen, the general maneger of the most wonderful institution of its kind in the world; in all matters of admission to the ‘‘Paradise’’ of Cuba.

As announced in Havana LIFE, the management this year, has made several very important changes. The most radical of all is the abolition of Bookmakers. It will be strict mutual betting. This step, at least for one or more seasons will not be profitable for the Cuba American Jockey Club, if we base this fact on what has taken place in similar important institutions of the kind in the world, except New York city.

General oponion gathered by Havana LIFE point out that this measure will greatly benefit the Racing Fans in many ways. But we also know, that should the management find that the public wants the Bookmakers back, the public will have it. As Oriental Park is like Havana LIFE. They are in the ‘‘arena’’ to serve the public and not individuals; powerful with money or authority. Hence, the force that Mr. Bruen excercises among the executives of the institution.

W. D. Clark, the little ‘‘Saint Peter’’ of the Race Track, who bought there, the first copy of Havana LIFE, February 6, 1921; is on his job again. Mr. Clark is also a ‘‘diplomat’’ with people, who without proper credentials, try to trespass the ‘‘dintel’’ of the main entrance. But, his diplomacy ceases to exist if you should remark that you have not seen the latest issue of Havana LIFE. Try it, and see if we are wrong!...

So far, so good. Now comes the social end of the Club House, our ‘‘middle name’’. We wish we could find some new way of expressing ourselves in this respect. But we must repeat here, the much abbused sentence: ‘‘It will be the greatest of all seasons’’, because it will be so.

With an element headed by R. H. Johnston, general manager of the restaurant; seconded by Daniel Vila, (Vilita); Paul Clauzel, the chef of chefs; by Vincent Rizzo, who, by special arrangement with the famous Paul Whiteman, director of orchestras in the United States; and the wonderful characteristic hospitality and popularity of Mr. and Mrs. Bruen, who can doubt of our affirmations?

Wait and see. If you should belong to the circle of the Missourians.

Fred. M. de Stéfano.

FIRST LADY TO RIDE AN ALL METAL AIR-CRAFT

Exclusive for Havana LIFE

(Cut by Zarcotipos).

MRS. EDUARD C. GIBBS

‘‘It is like riding the most comphortable electric car, to ride an all metal airplane of the Junkers type’’, said the most charming and intelligent wife of Colonel Eduard C. Gibbs, at her attractive residence Calle C. No. 262, Vedado; to our Managing Editor, Mr. Fred. M. de Stéfano.

Like all those who rendered service in France during the world war, Mrs. Gibbs, who was a nurse in the thickest fighting front, flatly refused to say anything concerning her activities there, and the ones of her gentleman husband, who was at the service of the American Army; but admitted smilingly with delight, that her romance began through the roar of gigantic guns, and strongly declared that she is today the happiest girl ni the world and right away served a ‘‘Junkers Sip’’ genuine and strong, to the interviewer.

‘‘Havana LIFE is a neat and well edited newspaper,’’ said Mrs. Gibbs, avaoiding the question ‘‘shots’’ of Mr. de Stéfano, in a manner and strategy, unknown to me in the long newspaper experiences among the ‘‘lobos’’ of New York city for seventeen years. Mrs. Gibbs won the ‘‘battle’’. We were defeated to a stand still.

Mrs. Gibbs is the fiirst representative of the ‘‘bello sexo’’ to ride a Jukerrs plane, of which we speak in another page of this issue.

Fred. M. de Stéfano.

CASINO-LIFE

Judging from the amount of dinner parties bein given at The Casino, the institution is fast becoming the Beach Club of Havana, where entertainers feel that the are doing so with the best there is in Cuba.

Wines, food, service, a home-like atmosphere, renders the institution in level with the finest restaurants in the world, where two orchestras ‘‘amenizan’’ the pleausures of life.

Mr. and Mrs. Frank J. Bruen entertained a party of ten, in honor of Mr. and Mrs. G. Kelly. Mr. Maurice a party of seven; Dr. Laine, a party of six; Mr. R. Bluen, representative of the famous champagñe Piper Heidsick, with a party of four; others giving parties at the Casino were Dr. Villalón, Dr. Rivera, Mr. T. F. Turull, and Carlos Malury.

More than four hundred doctors delegates to the Medical Congress, coming from all parts of South and Central America, were at the Casino, and one hundred per cent of them expressed themselves ‘‘enchanted’’ with the institution.

In the next issue of Havana LIFE we will give some more social news of the Casino.

HAVANA LIFE IS READ BY CUBAN AND AMERICAN SOCIETY, BY RADIO-FANS AND MOVING PICTURE EMPRESARIOS.

(244) Interview mit Mrs. Gibbs in der Zeitschrift *Havana Life* vom 30.11.1922

(245) Die Mitglieder der Südamerikaexpedition 1922/23
(v. l. n. r. Max Drewsky, Wilhelm Thill, Walter Jastram, Eduard Hahn-Echenagucia, Werner Junkers, Hermann Müller, Hermann Bitterich)

(246) Ankunft der beiden F 13 *Flamingo* und *Birkhahn* in Havanna

(247) Ausladen der F 13 *Birkhahn* in Havanna. Auf dem Motorblock Werner Junkers

Die misstrauisch gewordenen Junkersvertreter versuchten daraufhin, bei der amerikanischen Gesandtschaft Informationen über Edward Gibbs einzuholen. Dort stellte sich heraus, dass ein Oberst Gibbs bei der amerikanischen Armee völlig unbekannt sei. Bitterlich ließ sich die bei der Gesandtschaft hinterlegte Heimatanschrift von Gibbs geben und fuhr am 10. Dezember 1922 an die angegebene Adresse nach New York. Dort musste er feststellen, dass es einen Oberst Edward Gibbs nicht gab, dass aber in der Gegend ein Arzt namens Charles Gibbs tätig sei. Dieser erklärte Bitterich, dass er mit dem angeblichen Oberst Gibbs nichts zu tun habe und dass er in letzter Zeit laufend mit Post für einen Edward Gibbs belästigt werden würde.

Als Nächstes suchte Bitterich das Departement of Health auf, um festzustellen, ob Gibbs tatsächlich im Auftrage der hiesigen Regierung in Deutschland und Polen Studien betreffs Einschleppung von Seuchen unternommen habe. Dort erkannte man Gibbs anhand eines Lichtbildes. Bitterich erfuhr, dass Gibbs vor einigen Jahren bei dem Gesundheitsdepartement erschienen sei und ein Exposé über sein angebliches Studium der Seuchen vorgelegt habe, welches dem dortigen Leiter sehr imponiert habe. Er hätte Gibbs schriftlich gebeten, falls er wieder nach Deutschland und Polen reise, ihm weitere Informationen über dieses Gebiet zukommen zu lassen. Mit diesem Schreiben sei Gibbs dann, wie es sich später herausgestellt habe, in verschiedenen Kreisen vorstellig geworden, habe sich Mittel bis zur Höhe von 2 000 Dollar von den einzelnen Personen für seine Reise vorschießen lassen, immer mit dem Hinweis darauf, dass er als offizieller Vertreter des Departements of Health reise. Er sei dann verschwunden und habe nichts mehr von sich hören lassen. Nach und nach seien seine Gläubiger beim Gesundheitsdepartement aufgetaucht, um ihre Ansprüche geltend zu machen. Hier wurde ihnen erklärt, dass die Regierung mit Herrn Gibbs an und für sich nichts zu tun hätte. Zum Schluss erfuhr Bitterich noch vom Vater eines Freundes von Gibbs, dass dieser weder einen Doktortitel habe noch jemals Arzt gewesen sei, sondern vor dem Ersten Weltkrieg als Lebensversicherungsagent und während des Krieges als Wachposten bei den Wasserwerken New Yorks tätig war.

Nach Havanna zurückgekehrt, informierte Bitterich die Junkerswerke über seine Ermittlungsergebnisse. Junkers konnte dem Bericht seines Vertreters erst keinen rechten Glauben schenken und wollte Gibbs Gelegenheit geben, sich zu erklären. Aber dieser hatte sich inzwischen mit seiner Frau aus dem Staub gemacht.

Während der Abwesenheit von Bitterich waren inzwischen die beiden F 13 auf einer Schiffswerft in Havanna fertig montiert und an ihren Liegeplatz an der Almendaresbucht überführt worden. Der erste offizielle Flug war für den 20. Dezember 1922 angesetzt worden und die Familie Dolz hatte dazu die Spitzen der Gesellschaft und die Presse eingeladen. Um jedes böse Omen von den Vorführungsflügen fernzuhalten, hatten die Junkersleute sogar die Kennung der F 13 *Birkhahn* von D 213 in D 218 umgeändert.

Die Vorführung der Flugzeuge zog sich am ersten Tag über drei Stunden hin und wurde als gesellschaftliches Ereignis gefeiert. Rund 60 Personen nahmen an den Rundflügen teil und betrachteten sich Havanna von oben. Zwischenfälle gab es nicht. An den folgenden Tagen wurden die Passagierflüge gegen eine Gebühr von 10 Dollar für einen Rundflug von 20 Minuten fortgesetzt.

Ende Dezember sollten die Vorführungsflüge mit beiden F 13 in Santiago de Cuba fortgesetzt werden, um auch dort kapitalkräftige Interessenten für eine Luftverkehrsgesellschaft zu finden, als das erste Missgeschick den sorgfältig ausgearbeiteten Plan durcheinanderbrachte. Pilot Hense beschädigte bei einer Landung mit der F 13 *Birkhahn* auf See einen Schwimmer, so dass das Flugzeug für längere Zeit ausfiel. Pilot Max Drewsky und Bordmonteur Werner Junkers mussten mit der F 13 *Flamingo* den Flug nach Santiago de Cuba allein antreten.

(248) Die beiden F 13 in der Almendares-Bucht

(249) Die F 13 *Flamingo* in der Almendares-Bucht. Vor der F 13 Walter Jastram

(250) Luftbild von Havanna, aufgenommen aus einer F 13 während der Rundflüge

(251) F 13 über dem Morro-Castle von Havanna

(252) Schwimmerbruch bei der F 13 Birkhahn

(253) Werner Junkers, Hermann Müller und Wilhelm Thill bei der Reparatur eines Schwimmers

Zu Propagandazwecken waren zu diesem ersten Langstreckenflug auf Kuba ein Pressevertreter und ein Abgeordneter eingeladen worden. Die anderen beiden Passagierplätze hatten die Expeditionsmitglieder Eduard Hahn und Walter Jastram eingenommen.

Beim Start machte sich erstmals ein Umstand bemerkbar, der anfangs unterschätzt worden war, aber die Expedition noch häufig in Schwierigkeiten bringen sollte. Ein Langstreckenflug mit einem vollbesetzten Wasserflugzeug war kaum möglich, da die Leistung des 185-PS-BMW-Motors zu schwach war, um ein vollgetanktes Flugzeug mit Gepäck, Werkzeug und Ersatzteilen aus dem Wasser zu heben. Bei den vorherigen Rundflügen war das nicht aufgefallen, da zu diesen Flügen nur die Passagiere und sonst keine weitere Zuladung mitgenommen worden war. Nach mehreren Fehlstarts mussten Hahn und Jastram aussteigen und den Zug nehmen. Die F 13 *Flamingo* erreichte nun ohne weitere Vorkommnisse nach sechs Stunden Flug Santiago de Cuba, wo sie begeistert empfangen wurde.

Der Andrang nach Rundflügen war groß und Drewsky kam die nächsten Tage kaum noch aus dem Cockpit. Am 1. Januar 1923 kehrte er mit dem *Flamingo* über Antilla nach Havanna zurück und setzte dort, da der *Birkhahn* immer noch nicht einsatzbereit war, die Rundflüge allein fort.

Nach Beendigung der Reparaturarbeiten im Junkersstützpunkt in der Almendaresbucht erhielt Expeditionsleiter Jastram einen ungewöhnlichen Auftrag. Das Flugboot *Columbus* der Aero-Marine A.-G. war am 14. Januar 1923 auf einem regelmäßigen Postflug von Key West nach Habana ins Wasser gestürzt. Fünf Personen, darunter der amerikanische Multimillionär Edwin F. Atkins, seine beiden kleinen Söhne und deren Kindermädchen ertranken, während der Pilot und zwei weitere Passagiere gerettet werden konnten.

Die verzweifelten Angehörigen und Freunde der Familie Atkins boten den Junkerspiloten 100 Dollar pro Flugzeug und Stunde, um nach den Leichen zu suchen. Auch wenn sich die Junkerspiloten keinen Erfolg versprachen, einen so lukrativen Auftrag konnten sie nicht ablehnen. An zwei Tagen kreisten sie stundenlang über der Absturzstelle, aber mehr als nur einige treibende Holzteile konnten nicht gesichtet werden. Insgesamt brachte die Hilfsexpedition den Junkersleuten 900 Dollar ein.

Am 22. Januar 1923 sollte die Weiterreise nach Südamerika starten. Vor der Überquerung des Karibischen Meeres waren noch Zwischenstopps mit Rundflügen in Manzanillo, Santiago de Cuba, Port-au-Prince und Santo Domingo vorgesehen. Zur Vorbereitung dieser Rundflüge waren die beiden Junkersvertreter Hahn und Bitterich bereits am 20. Januar nach Manzanillo bzw. Santiago de Cuba abgereist. Sie sollten dort kapitalkräftige

Interessenten ausfindig machen, denen mit Rundflügen die Beteiligung an der geplanten kubanischen Luftverkehrsgesellschaft schmackhaft gemacht werden sollte.

Bereits auf dieser ersten Etappe der Expedition sollte es sich herausstellen, dass die Junkers-Wasserflugzeuge den Anforderungen einer solch langen Reise unter ungewohnten klimatischen Bedingungen einfach noch nicht gewachsen waren. Von Etappe zu Etappe häuften sich die Schwierigkeiten, bis die Expedition zum Schluss in einer Katastrophe endete.

Aber davon ahnten die beiden Piloten Max Drewsky und Hermann Müller noch nichts, als sie in Begleitung ihrer Bordmechaniker Wilhelm Thill und Walter Jastram am 22. Januar mit den beiden F 13 *Flamingo* und *Birkhahn* in Havanna zum Flug nach Manzanillo starteten. Alle waren voller Erwartung auf das Abenteuer, das vor ihnen lag. Expeditionsleiter Walter Jastram wollte Werner Junkers den Gefahren der bevorstehenden Ozeanüberquerung nicht aussetzen und hatte ihn als Bordmechaniker abgelöst. Werner Junkers sollte nach Abbau ihres Stützpunktes in der Almendaresbucht per Schiff nach Venezuela nachreisen.

Nach wenigen Flugstunden gab es bereits die ersten Zwischenfälle. Als erstes leckt der Kühler des *Flamingo* und beide Flugzeuge mussten in Cienfuegos zwischenlanden. Dort wurde, um keine Zeit zu verlieren, der Kühler notdürftig mit Mangankitt abgedichtet. Trotzdem erreichten sie Manzanillo erst nach Einbrechen der Dunkelheit. Beim Anrollen an die Bojen im dortigen Hafen geriet Hermann Müller mit seiner F 13 *Birkhahn* auf ein unter Wasser liegendes Wrack und riss drei faustgroße Löcher in den rechten Schwimmer. Die Maschine drohte daraufhin wegzusacken. Nur mit Mühe und Not gelang es den Besatzungen der beiden Flugzeuge, die *Birkhahn* mittels eines kleinen morschen Schwimmkranes auf eine Lancha, eine Art flachgehender Schute, zu setzen. Auch die Kühler beider Flugzeuge mussten erneut gelötet werden, sie waren der Tropenhitze einfach nicht gewachsen.

In Santiago de Cuba wartete inzwischen Bitterich an der Anlegestelle auf die beiden Flugzeuge. Er hatte inzwischen kapitalkräftige Interessenten aufgetrieben, auch der Erzbischof und die Presse waren zum Empfang und in Erwartung kurzer Rundflüge erschienen. Sie alle mussten jedoch nach stundenlangem Warten wieder abziehen, da weder die Flugzeuge noch eine Nachricht eintrafen.

Am 24. Januar 1923 hatten sich die Interessenten erneut am Strand von Santiago de Cuba eingefunden. Dieses Mal war das Warten nicht umsonst. Die beiden Wasserflugzeuge waren, um den Weg abzukürzen, quer über das Gebirge geflogen und trafen rechtzeitig ein.

(254) Die F 13 *Birkhahn* wird in Manzanillo an Bord einer Lancha geholt

Auch der kubanische Erzbischof Monseñor Guerra war wieder erschienen und nahm an den Rundflügen teil. Voller Begeisterung wollte er nach zweimaligem Flug als Passagier in der Kabine unbedingt noch einen dritten Flug auf dem Copilotensitz mitmachen. Als Dank lud er die Flugzeugbesatzungen zu einer Abschiedsfeier in sein Palais ein und überreichte jedem eine päpstliche Medaille mit seiner Widmung.

Nach zweitägigem Aufenthalt verließ die Expedition nachmittags 1 Uhr Santiago de Cuba und setzte den Flug in Richtung Haiti fort, der diesmal nach zwei Fehlstarts und anschließender Umverteilung der Ladung ohne weitere Zwischenfälle verlief. Junkersvertreter Eduard Hahn, der ein gebürtiger Venezolaner war (er hieß mit vollem Namen Hahn-Echenagucia), begleitete die Expedition weiter nach Südamerika, während sein Kollege Bitterich nach Havanna zurückkehrte.

Kurz vor Einbrechen der Dunkelheit trafen beide Flugzeuge im Hafen von Port-au-Prince ein und wurden von der dortigen deutschen Kolonie stürmisch begrüßt. Jeder wollte die Ehre haben, die Flugzeugbesatzung bei sich beherbergen zu können. Die Besatzungen der amerikanischen Kriegsschiffe, die ebenfalls im Hafen lagen, übernahmen bereitwillig die Bewachung der Flugzeuge.

(255) Erzbischof von Cuba Monseñor Guerra mit Begleitung in Santiago de Cuba

(256) Die beiden F 13 in Santiago de Cuba

(257) Die Expedition in Port-au-Prince

(258) F 13 *Flamingo* im Hafen von Santo Domingo

Auch der Empfang in Santo Domingo war herzlich. Die dort stationierten amerikanischen Marine- und Fliegertruppen bestaunten die Flugzeuge und luden die Besatzungsmitglieder zu sich ein, waren jedoch sehr skeptisch, als sie hörten, dass die Expedition mit diesen Flugzeugen das Karibische Meer überqueren wollten und rieten davon ab, weil sie das Unternehmen für viel zu riskant hielten. Einziges Navigationsinstrument für die über 1000 km lange Strecke war zu dieser Zeit der Kompass; während des Fluges bestand die Gefahr, dass die Flugzeuge durch starken Seitenwind unkontrolliert abdriften und die Besatzung dadurch das Ziel verfehlen könnte.

Geschätzt wurde eine Flugzeit von sieben Stunden, die Besatzung lud jedoch sicherheitshalber Betriebsstoff für neun Stunden und Proviant für zwei Tage ein, falls doch eine Notlandung auf dem Meer notwendig sein sollte.

Zur Verabschiedung der Expedition hatte sich am Morgen des 1. Februar 1923 eine große Menschenmenge am Hafen von Santo Domingo eingefunden, die den beiden Flugzeugen nach ihrem Start um 10 Uhr lange nachwinkten. Anfänglich hatten sie leichten Rückenwind, der ungefähr eine Stunde anhielt, dann jedoch umschlug, um schräg von vorne mit vermehrter Stärke zu wehen. Die Piloten entschlossen sich, die holländische Insel Curacao anzusteuern, doch war die Orientierung zu schwierig, da sie tiefhängende Regenschwaden zu durchfliegen hatten. Nach 7½ stündigem Flug sichteten sie die erste Seemöwe und kurz darauf Curacao. Da sie noch für rund 1½ Stunden Brennstoff in den Tanks hatten, ließen sie Curacao rechts liegen und steuerten den Hafen Puerto Cabello an.

Um 6 Uhr abends landeten sie in La Guaira, dem Haupthafen von Venezuela mit einem Brennstoffvorrat, der nur noch für etwa 10 Minuten gereicht hätte. »Dieser Flug hat gezeigt, daß er das Höchstmaß dessen bedeutet, was man der J.13 als Wassermaschine zumuten darf«, schrieb Jastram später an die Junkerswerke.[22] Auf jubelndem Empfang mussten sie nach dieser großartigen Leistung dieses Mal verzichten, da das Telegramm von ihrer bevorstehenden Ankunft erst drei Stunden später eintraf.

Während sie die Flugzeuge an Bojen im Hafen verankert und die Zollformalitäten erledigten, drang die Nachricht von der erstmaligen Überfliegung des Karibischen Meeres bis in die Redaktionsstuben der örtlichen Tageszeitungen. Bald waren die Flieger von Pressevertretern umlagert und mussten Rede und Antwort stehen. Die *Deutsche Allgemeine Zeitung* vom 7. Februar 1923 schrieb: »Nach einer Kabelmeldung aus New York haben vor einigen Tagen zwei Junkers-Wasser-Verkehrsflugzeuge, die schon seit einiger Zeit auf Kuba stationiert sind, von San Domingo einen ununterbrochenen Flug über das Karibische Meer nach La Guayra, dem Hafen von Caracas (der Hauptstadt Venezuelas), durchgeführt. Sie haben die 500 Seemeilen (gleich 900 Kilometer) weite Strecke über den Ozean in 8 Stunden zurückgelegt. Für den Verkehr des südamerikanischen Festlandes mit der im Welthandel bedeutsamen Inselgruppe der Großen Antillen, worauf an dieser Stelle (vgl. ›Weltverkehr‹: Barranquilla – Bogota vom 15. Oktober 1922) schon nachdrücklichst hingewiesen wurde, wird dieser Ozeanflug ganz besondere Beachtung finden müssen.«

Als die Piloten am nächsten Morgen den Hafen aufsuchten, bot sich ihnen ein erschreckendes Bild. Über Nacht war hoher Wellengang bis weit in den ungeschützten Hafen vorgedrungen und hatte die Flugzeuge mehrfach an die Bojen geschleudert. Dabei zogen diese sich Beulen an Tragflächen und Schwimmer zu, so dass die nächsten Tage wieder Reparaturen fällig waren.

Als weitere Schwierigkeit erwies sich die Beschaffung eines geeigneten Brennstoffes für den Weiterflug. In Venezuela war nur minderwertiges Gasolin erhältlich, das zu starker Erwärmung der BMW-Motoren führte und in der Folgezeit ständig Reparaturen verursachte. »Seitdem wir mit Gasolin fliegen, haben sich die Kerzenstörungen wieder in der unangenehmsten Weise bemerkbar gemacht, dadurch gab es sehr viele Fehlstarts, die die Maschinen ungeheuer beanspruchen, denn das ruhige Wasser in den Häfen zwingt uns, jeweils die unruhige See aufzusuchen, da die Maschinen aus glattem Wasser überhaupt nicht herauszubringen sind«, beklagte sich Jastram in einem Brief nach Dessau.[23]

Für die Reparaturarbeiten standen außer dem Mechaniker Thill nur die beiden Piloten Drewsky und Müller zur Verfügung, der zweite Mechaniker Werner Junkers war weisungsgemäß mit dem Dampfer nach Rio de Janeiro unterwegs. Expeditionsleiter Jastram musste den Junkersvertreter Hahn bei seinen Behördengängen und Empfängen bei der Regierung begleiten, um fachgerechte Auskünfte über die Junkers-Flugzeuge und deren Verwendbarkeit im Verkehr und beim Militär zu geben und fiel damit als Techniker aus. Er entschloss sich deshalb, seinen gut ausgebildeten Bordmechaniker Werner Junkers per Telegramm zurück nach La Guaira zu beordern. Nach der gelungenen Ozeanüberfliegung erschien ihm der Weiterflug entlang der Küste Südamerikas relativ gefahrlos. Eine verhängnisvolle Fehleinschätzung: Wie es sich später noch herausstellen sollte, hatte Jastram die hohen Anforderungen, die eine solche Erstbefliegung von teils unbewohnten Küstengegenden unter ungewohnten tropischen Bedingungen an Flugzeug und Besatzung stellte, völlig unterschätzt.

(259) F 13 *Flamingo* in der Eisenbahnwerkstätte von La Guaira (Venezuela)

(260) Der Kommandierende General der venezolanischen Luftstreitkräfte nach seinem Flug

Am 13. Februar 1923 traf Werner Junkers, nachdem er unterwegs den Dampfer gewechselt hatte, in La Guaira ein und am 17. Februar startete die F 13 *Birkhahn* zum Vorführungsflug an den Valenciasee, wo sich die venezolanische Wasserflugstation befand. Die F 13 *Flamingo* folgte drei Tage später. Beide Flugzeuge wurden dem Präsidenten vorgeführt, der sich sehr beeindruckt zeigte. Bevor er sich jedoch zu einer Bestellung entschließen konnte, verlangte er einen Probeflug mit zwei Offizieren in das 600 km entfernte Maracaibo. Beim Start der *Flamingo* stellte sich heraus, dass der Motor beschädigt war, so dass der Flug um eine Woche verschoben werden musste. Auch die Vorführung der *Birkhahn* auf dem Valenciasee verlief nicht problemlos, da das ungewohnte Gasolin ständig Kerzenstörungen verursachte, die zu Fehlstarts führten. Bei der anschließenden Untersuchung stellte sich heraus, »dass drei Kolbenbolzenbuchsen gesprungen und die Grundlager teilweise stark ausgemahlen waren«, wie Jastram später berichtete.[24] Am 28. Februar 1923 war die *Flamingo* nach einer Grundüberholung des Motors endlich startbereit und absolvierte die Strecke bis Maracaibo und zur Zufriedenheit der Offiziere zurück ohne weitere Störungen.

In Rio de Janeiro wurde Junkersvertreter Walter Stahl inzwischen langsam ungeduldig, denn die Expedition sollte längst unterwegs nach Brasilien sein, um an der dortigen Zentenarfeier in Bahia teilzunehmen. Über die Weiterreise und die dabei sich häufenden Schwierigkeiten berichtete Jastram nach Dessau:

»Am 3. März wurde die Weiterreise nach Cumaná angetreten. In Cumaná wurde Brennstoff aufgefüllt und gelangten wir am gleichen Tage nach Pedernales in Venezuela (Orinocomündung). In Cumaná machte *Birkhahn* durch Kerzenstörungen und wesentlich überlasteter Maschine (800 kg Zuladung) 3 Fehlstarts und kam beim erst 4. Start wegen gebrochener vorderer Außenstrebe und eingedrücktem Motorspant (Angriffspunkt der ersten Steuerbordstrebe) aus dem Wasser. Nach notdürftiger Reparatur (Überschieben eines Rohres über die gebrochene Strebe und Verspannen derselben nach allen Seiten) wurde am 4. März der Flug fortgesetzt. Wegen Kerzenstörung mußte *Flamingo* auf diesem Fluge bis Barima zweimal landen.

In Barima angekommen erfuhren wir, daß der dorthin bereits seit langem avisierte Brennstoff nicht angekommen sei. Bis Georgetown hatten die beiden Maschinen nicht genügend Brennstoff. Wir haben uns dann entschlossen, da Barima lediglich Leuchtfeuer ist und absolut keine Verbindung auf keinen Draht mit dem Hinterland hat, beide Maschinen soweit wie irgend möglich an Georgetown heranzufliegen, der einen Maschine al-

(261) Die beiden F 13 in Paramaribo

len Brennstoff zu übergeben, damit dieselbe allein vorausflöge, um Brennstoff für die zweite Maschine heranzuholen. Das hat gut geklappt.

In Georgetown beschädigte bei der Landung *Flamingo* ebenso wie vorher *Birkhahn* den vorhin erwähnten Motorenspant. In Georgetown wurden die Kühler gelötet, der beim Rollen beschädigte Propeller der *Birkhahn* gewechselt und die zerbrochene Schwimmerstrebe repariert.

In Paramaribo erhielt *Birkhahn* den mitgeführten Reservehauptkühler. Außerdem wurden die beschädigten Motorspante beider Maschinen durch Auflegen einer starken Blechlasche zwischen Spant und Strebebeschlag repariert. Beim Start in Georgetown wurden, da die Maschinen wiederum erheblich überlastet waren, einige Streben des Schwimmergestells verbogen. Dies ist wohl dadurch zu erklären, daß durch das beschädigte Motorfundament und die schon vielfach geknickten und immer wieder gerichteten Außenstreben die Beanspruchung der gesamten Schwimmerstreben eine sehr Ungleiche wurde. Alle diese Streben wurden teilweise gerichtet bzw. verstärkt.

Da uns die Landung zwecks Brennstoffübernahme in Cayenne verweigert wurde, haben wir nach Albina, der Grenzstadt von holl. Guayana, Brennstoff mit einem Dampfer vorausgeschickt. Die Entfernung von Albina bis Para beträgt 1200 km und so wollten wir wiederum beide Maschinen so nahe wie möglich an Para heranfliegen, die eine vorausschicken zum Brennstoffholen für die andere.

(262) F 13 *Birkhahn* am Strand von Albina

Am 14. März flogen wir von Paramaribo nach Albina und hatten beabsichtigt, den folgenden Morgen weiter nach Para zu starten. In Albina selbst waren uns eine Anzahl Gefangene zur Verfügung gestellt worden, die bereits den Brennstoff an den Landeplatz gebracht hatten. *Flamingo* landete jedoch mit stark leckendem Kühler und so mußten wir den Start am folgenden Morgen aufgeben.

Während wir bis Georgetown verhältnismäßig wenig Regen hatten, regnete es von dort ab täglich, das erschwerte die Fliegerei nicht unbedeutend, denn das Wasser kommt in diesen Gegenden in solchen Mengen vom Himmel, daß ein Fliegen zumindest nicht ungefährlich ist, um das Zwischenlanden drückt man sich natürlich auch so viel wie irgend möglich, da jede Landung nicht nur gefahrbringend für die Maschine ist, sondern das Wiederherauskommen aus dem Wasser den Maschinen noch viel mehr schadet.

Nach verschiedenen Fehlstarts am 15. und 16. März – die Startverhältnisse in Albina waren sehr ungünstig –, kamen wir am 17. endlich heraus. *Flamingo* konnte auch hier absolut nicht loskommen, bis *Birkhahn* sich dicht vor ihn setzte und ihn anblies.«[25]

Es sollte die letzte Hilfeleistung des *Birkhahn* für den *Flamingo* sein, wenige Stunden später musste die *Birkhahn* den Flug allein fortsetzen. Was war geschehen?

Schon bald nach dem Start kam ein heftiges Unwetter auf, das die beiden Flugzeuge zwang, nur noch in niedriger Höhe über dem Wasser zu fliegen, um die Orientierung nicht zu verlieren. Da die See sehr stürmisch war, wollten sie das Risiko einer Landung in dieser unbewohnten Wildnis nicht eingehen. Als sie sich gegen 13.45 Uhr über der Mündung Oyapoc kurz vor der brasilianischen Grenze befanden, bemerkte Jastram, der als dritter Mann im vorausfliegenden *Birkhahn* saß und aus dem offenen Cockpitfenster hin und wieder nach dem 300 Meter hinter ihm fliegenden *Flamingo* Ausschau hielt, dass das Flugzeug plötzlich kopfüber im Wasser lag und von Drewsky und Thill nichts zu sehen war. Sofort wies er den neben ihm sitzenden Piloten Müller an umzukehren und längsseits der verunglückten Maschine zu landen. Das erwies sich als sehr schwierig, da die See sehr unruhig war und Drewsky das zweite Flugzeug nicht auch noch in Gefahr bringen wollte. Nach der Landung entdeckten sie Drewsky, der auf einen Schwimmer geklettert war und bis zum Bauch im Wasser stand. Jastram warf dem völlig erschöpften Drewsky Rettungsleinen zu und versuchte ihn damit auf die Tragfläche des *Birkhahn* zu ziehen, was ihm auch nach mehreren vergeblichen Versuchen gelang. Von Thill war weit und breit nichts zu sehen. Pilot Hermann Müller wollte nach Thill tauchen, aber inzwischen umkreisten Haifische das Wrack und Jastram wollte nicht noch einen Mann verlieren. Schon bei der Landung des *Birkhahn* und der vorsichtigen Annäherung an die *Flamingo* war soviel Zeit vergangen, dass Thill inzwischen mit Sicherheit ertrunken war.

Nachdem sie Max Drewsky in Sicherheit gebracht hatten, erfuhren Werner Junkers, Hermann Müller und Walter Jastram von ihm, was sich zugetragen hatte. Drewsky hatte gerade in sehr niedriger Höhe eine heftige Böe passiert und wollte die Maschine gerade wieder ansteigen lassen, als ein plötzlicher Ruck durch das Flugzeug ging und es aus 10 Meter Höhe in das Wasser stürzte, wo es sich überschlug. Mit viel Mühe befreite sich Drewsky aus dem Anschnallgurt und erreichte gerade noch durch das oben offene Cockpit die Wasseroberfläche, wo er sich auf den abgebrochenen Schwimmer rettete. Thill war wahrscheinlich beim Aufprall ohnmächtig geworden und konnte sich nicht mehr selbst befreien. Als Ursache für den Absturz vermutete Drewsky, wie er auch später zu Protokoll gab, dass Thill bei dem Versuch, sich Essbares hinter seinem Sitz, wo er die Vorräte aufbewahrte, hervorzuholen, die Steuersäule der Doppelsteuerung berührt hätte. Da

Drewsky aus dem offenen Cockpitfenster den Blickkontakt zu dem knapp vor ihm fliegenden Führungsflugzeug halten musste, hatte er nur bemerkt, dass Thill sich gerade anschickte zu frühstücken, als das Flugzeug nach unten stürzte.

Die völlig geschockten Expeditionsmitglieder konnten sich lange nicht entschließen, die Unfallstelle zu verlassen, aber ein Verbleiben war sinnlos, denn die Maschine sackte immer mehr ab, so dass ein Herankommen oder gar Heben des Flugzeuges völlig unmöglich war. Schweren Herzens entschlossen sich die vier zum Abflug. Inzwischen war es Abend geworden und sie mussten auf der Insel Maraca übernachten. Am nächsten Morgen flogen sie mit dem letzten Rest Brennstoff weiter nach Macapa, wo sie den Unfall telegrafisch nach Dessau berichteten. Da in diesem Ort kein Brennstoff aufzutreiben war, fuhren Drewsky und Jastram mit einem Segelboot nach Belém do Pará, um dort Gasolin zu besorgen.

Am 25. März 1923 trafen Drewsky und Jastram mit dem Segelboot *Marina* in Pará ein. Als erstes suchten sie das deutsche Konsulat auf, um den Unfallhergang zu Protokoll zu geben. Auch Werkzeug und Proviant musste besorgt werden, da beides in dem nur mit zwei Personen besetzten *Flamingo* transportiert worden und nun verloren war. Zwei Tage später kehrte Drewsky mit dem Brennstoff und dem Werkzeug nach Macapa zurück. Jastram war in Pará verblieben, weil das Flugzeug mit Werkzeug und drei Personen schon an der Belastungsgrenze stand und weil er als verantwortlicher Leiter mit den Nerven völlig fertig war. Nachdem Walter Drewsky mit dem Gasolin eingetroffen war, wurde die Maschine startbereit gemacht zum Weiterflug nach Belém do Pará, wo Jastram auf sie wartete. Kurz nach dem Start gerieten sie wieder in einen heftigen Tropenregen und waren gezwungen, auf der Insel Fechta in der Mündung des Amazonenstromes zu landen. Das Unwetter war so heftig, dass das Flugzeug über Nacht auf die See abgetrieben wurde. Erst bei Tagesanbruch gelang es, das Flugzeug wieder ans Ufer zu bringen. Am 3. April 1923 traf die Maschine dann endlich in Pará ein. Durch das viele Im-Regen-Fliegen hatte der Propeller dermaßen gelitten, dass die Expedition in Pará auf die Lieferung eines neuen Propellers warten musste. Nachdem dieser montiert war, stellte sich bei den Probeflügen heraus, dass auch der Motor durch die Starts mit dauernd überlasteter Maschine so sehr gelitten hatte, dass ein Weiterflug nicht mehr möglich war. Auch war der gelieferte Propeller unbrauchbar, er hatte sich im Tropenregen verzogen. Der Weiterflug musste verschoben werden, bis Expeditionsleiter Stahl in Pernambuco einen brauchbaren Motor und einen funktionsfähigen Propeller besorgt hatte.

(263) Ankunft in Para

(264) Die F 13 *Birkhahn* in der Werft in Para

Um das Flugzeug beim Weiterflug etwas zu entlasten, reiste Pilot Drewsky per Schiff nach Rio de Janeiro. Dort wollte er das Ersatzflugzeug für die verunglückte *Flamingo* und den als Begleiter mitreisenden Mechaniker Franz Schönmetzler in Empfang nehmen, der den verunglückten Wilhelm Thill ersetzen sollte.

Die *Kauz*, wie die neue F 13 getauft worden war, hatte unglücklicherweise die Kennung D 218, so dass es jetzt, nachdem die Kennung der F 13 *Birkhahn* nach ihrer Ankunft in Havanna aus abergläubischer Vorsicht von 213 in 218 geändert worden war, zwei F 13 mit der Kennung D 218 gab. Jastram entschloss sich daraufhin, die Kennung der *Kauz* im Andenken an die *Flamingo* in D 217 abzuändern, so dass jetzt beide F 13 mit falschen Kennungen flogen.

Die tropischen Verhältnisse hatten inzwischen auch die Gesundheit der Expeditionsmitglieder angegriffen. Jastram schrieb am 15. Mai 1923 an die Junkerswerke: »... in Venezuela hatten wir alle etwas Fieber gehabt. Müller hat hier 14 Tage gelegen, seit heute morgen liegt Werner Junkers zu Bett, er hat etwas Fieber ... Dass die Nerven aller bis an die Grenze engagiert sind, braucht nicht besonders erwähnt zu werden. Nach all dem Ungemach, das über uns hereinbrach, darf man sich darüber nicht wundern ...«

Auch Expeditionsleiter Stahl, der in Rio de Janeiro den Empfang des Flugzeuges und die Gründung einer Luftverkehrsgesellschaft vorbereitet hatte, war inzwischen über das Ausbleiben der Maschine unruhig geworden und fuhr selbst nach Parà, um sich über die Lage zu informieren. Was er dort sah, war nicht gerade erfreulich: »Werner Junkers und Müller sind ziemlich auf dem Hund. Herr Jastram selbst ist mit seinen Nerven soweit, dass ich seine Ablösung nicht dringend genug empfehlen kann. ... Herr Jastram klagt in erster Linie darüber, dass er hätte meist mit stark überlasteter Maschine fliegen müssen, was die Maschine naturgemäß stark mitgenommen habe.«[26]

Jastram wollte die Expedition abbrechen, es erschien im aussichtslos, den Flug bis Rio de Janeiro fortsetzen zu können. Aber Stahl war dagegen: »Da jedoch die Durchführung des Flugs für Junkers eine Prestigefrage geworden ist, verabredete ich mit Herrn Jastram, den Flug nach der Hauptstadt in kurzen Etappen ohne Gefahr bergende Eile vollends durchzuführen, während wir in Rio die Ersatzmaschine nach erfahrungsgemäßer Konservierung unabhängig vom Birkhahn einsetzen würden. Damit war Herr Jastram nicht einverstanden, doch die Lage erfordert das jetzt. Auch ist das der beste Weg, der Hauptstadt über das auffallend lange Ausbleiben der Maschine etwas hinwegzuhelfen. Die Verantwortung trage ich.«[27]

(265) F 13 *Kauz* mit der Kennung D 217 in Victoria (Brasilien)

Am 21. Mai 1923 war endlich der neue Motor angekommen und von Jastram eingebaut worden. Auch ein neuer Propeller war montiert worden. Am darauffolgenden Tag wollte man endlich nach über einen Monat Aufenthalt den Flug die Küste entlang nach Sao Luiz de Maranhao fortsetzen, da brach ein solch heftiges Unwetter über die Amazonasmündung herein, dass selbst die Dampfer nicht mehr auslaufen konnten. Durch den Tropenregen wurde der Propeller erneut beschädigt, so dass Jastram inzwischen endgültig die Geduld verlor und an den inzwischen nach Rio de Janeiro zurückgekehrten Expeditionsleiter Stahl telegrafierte, »er könne mit dem Apparat nicht weiterfliegen, es sei ein leichtsinniges auf's Spiel setzen der Besatzung, wenn man es täte«.[28] Er wollte das Flugzeug nun per Schiff nach Rio transportieren. Stahl setzte diesem Ansinnen heftigsten Widerstand entgegen: »Die Maschine zu verladen, war, wenn Maschine und Besatzung nicht ernsthaft gefährdet, einfach undenkbar. Das wäre für die Amerikaner ein Triumph geworden, der uns jedes Geschäft zerschlagen hätte. Unsere Leute hier beschworen uns, alles daran zu setzen, die Maschine nach hier zu bringen.«[29] Jastram fügte sich und schickte Hermann Müller und Werner Junkers am 30. Mai 1923 auf die Reise, nicht ahnend, dass er sie nicht wiedersehen sollte.

(266) Hermann Müller und Werner Junkers

Um 10.50 Uhr des folgenden Tages langten sie in Maranhao an. Hier gab es neue Schwierigkeiten zu überwinden: Der Apparat wurde bei der Landung an den Schwimmern beschädigt, eine Reparatur war mit dem vorhandenen Material nicht möglich und die Besatzung musste auf neue Schwimmer warten. Erst drei Wochen später war der *Birkhahn* wieder flugbereit.

Am 24. Juni 1923 endlich starteten Hermann Müller und Werner Junkers zum Weiterflug nach Camocim, wo sie am gleichen Tage eintrafen. Was nun weiter geschah, gab der Pilot Carl Hense später zu Protokoll: »Die Maschine hatte in Camocim die Nacht verbracht und war am 25. Juni 1¾ Uhr nachm. unter dem Jubel der Bevölkerung in Aracaty gelandet. Es wurden ca. 300 l Benzol getankt, welches extra hierfür bereitgestellt war und 2¾ nachm. startete die Maschine erneut, um das günstige Flugwetter auszunutzen und noch nach Natal zu fliegen. Kurz nach dem Start ist die Maschine aus etwa 100 m Höhe aus der Rechtskurve heraus rasch zur Erde niedergegangen, beim Aufschlag auf die Erde explodiert und verbrannt. Die Besatzung ist mitverbrannt und wurde anderen Tages in Aracaty auf dem Friedhof unter Beteiligung der ganzen Bevölkerung beigesetzt.«[30]

(267) Brennende F 13 in Aracaty

Hugo Junkers hat der Tod seines Sohnes schwer getroffen. Am Tage des Unfalls hatte er sich Sorgen um seinen Sohn gemacht und notiert: »Durch Sago [Gotthard Sachsenberg] einen kleinen Zettel beilegen: Da Professor Js. ohne jede Nachricht über Werner Js. ist, so wäre ihm ein zuverlässiger, wahrheitstreuer Bericht über seinen körperlichen und seelischen Zustand und sein persönliches und fachliches Verhalten innerhalb und außerhalb seiner Berufstätigkeit sehr erwünscht.«[31] Nach der Silberhochzeit von Therese und Hugo Junkers, die am 31. März stattgefunden hatte, traf die schreckliche Nachricht in Dessau ein.

Wie sein Privatsekretär Zimmermann berichtete, wusste Junkers tagelang nicht, wie er die Nachricht seiner Frau Therese mitteilen sollte. »Frau Junkers fiel es auf, daß Junkers plötzlich reichlich Zeit fand, mit ihr trotz großer geschäftlicher Inanspruchnahme morgens und abends Spaziergänge zu machen. Sie verstand dies nicht und fragte einzelne Angestellte nach der Ursache. Junkers teilte es ihr dann mit.«[32] An Werners Schwester Ilse schrieb Zimmermann: »Papa hat Gott sei Dank keine Zeit seinen Gedanken nachzugehen, da hier tagelange Konferenzen stattfinden, die die Herren noch nicht einmal mittags zum Essen kommen lassen. Nur klagt

(268) F 13 *Kauz* in der Bucht von Botafogo (Rio de Janeiro)

er darüber, dass ihm die Nächte recht lang und unangenehm seien. Er ist gefasst und weiß sich, wie es ja auch nicht anders zu erwarten war, vollkommen in der Gewalt zu halten. Anders ist es dagegen bei Mama, die recht häufig ihrem Schmerz die Zügel schießen lässt; Papa widmet ihr jede freie Minute.«[33]

»Der Weg zur Höhe geht nur über Opfer und Leid. Möge die Luftfahrt ein alle Deutschen fest umschließendes Band sein und eine dauerhafte Kette für alles Deutsche«, versuchte Junkers das Unfassbare zu verarbeiten. Werners Grab solle die Aufschrift erhalten »Ein guter Mensch in seinem dunklen Drange ist sich des wahren Weges wohl bewußt«.[34]

An die Gründung einer Luftverkehrsgesellschaft in Rio de Janeiro war nun nicht mehr zu denken. Jastram und Drewsky wurden zurück nach Dessau beordert, nur Pilot Hense, Monteur Schönmetzler und die F 13 *Kauz* verblieben vorerst in Rio de Janeiro. Über die vermutlichen Ursachen des Unglücks berichtete später der nach Aracaty entsandte Friedrich Höpken:

»Im Anschluß an meinen letzten Bericht vom 20.7. muß ich heute zu meinem Leidwesen mitteilen, daß ein weiteres Faß Benzol, daß wir zu unseren Flügen hier gebrauchen wollten, unbrauchbar ist. Es waren, wie

(269) Werner Junkers

(270) Grab von Werner Junkers in Aracaty

Sie aus den Berichten von Herrn Stahl wohl wissen, an bestimmten Stellen Benzindepots errichtet für den Flug des *Birkhahn* von Pará nach Rio. Nach dem Absturz des *Birkhahn* sollten diese Depots für unseren Flug nach Bahia benutzt werden. Über den Ausfall des in Victoria lagernden Fasses habe ich bereits berichtet, und ich höre, daß Herr Stahl auch geschrieben hat, was wir vermuten. Nun wollten wir hier von Aracaju fliegen und füllten hier ebenfalls ein Faß auf, das ursprünglich für den *Birkhahn* bestimmt, hier lange gelagert hatte. Beim Start hatten wir dieselben Erscheinungen und mußten feststellen, daß es ebenfalls nicht brauchbar war. Wir werden nun noch drittes Faß untersuchen.

Diese Tatsache besagt, daß alle bis jetzt angetroffenen vorausgeschickten Fässer unbrauchbar waren. Motorerscheinungen sind dabei starke Erhitzung der Cylinderköpfe, Nockenwelle und der Saugrohre, dabei sehr harten Lauf und Nachlassen der Touren. Beim Ziehen der Zusatzluft Nachlassen der Touren um etwa 150–200. Falls sich unsere Annahme bestätigt, daß alle für den *Birkhahn* vorausgeschickten Fässer diese schlechten Eigenschaften zeigen, muß angenommen werden, daß das Unglück in Aracaty diese Ursache hat und findet sich dann endlich die Aufklärung.«[35]

Die zweite Südamerika-Expedition

Nach der misslungenen ersten Südamerika-Expedition konnten und wollten die Junkerswerke diesen Kontinent als Absatzgebiete für ihre Flugzeuge nicht aufgeben. Zu viele Opfer hatte die Expedition gekostet und zu viel Geld war bereits investiert worden, auch stand der Ruf der Firma auf dem Spiel. Auch hatte die SCADTA inzwischen bewiesen, dass gerade in Südamerika mit dem Einsatz der F 13 die Aussicht auf einen eigenwirtschaftlichen Luftverkehr am größten war.

Die Erfahrungen, die Walter Jastram mit nach Dessau brachte, und auch die Erkenntnisse, welche die Piloten der Scadta beim praktischen Einsatz der F 13 in Südamerika gewonnen hatten, zogen weitere Verbesserungen der F 13 nach sich. Als Schwachpunkt hatte sich insbesondere der BMW-Motor herausgestellt, der mit seinen 185 PS oft nicht in der Lage gewesen war, eine normal besetzte F 13 mit Schwimmern aus dem Wasser zu heben. Hinzu kam, dass die schwer zu beschaffenden Flugmotoren oft aus zweiter Hand stammten und von schlechter Qualität waren. Junkers entwickelte deshalb noch 1923 in eigener Produktion aus dem bisher verwendeten BMW-IIIa-Motor den Flugmotor L 2 mit 265 PS, mit dem die Nutzlast der F 13 nun um ein Viertel auf 457 kg erhöht werden konnte. Auch die Propeller waren damals oft von schlechter Qualität und für die Tropen nicht geeignet. »Daß die Propeller schon nach kurzem Gebrauch durch die Bank aufleimen, ist ein beredtes Zeugnis, daß bei der Fabrikation nicht sorgfältig genug verfahren wird«[36], beschwerte sich Jastram einmal bei der Jfa. Einen Ausweg sah man bei Junkers in der Einführung des Metallpropellers, der dann bereits ab 1924 in Bolivien eingesetzt wurde.

Noch vor Ende des Jahres 1923 wurde der Entschluss gefasst, eine zweite Expedition nach Südamerika zu entsenden. Die neue Expedition sollte dieses Mal auf breiterer Basis angelegt werden, d.h., mit ausreichendem Personal, guter Werkstattausrüstung und mehreren Flugzeugen ausgestattet werden. Neben F-13-Verkehrsflugzeugen sollten dieses Mal auch andere Produkte der Junkers-Flugzeugwerke angeboten werden, darunter das aus der J 11 entwickelte Postflugzeug A 20 W, ein Sportflugzeug T 19 und ein Hochdecker-Kabinenflugzeug K 16.[37] Der Kostenaufwand für diese Expedition wurde mit einer Million Goldmark angegeben.[38]

Unschlüssig war man sich darüber, ob man die F 13 mit Land- oder Schwimmerfahrgestell ausrüsten sollte. In einer Besprechung am 4. Januar 1924 sprachen sich die Anwesenden teils für, teils gegen die Schwimmerversion aus, wobei festgestellt wurde, »dass die Betriebserfahrungen im längeren Verkehr ungünstiger für die Seemaschine ausfallen als bei kurzen Propaganda-Unternehmungen«. Einig war man sich darüber, »dass die wechselseitige Verwendung derselben Maschine, mal auf dem Lande, mal im Wasser, von zur Zeit konkurrenzlosen Vorteilen sei, die auch in der Praxis genügend betont und gezeigt werden müssten«.

Zweck des Unternehmens sollte dieses Mal nicht nur der Vertrieb der Flugzeuge sein, sondern es wurde auch der Aufbau von Luftverkehrsunternehmen mit eigener Beteiligung in Betracht gezogen, um die Menschen vor Ort vom Nutzen der Verkehrsflugzeuge zu überzeugen. Die organisatorische und kaufmännische Leitung der Expedition wird Erhard Milch übertragen, der später als Generalinspekteur von Hitlers Luftwaffe noch traurige Berühmtheit erlangen sollte. Für Technik und Personal war Walter Jastram verantwortlich. Für den Telegramm- und Schriftverkehr wird als Kürzel »ESA« für Expedition Südamerika vereinbart. Ausgangspunkt der ESA sollte, wie schon bei der ersten Expedition ursprünglich geplant, Argentinien sein, als Abreisetermin war der 19. Januar 1924 vorgesehen. Da traf die Nachricht ein, dass sich die Engländer inzwischen in Argentinien die Konzession auf eine Luftverkehrsstrecke gesichert hatten, die von Junkers in Aussicht genommen worden war. Um nicht unnötig Zeit und Geld zu verschwenden, wurde deshalb umdisponiert. Milch und Jastram sollten zuerst die Lage in diesem Lande sondieren und – falls Aussicht auf Erfolg bestand – den Rest der Expedition von Argentinien aus abrufen.

Da Expeditionsleiter Erhard Milch nur geringe Kenntnisse des Landes und der Landessprache hatte, sollte er von dem Norweger Christian Doxrud unterstützt werden, der als zeitweiliger Kapitän von Amundsens Forschungsschiff *Fram* 1913 mehrere Monate in Buenos Aires verbracht hatte und die spanische Sprache beherrschte. Außerdem sollte dieses Mal ein Filmoperateur namens Bohne die Expedition begleiten, der die Werbeabteilung mit Bildmaterial versorgen sollte.

Nach einer dreiwöchigen Überfahrt auf dem Dampfer *Madeira* trafen Milch und Doxrud am 10. Februar 1924 in Rio de Janeiro ein. Jastram und Bohne waren schon in Bahia ausgestiegen und hatten die letzte Etappe der Reise mit der F 13 *Kauz*, die mit der Besatzung Grundke und Schönmetzler in Argentinien verblieben war, zurückgelegt. Nach ihrer Ankunft teilten sich die Expeditionsmitglieder ihre Aufgabenbereiche. Milch wollte mit Unterstützung von Doxrud Geschäftspartner suchen, die Einfluss in Argentinien besaßen und bei den Verhandlungen mit der argentinischen Regierung über Ankauf von Militärflugzeugen und Konzessionen für einen

Luftverkehr behilflich sein konnten. Jastram übernahm die Aufgabe, mit der F 13 *Kauz* und deren Besatzung Propagandaflüge in verschiedenen Städten zu unternehmen, um die Arbeit von Milch und Doxrud zu unterstützen.

Die Geschäftsaussichten, die Milch vorfand, waren nicht gerade ermutigend. Nach Dessau berichtete er: »Wir sind auf starke Konkurrenz gestoßen, die 1) Flugzeuge verkaufen will, 2) Luftverkehr betreiben will. … Luftverkehr mit Subvention nach dem Süden ist erreichbar. … Wir bieten einen kurzen Probeverkehr auf kurzer Strecke von B. A. aus an gegen a) gewisse Unterstützungen und b) feste Subventions-Aussichten.«[39]

Bei der Suche nach einem geeigneten Geschäftspartner war er inzwischen auf die Firma Coarico (Compania Argentina de Comercio Internacional, Sociedad Anonima) gestoßen, die die Interessen der Firmen Staudt & Cie., Siemens-Schuckert, Siemens & Halske in Argentinien vertrat. Diese war bereit, gegen die Zahlung einer Provision auch die Vertretung der Firma Junkers zu übernehmen.

Jastram erlebte mit seiner F 13 *Kauz* bei seinen Propagandaflügen in Brasilien wieder die mittlerweile recht vertrauten Missgeschicke. Einmal riss sich das Flugzeug von der Boje los, an die es angeleint war, und trieb gegen den Kai, bei Paraty mussten sie notlanden und beschädigten dabei den Propeller, in Santos waren die Schwimmer leck geworden, und Bohne musste das Flugzeug verlassen, weil es sonst nicht mehr aus dem Wasser kam; auf dem Weiterflug nach Florianopolis gerieten sie in einen heftigen Tropenregen und mussten deshalb mehrere ungeplante Zwischenstationen einlegen und nach der Ladung in Florianopolis waren erneut Schwimmer- und Propellerreparaturen notwendig. Als das Flugzeug endlich wieder in der Luft war und weiter nach Buenos Aires fliegen wollte, blieb es gerade mal 20 Minuten in der Luft, als der Kühler zu kochen anfing. Ein Kolben war gebrochen. Jastram gab auf und ließ das Flugzeug per Schiff nach Buenos Aires transportieren.

Die propagandistischen Folgen waren verheerend. »Es ist sehr häßlich und leider nicht zu verhindern, daß die Zeitungen dauernd von unserem Absturz und Tod zu berichten wussten«, schrieb Jastram nach Dessau. Milch schlug daraufhin drastische Gegenmaßnahmen vor: »Alle unsere Mißerfolge sind hier in der Presse, teils mißwollend breitgetreten worden. Auch jetzt ist schon das Liegenbleiben im Staate Rio bekannt. Wir schlagen dazu vor: a) Genaue Registrierung aller Unfälle der Konkurrenz und Benachrichtigung unserer Außenstellen davon. Aktive Propaganda! b) Bekanntgabe vertraulich betr. aller eigenen Unfälle mit Entkräftigung.

(271) Mitglieder der zweiten Südamerika-Expedition 1924 (1 Kneer, 2 Hucke, 3 Gillwald, 4 Sackewitz, 5 Reinke, 6 Neuenhofen, 7 Schönmetzler, 8 Grundke, 9 Petermann, 10 Milch, 11 Jastram)

Abwehrpropaganda (beides durch Nachrichtenabteilung). Erachten diesen neuen Zweig für ganz besonders wichtig und teils durch Code festzulegen!«[40]

Auf diese Vorschläge war man aber bei Junkers nicht weiter eingegangen. Offensichtlich hielt man es für besser, durch eigene Leistungen zu überzeugen und entsandte vier neue F 13 mit gründlich überholten BMW-Motoren nach Argentinien. Dazu hatte der Junkers-Luftverkehr zwei seiner besten Piloten mitgeschickt: Franz Kneer, der bis 1923 schon 100 000 Flugkilometer beim Bayerischen Luftlloyd und Junkers-Luftverkehr Russland zurückgelegt hatte und Willy Neuenhofen, der später durch einen Welthöhenrekord mit einer W 34 berühmt werden sollte. Als dritter Pilot fuhr der seit einem Jahr bei Junkers tätige Friedrich Hucke mit. Auch das übrige Personal war sorgfältig ausgesucht. Neben den Bordmonteuren Petermann, Gillwald, Reiche wurde mit Sackewitz ein Blechspezialist mitgesandt, und sogar ein Lehrling namens Willi Buschow nahm an der Expedition teil.

Anfang Juni 1924 trafen die Flugzeuge mit dem dazugehörigen Personal per Schiff in Rio de Janeiro ein. Die Flugzeugsendung, zu der neben vier F 13 der neuesten Bauart (Werknummern 708 bis 711) auch, wie schon erwähnt, eine K 16, eine T 23 und eine A 20 gehörte, wurde sogleich auf den Militärflugplatz El Palomar verbracht, montiert und eingeflogen. Eine der vier F 13, der *Kormoran*, war bereits mit einem Metallpropeller ausgestattet worden. Am 14. Juni starteten drei der F 13 unter Führung von Kneer, Grundke und Hucke zu einem von Erhard Milch organisierten Propagandaflug. Anlass war die Einweihung des Flugplatzes in Junin. Stolz berichtete Milch nach Dessau: »Der Flug wurde nach kurzer Begrüßung der Erschienenen durch Herrn Milch, nach Aufnahme von Fotos und Ausgabe der Geschwaderordnung gegen 2.45 Uhr von El Palomar angetreten. Die Führung hatte Herr Major Torres in einer Curtiss Oriole. Da unsere Maschinen erheblich schneller waren, mußten wir außer Drosseln durch leichtes Kurven die Formation innehalten. Um 4.30 Uhr nachm. landeten alle Maschinen glatt in Junin, begeistert von einer großen Menschenmenge empfangen. Unsere Maschinen marschierten auf und gingen an ihre Erdanker, ein schönes Bild im Scheinwerferlicht von Automobilen, für die Argentinier gänzlich ungewohnt, daß Flugzeuge wie Kühe angepflockt über Nacht im Freien stehen konnten. Die Holzmaschinen wurden im Hangar untergebracht.«[41]

Am darauffolgenden Sonntag fanden zahlreiche Rundflüge in Junin statt, die besonders von den Damen rege nachgefragt wurden. Die schön ausgestatteten und bequemen Maschinen, die man wie ein Automobil auch in eleganten Kleidern und mit Hüten besteigen konnte, verfehlten hier ihre Wirkung nicht.

Am 9. Juli 1924 ergab sich die nächste Gelegenheit, auf die Vorzüge und Leistungsfähigkeit der F 13 aufmerksam zu machen. Argentinien feierte an diesem Tag die Erlangung seiner Unabhängigkeit von Spanien und die Junkersexpedition plante zur Feier des Tages einen ununterbrochenen Fernflug zweier F 13 von Buenos Aires nach dem 1156 km entfernten San Miguel de Tucumán, wo vor 108 Jahren die Unabhängigkeit der Republik Argentinien ausgerufen worden war. Die Leitung dieses Propagandafluges übernahm dieses Mal der Leiter der argentinischen Zivilluftfahrt Major Francisco S. Torres, da Erhard Milch inzwischen nach New York zur dortigen Junkersvertretung Jucoram versetzt worden war. Major Torres, der dem Militär unterstand, hatte die Junkersleute auf dem Flugplatz El Palomar von Anfang an unterstützt, die Bewachung der Flugzeuge organisiert und war auch als Co-Pilot schon am Doppelsteuer der F 13 mitgeflogen. Als Passagiere nahmen an dem Flug zwei Vertreter des argentinischen Geschäftspartners Coarico und ein Journalist teil.

Die F 13 *Turteltaube*, gesteuert von Neuenhofen und besetzt mit dem Bordmechaniker Reiche, dem Coarico-Vertreter v. Jagwitz und dem Journalisten Lopez-Torres startete am 9. Juli 1924 morgens 8.20 Uhr in Bue-

(272) Einweihung des Flugplatzes in Junin

(273) Besichtigung der F 13 auf dem Flugplatz in Junin

nos Aires und erreichte problemlos – trotz Überlastung von 120 kg und Gegenwind – nach 8 Stunden und 45 Minuten die Hauptstadt der Provinz Tucumán, während die F 13 *Kormoran* mit Kneer, Major Torres, Monteur Gillwald und Direktor Schlemo von Coarico kurz vor Rosario liegen blieb. Ursache war ein Versagen des Kühlers, das aus einer fehlerhaften Montage des Motors herrührte. Flugleiter Major Torres war geschickt genug, das Malheur vor der allzu neugierigen Presse zu verschleiern, indem er verbreiten ließ, dass der *Kormoran* die ursprünglich für den Rückflug geplanten Zwischenlandungen in Rafaela, Pinto und Santiago del Estero bereits auf dem Hinflug absolvieren würde. Beim Rückflug wurden dann die Rollen getauscht, die *Turteltaube* flog die Zwischenlandeplätze an und unternahm dort kurze Rundflüge, während der *Kormoran* – dieses Mal ohne Probleme – in 8 Stunden 20 Minuten von Tucuman nach Buenos Aires durchflog.

Jastram, der auf dem Flugplatz El Palomar zurückgeblieben war, hatte inzwischen eine Veranstaltung geplant und organisiert, die die Leistungsfähigkeit der F 13 eindrucksvoll beweisen sollte: ein Vergleichsfliegen mit einem englischen Bristol-Flugzeug, ausgestattet mit einem 300 PS Hispana Suiza Motor, am 23. Juli 1924.

»Es hatten sich, ohne daß wir dies wußten, zwei Parteien Offiziere gebildet, von denen die eine Partei der Bristol, die andere Partei unserer Maschine den Sieg voraussagte. Wenn wir auch an und für sich auf dem Standpunkte stehen, daß diese Art Wettfliegen meistens mit irgend welchen Schäden für die Beteiligten und die Maschinen enden, so konnten wir leider den Plan nicht mehr abstoppen, nachdem das argentinische Blut in Wallung geraten war.

Es sollte das Dreieck Palomar – Campo de Mayo – Castellar zweimal geflogen werden, das sind 64 km. Start und Landung wurden nicht gewertet, es wurde über dem Wassertank von Palomar abgestoppt. Herr Jastram mußte in dem Bristol Platz nehmen, während der Kapitän Albarassin in unserer Maschine Platz nahm. Die gegen Junkers eingestellte Partei hatte uns, da sie des Bristol-Sieges so gewiß war, freiwillig 20 km für die Stunde vorgegeben. Der Bristol … soll lt. Angabe des Verkäufers 190–200 km schnell sein. Der Partei Major Torres, Major Godoy und eine ganze Menge weiterer Herren wollten schon immer gerne den Bristol eins auswischen, da mit diesem Typ verschiedene Todesstürze vorgekommen sind. Der Bristol legte die Strecke in 20 Min. 58 Sek. zurück, während wir für die erste Runde 11 Min. 23 Sek. und für die zweite Runde 10 Min. 57 Sek. gebrauchten. Nachteilig war für uns, daß Kneer die Strecke vorher nicht gekannt, das drückte sich ja auch darin aus, daß wir in der zweiten Runde weniger Zeit gebrauchten.

(274) Erhard Milch (2. v. r.) mit Militärs auf dem Flugplatz Junin

Der *Kormoran* hat den Metallpropeller und hat es sich im Fluge mit anderen Limousinen gezeigt, daß er die schnellste Maschine ist. Der Motor kann allerdings nur mit Vollgas geflogen werden, da er mit Höhengas viel zu viel Touren macht und unruhig wird. Wir haben bereits versucht, die Tourenzahl durch mehr Steigung geben zu reduzieren, leider mit dem Erfolg des Unruhigwerdens. Wir haben also die 20 km Vorgabe gar nicht ganz gebraucht und sind Sieger geblieben.«[42] Das Siegerflugzeug *Kormoran* wurde anschließend an die Chilenische Armee verkauft.

Der nächste große Erfolg wurde auf einem Flugwettbewerb am 5. Oktober 1924 in San Fernando erzielt, bei dem Kneer mit seiner F 13 den 2. Platz erreichte. Die Krönung der Erfolge in Argentinien war der Höhenflug einer F 13 in El Palomar bei Buenos Aires. Am 16. November 1924 stiegen Pilot Hucke, Mechaniker Petermann und die Passagiere Jastram und Doxrud auf eine Höhe von 6200 Meter. Damit war der Südamerikanische Höhenrekord mit Passagieren geschlagen. Dieser Höhenflug diente der Flugvorbereitung einer F 13 und A 20 über die Anden nach Chile, der drei Wochen später folgte. Am 9. Dezember telegrafierte die ESA an die Junkerswerke: »2. Dezember J.13 Doxrud, Journalist, Kneer, Gillwald Buenos Aires – La Cumbre

– Mendoza, J.20 Neuenhofen, Reiche, Buenos Aires – Junin – Mercedes – Mendoza. 4. Dezember gemeinsam durch Tupumgota – Santiago. Höhe 5 500. Flugzeit 2 Stunden. Eindruck großartig.«

Einen etwas ausführlicheren Bericht brachte die *Illustrierte Flugwoche*: »Der Flug wurde von zwei Flugzeugen, nämlich einem Kabinenflugzeug und einem Postflugzeug, von denen das erste durch den Piloten Kneer, dem bekannten Preisträger im letzten internationalen Wettfliegen in Argentinien, das zweite durch den Flugzeugführer Neuenhofen gesteuert wurde. In dem Kabinenflugzeug nahmen der Führer der Junkers-Expedition in Argentinien, Kapitän Doxrud, ein argentinischer Journalist und der Bordmonteur Gillwald, in dem Postflugzeug außer dem Führer nur der zugehörige Bordmonteur Reiche an dem Flug teil.

Die beiden Flugzeuge waren getrennt von Buenos Aires abgeflogen und hatten sich, nachdem das eine den bekannten argentinischen Flughafen Junin und den Bahnknotenpunkt Mercedes überflogen hatte, das andere den Weg über La Cumbre verfolgte, am 2. Dezember in Mendoza am Fuße der Cordilleren vereinigt. Der Ort Mendoza, welchen seinerzeit auch Locatelli zu diesem Zweck gewählt hatte, ist auch der Ausgangspunkt der über die Cordilleren führenden Bahnlinie, welche Argentinien und Chile verbindet.

Am 4. Dezember starteten die beiden Flugzeuge alsdann gemeinsam und schlugen den Weg über die Cordilleren längs des Tupumgato [Tupungato]-Passes ein, der hart südlich des Akonkaguagipfels von Mendoza auf chilenischem Boden hinüberführt. Die höchste Erhebung des gewählten Paßweges über die Anden betrug 5500 m, so daß also die beiden Verkehrsflugzeuge noch etwa 700 m mehr an Höhenleistung zu vollbringen hatten, als zu einer Überfliegung des Gipfels des Mont Blanc erforderlich wäre.«[43]

Dieser Flug war zwar nicht die erste Überquerung der Kordilleren durch ein Flugzeug, das war schon mehreren Fliegern der verschiedensten Nationalitäten gelungen. Seine Bedeutung lag darin, dass zum ersten Mal die südamerikanische Gebirgskette – und zwar dicht bei ihrer höchsten Erhebung – von einem mehrsitzigen Verkehrsflugzeug überflogen wurde. Damit war es möglich geworden, die Distanz zwischen dem argentinischen Mendoza und der Stadt Santiago de Chile mit einem Kabinen- und einem Postflugzeug in nur zwei Stunden zu überwinden.

Endlich war es gelungen, die F 13 mit Erfolgsmeldungen in die Schlagzeilen der argentinischen Presse zu bringen und die Misserfolge der ersten Expedition in Vergessenheit geraten zu lassen. Die Flugzeugwerke hatten aus den bisherigen Erfahrungen der Junkers-Piloten gelernt und die F 13

(275) Pilot Kneer in den Cordilleren

nach und nach so verbessert, so dass sie nun ihren Siegeszug auch in den tropischen Ländern Südamerikas antreten konnte. Wenn es auch nicht gelang, auf dem amerikanischen Kontinent ein ebenso umfassendes Luftverkehrsnetz aufzubauen wie in Europa, so lagen die Ursachen nunmehr weniger auf technischem als auf politischem Gebiet.

Das Jahr 1925 begann für die Junkerswerke zunächst erst einmal erfolgversprechend. Der ESA war es aufgrund der beeindruckenden Leistungen der Junkersflugzeuge gelungen, von der argentinischen Regierung die Konzession zur Errichtung einer Luftverkehrsstrecke in der Provinz Cordoba zu erhalten. Im Januar wurde mit zwei F 13 der Luftverkehr zwischen Cordoba – Villa Dolores und Cordoba – Rio Quarto eröffnet. und bis zum Herbst mit 100 % Regelmäßigkeit und ohne Unfall betrieben. Die Subventionen betrug 2 Pesos pro Kilometer. Mit diesen Einnahmen konnte die ESA annähernd ihre gesamten Unkosten decken.

Zu den prominentesten Fluggästen der ESA gehörte im Sommer 1925 Prof. Albert Einstein und der ehemalige Chef der deutschen Marineleitung, Admiral Behnke. Beide unternahmen mit einer F 13 einen Rundflug über Buenos Aires und lobten anschließend die Sicherheit, Bequemlichkeit und Leistungsfähigkeit des Flugzeuges. In einem Interview mit argentinischen Zeitungen äußerte sich Einstein folgendermaßen:

»Erst in einer Höhe von 1000 Metern kam ihm plötzlich der Gedanken, daß er die Theorie des menschlichen Fluges bisher noch gar nicht recht gewürdigt habe. Jetzt, nachdem er seinen ersten Flug absolviert und auch die Einrichtung des Junkers-Flugzeuges, das er als ein vollkommenes Meisterwerk bewundere und schätze, angesehen habe, könne er nur das eine sagen: Für den Fortschritt des modernen Weltverkehrs ist das Flugzeug unbedingt an die erste Stelle zu setzen; ihm gehört die Zukunft. Nie habe er sich die Luftfahrt so bequem und ruhig und so überaus schnell vorgestellt, wie sie ihm schien, als er in einer halben Stunde das gewaltige Weichbild der Weltstadt überflog.

Um die Frage, ob in Zukunft im internationalen Luftverkehr der Vorzug dem größeren Flugzeug oder dem Luftschiff gebührt, beantworten zu können, müsste ich eigentlich erst einmal Gelegenheit haben, mit einem Zeppelin-Luftschiff zu fliegen. Im allgemeinen aber halte ich das Land- oder Wasserflugzeug, als mehr dem Vogelflug ähnlich, für zweckentsprechender als Luftschiffe, die dem Luftdruck einen viel zu großen Widerstand bieten. Im Flugzeugbau sollte man meiner Meinung nach danach trachten, rasch fliegende Fluglimousinen zu bauen, die wenig Benzin brauchen; überhaupt auf Erfindung eines anderen Betriebsstoffes Bedacht nehmen.

Ein reines Segelflugzeug ohne jede dynamische Kraft wird sich als Verkehrsmittel niemals durchsetzen, da es nur von der Windgewalt abhängig ist. Aber unsere Technik wird vermittels der elektrischen Energie später einmal imstande sein, auch ohne große und schwerfällige Motoren die Flugzeuge sicher und rasch fortzubewegen, sie gegen und mit Wind zu steuern und dabei Geschwindigkeiten erzielen, die heute dem Benzinmotor noch nicht eigen sind.

Der Flugverkehr muss nach einheitlichem, internationalem Verkehrsprogramm durch internationale Gesetze geregelt werden, denn die Luft kennt keine Grenzen, sie umfasst den ganzen Erdball, sie bewegt die Wolken und die Niederschläge nach ihren meteorologischen Gesetzen und Einflüssen. Nach und nach werden die Nationen einsehen, daß sie die Förderung des Luftverkehrs nur durch ein die ganze Erde umfassendes Luftverkehrsnetz regeln können.«[44]

Am 1. Oktober 1925 wurde der Aero Lloyd Cordoba gegründet, dem nun die Einnahmen zuflossen. Die Junkers-Expedition, deren Leitung inzwischen Franz Holzmann übernommen hatte, wurde wieder finanziell von Dessau abhängig. Im Januar 1926 gelang der ESA aufgrund der guten Ergebnisse des von ihr organisierten Luftverkehrs der Abschluss eines Vertrages mit der argentinischen und der uruguayischen Postverwaltung über

(276) Pilot Grundke und Monteur Gillwald auf dem Schwimmer einer F 13

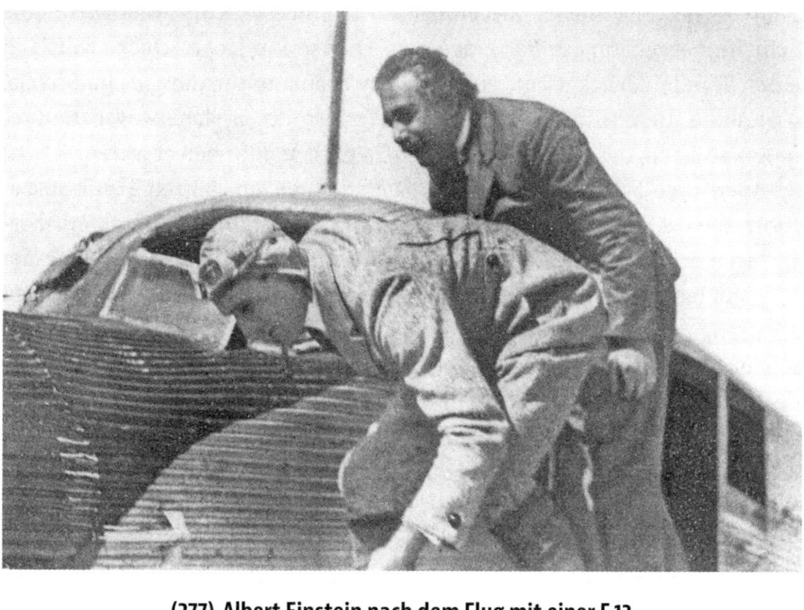

(277) Albert Einstein nach dem Flug mit einer F 13

(278) F 13 *Kauz* an der Junkers-Seeflugstation auf dem Rio de la Plata in Buenos Aires

einen Luftverkehr zwischen Buenos Aires und Montevideo. Da der gesamte Flugverkehr über Wasser ausgeführt werden musste, wurde hier wieder die Schwimmerversion der F 13 eingesetzt. Die 150 km lange Strecke wurde in einer Stunde zurückgelegt, ein Dampfer brauchte für die gleiche Strecke 9 Stunden. Bereits in den ersten vier Wochen des Bestehens war die Frequenz so hoch, dass die Plätze auf Wochen im Voraus belegt waren.

Auch 1926 wurden weitere Propagandaflüge im ganzen Land ausgeführt, die weiteren Verhandlungen über die Einrichtung von Luftverkehrsstrecken scheiterten jedoch an der Subventionsfrage. Auf die Erfolge der ESA hin hatte Frankreich seine politischen und vor allem auch finanziellen Anstrengungen in Argentinien verdoppelt und einen Luftverkehrsvertrag mit der argentinischen Regierung abgeschlossen, der praktisch das Ende des Junkers'schen Luftverkehrs in Argentinien zur Folge hatte.[45]

Die Luftverkehrsstrecken Cordoba – Rio Cuarto und Buenos Aires – Montevideo wurden 1927 mangels Rentabilität nicht mehr planmäßig beflogen[46] und bald darauf eingestellt. Im April 1928 wurde die Mission Junkers in Argentinien aufgelöst und die drei noch vorhandenen F 13 von den Piloten Hermann Schroth, Arthur Schneider und Alfred Grundke nach Bolivien überführt.

(279) Monteur Petermann in der Werkstatt der ESA auf der Junkers-Seeflugstation

(280) Die F 13 *Kauz* kenterte am 24.06.1926 auf der Reede von Buenos Aires und wurde wieder gehoben

(281) Materiallager der ESA in Buenos Aires

Der Lloyd Aero Boliviano

Im Juli 1925 übergab Walter Jastram die Leitung der argentinischen Junkers-Vertretung an seinen aus Dessau eingetroffenen Kollegen Franz Holzmann und reiste mit dem Piloten Willy Neuenhofen und Monteur Franz Schönmetzler in die bolivianische Stadt Cochabamba, um dort vor der deutschen Kolonie eine aus Dessau eingetroffene F 13 vorzuführen.

Die deutschen Geschäftsleute waren unzufrieden mit den äußerst mangelhaften Verkehrsverhältnissen, die jedes Wirtschaftswachstum behinderten, und nahmen den 100. Jahrestag der Unabhängigkeitserklärung am 6. August 1925 zum Anlass, um ihrem Präsidenten ein Flugzeug als Geschenk zu überreichen. Mit diesem Flugzeug sollte das Misstrauen in der Bevölkerung überwunden werden, denn bisher waren sämtliche Versuche, einen Luftverkehr in dem von hohen Bergen und unwegsamen Urwäldern durchzogenen Land aufzuziehen, gescheitert.

(282) F 13 *El Oriente* des Aero Lloyd Boliviano in Cochabamba

Am 5. August 1925 wurde das Flugzeug von Cochabamba in die damalige Hauptstadt Sucre überführt. Erster zahlender Passagier war der Ingenieur Alberto Cornejo, am Doppelsteuer hatte Ing. Raúl Peró Platz genommen und wies Pilot Neuenhofen den Weg. Am Tag darauf wurde das Flugzeug feierlich überreicht.

In den darauffolgenden Wochen durchquerten Neuenhofen und Schönmetzler mit ihrer F 13, die auf den Namen *El Oriente* getauft worden war, das Land und versuchten ihr Publikum durch Rundflüge von der Ungefährlichkeit einer Luftreise zu überzeugen. Es dauerte nicht allzu lange und die Skepsis verwandelte sich in südamerikanische Begeisterung.

Mit dem Vorführungsflugzeug wurde von der deutschen Kolonie am 15. September 1925 der »Lloyd Aero Boliviano« gegründet. Die Präsidentschaft übernahm der deutsche Geschäftsmann Wilhelm Kyllmann, zum Geschäftsführer wurde Walter Jastram ernannt. Durch Beteiligung der Regierung konnte die junge Gesellschaft noch eine zweite F 13 erwerben.

Der Aufbau eines Luftverkehrsnetzes in Bolivien stellte die Junkersleute vor neue Herausforderungen. Ein großer Teil der zu verbindenden Städte lag über 4000 m hoch, dazwischen mussten riesige Gebirgskämme von bis zu 6000 m überflogen werden. Das tropisch-heiße Tiefland war von

Urwäldern bedeckt, dünn besiedelt und zum Teil noch unerforscht. Eine Notlandung wäre hier gleichbedeutend mit einem Todesurteil, selbst wenn man den Absturz überleben sollte. Hinzu kam, dass es nirgendwo ausgebaute Flugplätze gab. Die Flugzeuge mussten ohne Hallen auskommen und Reparaturen konnten nur im Freien ausgeführt werden.

Diese enormen Herausforderungen waren zugleich eine große Chance. Nirgendwo in Südamerika gab es einen vergleichbaren Zeitgewinn, die Flugzeuge erreichten bald eine Auslastung von 100 % und die Gesellschaft konnte einen kleinen Gewinn an ihre Aktionäre ausschütten.

Durch die Reise mit einer F 13 schrumpften Wochen und Monate zu Stunden, ganz abgesehen davon, dass das Reisen in einer Kabine mit Polstersitzen wesentlich bequemer war als der Ritt auf Pferden oder die Fahrt im Auto auf kaum befestigten Straßen. Weniger bequem hatten es die Piloten. Sie saßen im offenen Cockpit und mussten bei ihren Flügen zwischen der Tiefebene und dem 3700 m hoch gelegenen Cochabamba große Temperaturunterschiede ertragen. Herrschte beim Start im wenige Meter über der Meeresoberfläche gelegenen Santa Cruz noch tropische Hitze, die ihnen in den dicken Fliegerkombinationen den Schweiß aus den Poren trieb, so setzte ihnen bei ihrer Ankunft in Cochabamba die Kälte auch trotz ihrer pelzgefütterten Kleidung erheblich zu.

In der Tiefebene mussten die Luftverkehrsstrecken den Flüssen folgen, eine andere Orientierung war kaum möglich. Die Flugzeuge besaßen weder eine Funkausrüstung noch Blindfluginstrumente, einziges Hilfsmittel war der Kompass. Wie Pilot Hermann Schroth in seinen Erinnerungen schreibt, versagte auch dieser, wenn er wegen des Tropenregens dicht über den Rio Grande fliegen musste. Dessen Kurven bildeten oft fast geschlossene Kreise und der Pilot lief im regnerischen Halbdunkel ständig Gefahr, mit den Urwaldbäumen am Ufer zu kollidieren. Oft konnte er erst im letzten Moment ausweichen.[47]

Schlimmer noch wurde es bei den Flügen auf der Kordillerenkette zwischen La Paz und Sucre. Oft musste mit dem vollbeladenen Flugzeug um jeden Meter Höhe gerungen werden, Mensch und Material waren bis an ihre Leistungsgrenze beansprucht.

Bei einem Passagierflug am 9. November 1925 drang Neuenhofen mit drei Fluggästen sogar bis in die Höhe von 6650 m vor und überbot den ein Jahr zuvor vom Junkerspilot Hucke in Argentinien aufgestellten südamerikanischen Höhenrekord um fast 500 Meter. Die Junkers F 13 hatten Mitte der zwanziger Jahre Weltniveau erreicht, kein anderes Verkehrsflugzeug war damals zu solchen Leistungen fähig.

(283) Pilot Franz Kneer in Pelzkleidung

Im Gründungsjahr 1925 hatte der Lloyd Aero Boliviano vier F 13 erworben, davon wurden im Laufe des Jahres bereits zwei wieder zerstört. Eines der beiden Unfallflugzeuge wurde wieder ersetzt, so dass die Gesellschaft drei F 13 im Einsatz hatte. Damit legten die Piloten vom August 1925 bis Ende Dezember 1927 insgesamt 132 964 km zurück und beförderten 25 376 kg an Gütern und 2663 Passagiere. Im Jahre 1928 wurden nochmals drei F 13 mit 300 PS BMW IV-Motoren hinzugekauft. Zwei dieser F 13 wurden als Wasserflugzeuge verwendet. Mit den nun sechs Flugzeugen konnte der Lloyd Aero Boliviano in einem Jahr mehr Passagiere, Post und Fracht befördern als in den drei Jahren zuvor. So wurden 1928 insgesamt 151 111 Flugkilometer erreicht, 2963 Passagiere befördert und 43101 kg Post und Fracht transportiert.[48] Im Jahre 1929 konnte der LAB seinen Aktionären 5 % Dividende auszahlen.

(284) Flugzeugpark mit F 13 des Lloyd Aereo Boliviano in Cochabamba

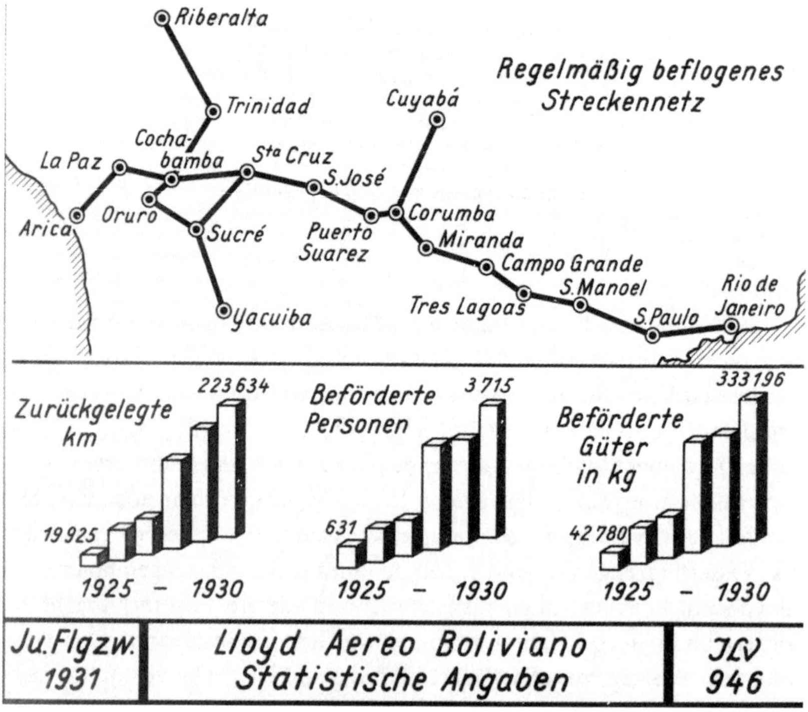

(285) Statistik des Lloyd Aereo Boliviano 1925–1930

Die F 13 im sowjetischen Luftverkehr

Wenn auch der mit viel Mühe und Kraftaufwand im Jahre 1923 eingerichtete Junkers-Luftverkehr in Russland nicht von Erfolg gekrönt war, so erreichte die Firma Junkers jedoch ihr Hauptziel, die Erschließung des russischen Marktes für ihr Verkehrsflugzeug. Insgesamt setzte Junkers in Russland 48 F 13 ab, soviel wie in keinem anderen Land außerhalb Deutschlands.[49]

Hauptabnehmer war die russische Luftverkehrsgesellschaft »Dobrolet«, die auf eine Anregung Lenins hin am 8. März 1923 mit einem Kapital von 0,5 Millionen Goldrubel gegründet worden war. Das Startkapital hatte der Staat über die Prombank zur Verfügung gestellt, die weitere Finanzierung sollte über Volksaktien geschehen. In einer beispiellosen Propagandaaktion wurden im gesamten Land Organisationen ins Leben gerufen, die Geld für die Beschaffung eines Flugzeuges aufbringen sollten. Der bekannte russische Künstler Alexander Michailowitsch Rodtschenko gestaltete zwei Poster mit Junkers F 13 und einem dringenden Appell zur Zeichnung von Dobrolet-Aktien: »Der ist kein Bürger der UdSSR, der nicht bei Dobrolet Aktionär ist«[50] und »Kauft Aktien. Die Dobrolet schafft mit kommerzieller Luftflotte eine Grundlage für ökonomische Entwicklung der UdSSR«,[51] heißt es auf den beiden Plakaten. Das damit erworbene Flugzeug erhielt den Namen der Organisation, wurde an deren Sitz stationiert und kam in erster Linie im Verkehrsbezirk des betreffenden Ortes zur Verwendung.

Erleichtert wurde die Werbetätigkeit durch die Zusammenstellung des Aktienkapitals. Die Aktien lauteten teils auf 50, teils auch nur auf je einem Goldrubel, so dass die Zeichnung auf breitester Grundlage erfolgen konnte. Wenige Wochen nach Zeichnungsbeginn waren nahezu 90 % des auf 2 Millionen Goldrubel festgesetzten Grundkapitals aufgebracht und am 29. Juni 1923 konnte die Gründungsversammlung stattfinden. Im Herbst 1923 konnte das Kapital auf 5 Millionen Goldrubel erhöht werden. Damit wurden im ersten Betriebsjahr zweiundzwanzig F 13 und zwei Flugzeuge britischer Herkunft erworben.

Vor dem Ankauf der F 13 unternahm deren Leiter Snamenski einen Testflug von Moskau – Taschkent – Baku und zurück, der mit 10 600 km Länge zu den großen Weltflügen der damaligen Zeit gehörte.[52] Dabei wurde nicht nur das neue Verkehrsflugzeug einer gründlichen Prüfung unterzogen, auch der russische Pilot Velling musste zeigen, was er von den Junkerspiloten gelernt hatte. Das *Junkers-Nachrichtenblatt* schrieb anschließend begeistert: »Er reiht Gipfelleistung an Gipfelleistung. In 4 500 Metern reißt er die

Maschine über den Kaukasus, aus dem Winter Moskaus in die Glut Transkaukasiens. 250 km fliegt er mit der Landmaschine über den Kaspi-See, von Baku nach Krasnowotz, von dort überquert er Buchara, Chiwa, Turkestan, Gebiete, die der Europäer nur als wilde, unwegsame Länder in Zentralasien kennt. Von Orenburg bis Moskau zwingt er eine Strecke von 2 300 km an einem Tag. Wer selbst in Russland im Frühjahr flog und den jähen Wechsel der Temperaturen, die Ungunst der meteorologischen Verhältnisse erfuhr, der muss sich sagen: eine bessere Leistungsprüfung kann das Metallflugzeug sich nicht wünschen.«[53]

Das Verkehrsprogramm der Dobrolet sah die Einrichtung von sechs Linien vor, die, von Moskau ausgehend, nach St. Petersburg, Charkow, Archangelsk, Astrachan, Minsk und Wladiwostok führen sollten.[54]

Als erste Strecke wurde am 15. Juni 1923 die Luftverbindung Moskau – Nishni Nowgorod, die schon 1922 von den Junkerswerken vorbereitet worden war, wieder eröffnet. Im September 1923 setzte die Dobrolet ein Komitee ein, dass die Grundlagen für das Riesenprojekt St. Petersburg – Wladiwostok prüfen sollte. Zur Erkundung des ersten Teilabschnittes dieser Strecke starteten der Junkerspilot Georg Jüterbock und sein russischer Kollege Losowski mit der F 13 R-RDAM in Moskau zum Flug nach Nowo Nikolajewsk, wo er am 15. September eintraf.

Die Zeitung *Iswestija* vom 19. September 1923 berichtete über diesen Flug: »Nach viertägigem Fluge ist ein Junkersflugzeug der Dobrolet am 15. September in Nowo Nikolajewsk eingetroffen. Das Flugzeug verbrachte im Ganzen 20 Stunden in der Luft und legte während dieser Zeit eine Entfernung von 3 200 Werst [= 3 413,76 km] zurück. In allen großen Städten wurde der Eindecker durch das beharrliche Drängen der auf den Flugplätzen versammelten Menge zu längerem Aufenthalt gezwungen. Nicht nur die Arbeiter, auch die bäuerliche Bevölkerung brachte dem Flugzeug das lebhafteste Interesse entgegen. Dichtgedrängt scharten sich Bauern und Arbeiter auf dem Flugplatz, oft bis zu 24 Stunden vor Ankunft des Flugzeuges. Die ganze Strecke wurde ohne eine einzige Havarie zurückgelegt.«[55] In Novo Nikolajewsk wurde die F 13 R-RDAM auf den Namen *Sibrevkom* (Kürzel für Siberian Revolutionary Committee) getauft. Jüterbock kehrte anschließend mit der Eisenbahn nach Moskau zurück, während Losowski mit der F 13 weiter nach Tomsk flog, wo das Flugzeug auch verblieb.[56]

Pilot Jüterbock war von Moskau aus über Nowgorod – Kasan – Jekaterinenburg – Kurga – Omsk nach Nowo Nikolajewsk geflogen. Die Strecke sollte dann über Krassnojarsk – Irkutsk – Tschita – Nertschinksk – Blagowjeschtschensk – Chabrowsk bis nach Wladiwostok weiterführen. Wäre dieser Plan damals zur Ausführung gekommen, hätte sich bei den damaligen Verhältnissen (ohne Nachtluftverkehr) die Reisedauer bei einer kombinierten Flug-Eisenbahn-Reise um ca. 2/3 verkürzt. Nach Einführung des Nachtluftverkehrs hätte man nach Berechnungen von Prof. Rüginin sogar nur ca. 3 Tage gegenüber 18 Tagen Eisenbahnfahrt benötigt.[57] Das Projekt wurde jedoch, wahrscheinlich aus finanziellen Gründen, vorerst nicht verwirklicht.

Am 25. Juni 1924 nutzte die Dobrolet einen Teil der von Jüterbock erkundeten Strecke und führte ihre Strecke Moskau – Nishni Nowgorod bis Kasan und Swerdlowsk weiter. Diese Strecke erwies sich jedoch als unrentabel und wurde bald darauf wieder eingestellt. Im gleichen Jahr entstand die Mittelasiatische Abteilung der Dobrolet. Im Sommer 1924 eröffnete sie mit Junkers F 13 die Luftverkehrsstrecken Taschkent – Alma Ata, Buchara – Chiva und Eupatoria – Jalta. Auf Anweisung von Moskau wurden alle Junkers-Maschinen von Moskau nach Turkestan verlegt, weil sie die einzigen Flugzeuge waren, die den dort herrschenden tropischen Witterungsbedingungen gewachsen waren. Über einen weiteren Grund berichtet Pilot Otto Wieprich, der auf der Strecke Buchara – Chiva eingeteilt war, im Juli 1924 an die Junkerswerke: »Die Streckenorganisation ist sehr gut bei Dobroljot in Turkestan, auch verfügen sie ober große Geldmittel, weil sie bei den Asiaten großen Absatz ihrer Aktien hier finden. Auch hat die Regierung großes Interesse an der Einrichtung neuer Flugplätze und deshalb Dobroljot dabei sehr unterstützt, vor allen Dingen im Süden nach Afghanistan zu. Nach Ankunft weiterer Maschinen sollte ich mit einer technischen Kommission die neueingerichtete Linie Buchara – Duschambe (Afghanische Grenze) fliegen.«[58] In seinem Bericht wies Wieprich auch darauf hin, dass die Dobrolet ihre F 13 inzwischen mit eigenen Fahrgestellen und Tropenkühlern ausgerüstet hatte und auch stärkere Räder mit Autobereifung verwendete.

Auch die Junkerswerke waren bestrebt, die Einsatzfähigkeit der F 13 in Russland zu verbessern. Nachdem sich die Piloten des Junkers-Luftverkehrs Russland 1923 darüber beklagt hatten, dass die Schneekufen am Boden festgefroren und leicht weggebrochen waren, wurde das Flugzeugwerk in Fili damit beauftragt, die Schneekufen weiterzuentwickeln. Die neuen Schneekufen sollten auch im Winterluftverkehr in Europa eingesetzt werden, der im Winter 1924/25 erstmals stattfinden sollte.[59]

Im Jahre 1924 erreichten die in der Sowjetunion eingesetzten Junkers F 13 der Gesellschaften »Dobrolet« und »Sakavia« mit Strecken- und Sonderflügen folgende Betriebsergebnisse[60]:

(286) Schneekufenfahrwerk der russischen F 13 *Mossowjet*

- Anzahl der Flüge: 2215 = 83 % des sowjetischen Luftverkehrs
- beförderte Passagiere: 8407 = 86 % des sowjetischen Luftverkehrs
- Beförderte Fracht in kg: 13 417 = 29 % des sowjetischen Luftverkehrs
- Flugkilometer: 221 146 = 39 % des sowjetischen Luftverkehrs
- Flugsicherheit: 100 %

Aus dieser Aufstellung geht hervor, dass die Passagierbeförderung in der Sowjetunion im Jahre 1924 hauptsächlich durch die Junkers F 13 erfolgte, während die Beförderung der Fracht zum überwiegenden Teil in den Händen der Deutsch-Russischen Gesellschaft Deruluft und der Ukrainischen Luftverkehrsgesellschaft Ukrwosduchputj lag. Allerdings waren nur ca. ein Viertel der durchgeführten Flüge Streckenflüge, der große Rest verteilte sich auf Rundflüge, Streckenerkundungen und Luftvermessungen, die zum überwiegenden Teil von der Firma Junkers durchgeführt worden sind. Auch bei den Passagieren hatten nur 1453 die normalen Streckenflugzeuge der »Dobrolet« und der »Sakavia« benutzt, knapp 7000 Passagiere hatten an Rund- und Sonderflügen der »Dobrolet«, der »Sakavia« und der Firma Junkers teilgenommen.[61]

(287) F 13 in Kabul

Zu den großen Sonderflügen des Jahres 1924 gehörte der Erkundungsflug der »Dobrolet« mit einer F 13 nach Afghanistan, wobei der Hindukusch zwischen den Orten Scharika und Chindschan in einer Höhe von 6200 m überflogen wurde. Ein regelmäßiger Luftverkehr zwischen Taschkent und Kabul wurde jedoch erst drei Jahre später eingerichtet.

Aufgrund ihrer Betriebsergebnisse konzentrierte sich die Dobrolet 1925 nur noch auf den mittelasiatischen Raum und beflog die Strecken Kagan – Chiwa – Taschaus und Kagan – Duchambe zwei bis dreimal wöchentlich, während der Junkers Luftverkehr Russland auf der Strecke Baku – Enseli Bedarfsflüge ausführte. Erst im Jahre 1927 wurde vom Junkers Luftverkehr Persien ein regelmäßiger Luftverkehr zwischen Teheran und Baku aufgenommen. Auch im Betriebsjahr 1925 entfiel etwa die Hälfte der beflogenen Strecken und beförderten Passagiere auf die F 13 der Dobrolet, während der Frachttransport überwiegend von der Deruluft und der Ukrwosduchputj durchgeführt wurde.[62]

Inzwischen waren die sowjetischen Konstrukteure nicht untätig gewesen. Sie entwickelten und testeten eigene Flugzeugtypen, um sich mehr und mehr von ausländischen Firmen und Flugzeugimporten unabhängig

(288) F 13 im sowjetischen Luftverkehr

zu machen. Zur Demonstration ihres gewachsenen Könnens veranstalteten sie vom 10. Juni bis 17. Juli 1925 den ersten großen sowjetischen Flug von Moskau nach Peking. An dem Flug nahmen zwei Junkers F 13 der Dobrolet und vier Flugzeuge sowjetischer Konstruktion teil, von denen drei von Polikarpow konstruierte Mehrzweckflugzeuge (P.1 und P.2) und ein von Alexandrow und Kalinin konstruiertes viersitziges Verkehrsflugzeug vom Typ AK-1 waren und die der Gesellschaft Aviachim gehörten. »Die Typenverschiedenheit der Maschinen macht diesen Streckenflug besonders interessant, da hierbei deutlich die Vorzüge und Nachteile der einzelnen Konstruktionen bei Verwendung in den denkbar schwierigsten Verhältnissen zum Ausdruck kommen müssen. Die Flugzeuge werden Gegenden, die den verschiedensten klimatischen Bedingungen unterworfen sind, durchqueren müssen: von Zentralrußland, Mittelrußland bis zur südlichen Mongolei und China«, schrieb die Iswestija vom 28. Mai 1925.[63]

Kennungen und Besatzungen der teilnehmenden Flugzeuge waren:

P.1: R-RMPA mit Pilot M. M. Gromow und Mechaniker Rodsewitsch und R-RMPB mit Pilot M. A. Wolkowoinow und Mechaniker Kusnetzow

P.2: R-RMPE mit Pilot A. N. Jekatow und Mechaniker Malikow

AK-1: R-RDAX »Lakschkij Strelok« mit Pilot A. I. Tomaschewsky und Mechaniker Kamischef

F 13: R-RDAP »Prawda« mit Pilot I. K. Poljakow und Mechaniker Michejew und R-RDAO »Krasnij Kamwolschtschik« mit Pilot N. I. Naidenow und Mechaniker Osipow[64]

Organisiert wurde der ca. 7 000 km lange Flug von dem russischen Piloten und Flugfachmann Ingenieur A. Slaworossow. Er hatte die Flugstrecke in sechzehn Etappen eingeteilt und ließ in jedem Etappenpunkt einen Landeplatz anlegen, Brennstoff- und Ölvorräte sowie Ersatzteile deponieren und Sanitätswachen aufstellen. Auf der Transsibirischen Eisenbahn folgte der Expedition eine große Waggon-Werkstatt. Auch die Wettervorhersage und das Signalsystem waren mustergültig organisiert worden.

Der erste Teil der Flugstrecke von Moskau bis Nishni Nowgorod und längs der Wolga bis Kasan war der leichteste, da er schon öfter beflogen worden war. Auch der weitere Flug längs des Kamaflusses nach Sarapul und über ein Waldgebiet bis nach Kasnoufimsk bot keine größeren Schwierigkeiten. Das sich anschließende Waldgebiet über den südlichen Ausläufern des Uralgebirges bot jedoch fast keine Landungsmöglichkeiten, so dass die Strecken bis Swerdlowsk und längs des Isetta-Flusses über Schtadrinsk nach Kurgan ohne Zwischenlandungen überwunden werden mussten. Dann folgte ein langer Flug mit mehreren Zwischenlandungen entlang dem Schienenstrang der Transsibirischen Eisenbahn über die große sibirische Ebene bis zur sibirischen Hauptstadt Nowo Nikolajewsk. Bis zur Station Irkutsk mussten noch einmal undurchdringliche Waldgebiete mit nur spärlichen Notlandungsmöglichkeiten überwunden werden. Den einzigen Orientierungspunkt bildete die Eisenbahnstrecke, ansonsten sahen die Flieger stundenlang nur Wald.

Auf der Strecke Irkutsk – Kjachta – Urga (Ulan Bator) erwartete die Flugzeugbesatzungen die nächste große Herausforderung, die Überquerung des wegen Nebels und ungünstiger Windverhältnisse berüchtigten Baikalsees. Zum Schluss folgte der gefährlichste Teil des gesamten Fluges, die Strecke von Urga über die Wüste Gobi bis Kalgan. Gleißende Hitze, Sandsturmgefahr und äußerst schwierige Ortung stellten an die Besatzung harte Anforderungen. In den endlosen Sandgebieten gab es keine Orientierungspunkte, die Piloten waren nur auf ihre recht dürftigen Bordinstrumente angewiesen. Notlandung oder Bruch mit Verlust des Kühlwassers hätte zumindest das Ende des Fluges bedeutet.[65]

Fünf Flugzeuge erreichten am 13. Juli ihr Ziel Peking ohne jede Panne, nur F 13 R-RDAP wurde bei einer Landung auf dem letzten Teil der Strecke beschädigt und versehentlich beschlagnahmt.[66] »Wenn man das Ergebnis

(289) Ankunft der F 13 *Krasnij Kamwoltschik* in Peking

(290) Ankunft der F 13 *Krasnij Kamwoltschik* in Peking

des russischen Moskau-Peking-Fluges mit dem Weltflug der Amerikaner, dem Rom-Tokio-Flug und dem Flug von Pelletier d'Oisy[67] vergleicht, so erkennt man, dass die Russen eine Weltleistung vollbracht haben«, schrieb der *Luftweg* vom 27. Oktober 1925. Die sowjetischen Konstrukteure hatten damit den Beweis erbracht, dass ihre Maschinen mit der Junkers F 13 konkurrieren konnten.

Auch im Militärflugzeugbau wurde die Firma Junkers nicht mehr gebraucht. Mit den Ende 1925 unterzeichneten Locarno-Verträgen normalisierten sich die Beziehungen zu den Alliierten und die Beschränkungen im Flugzeugbau wurden aufgehoben. Dadurch verlor das Reichswehrministerium das Interesse an einer weiteren Betätigung der Junkerswerke in der Sowjetunion. Im Jahre 1926 wurde das Junkers-Zweigwerk in Fili aufgelöst.

Die Junkers F 13 blieb bis zum Anfang der 1930er-Jahre das Hauptverkehrsflugzeug der Dobrolet. Nach ihrem großen Erkundungsflug von Moskau nach Peking eröffnete die Dobrolet am 22. Juli 1926 mit der F 13 *Mossowjet* ihre erste internationale Luftverkehrsstrecke von Verschneudinsk (heute Ulan–Ude) in die Hauptstadt der Mongolei Urga (Ulan Bator). Im gleichen Jahr wurde zwischen Irkutsk und Jakutsk mit der F 13 eine regelmäßige Flugverbindung geschaffen.

Im Jahre 1928 war eine russische F 13 Teil einer Rettungsaktion, die international großes Aufsehen erregte.[68] Am 2. Juni 1928 empfing der junge russische Lehrer Nikolai Reinhold Schmidt mit seinem selbstgebastelten Kurzwellenempfänger einen SOS-Ruf: Die von Umberto Nobile organisierte Nordpol-Expedition war in der Nähe von Spitzbergen abgestürzt und rief um Hilfe. Schmidt löste daraufhin sofort eine internationale Rettungsaktion aus. Der italienische General Nobile war am 23. Mai 1928 mit 16 Mann Besatzung von Spitzbergen aus gestartet und hatte mit seinem Luftschiff *Italia* am darauffolgenden Tag den Nordpol erfolgreich überquert. Auf der Rückfahrt kam es zur Katastrophe: Das Luftschiff berührte mit dem Heck das Eis, zehn der Insassen – darunter auch Nobile – wurden auf das Packeis geschleudert, wobei ein Expeditionsmitglied zu Tode kam. Die übriggebliebene Gashülle verschwand mit den restlichen sechs Männern auf Nimmerwiedersehen. Von den auf dem Eis Gestrandeten waren glücklicherweise nur drei verletzt worden. Expeditionsleiter Nobile und sein Landsmann Cedioni hatten sich beide ein Bein gebrochen und waren bewegungsunfähig, der schwedische Ozeanologe Dr. Finn Malmgren hatte sich den Arm geprellt. Mit Hilfe eines Radiosenders, der den Sturz unversehrt überstanden hatte, versuchte die neunköpfige Gruppe lange Zeit vergeblich, ein Notsignal abzusetzen. Daraufhin machte sich Malmgren mit den beiden

Korvettenkapitänen Mariano und Zappi auf den Weg, um Hilfe herbeizuholen. Nachdem der russische Amateurfunker Schmidt nach über zwei Wochen den Hilferuf empfangen und die Weltöffentlichkeit alarmiert hatte, vergingen immer noch mehrere Tage, bis die ersten Rettungsexpeditionen starten konnten. Verzweifelt wandte sich die Schwester des Tschechen Dr. František Běhounek, der als Experte für kosmische Strahlungen an der Fahrt des Luftschiffes teilgenommen hatte, am 6. Juni 1928 mit einem Hilferuf an Professor Junkers: »Als Schwester des tschechoslovakischen Polarforschers Dr. Běhounek, der sich des Nobile letzten Fluges beteiligte, stehe ich hier der Verzweiflung nahe. Ich habe schon jede Hoffnung aufgegeben, dass die Polarhilfsexpeditionen irgendeinen Erfolg haben können, da sie von vornherein pessimistisch angesehen und infolgedessen langsam vorgenommen werden. … Nun komme Sie, hochgeschätzter Herr Professor, höflichst bitten, ob Sie nicht gefälligst ein Ihrer allerbesten und heute in der ganzen Welt berühmten Flugzeuge zur Verfügung stellen würden. Ich bin sicher, dass Junkersflugzeug und meine Intuition sicher nicht nur meinen armen Bruder, sondern auch die übrigen entdecken würden, seien sie tot oder am Leben.«[69]

Wenige Tage später erhielt die mit der Firma Junkers zusammenarbeitende schwedische Luftverkehrsgesellschaft A. B. Aerotransport den Auftrag, ihr dreimotoriges Verkehrsflugzeug G 24 nach Spitzbergen zu entsenden. Es wurde sofort entsprechend ausgerüstet und startete mit Sergeant Nils Nilsson am Steuer über Lulea nach Tromsø.

Auch die Finnen stellten ein Junkersflugzeug für die Hilfsexpedition zur Verfügung. Die finnische Gesellschaft Aero O. Y. nahm ihre F 13 *Turku* mit der Kennung K-SALG aus dem Verkehr und rüstete sie in aller Eile für die Expedition aus. Am 16. Juni um 4 Uhr morgens startete Pilot Gunnar Lihr mit der K-SALG über Wasa nach Tromsö. Von dort wurde das Flugzeug mit dem Dampfer nach Kingsbay transportiert.

Am 18. Juni wurden im Norden Spitzbergens zwei Rettungsdienste an Land gesetzt, die auf Skiern und mit Hundeschlitten nach der verunglückten *Italia*-Besatzung suchen wollten. Eine Gruppe bestand aus Albertini, Matteoda, Bich und Pellisier, die zweite aus dem Kapitän des italienischen Alpenrettungsdienstes, Capitain Sora, dem dänischen Ingenieur Varming und dem niederländischen Schlittenhundeführer Sjef van Dongen. Das Albertini-Rettungs-Team untersuchte auf Skiern die Westseite vom Rijpfjord, während die Sora-Gruppe mit einem Hundeschlitten die Nordostküste Spitzbergens absuchte. Als Varming wegen Schneeblindheit zurückbleiben musste, wagten sich van Dongen und Sora weit hinaus auf das schwierige Packeis östlich der Foyn-Insel. Beide verfügten über keinerlei Arktiserfahrung und gerieten bald infolge schlechter Eis- und Wetterverhältnisse in größte Lebensgefahr.

Der Italiener Maddalena war mit seiner *Savoya* S 55 inzwischen bis zur Bäreninsel vorgedrungen und in Tromsö warteten drei Wasserflugzeuge, darunter auch die G 24, auf günstiges Flugwetter. An diesem windstillen Tag schaffte es jedoch nur ein Flugboot, sich vom Wasser zu erheben. Es war die französische Latham 47 mit dem norwegischen Polarforscher Roald Amundsen an Bord, der ebenfalls an der Rettung von Nobile teilnehmen wollte. Das Flugboot und seine fünfköpfige Besatzung wurden nie wieder gesehen. Nur Maddalena landete am Abend des 18. Juni in der Kingsbay. Einen Tag später trafen auch Nilsson und Penzo in der Kingsbay auf Spitzbergen ein. Der schwedische Pilot Nilsson war mit seiner G 24 *Upland* der Erste, der das Eismeer zwischen Nordnorwegen und Spitzbergen ohne Zwischenlandung bewältigt hatte – Maddalena war am Tage zuvor auf halber Strecke auf der Bäreninsel zwischengelandet. Sechs Stunden und zehn Minuten hatte die *Upland* für diesen Flug gebraucht, davon musste Nilsson zwei Stunden ohne Bodensicht über den Wolken fliegen. Der Italiener Penzo, der zur gleichen Zeit gestartet war, traf mit seinem Wasserflugzeug *Dornier Wal* 50 Minuten später ein. Noch am selben Tage flog die *Upland* zur Virgo-Bay, wo sich das Hauptquartier der schwedischen Hilfsexpedition befand. Sie landete dort um zwei Uhr morgens am nächsten Tage. Am Nachmittag des 20. Juni 1928 suchte die Junkers G 24 zusammen mit den anderen Flugzeugen die Eisfläche nach der Nobilegruppe ab. Der Italiener Maddalena entdeckte mit seinem Savoia-Flugboot sechs Männer, die um ein rotes Zelt herumstanden. Da nicht genügend freie Wasserfläche zur Verfügung stand, konnten weder das Flugboot noch die G 24 landen. Nilsson kehrte zwei Tage später mit Lebensmitteln, Kleidungsstücken und Akkumulatoren zurück und warf sie am Roten Zelt ab. Mit den abgeworfenen Akkumulatoren für den Radiosender konnte die Nobilegruppe ihre unterbrochene Verbindung mit der Außenwelt durch ihre Funkanlage wieder aufnehmen und war imstande, bis zu ihrer endlichen Rettung durchzuhalten.

Am 24. Juni 1928 landete der Schwede Lundborg mit seiner Fokker C V auf Schneekufen in der Nähe der Nobile-Gruppe. Da das dreisitzige Militärflugzeug nur noch einen freien Platz hatte – Pilot Lundborg hatte einen Beobachter dabei – entschied man sich dafür, Nobile als ersten auszufliegen, da er der leichteste und am schwersten verletzt war. Leider überschlug sich Lundborg mit der Fokker beim Versuch, den Rest der Gruppe auszufliegen. Das Junkers-Flugzeug *Upland*, das auf der Eisscholle nicht landen konnte, unternahm inzwischen ausgedehnte Flüge, um die abgetriebene Ballongruppe und die verschollene Latham mit Amundsen zu suchen und die gefundenen Expeditionsgruppen mit Lebensmitteln zu versorgen.

Einar Lundborg startete am 26. Juni mit seiner Junkers F 13 gemeinsam mit Penzo's *Dornier Wal* und Maddalena's *Savoya* nach der Virgo-Bay. Dort wurde die F 13 auf Schneekufen gesetzt. Nachdem Lundborg jedoch feststellen musste, dass eine Landung auf der Eisscholle auch für Schneekufenflugzeuge unmöglich war, wurden die Skier wieder gegen Schwimmer ausgetauscht.

Am 7. Juli traf der russische Eisbrecher *Krassin* in der Nähe der Absturzstelle ein. Ab Bord hatte er eine dreimotorige Junkers K 30 (Militärversion der G 24). Pilot Boris Tschuchnowski entdeckte auf seinen Flügen mit der K 30 *Krassnyj Medwed* (Roter Bär) am 10. Juli die Malmgren-Gruppe und rief den Dampfer *Krassin* herbei, der aber konnte nach seinem Eintreffen zwei Tage später nur noch Zappi und Mariano an Bord nehmen, Malmgren war tot.

Auch der russische Eisbrecher *Malygin* war zu Hilfe geeilt, war aber zu schwach, um nordwärts gegen das Eis vorzustoßen. Auch er hatte ein Junkers-Flugzeug an Bord, eine russische F 13, die von Pilot Babuschkin gesteuert wurde. Nachdem das Flugzeug auf das Eis gebracht worden war, unternahm Babuschkin ebenfalls Erkundungsflüge in Richtung der Absturzstelle. Während seines 15. Fluges brach ein heftiger Schneesturm aus, und als Babuschkin nicht am gleichen Tag zurückkehrte, gab man das Flugzeug schon verloren. Zur großen Überraschung der Schiffsbesatzung landete Babuschkin nach fünf Tagen wohlbehalten neben seinem Mutterschiff. Er hatte bei Sturm und Nebel das Flugzeug notdürftig auf einer Eisscholle verankern müssen, mit der er dann tagelang herumgetrieben war.

Tschuchnowski hatte bei seinem Rettungsflug am 12. Juli auch Sora und van Dongen entdeckt und diese Nachricht an die schwedische Hilfsstation weitergegeben. Sofort startete Lihr mit seiner F 13 K-SALG gemeinsam mit einem schwedischen Militärwasserflugzeug zum angegebenen Standort dieser Gruppe und konnte in deren Nähe auf einer eisfreien Stelle landen.

Die Übernahme der Expeditionsmitglieder in das Junkersflugzeug gestaltete sich äußerst schwierig, da die Wasserfläche immer kleiner wurde und zum Schluss nur noch einen 100 Meter großen Durchmesser hatte. Trotzdem gelang der Start, den schwedische Zeitungsmeldungen als ein Meisterstück des finnischen Piloten Lihr bezeichneten. Um Mitternacht trafen beide Flugzeuge mit den Geretteten beim Hilfsschiff *Quest* ein.

(291) Babuschkins F 13 im Nebel vor dem Dampfer *Malygin*

Hugo Junkers übersandte am 11. August 1928 an den Piloten Michail Sergejewitsch Babuschkin folgendes Anerkennungsschreiben:

»Ich nehme mit besonderer Freude Veranlassung, Ihnen meine Anerkennung für Ihre bewundernswürdigen Leistungen auszusprechen, die Sie mit einer Junkers-F 13-Maschine anlässlich der Rettungsexpedition für die Italia-Mannschaft vollbrachten. Ich beglückwünsche Sie zu dieser Leistung herzlich und bitte Sie, als äußeres Zeichen meiner Anerkennung die goldene Junkersnadel, die ich Ihnen mit diesem Schreiben überreiche, anzunehmen.«[70]

Ein ähnliches Anerkennungsschreiben erhielten Boris Gregorjewitsch Tschuchnowski, Nils Wicto Nilsson und Gunnar Lihr.

Ab 1928 verwendete auch die Deruluft drei Junkers F 13 auf der Strecke Berlin – Kaunas – Riga – Tallin – Leningrad. Auf Wunsch der Deruluft entwickelte die Firma Junkers im Februar 1930 für den Winterluftverkehr ein kombiniertes Rad-Schneekufen-Fahrgestell. Erste Probeflüge mit diesem Fahrwerk fanden am 5. März 1930 unter Flugkapitän Liehr mit dem Flugleiter der Deruluft, Ingenieur Schlenstedt statt. Weitere Versuche in Reval sollten folgen.[71] Offensichtlich haben diese Versuche nicht befriedigt,

(292) Kombiniertes Rad-Schneekufen-Fahrgestell

denn von einem Einsatz des Rad-Schneekufen-Fahrgestell im Luftverkehr ist nichts bekannt.

Die Verbindung zwischen der Firma Junkers und den Piloten der Dobrolet blieb auch nach der Auflösung des Werkes in Fili bestehen. So zeichnete Junkers 1925/26 einige Piloten mit der Silbernen Junkers-Fliegernadel aus. Die Piloten der Dobrolet Slepnew, Semjonow, Baranow, Schwarz und Lewtschenko erhielten die Auszeichnung für 100 000 mit F 13 zurückgelegte Flugkilometer, Pilot Naidenow wurde damit für seine Leistungen auf F 13 beim Moskau-Peking-Flug geehrt und Pilot Kopylow von der Aviachim erhielt die Nadel für seinen Dauerrekordflug mit F 13 von Moskau nach Omsk.[72]

Insgesamt gesehen hatte die Firma Junkers vom Einsatz der F 13 in der Sowjetunion erheblich profitiert. Das Land hatte sich nicht nur als ergiebiges Absatzgebiet für Junkers-Flugzeuge aller Art erwiesen – neben der F 13 und W 33 waren noch eine große Stückzahl der Militärflugzeuge A 20, A 35, J 21, J 22 und K 30 verkauft worden – hier konnte die F 13 auch unter den verschiedensten klimatischen Bedingungen von den Junkerspiloten getestet und deren Erfahrungen im Flugzeugbau verwertet werden. Nach 1923 gab es kaum noch Unfälle mit der F 13, die auf technisches Versagen zurückzuführen wäre, und im Streckenbetrieb der Dobrolet arbeitete dieser Flugzeugtyp mit fast 100 %iger Sicherheit und Zuverlässigkeit.

Bilanz eines Verkehrsflugzeuges

Bis Ende 1925 waren 245 F 13 gebaut worden, davon waren 47 in Luftverkehrsgesellschaften eingebracht und 177 verkauft worden. 21 befanden sich noch im Jfa-Besitz.[1] In der Flugsaison 1925 wurden im 30 255 km langen europäischen Streckennetz 12 405 km mit Junkersflugzeugen beflogen, das waren 41 Prozent. Auch in Asien und Südamerika erreichten sie beeindruckende Ergebnisse. So wurden 72 % des 5882 km langen asiatischen und 27 % des 8506 km langen amerikanischen Streckennetzes mit Junkersflugzeugen betrieben.[2] Weltweit waren 1925 insgesamt 178 Junkers-Flugzeuge im Einsatz, die nahezu 100 000 Reisende und 650 t Fracht beförderten und dabei fünf Millionen Flugkilometer zurücklegten. Da zu dieser Zeit erst zwanzig Großflugzeuge G 24 verfügbar waren, waren diese Leistungen in der Hauptsache den kleinen sechssitzigen Verkehrsflugzeugen F 13 zuzuschreiben. Das Haupteinsatzgebiet der F 13 war und blieb auch nach 1925 der Luftverkehr. Sowohl im Inland als auch im Ausland waren bis zum Beginn des zweiten Weltkrieges zahlreiche F 13 im Streckendienst oder im Bedarfsluftverkehr tätig.

Die Deutsche Lufthansa hatte bei ihrer Gründung am 6. Januar 1926 vom Junkers-Luftverkehr 48 F 13, 19 G 23, 3 K 16 und 10 A 20 übernommen, sie bildeten die Hälfte des gesamten Flugzeugbestandes der Lufthansa. Auch die dazugehörigen Piloten, Mechaniker und nicht zuletzt auch die mit viel Mühe und Kosten eingerichteten Luftverkehrslinien wurden übernommen. Im zweiten Betriebsjahr wurden von dem ca. 20 000 km umfassenden Streckennetz dieser Gesellschaft noch etwa zwei Drittel mit Junkers-Flugzeugen beflogen, wobei auf die G 24 und die F 13 jeweils ein Drittel entfielen.[3] Im Jahre 1933 waren neben anderen Junkerstypen noch 30 F 13 bei der DLH im Einsatz, dann wurden sie nach und nach von der Ju 52/3m ersetzt. 1939 verschwanden die letzten vier F 13 aus den Bestandslisten der Lufthansa.[4]

Die F 13 wurde nach 1925 noch mehrfach geändert und den neuen Anforderungen, die an ein modernes Verkehrsflugzeug gestellt wurden, angepasst. Um die Wirtschaftlichkeit zu erhöhen, erhielt die F 13 den längeren Rumpf der W 33 mit verstellbarer Höhenflosse. Für kürzere Strecken, wie z. B. Zubringerlinien, wurden die zeitweise eingebaute Toilette und der Gepäckraum als überflüssig angesehen, dafür wurden noch ein bis zwei Passagiersitze eingebaut. Im Bedarfsfall wurden diese zwei Sitze abgetrennt

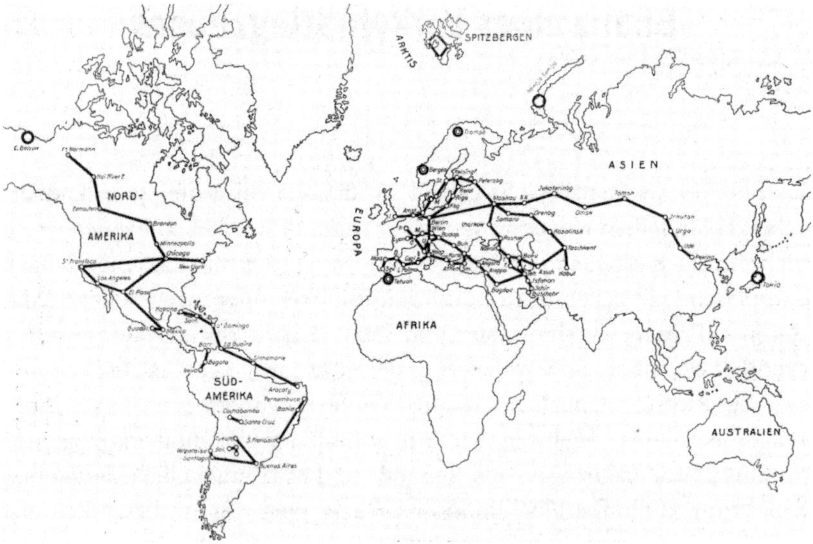

(293) Weltkarte der mit Junkersflugzeugen bis Ende 1925 zurückgelegten Großstrecken[5]

(294) F 13 im Dienste der Lufthansa

und Zwischenwände oder Netzgitter eingezogen. Die Schwerpunktverschiebung nach hinten wurde durch Verwendung von Pfeilflügel ausgeglichen.[6] Zur Verbesserung der Flugeigenschaften wurde die Flächenhinterkante hochgezogen. Die Schwimmer wurden vergrößert und bekamen eine günstigere Form. In den letzten Exemplaren wurden wieder Toiletten und Verbindungstüren zwischen Führer und Passagierraum eingebaut.[7]

Auch die Instrumentierung wurde verbessert und eine FT-Anlage eingebaut. Im Frühjahr 1929 fanden auf der Strecke Venedig – Padua – Venedig und Venedig – San Dona die Pave – Treviso – Venedig die ersten Blindflüge mit einer F 13 der Transadriatica statt.[8]

Die verbesserte Instrumentierung erlaubte ab 1930 ein geschlossenes, verglastes Cockpit. Die Piloten waren nicht mehr der Witterung ausgesetzt.

Der Wunsch nach Einbau verschiedener Motorenmuster machte es notwendig, den Motorvorbau abnehmbar zu konstruieren. Für die Verwendung von Junkersmotoren L 5 und von luftgekühlten Sternmotoren wurden neue Motorvorbauten und Maschinenanlagen entwickelt.

Im Jahre 1929 – also zehn Jahre nach ihrem Erstflug – waren Junkers F 13 noch in folgenden Ländern im Einsatz: Deutschland, Afghanistan, England, Estland, Finnland, Island, Italien, Japan, Argentinien, Bolivien, Bulgarien, China, Chile, Dänemark, Kolumbien, Litauen, Neuguinea, Österreich, Persien, Polen, Rumänien, Russland, Schweden, Schweiz, Spanien, Tschechoslowakei, Türkei, Ungarn, USA, Yemen.[9]

Zu diesem Zeitpunkt hatten bereits mehrere F 13 die Betriebsstundenzahl von 3000 überschritten. Eine dieser F 13, die 1920 gebaute *Magdalena*, wurde nach achtjähriger Verwendung im Dienste der Scadta nach Deutschland zurückgebracht und einer Bruchprüfung unterzogen. Bis zu diesem Zeitpunkt hatte sie 3200 Betriebsstunden geleistet und dabei über 400 000 km zurückgelegt. Die Bruchprüfung ergab, dass das Material trotz jahrelangem Einsatz als Wasserflugzeug keinerlei Schaden genommen hatte.[10]

Bis zum Jahre 1932 wurden in den Junkers-Flugzeugwerken in Dessau insgesamt 351 F 13 gebaut, wobei die höchstgebaute Stückzahl pro Jahr 75 Exemplare im Jahre 1923 war.

1919	1920	1921	1922	1923	1924	1925	1926	1927	1928	1929	1930	1931/1932
6	73	15	8	75	59	14	17	18	16	29	14	7

(Tab. 3) F 13 Produktion in den Junkersflugzeugwerken in Dessau

(295) F 13 aus dem Jahre 1931 mit verlängertem Rumpf. Es konnten wahlweise zwei weitere Sitze, ein Gepäckraum oder ein Toilette eingebaut werden.

(296) Instrumentierung einer F 13 im Jahre 1931 mit Drehzahl-, Höhen-, Querneigungs-, Geschwindigkeits-, Öldruck-, Kraftstoffdruck- und Kraftstoffvorratsmesser, Kompass, Borduhr und Wasserfernthermometer

(297) F 13 mit verglastem Cockpit

(298) F 13 ZS-ADR aus dem Jahre 1930 mit Sternmotor im Einsatz bei der South African Airways

(299) F 13 im Jahre 1923 im Luftfahrtmuseum Chalais-Mendon

Zu besichtigen sind Junkers F 13 heute noch in folgenden Museen:

- Verkehrsmuseum Budapest (WNr. 574, CH 59/66 – ehemals Ad Astra)
- Technik-Museum Stockholm (WNr. 715, SE-AAC, AB Aerotransport)
- Paris: Musée de l'Air et de l'Espace (F 13 mit englischer Beschriftung, möglicherweise eine JL-6)
- Deutsches Museum München (F 13, rekonstruiert aus einem in Afghanistan gefundenen Wrack)
- Technikmuseum Berlin (Wrack einer F 13 aus Kanada, WN 2050, CF-ALX)
- Technikmuseum »Hugo Junkers« Dessau (Nachbau 1:1)
- Luftfahrtmuseum Laatzen Hannover (Nachbau 1:1)
- Albatros-Museum, Stuttgart Airport, Germany (Nachbau 1:1)
- Luftfahrttechnisches Museum Rechlin (Teilmodell-Nachbau 1:1)

Die F 13 – ein vielseitig verwendbares Flugzeug

Die Junkers F 13 hatte sich von ihrem Erstflug im Sommer 1919 bis zur Einstellung des Junkers-Luftverkehrs im Jahre 1925 zu einem der erfolgreichsten Verkehrsflugzeuge der Welt entwickelt. Sowohl im Bau von Ganzmetallflugzeugen als auch im Verkehrsflugzeugbau waren die Junkerswerke Weltspitze. Durch die bereits 1920 eingeleitete und nur durch das Bauverbot 1921/22 unterbrochene Serienproduktion der F 13, den Bau der vergrößerten Version G 24 und den Aufbau eines eigenen Luftverkehrs war Junkers auf dem besten Wege, sowohl Flugzeugbau als auch Luftverkehr wirtschaftlich zu gestalten und damit seinem großen Ziel, der Eigenwirtschaftlichkeit der Forschung, ein Stück näher gerückt zu sein.[1] Den Beweis musste er letztendlich schuldig bleiben, denn der eigenwirtschaftliche Luftverkehr durch Verwendung eines einheitlichen Flugzeugtyps und der damit verbundenen Serienherstellung weniger Typen war mit dem Verlust der hauseigenen Luftverkehrsgesellschaft Ende 1925 nicht mehr möglich.

Durch die Monopolstellung der Deutschen Luft Hansa A. G. waren die Absatzmöglichkeiten der Junkersflugzeuge im Inland nunmehr sehr eingeschränkt, besonders da das Verhältnis zwischen Junkers und der Lufthansa im Laufe der Zeit immer schwieriger wurde. Erhard Milch, der Junkers in der Hansa anfangs vertreten sollte, hatte die Seiten gewechselt und lieferte sich mit seinem ehemaligen Chef Gotthard Sachsenberg einen teils versteckten, teils offenen Kampf[2]. Die deutsche Flugzeugindustrie hatte inzwischen aufgeholt und bot nun auch moderne Verkehrsflugzeuge an, die mit den Junkers-Flugzeugen konkurrierten.

Um den Abnehmerkreis zu vergrößern, ging das Junkers-Flugzeugwerk Mitte der zwanziger Jahre verstärkt dazu über, vielseitig verwendbare Flugzeuge zu konstruieren. Das dreimotorige Verkehrsflugzeug G 24 wurde mit verändertem Mittelstück auch als Militärflugzeug angeboten und der etwas vergrößerte und stärker motorisierte Nachfolgetype G 31 wurde von vornherein als kombiniertes Passagier- und Frachtflugzeug konzipiert, das durch den Einbau von Betten auch als Sanitätsflugzeug verwendet werden konnte.

Dieser Weg war bereits durch die variablen Einsatzmöglichkeiten der F 13 vorgezeichnet worden. Der Junkers Luftverkehr, die Scadta und die Dobrolet hatten die F 13 im Laufe der Zeit nicht nur als Verkehrsflugzeug verwendet, sondern leicht variiert auch als Luftbild-, Schädlingsbekämpfungs-, Sanitäts- und Militärflugzeug eingesetzt.

Sanitätsflugzeug

Die Idee, Flugzeuge für den Krankentransport zu benutzen, hatte schon 1910 der holländische Arzt Dr. Moy. Umgesetzt wurde sie aber erst 1917 von den Franzosen, die mit besonders ausgestatteten Kriegsflugzeugen einen Verwundetentransport einrichteten. Nach dem Ende des Ersten Weltkrieges wurden Sanitätsflugdienste vor allem während der Aufstände in den italienischen Kolonien in Afrika eingerichtet, da der Transport von Ärzten und verwundeten Soldaten in den verkehrsmäßig unerschlossenen Gebieten anders oft nicht möglich war.

Das erste Land, das das Verkehrsflugzeug F 13 in ein Sanitätsflugzeug umwandeln ließ, war Italien. Im Jahre 1921 waren fünf F 13 als Reparationsleistung nach Italien geliefert worden, die lange Zeit unbenutzt auf dem Versuchsflughafen von Montecelio herumstanden. Als Anfang 1925 für die Eroberungskämpfe der Italiener in Libyen Sanitätsflugzeuge gebraucht wurden, kam man auf die Idee, zwei dieser F 13 für den Krankentransport umzubauen. Über die Änderungen, die am Flugzeug vorgenommen wurden, berichtete die Zeitschrift *Gazetta dell' Aviazione* Nr. 20 vom 12.03.1925:

»Das Junkers-Flugzeug, das ursprünglich eine zentral gelegene Kabine hatte, wurde geändert, indem die nach dem Schwanzende zu gelegene Wand und zwei Sitze entfernt wurden, während statt dessen zwei übereinander angeordnete Tragbahren aufgestellt wurden, die an der linken Seitenwand stehen derart, daß rechts der Platz für einen kleinen Sitz an der Stelle verbleibt, wo der vordere Sitz angebracht war. Die genannten Tragbahren reichen von der vorderen Wand der Kabine, also von den Schultern des Piloten, bis fast zu der Mitte des Rumpfes. Am Ende derselben ist eine Grenzwand angebracht worden, welche sie vom übrigen Schwanzstück trennt.

Die Tragbahren, welche eigens etwas kleiner als die gewöhnlichen konstruiert sind, haben ein Metallgestell und sind an elastischen federnden Aufhängevorrichtungen befestigt. Die Höhe der Befestigungsklauen ist so gewählt, daß ein genügender Zwischenraum zwischen der einen und der anderen Tragbahre und zwischen den letzteren und dem Boden bzw. der Decke der Kabine verbleibt. Links von der Tragbahre und rechts von der

Kabine ist ein kleiner Sitz für den Arzt oder den Krankenpfleger vorgesehen, welcher die Kranken während des Fluges bewacht und ihnen in dringlichen Fällen Hilfe leistet.

Auf dem Boden befindet sich ein Platz für eine weitere Person neben dem Flugzeugführer, der für Hilfspersonal verwendet werden kann, so daß das Flugzeug im Ganzen fünf Personen bequem befördern kann.

Die Kabine hatte ursprünglich zwei Seitentüren, die so hoch waren wie die Wände; während die rechte Seitentüre, durch welche der Helfer eintritt, beibehalten wurde, ist die linke in ihrem unteren Teil geschlossen worden, und im oberen Teil wurde eine horizontale Öffnung geschaffen, welche das bequeme und rasche Einbringen der beladenen Tragbahren gestattet.«[3]

Im August trafen beide F 13 in Tripolis ein und transportierten bald darauf verwundete italienische Soldaten aus den Kampfgebieten im südlichen Fessan am Rande der Sahara in die Sanitätsstützpunkte.[4]

Die Idee, Sanitätsflugzeuge in den Kolonien einzusetzen, wurde auch in Spanien schnell aufgegriffen. Auch dieses Land bekam den Freiheitswillen der Bauern in ihren besetzten Gebieten in Afrika zu spüren. Die Rifkabylen, ein an der Tangerküste lebender Berberstamm, hatten sich unter Führung des Emirs Abd el-Krim erhoben und führte seit 1921 einen Guerillakrieg gegen ihre spanischen Kolonialherren.

Als der Präsident der neugegründeten spanischen Luftverkehrsgesellschaft Union Aérea Espanola (UAE), an der Junkers mehrheitlich beteiligt war, von dem Umbau der F 13 in Italien erfuhr, leitete er sofort Verhandlungen mit dem spanischen Roten Kreuz über den Ankauf von Junkers-Sanitätsflugzeugen ein. Da das spanische Rote Kreuz davon nicht so schnell zu überzeugen war, einigte man sich vorerst auf eine Charterung zweier F 13.[5]

Der Umbau wurde im August 1925 unter Leitung von Junkers-Ingenieur Georg Greger in den Werkstätten der UAE in Sevilla durchgeführt[6], wobei die F 13 *Marabu* Schwimmer erhielt und das Schwesterflugzeug *Strandreiter* als Landflugzeug verwendet werden sollte. Auch bei diesen Flugzeugen wurde die Kabineneinrichtung ausgebaut und durch zwei übereinander hängende Tragbahren ersetzt. Zwei Fenster wurden zu einer breiten Luke vereinigt, damit die Bahren eingeführt werden konnten. Für den Sanitäter und einen Leichtverwundeten wurden zwei einfache Sitze angebracht.[7]

Nach Fertigstellung Anfang September 1925 wurden beide F 13 in Tablada bei Sevilla in Anwesenheit des spanischen Königshauses feierlich getauft und anschließend nach Melilla an der marokkanischen Küste überführt[8]. Die F 13 *Marabu* wurde von Junkers-Pilot Fritz Loose geflogen, am Steuer des *Strandreiter* saß sein Kollege Max Frantz.

(300) Kabine des Sanitätsflugzeuges

(301) Die F 13 als Sanitätsflugzeug

Nach Ankunft in Marokko wurden die Sanitätsflugzeuge bald zu einem beliebten Beförderungsmittel. In zahlreichen Flügen transportierten Loose und Frantz nicht nur Verwundete, sondern auch Ärzte und leitende Persönlichkeiten des spanischen Roten Kreuzes zwischen der marokkanischen Küste und dem spanischen Festland hin und her.

Auf Grund dieser von Spanien und Italien gewonnenen guten Erfahrungen entschloss sich im darauffolgenden Jahr auch Japan, Junkers-Flugzeuge zum Transport von Verwundeten und Kranken zu verwenden. »Generaloberarzt Dr. Terashi, Leiter des Militärflugwesens in Japan, regte den Umbau der Junkers-Type F 13 in ein Sanitätsflugzeug an, das nach mit Erfolg durchgeführten Versuchsflügen eine Reihe hochstehender Persönlichkeiten als Probepatienten beförderte, die sich über die Einrichtung des fliegenden Lazaretts anerkennend äußerten«, meldete der *Anhalter Anzeiger* am 23. Mai 1926. Auch in Schweden wurde zumindest eine F 13 zu einem Sanitätsflugzeug umgebaut. Das Junkers Zweigwerk in Limhamn rüstete im Jahre 1929 auf Anforderung des schwedischen Roten Kreuzes eine F 13 nach spanischem und italienischem Vorbild für den Krankentransport aus. Nach Fertigstellung wurde das Flugzeug nach Paris entsandt, wo vom 15. bis 20. Mai 1929 der erste internationale Kongress des Sanitätsflugzeuges stattfand. Der geplante Wettbewerbsflug Paris – Reims im Schnellkrankentransport musste wegen Beteiligungsmangel ausfallen, nur die schwedische F 13 landete programmgemäß in Reims. Sie leistete später im nördlichen Teil Schwedens bei Fröson Sanitätsdienste.[9]

(302) Schwedisches Sanitätsflugzeug

Schädlingsbekämpfungsflugzeug

Eine erste Verwendung der F 13 zur Schädlingsbekämpfung war bereits im Frühjahr 1922 in Russland ins Auge gefasst worden. Die Junkersvertretung in Moskau hatte zu dieser Zeit mit der »Wissenschaftlich-experimentellen Flugstation« (Aero-Sjomka) des Kommissariats für Landwirtschaft einen Vertrag über die Bekämpfung von Heuschrecken mit F 13 abgeschlossen. Da die dafür vorgesehene F 13 *Kuckuck* aber kurzfristig für den Messeluftverkehr Moskau – Nishni Nowgorod benötigt wurde und die Versuchsflüge nicht länger hinausgeschoben werden konnten, verwendete die Aero-Sjomka ein altes Voisin-Flugzeug.[10] Die Versuche waren offensichtlich nicht erfolgreich, denn von einem weiteren Einsatz ist nichts bekannt.

Der erste dokumentierte Einsatz der Junkers F 13 zur Schädlingsbekämpfung fand im Jahre 1925 in Deutschland statt.[11] In Preußen und Bayern bedrohten Kiefernspanner und Nonne große Waldgebiete, ganze Forstbezirke von mehreren Quadratkilometern waren kahl gefressen worden. Hier rächte sich, dass die Forstwirtschaft hundert Jahre vorher vom natürlichen Mischwald zu reinen Nadel- und Laubwäldern übergegangen war. Da sich dieser Zustand so schnell nicht ändern ließ, waren preußische Forstverwaltungen zum Handeln gezwungen. Die Regierung setzte sich mit chemischen Firmen und Luftverkehrsgesellschaften in Verbindung und stellte für die Schädlingsbekämpfung Subventionen in Aussicht. Daraufhin schlossen sich die Chemische Fabrik E. Merck, Darmstadt, und Junkers zu gemeinsamer Arbeit zusammen und entwickelten ein Verfahren zur Bestäubung der Wälder mittels Flugzeugen.

Die Idee, die vom Boden aus unerreichbaren Forstschädlinge aus der Luft zu bekämpfen, war nicht neu. In Schleswig hatte sich schon vor dem ersten Weltkrieg der Staatsoberförster Zimmermann mit dem Gedanken beschäftigt, die Nonnenraupe und andere Waldschädlinge durch Bestäubung mit schädlingsvernichtenden Flüssigkeiten oder Trockenstoffen aus über den Wäldern kreuzenden Luftfahrzeugen zu bekämpfen.[12] Erstmals praktisch verwirklicht wurde der Gedanke, Insekten abtötende Mittel durch Flugzeuge zu verteilen, im Sommer 1921 in den USA. Dort waren es jedoch keine Waldbestände, sondern Obstplantagen, über die vom Flugzeug aus ein Blei-Arsenat ausgestreut wurde. In Deutschland wurde bei den ersten Versuchen 1925 das im Weinbau bekannte Fressgift »Esturmit« der Firma E. Merck verwandt, ein Calcium-Arsen-Pulver zur Bekämpfung des Heu- und Sauerwurms, dass eine gute Haftfähigkeit besaß.

(303) Einfüllen von Esturmit

Die Junkers-Ingenieure standen nun vor der Aufgabe, Geräte zu entwickeln, die eine möglichst gleichmäßige Verteilung des Giftstaubes auf den Baumkronen ermöglichten. Da es bei Junkers bis dahin noch kein reines Frachtflugzeug gab, wurde die F 13 verwendet.

Zur Umwandlung des Verkehrsflugzeugs in ein Schädlingsbekämpfungsflugzeug waren nur wenige Änderungen erforderlich. Zuerst wurden die Sessel aus der Kabine entfernt und an deren Stelle ein Stoffbeutel eingebaut, der ca. 300 kg *Esturmit* aufnehmen konnte. In die Kabinendecke kam ein kleiner Ausschnitt, durch welchen das Gift eingefüllt wurde.

Der Beutel mündete in ein Auslaufrohr, das durch ein Loch im Boden geführt wurde. Als Abschluss des Auslaufrohres diente ein Blechschieber, mit dessen Hilfe die Staubabgabe bei Wendeflügen vom Cockpit aus unterbrochen werden konnte. Dort war der rechte Führersitz ausgebaut und an seine Stelle ein langarmiger Hebel angebracht worden, den der Piloten während des Fluges bedienen konnte. Das herausfallende Pulver wurde durch ein vom Luftstrom getriebenes rotierendes Schalenkreuz zerteilt und breit verstreut.

Die erste praktische Erprobung des Bestäubungsverfahrens fand im Juni 1925 im Regierungsbezirk Stettin statt. Dort hatte die Nonne weite Bezirke der Oberförsterei Hohenbrück befallen und kahl gefressen. Einen weiteren Auftrag erhielten Junkers-Merck vom Forstamt Ensdorf in der Oberpfalz, wo sich der Kiefernspanner besorgniserregend vermehrt hatte. In einem sechs Wochen dauernden Großversuch wurden im Frühherbst 1925 mehrere hundert Hektar bestäubt und dabei wertvolle Erfahrungen gesammelt.

Aufgrund der guten Ergebnisse des Jahres 1925 wurden die Aufträge der Forstverwaltungen im darauffolgenden Jahr verzehnfacht. In fünf Betriebsmonaten wurden 1926 insgesamt 800 Bestäubungsflüge ausgeführt.

So wurde in der Umgegend von Schneidemühl über 3000 ha Wald bestäubt, im Auftrag der Forstverwaltung Strelitz in Mecklenburg auf 210 ha Wald die Nonnenraupe kurz vor ihrer Verpuppung vernichtet, in der Nähe von Pirmasens auf einer Anhöhe des Hardtgebirges 500 ha Wald vom Kiefernspanner befreit, und in Geisenfeld bei Ingolstadt bestäubten zwei F 13 insgesamt 550 ha Wald mit Esturmit.

Die Bestäubungsflüge über langgestreckte Waldgebiete waren nicht ohne Risiko. Ein Versagen des Motors hätte hier mit ziemlicher Sicherheit tödliche Folgen gehabt. Hier bewies sich die Güte des neuen Junkers-Flugmotors L 2, mit dem die F 13 ab 1923 ausgestattet wurde. Während der Bestäubungsflüge trat keine einzige Motorstörung auf.

Wichtig war dabei auch die Bodenorganisation. Die zu bestäubenden Flächen lagen meist in ausgedehnten Waldgebieten und mussten markiert werden. Dazu wurden zwei Quadratmeter große Flaggen verwendet, die an Stangen über den höchsten Baumwipfeln angebracht wurden.

Die Verwendung der F 13 als Schädlingsbekämpfungsflugzeug beschränkte sich hauptsächlich auf die Jahre 1925 und 1926, später wurde das Schwesterflugzeug W 33/34 verwendet, das 1926 speziell für den Post- und Frachttransport konstruiert worden war und sich für derartige Sonderaufgaben besser eignete.

(304) F 13 mit eingebauter Verstäubungs-Apparatur

(305) Bestäubungsflüge über Waldgebiete

Luftbildflugzeug

Der Einsatz der Flugzeuge zur Schädlingsbekämpfung beschränkte sich überwiegend auf die Morgen- und Abendstunden. Das brachte die Jfa-Vertriebsmitarbeiter auf die Idee, das Flugzeug tagsüber für Luftbildaufnahmen anzubieten, denn eine Verwendung als Verkehrsflugzeug war durch den Ausbau der Kabineneinrichtung und den durchlöcherten Boden nicht mehr ohne weiteres möglich. Ein Lichtbild-Gerät ließ sich jedoch problemlos über der Bodenöffnung anbringen.[13]

Der Gedanke, die F 13 auch als Luftbildflugzeug zu verwenden, war nichts Neues. Die Scadta hatte, wie schon im Kapitel »Kolumbien« dargestellt, auf Initiative von Dr. v. Bauer bereits 1922 eine eigene wissenschaftliche Abteilung eingerichtet, in der mit einer F 13 Tausende von Luftbildaufnahmen angefertigt wurden.

Auch in den Junkerswerken wurde die Idee zumindest seit der Spitzbergen-Expedition, bei der Mittelholzer zahlreiche Aufnahmen aus den Fenstern der F 13 heraus angefertigt hatte, diskutiert. »Die Herrichtung des Gepäckraumes in der F 13 zum Einbau von schwerem Bildgerät ist verhältnismäßig einfach«, notierte Hugo Junkers am 17. April 1923. »Herr Blochmann hat sich schon früher mit der Frage beschäftigt und herausgefunden, daß sogar der Plattenreihenbildner von Boykow ohne Schwierigkeiten eingebaut werden kann; um so leichter ist natürlich der Einbau der Zeiss'schen Reihenbild-Messkammer. Die Arbeit könnte jederzeit ohne weiteres gemacht werden.«[14]

Die Herrichtung einer F 13 speziell für Luftbildaufnahmen hielt man bei Junkers jedoch nicht für rentabel genug. Die 1925 gegründete Luftbildzentrale der Junkerswerke verwendete für derartige Aufträge nur das kleinere Postflugzeug A 20 oder den Hochdecker K 16.

Ob der 1926 propagierte Einsatz einer zum Schädlingsflugzeug umgebauten F 13 als Luftbildflugzeug stattgefunden hat, ist nicht bekannt. Dokumentiert ist nur die Verwendung einer F 13 für Luftbildaufnahmen in Schweden im April 1927: Mit der schwedischen F 13 namens *Tomten* wurde die erste praktische Luftvermessungsarbeit in Schweden, eine Aufnahme des Siedlungsgeländes der Stadt Bromma, durchgeführt. Die Aufnahmen wurden aus einer Flughöhe von etwa 1500 m mit einer Zeiss'schen Messkammer (Brennweite 21 cm) angefertigt. Die Senkrecht-Luftbilder wurden stereoskopisch angeordnet, und zwar so, dass jede Aufnahme mit der folgenden als Raumbild betrachtet werden konnte. Der fertige Luftbildplan wurde auf eine ca. 2 m² große Aluminiumplatte aufgezogen und diente als Demonstrationsobjekt einer Ausstellung über das Siedlungswesen, welche die Stadtverwaltung von Stockholm im Juni 1927 veranstaltete.[15]

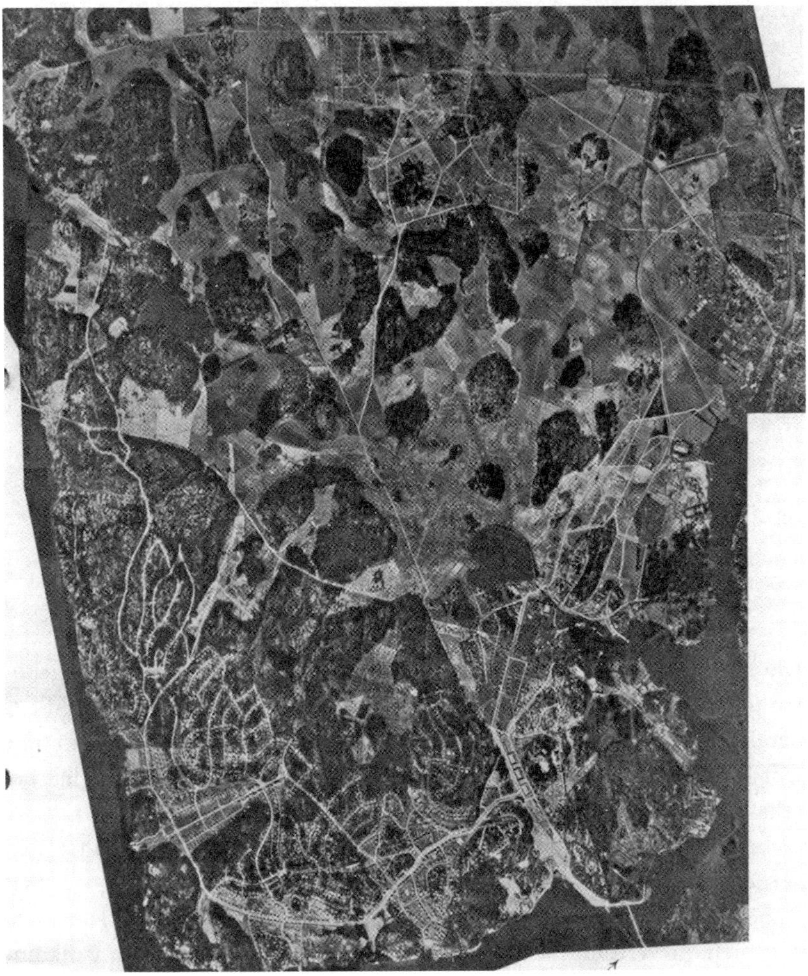

(306) Gesamtplan der Stadt Bromma

(307) Reihenbildmesskamera, hier eingebaut in eine W 33/34

Geschäfts- und Privatreiseflugzeug

Die Junkers F 13 wurde von Anfang an auch als Geschäftsflugzeug angeboten und genutzt. In einem Angebot an eine amerikanische Firma heißt es bereits im September 1919: »Auf dem Fluge von Dessau nach Travemünde wurde z. B. ein langes Diktat gegeben. Auch die Schreibmaschine hat bereits im Flugzeug mit Vorteil Verwendung gefunden.«[16]

In den späteren Jahren benutzte Hugo Junkers für seine Geschäftsreisen gerne das 1926 fertiggestellte Direktionsflugzeug mit der Kennung »D 282«. Dabei war der Professor, der selbst nicht fliegen konnte, überhaupt nicht ängstlich. Er vertraute seinem Flugzeug und den Junkerspiloten vollkommen. Fritz Loose, der seinen Chef von 1926 bis 1928 flog, berichtete, dass er auch mitten im Winter und bei schlechtem Wetter losfliegen musste, selbst auf die Gefahr hin, unterwegs wieder umdrehen zu müssen. Als der Professor einmal mit seiner Gattin trotz ausgesprochen ungünstiger Wetterlage zu einem dringenden Termin beim Reichspräsidenten nach Berlin fliegen wollte, halfen alle Bedenken Loose's nichts, er musste starten. Während

(308) Kabine der F 13 mit eingebautem Tisch

des Fluges hatte Fritz Loose kaum Erdsicht und Blindfluginstrumente gab es noch nicht. Er konnte sich nur mit Kompass, Höhenmesser und Fahrtmesser-Anzeiger durch Wolken und Nebel tasten. Als das Bodenpersonal des Flugplatzes Tempelhof in Berlin hörte, dass sich ein Flugzeug näherte, schoss es Signalraketen hoch, um dem Piloten die Landung zu erleichtern. Inzwischen hatten sich auf dem Flugplatz neugierige Piloten der Lufthansa eingefunden, die sehen wollten, wer sich bei solch einem Wetter in die Luft wagte. Als der Professor mit seiner Gattin aus dem Flugzeug stieg, wurde er freudig begrüßt und darauf aufmerksam gemacht, dass doch kein Flugwetter sei. Worauf der Professor geantwortet habe: »Ja, wir von Junkers, wir fliegen eben bei jedem Wetter.«[17]

Im Sommer 1927 wurde erstmalig eine F 13 als Direktionsflugzeug verkauft, und zwar an die Gräflich Schaffgott'schen Werke Gleiwitz (heute: Gliwice). Das Flugzeug wurde in der Flugzeugwerft Königsberg für diesen Zweck besonders hergerichtet: es enthielt nur Rücksitze; anstatt der Vordersitze wurde ein Schreibpult mit verschließbaren Fächern eingebaut. Auch sonst war die Maschine mit allem für die Reise wünschenswertem Komfort ausgerüstet.[18]

(309) Abbildung aus dem Prospekt »Privatreiseflugzeug«

Um diesen Geschäftszweig zu forcieren, gaben die Junkerswerke im Juli 1927 ein gesondertes Prospekt heraus. In dem Prospekt heißt es:

»Das moderne Klein-Verkehrs-Flugzeug bietet in seiner geschlossenen heizbaren Kabine nicht nur dem Geschäftsleiter selbst, sondern auch einem Mitarbeiter oder Sekretär und einer Schreibkraft, ferner der Schreibmaschine Platz, sodass während der Luftreise bereits vor- oder weitergearbeitet werden kann; schriftliche Arbeiten, die im Eisenbahnwagen oder Auto während des fortwährenden Stoßens nur sehr mangelhaft zu erledigen sind, können aber im ruhig in der Luft liegenden Flugzeug ungestört durchgeführt werden. Die ersten dahin gehenden praktischen Versuche wurden schon z. Zt. der Deutschen Nationalversammlung von der Redaktion einer Zeitung gemacht und haben sehr gute Resultate gezeitigt.«[19]

Kurze Zeit darauf wurde die F 13 *Brandente* als Geschäftsflugzeug an den Inhaber der italienischen Textilfirma Marzotto verkauft. Seine Reisen führten von Venedig aus unter anderem nach Kopenhagen und Tripolis.

(310) Privatreiseflugzeug des Geschäftsinhabers der Firma Marzotto

Der Begründer des Baťa-Konzerns, der tschechische Unternehmer Tomáš Baťa erwarb im Mai 1929 die F 13 *Astrild* und benutzte sie für seine Geschäftsreisen. Das Flugzeug zerschellte am 12. Juli 1932 nach dem Start vom Flugplatz Baťov bei Otrokovice im Nebel an einem Fabrikschlot, Baťa und sein Chefpilot Jindrich Brouček fanden dabei den Tod.

(311) Unfall von Tomáš Baťa am 12. Juli 1932

Privatflugzeug eines englischen Parlamentariers

(seit 10. 9. 1928 in Betrieb)

Bemerkenswerte Flüge:
Dessau—London,
London—Paris—Nizza—London,
London—Dessau—London,
London—Kairo—London.

(312) Privatreiseflugzeug von Edward Guest

Im Juni 1928 erwarb der britische Ex-Luftfahrtminister Frederick Edward Guest die F 13 *Löffelente* als Privatflugzeug. Das Flugzeug war mit einem Junkers-L-5-Motor und Schwimmern ausgeliefert worden. Anfang 1929 unternahm der begeisterte Amateur-Motorsport-Fahrer und Pilot eine Reise von London über Madrid nach Oran und flog dann an der Küste Afrikas entlang bis nach Kairo. Dort ließ er das Radfahrwerk gegen Schwimmer austauschen, kam jedoch damit nicht aus dem Wasser.[20] Daraufhin hat er den Junkers-Reihenmotor gegen einen 9-Zylinder-Sternmotor vom Typ Bristol Jupiter VI ausgetauscht, der eine Leistung von 485 PS aufwies. Später ließ er in Dessau noch einen Zusatztank einbauen, um die Reichweite des Flugzeuges zu erhöhen.[21] Im April 1937 verkaufte er das Flugzeug an den britischen Luftfahrt-Ingenieur, Testpiloten und Präsidenten der Royal Aeronautical Society, Lord Sempill, der es anschließend an die schwedische Fluggesellschaft Ahrenberg weiterverkaufte. Am 4. Juli 1937 stürzte es nahe Hjo in Schweden ab.

Im September 1929 charterte die Anglo-Persian Oil Company Ltd. die bislang im persischen Luftverkehr eingesetzte Junkers F 13 *Zwergspecht* samt Flugzeugführer und Bordmonteur als Direktionsflugzeug. Die Maschine wurde in Abadan in Südpersien, dem Sitz der Raffinerien der APOC, stationiert. Das Flugzeug wurde eifrig genutzt. Allein im Jahre 1930 legte der *Zwergspecht* auf 511 Flügen und in 650 Stunden 35 Minuten 98 665 km zurück und beförderte dabei 798 Passagiere und 18454 kg Gepäck; das war mehr, als manches Verkehrsflugzeug aufzuweisen hatte. Diese Leistung ist umso bemerkenswerter, wenn man bedenkt, dass nur ein Pilot zur Verfügung stand und alle Instandhaltungsarbeiten von einem einzigen Bordmonteur ausgeführt werden mussten. Einen Flugzeughangar gab es nicht, alle Wartungsarbeiten wurden im Freien erledigt und das bei Temperaturen, die im Winter bis auf minus 26° fallen und im Sommer bei hoher Luftfeuchtigkeit bis auf 60° steigen konnten.[22]

Missionsflugzeug

Der erste, der eine F 13 als Missionsflugzeug einsetzte, war der 1895 in Magdeburg geborene katholische Priester Paul Schulte. Im Sommer 1925 erfuhr er, dass sein ehemaliger Studienfreund Otto Fuhrmann bei einer Expedition zum Ovamboland in Südafrika an einer schweren Erkältung und Malaria elendiglich zugrunde gegangen war; er war nur 30 Jahre alt geworden. Tagelang war er von seinen Trägern durch den Busch geschleppt worden. Ein Flugzeug hätte nur wenige Stunden gebraucht, um ihn in das rettende Krankenhaus zu bringen. Daraufhin beschloss Pater Schulte, für den Einsatz moderner Verkehrstechnik in den Missionsgebieten zu kämpfen.

Im Winter 1926 erwarb Pater Schulte den Pilotenschein und die Berechtigung für die Zivilluftfahrt; und er suchte sogleich Sponsoren für seine Idee. Am 22. März 1927 wurde die Missions-Verkehrs-Arbeitsgemeinschaft (Miva) mit Sitz in Köln gegründet, den ersten Vorsitz übernahm der Kölner Oberbürgermeister Konrad Adenauer. Ziel und Zweck war die Beschaffung und der Betrieb von modernen Verkehrsmitteln für die katholischen Missionen. Im Miva-Wappen wird das Anliegen des Vereins ausgedrückt: Kreuz und Flugzeug. Von Hugo Junkers bekam Paul Schulte ein Jahr später das erste Flugzeug geschenkt: einen dreisitzigen Kabinen-Hochdecker vom Typ Junkers K 16. Nachdem er in den USA für seine Mission Geld gesammelt hatte, reiste Pater Schulte im Frühjahr 1930 nach Südafrika, um dort einen Propagandafilm über die Miva zu drehen. Dieser sollte den bisherigen Widerstand einiger katholischer Würdenträger überwinden helfen und dazu beitragen, von der obersten Missionsbehörde, der »Congregation de Propaganda Fide« die offizielle Approbation zu erhalten. Auch sollte der Einsatz von Kraftfahrzeugen und Flugzeugen für die dortige Mission vorbereitet werden.

Nach seiner Ankunft in Windhoek wurde Pater Schulte vom Leiter der dort ansässigen Junkers-Niederlassung Höpfner so gut wie möglich mit Flugzeugen und Piloten unterstützt. Mit der F 13 wurden Flüge über Windhoek und zur Lüderitzbucht unternommen. Am 27. Mai 1930 fanden auf dem Flugplatz in Windhoek Filmaufnahmen statt. Pater Schulte setzte sich ans Doppelsteuer einer F 13 und kutschierte zusammen mit dem Junkers-Piloten Fry seinen Bischof Gotthard durch die Luft, um ihn vom Nutzen der Organisation persönlich zu überzeugen.[23] Anschließend wurden noch zahlreiche andere Aufnahmen von der Missionsarbeit in Afrika gemacht, Straßenverhältnisse und mögliche Flugplätze erforscht.

Der Film »Miva – das Vermächtnis eines Missionars« wurde am 1. Februar 1932 in Rom aufgeführt und von den Kardinälen mit Begeisterung aufgenommen. Am 23. Februar erhielt Pater Schulte eine Privataudienz bei Papst Pius XI., der ihm nicht nur den Segen für die Miva gab, sondern auch darauf hinwies, dass der Einsatz von Flugzeugen besonders bei den Eskimos notwendig sei.

1936 baute Pater Schulte in Kanada eine Katholische Mission auf, für die er mehrere F 13 erwarb. Eine F 13 trug den schönen Namen *Sancta Maria.* Im Jahre 1934 erwarb die Neuendettelsauer Missionsgesellschaft bei Junkers in Dessau eine neue F 13 mit Junkers-L-5-Motor für einen Missionsflugdienst in Neuguinea. Die Missionsgesellschaft war aus der 1849 von Pfarrer Wilhelm Löhe im bayerischen Neuendettelsau gegründeten »Gesellschaft für innere und äußere Mission im Sinne der lutherischen Kirche« hervorgegangen, die Prediger für nach Amerika ausgewanderte Deutsche ausbildete. Nach dem Tod von Löhe 1872 wurde die Missionsarbeit auch auf die lutherischen Gemeinden in Australien ausgedehnt. Dort war auch Pfarrer Johann Flierl tätig, der ab 1878 unter den Papuas in Neu-Guinea eine kleine Mission aufbaute. Nachdem 1884 auf der Insel auch die deutsche Flagge gehisst worden war, regte Flierl an, in der Kaiser-Wilhelms-Land genannten deutschen Kolonie eine Mission zu begründen, die sich in Erinnerung an ihren Herkunftsort »Neuendettelsauer Missionsgesellschaft« nannte.[24] Diese 1886 gegründete Mission blieb auch bestehen, als Australien die Insel 1914 besetzte und die deutsche Kolonie nach dem Ende des Ersten Weltkrieges unter australisches Völkerbundsmandat gestellt wurde.

Im Dezember 1934 wurde die 1930 gebaute F 13 mit der Werknummer 2074, die bisher in England und Schweden eingesetzt war, nach Neuguinea geliefert. Dort wurde sie auf den Namen *Papua* getauft und erhielt die Kennung VH-UTS. Sie war nicht das einzige Junkers-Flugzeug auf der Insel. Im Dienste der dortigen Luftfahrtgesellschaft »Guinea Airways« standen auch vier G 31 und zwei W 34, die hauptsächlich Frachttransporte zu den Goldfeldern bei Wau und Bulolo durchführten. Stützpunkt der »Guinea Airways« war der Hafen Lae, wo auch die in Kisten gelieferte F 13 montiert wurde. Als Piloten hatte die Missionsgesellschaft den Flugkapitän und

(313) F 13 der MIVA

Rekordflieger Fritz Loose engagiert, dem die einheimischen Piloten gleich bei seinem Dienstantritt ein baldiges Scheitern an den dortigen Verhältnissen prophezeiten. Neuguinea – nach Grönland eine der größten Inseln der Welt – war zu dieser Zeit nur sehr mangelhaft kartographiert. Es gab nur eine Übersichtskarte im Maßstab 1:4 Millionen, die nur die Küstengebiete verzeichnete, das Landesinnere war nur ein großer weißer Fleck. Einzige Orientierung für Loose bei seinen ersten Missionsflügen war eine Handskizze eines Missionars, auf dem die ungefähre Lage der Gebirge, Flüsse und Landeplätze verzeichnet waren. Im Laufe der Zeit musste sich Loose sein Fluggebiet Stück für Stück aus der Luft erkunden. Die Aufgabe von Loose bestand darin, die zehn Inlandstationen einer deutschen und einer amerikanischen Missionsgesellschaft, die auf der Insel verstreut waren, durch einen Flugdienst miteinander zu verbinden. Er musste die Missionsleiter zu gemeinsamen Besprechungen transportieren und die Missionsangehörigen mit allen Artikeln des täglichen Bedarfs – von Streichhölzern bis zu Teilen für den Hausbau – versorgen. Insgesamt konnte er bei einem Flug etwa 600 kg Nutzlast transportieren.

Der Flugdienst wurde ohne jeglichen Bodendienst durchgeführt, dem Piloten standen weder Funk noch eine Wetterberatung zur Verfügung. Loose konnte sich nur auf seine jahrelange Erfahrung – er flog seit über zehn Jahren Junkers-Flugzeuge – verlassen. Anfangs musste er sich für den Start mit der F 13 erst eine Anlaufbahn aus Ästen und Zweigen herrichten, um nicht auf dem aufgeweichten Boden einen Kopfstand zu riskieren. Erst nachdem er die schmalen Hochdruckreifen der Anlaufräder durch breite Ballonreifen ersetzt hatte, war die Gefahr des Einsinkens gebannt.

Bald wurde neben einer Station ein eigener Flugplatz mit Halle und Werkstatt angelegt und Loose bekam einige Eingeborene zugeteilt, die ihm beim Tanken und Motoranwerfen zur Hand gingen.

In den drei Jahren seines Flugdienstes transportierte Fritz Loose mit seiner F 13 *Papua* 280 Tonnen Fracht und 2400 Passagiere und legte dabei annähernd 300 000 Flugkilometer ohne jeden Zwischenfall oder Beschädigung zurück. Zu Beginn des Zweiten Weltkrieges kehrte er nach Dessau zurück und war bis Kriegsende bei den Flugzeugwerken als Einflieger und Flugbetriebsleiter tätig.[25]

Bordflugzeug

Im Frühjahr 1927 unternahm die Deutsche Lufthansa in Gemeinschaft mit dem Norddeutschen Lloyd Bremen den Versuch, mit einer F 13 als Bordflugzeug die Fahrtzeiten der im Mittelmeer kreuzenden Dampfer zu verkürzen. Kleinere Häfen sollten nicht mehr angelaufen, sondern Post und Passagiere mit dem Flugzeug vom Schiff zum Hafen transportiert werden. In den Anlaufhäfen der Dampfer sollten zudem Passagierrundflüge unternommen werden, damit sich die Passagiere in kürzester Zeit aus der Luft einen Eindruck von besonders reizvollen Landschaften verschaffen konnten.

Anfang März 1927 landete die *Lützow* mit der F 13 *Schneeammer* an Bord im Hafen von Funchal auf der Insel Madeira. Dort wurde das Wasserflugzeug unter den Klängen der Bordkapelle zu Wasser gelassen. Im Hafen wurden mit Passagieren und Inselbewohnern zahlreiche Rundflüge unternommen. Anschließend ging die F 13 wieder längsseits des Dampfers zu Wasser und wurde mittels Ladebaum hochgezogen.[26]

(314) F 13 *Schneeammer* als Bordflugzeug auf dem Dampfer *Lützow*

Fliegende Messe

Um sich weitere Absatzgebiete zu erschließen, kam Hugo Junkers bereits Ende 1925 auf die Idee der »Fliegenden Messe«. Sie war ein Teil seines Konzeptes, einen eigenwirtschaftlichen Luftverkehr durch Ausbau des Luftfrachtverkehrs für Industrie und Handel zu ermöglichen. In seinem Vortrag auf der Düsseldorfer Wirtschafts- und Luftverkehrstagung am 25. Oktober 1925 wies er darauf hin, dass das Flugzeug das wirtschaftlichste Transportmittel dort sein, wo kein regelmäßiger Massenverkehr möglich sei und das träfe auf zwei Drittel der Erdoberfläche zu.

Fünf Tage nach seinem Vortrag entwarf er in Aachen das Konzept der »Luftmesse«. »Der Unterschied zwischen der bekannten Messe und der Luftmesse besteht darin, dass bei der ersteren der Käufer zur Ware kommen muss, bei der fliegenden Messe kommt die Ware zum Käufer in der

Reichhaltigkeit eines ansehnlichen Warenlagers, begleitet und dargeboten von dem hochwertigen Verkäufer, feilgehalten in entsprechender Aufmachung«, schrieb Junkers in seinem Exposé.

Da die Kapazitäten der damaligen Flugzeuge beschränkt war, sollte das Messeflugzeug nur Muster mit sich führen, die für den Verkauf bestimmte Ware sollte anschließend mit anderen Beförderungsmitteln oder mit einem anderen Flugzeug herangeschafft werden.

Den Wert der »Fliegenden Messe« sah er in der Schnelligkeit, mit der die Ware in wirtschaftlich erschlossenen Gebieten angeboten werden kann und in der Werbekraft, die dort vom Flugzeug ausgehen würde. In wirtschaftlich noch unerschlossenen Gebieten wäre der Wert noch höher, da alle wirtschaftlich interessanten Gebiete unabhängig von der verkehrsmäßigen Erschließung schnell erreicht werden könnten. Die »Fliegende Messe« sollte möglichst von selbstständigen Unternehmern auf eigene Rechnung durchgeführt werden.

Die Durchführung des Konzeptes wurde immer wieder verschoben, erst im Herbst 1930 wurde eine als Messeflugzeug ausgestattete F 13 in den Balatum-Werken Neuß vorgeführt. Wie wichtig die Idee von Hugo Junkers war, ist daran zu erkennen, dass er selbst an der Vorführung teilnahm. Trotz intensiver Werbemaßnahmen fand die Idee jedoch keine Anhänger.

(315) Das Messeflugzeug der Balatum-Werke Neuß

(316) Hugo Junkers bei der Taufe des Messeflugzeuges

(317) Hugo Junkers besichtigt die Ausstellungsstücke

Brieftaubenflugzeug

Eine weitere Sonderausführung der F 13 stellte das Brieftaubenflugzeug dar. Am 6. Januar 1923 schrieb die belgische Gesellschaft (Société Anonyme Belge de Construction Aéronautique) an die Firma Junkers in Dessau: »Zur Aufklärung teilen wir Ihnen mit, daß wir Junkers-Flugzeuge für den Transport von Brieftauben umgebaut haben, und zwar ohne die geringste Schwierigkeit; diese Flugzeuge sind gegenwärtig in Belgien in Verwendung und arbeiten zur vollen Zufriedenheit.«

Belgien hatte 1921 drei Junkers F 13 als Reparationslieferung bekommen. Sie erhielten die Kennungen O-BACA, O-BACC und O-BACD. Die beiden ersten wurden 1922 zu Brieftaubenflugzeugen umgebaut. Dabei wurden die Passagiersitze entfernt, die Wand zum Gepäckraum entfernt und in die so vergrößerte Kabine Taubenkäfige eingebaut. Die Seitenwände wurden mit mehreren Klappen versehen, die gleichzeitig als Luftschlitze dienten und von außen geöffnet werden konnten. Bei einer Veranstaltung am 27. Mai 1923 wurden damit auf dem Flugplatz Bierset Awans 300 Brieftauben losgelassen.[27]

Die dritte F 13 wurde im Frühjahr 1923 in Belgien zu Vorführungs- und Rundflügen eingesetzt. Bei diesen Flügen soll Pilot Rapalier auch »sehr scharfe Kurven und auch ein Looping« gedreht haben, wie ein Zeuge an die Junkerswerke berichtete.[28] Auch diese F 13 wurde noch im Sommer 1923 zu einem Transportflugzeug für Brieftauben umgebaut.[29]

(318) F 13 als Brieftaubenflugzeug

Militärflugzeug

Wie schon im Kapitel »Abenteuer Amerika« beschrieben, hatte Larsen eine seiner F 13 zu dem Militärflugzeug JL 12 umgebaut. Das Flugzeug kam jedoch nicht zum Einsatz.

Auch in Russland wurden einige Exemplare der F 13 durch konstruktive Veränderungen an eine militärische Verwendung angepasst. Als Vorlage für das Angebot dienten Bilder von Larsens JL 12. Da dieser Typ jedoch auch beim russischen Militär nicht auf das entsprechende Interesse stieß, erarbeiteten die Konstrukteure von Junkers eine andere Variante. Sie boten die F 13 als leichtes Bombenflugzeug an mit einem Maschinengewehrstand auf dem Rumpfdach, Lewis-Maschinengewehren im hinteren Fenster und Bombenaufhängung unter den Flügeln. Da das Flugzeug auch nach dem Ende des Bauverbotes so nicht in Deutschland gebaut werden konnte – die anschließend eingeführten Begriffsbestimmungen erlaubten dies nicht – wurden die militärischen Einbauten 1923/24 im Junkerswerk Fili montiert.[30] Die so fertiggestellten Flugzeuge wurden in mehreren Exemplaren nach Persien geliefert.

Ob eine zum Militärflugzeug umgebaute F 13 in Russland verwendet worden ist, geht aus den vorgefundenen Unterlagen nicht hervor. Sicher ist aber, dass vier F 13 an die Rote Luftflotte verkauft wurden und diese auch zu militärischen Einsätzen verwendet worden sind. Junkers-Pilot Otto Wieprich, der als Angestellter der Dobrolet mit einer F 13 die Strecke Buchara – Chiva beflog, berichtete am 23. Juli 1924 an die Junkerswerke: »Das Metallflugzeug ist wohl die einzige Maschine, die hier unten in Frage kommt. Zum Beispiel waren während der Banditen-Aufstände in Chiva und Buchara 5 englische Flugzeuge (Havelland) eingesetzt, da keine Hallen in Chiva und Buchara sind, waren sie während der ganzen Zeit den Witterungsverhältnissen ausgesetzt. Regen und gleich darauf große Hitze waren die Folge, dass sich die Maschinen so verzogen, dass man nicht mehr fliegen konnte. Die Militärpiloten wollen nur noch mit unserer Passagiermaschine an die Front fliegen, erstens weil die turkestanischen Witterungsverhältnisse auf die Maschine keinen Einfluss haben, zweitens mehr Belastung und Benzin nehmen können, ohne einen größeren, im Gegenteil kleineren Start- und Landeplatz brauchen wie ihre Kriegsmaschinen und drittens hat die Besatzung nachts in der Kabine eine Unterkunft, wo sie gut schlafen kann und geschützt sind gegen die giftigen Schlangen und Insekten. Jetzt hat die Rote Luftflotte 4 Junkers J 13.«[31]

(319) F 13 mit Maschinengewehrstand auf dem Rumpfdach in Teheran

Otto Wieprich hat nach einer Meldung des Junkers-Nachrichtenblattes vom 17. April 1924 selbst mit seiner F 13 am Kampf gegen die Basmatschen in der Gegend von Chiva teilgenommen. Nach besagter Meldung war am 26. Januar 1924 in Dessau ein Telegramm aus Moskau eingetroffen, in dem mitgeteilt wurde, »dass die Junkers-Flugzeuge, die die Dobroljot-Linie Taschkent – Alma Ata befliegen, zur Unterstützung bei Unterdrückung von Unruhen den Behörden zur Verfügung gestellt seien«. Mit dem ersten Flugzeug sollte der Junkers-Pilot Otto Wieprich und der Mechaniker Kekuscheff fliegen.

Die Basmatschi führten nach der Niederschlagung des von Enver Pascha organisierten Aufstandes gegen die Sowjetregierung in Turkestan den Kampf in einer Art Bandenkrieg fort und hatten im Januar die Stadt Chiva umzingelt. Wie Otto Wieprich später berichtete, habe er von der Militärkommission den Auftrag erhalten, einen General nach Chiva zu bringen und die Aufständischen zu bombardieren. Zu diesem Zweck sei das Flugzeug mit einem Maschinengewehr und einer größeren Anzahl von 15-kg-Bomben ausgerüstet worden. Zu einem Bombenabwurf sei es jedoch nicht gekommen, weil ein Begleitflugzeug abgestürzt sei und er die Besatzung der verunglückten Maschine aufnehmen musste. Um das Flugzeug nicht zu überladen, hätte er die Bomben zurückgelassen.[32]

(320) F 13 in Turkestan. In der Mitte Pilot Otto Wieprich

In seinem 1938 veröffentlichten Bericht verschwieg Wieprich wohlweislich, dass er für seinen lebensgefährlichen Auftrag mit einer goldenen Uhr belohnt worden war. In dem dazugehörigen Erlass hieß es: »Der Flugzeugführer Wieprich hat gemäß des ihm erteilten Auftrages, das bevollmächtigte Mitglied der R.W.S. der türkischen Front, Kutjakoff, im Junkersflugzeug von Taschkent nach der von einheimischen Räuberbanden umstellten Stadt Chiva zu bringen, den genannten Flug bei unmöglichem Flugwetter unter Lebensgefahr ausgeführt. Im Sandgebiet von einem dichten Nebel überrascht musste Wieprich im Rayon, in dem die Räuberbanden lagerten, landen und erfüllte nach einigen Stunden, nachdem sich der Nebel etwas zerstreut hatte, indem er noch die Besatzung das zweiten hierher geflogenen Apparates, der Bruch gemacht hatte, in sein Flugzeug aufnahm, seine Aufgabe heldenmütig. Bei dem Flug durch das von dem Feinde besetzte Territorium wurde das Flugzeug angeschossen und erhielt einige Schusslöcher. Von der Stadt Chiva aus hat Wieprich bei unmöglichem Wetter und strömendem Regen einen wichtigen Flug durchgeführt. Wieprich hat als deutscher Staatsangehöriger bei seiner Arbeit aufrichtig im Interesse Russlands gearbeitet und aktiv an der Befreiung der Dechane der Chorrepublik von der Gewalttätigkeit der Basmatschen teilgenommen. Man hat beschlossen, Wieprich durch eine goldene Uhr mit der Aufschrift ›Dem tapferen Piloten‹ zu belohnen.«[33]

Auch ohne konstruktive Änderungen ließen sich F 13 als Militärflugzeuge verwenden. Man schnitt einfach in den Boden Löcher, die groß genug waren, um daraus Bomben abzuwerfen, brachte an den Fenstern Auflieger für Maschinengewehre an und fertig war das Kriegsflugzeug. So geschehen im Jahre 1932 in Kolumbien: Dort gab es im Gebiet um den Amazonashafen Leticia Grenzstreitigkeiten zwischen Kolumbien und Peru, die Anfang 1933 in einen bewaffneten Konflikt mündeten. Kolumbien hatte zu dieser Zeit gerade erst mit dem Aufbau einer eigenen Luftwaffe begonnen und verfügte weder über einsatzbereite Kriegsflugzeuge noch über ausgebildete Piloten. Sie zog deshalb zwei Piloten der Scadta zum Militärdienst ein und rüsteten zwei der bei der Scadta noch verwendeten drei F 13 in der oben beschriebenen Weise zu Kampfflugzeugen um.[34]

Inwieweit diese Bombenflugzeuge den Ausgang der Kampfhandlungen beeinflusst hat, ist nicht bekannt. Im Mai 1933 waren die Auseinandersetzungen bereits beendet, es wurde ein provisorischer Friedensvertrag geschlossen und ein Jahr später wurde Leticia wieder an Kolumbien zurückgegeben.

Frachtflugzeuge W 33 und W 34

Nach 1925 entstand noch eine neue Variante der F 13, die auch eine neue Typenbezeichnung erhielt und zu einem der erfolgreichste Junkersflugzeuge werden sollte: das Frachtflugzeug Junkers W 33.

Bereits in ihrer ersten Werbeschrift vom Oktober 1919 hatten die Flugzeugwerke die potentiellen Kunden darauf aufmerksam gemacht, dass die F 13 auch als Frachtflugzeug verwendet werden kann. Dort heißt es: »Das geräumige Innere des Flugzeuges läßt sich mit Leichtigkeit auch ganz oder teilweise als Frachtraum einrichten, sodaß die Maschine auch zur schnellen Beförderung wertvoller Frachten in Frage kommt.«[35] Inwieweit von dieser Möglichkeit in größerem Umfang Gebrauch gemacht worden ist, lässt sich heute nicht mehr feststellen. Aus den heute noch verfügbaren Unterlagen geht nur hervor, dass der erste Kunde der Junkerswerke, Werner von Heeringen, nach dem Unfall seiner F 13 die Junkerswerke gebeten hatte, das Flugzeug bei der Reparatur gleich als Lastflugzeug auszubauen.[36] Er hatte das Flugzeug im Auftrag des Vorsitzenden der russischen Kriegsgefangenendelegation Viktor Kopp erworben und wollte damit Warentransporte von Deutschland nach Russland durchführen. Da Kopp aber die F 13 nicht bezahlte, blieb das Flugzeug lange Zeit als Reparaturflugzeug bei der Jfa stehen und wurde später vom Junkers-Luftverkehr zurückgekauft.

Beim Einsatz auf den Strecken des Junkers-Luftverkehrs stellte sich heraus, dass die F 13 zwar ein hervorragendes Verkehrsflugzeug war, sich aber für den Frachttransport nicht so recht eignete. Für sperrigere Güter war der Rumpf zu klein, für den Transport anderer Güter waren die Kosten zu hoch. So hatten Umfragen in der Wirtschaft Ende 1925 ergeben, dass ein rentabler Versand von Gütern nur auf Strecken über 500 km möglich sei und dafür Flugzeuge mit größerem Laderaum als derjenige der F 13 notwendig seien, um die Tarife in akzeptabler Höhe zu halten.[37]

Auch hatten sich inzwischen mehr Einsatzmöglichkeiten wie Schädlingsbekämpfung und Luftbildaufnahmen ergeben, für die das Verkehrsflugzeug nur unter Beschädigung der Karosserie umgerüstet werden konnte.

Die Junkers-Flugzeugwerke hatten schon Mitte 1923 mit dem Gedanken gespielt, die F 13 umzubauen[38]. Nachdem jedoch von den Alliierten der Bau des 12sitzigen Großverkehrsflugzeuges im Jahre 1924 genehmigt worden war, wurde dieser Type der Vorzug gegeben.[39]

Nach Verlust des firmeneigenen Luftverkehrs Ende 1925 wurde die Idee nun wieder aufgegriffen, aus der F 13 heraus ein Mehrzweckflugzeug zu entwickeln, um damit einen größeren Kundenkreis zu erreichen und den eigenwirtschaftlichen Luftverkehr wenigstens im Frachtluftverkehr zu erreichen.

Der Seeflugwettbewerb 1926

Äußerer Anlass für den Umbau der F 13 zum Frachtflugzeug war die Ausschreibung des Seeflugzeugwettbewerbes, der im Juli 1926 in Warnemünde stattfinden sollte. Offizieller Zweck des Wettbewerbs, der vom Deutschen Luftfahrtverband veranstaltet worden war, war die Schaffung eines »seetüchtigen, leistungsfähigen und betriebstüchtigen Postflugzeuges«.[40] Gewertet wurden Geschwindigkeit, Steigfähigkeit, äußerste Flugstrecke und Sparsamkeit des Bauaufwandes. Diesem Wettbewerb wurde von Staat und Industrie eine große Bedeutung beigemessen. »Der Wettbewerb wird eine Leistungsprüfung sein, wie sie die deutsche Flugzeugindustrie noch nicht gesehen hat«, schrieb der *Anhalter Anzeiger* am 15. Juli 1926.

Diese Gelegenheit, die Güter ihrer Produkte unter Beweis zu stellen, wollten die Junkers-Flugzeugwerke natürlich nicht ungenutzt lassen. Zur Verfügung standen zu dieser Zeit als Postflugzeuge nur die Typen A 20 und F 13. Die A 20, die aus dem Weltkriegsflugzeug J 11 entwickelt worden war, war kein Flugzeug mehr, mit dem man Eindruck machen konnte. Die F 13 hingegen war mehr Passagier- als Postflugzeug und nicht schnell genug, um Aussichten auf einen der ersten Plätze zu haben.

Für die Entwicklung eines völlig neuen Flugzeugtyps war die Zeit zu knapp, die Konstrukteure waren schon mit der Entwicklung des Mehrzweck-Großflugzeuges G 31 vollauf beschäftigt, das die G 24 ersetzen sollte. Deshalb war es naheliegend, einfach aus der Bauserie der F 13 zwei Flugzeuge, die Werknummern 794 *Schildkrähe* und 795 *Gelbschnabel*, herauszunehmen und für den Seeflugwettbewerb umzubauen. Beauftragt wurde damit der 31-jährige Konstrukteur Hermann Pohlmann.[41]

Viel verändert werden sollte vorerst nicht. Der Rumpf wurde etwas verlängert und flacher gehalten, um die Seitenstabilität zu verbessern. Türen und Fenster an den Seiten wurden eingespart, dafür war ein durch einen Deckel verschließbarer Einstieg vom Dach der Kabine aus vorgesehen. Vom Cockpit aus konnte man durch eine Tür in den nun vergrößerten Frachtraum gelangen. Steuerzüge und andere störende Teile wurden aus dem Frachtraum entfernt und auf die Seiten verlegt. Auch die Maschinenanlage und das Seitenleitwerk wurden verändert. Von der F 13 beibehalten wurden Außenflügel, Fahrgestell, Rumpfende, Höhenleitwerk, Schwimmer und Schwimmergestell. Auch das Mittelgerüst wurde mit kleinen Veränderungen übernommen. Die Instrumentierung wurde ebenfalls verbessert. Kreiselneigungsmesser und Fernkompassanlage sollten die Orientierung über See verbessern.[42] Als Motor kam bei der *Schildkrähe* der von den Junkerswerken neu entwickelte L-5-Motor zur Anwendung, der inzwischen auch bei der F 13 eingebaut wurde. Der *Gelbschnabel* erhielt einen etwas stärkeren Bristol-Jupiter-Motor und eine eigene Typenbezeichnung: W 34.

Durch die Verwendung des gleichen Motors, Rumpfendes, Motorvorbaues, Fahrgestells und der gleichen Tragfläche besaßen die beiden Prototypen W 33 und W 34 noch große Ähnlichkeit mit der F 13. Die dadurch gewährleistete Austauschbarkeit von Bauteilen war sowohl für Flugzeugwerke wie auch für den Kunden von großem Wert.

Der mit großer Spannung erwartete Seeflugwettbewerb begann am 12. Juli 1926 mit einer Technischen Leistungsprüfung. Angemeldet hatten sich acht Hersteller mit 18 Flugzeugen, erschienen waren zwölf Flugzeuge, die technische Prüfung bestanden zehn Flugzeuge, darunter auch die W 33

(321) Der Prototyp der W 33, entstanden aus der F 13 *Schildkrähe*

»D 921« mit der Wettbewerbsnummer 7 und die W 34 »D 922« mit der Wettbewerbsnummer 8. Außer diesen beiden Junkerstypen war auch eine Junkers A 20 gemeldet worden, die ebenfalls mit einem Junkers L-5-Motor ausgerüstet worden war. Besitzer war die Severa GmbH.

Bis zum 22. Juli 1926 wurden Steigflüge, Geschwindigkeitsflüge und Betriebsstoffverbrauchsflüge absolviert. Dabei stellte sich heraus, dass der Junkersmotor L 5 nur 47 kg/km verbrauchte, während ein BMW IV für die gleiche Messstrecke 74 kg verbrauchte und dabei eine geringere Geschwindigkeit erzielte. »Es hat prominente Stimmen gegeben, die diese durch die neue Brennstoff-Sparvorrichtung von Junkers erzielte Leistung als das wichtigste Ergebnis des Seeflugwettbewerbs bezeichnet haben«, schrieb die Zeitschrift für Flugtechnik und Motorluftschifffahrt in ihrem Heft 20 von 1926.

Am 24. Juli 1926 begannen die Streckenflüge. An vier aufeinanderfolgenden Tagen mussten bestimmte Küstenstrecken mit vorgeschriebenen Wendemarken und Zwangslandungen zurückgelegt werden. Pro Tag war eine Streckenleistung von 1000 km vorgesehen.

Die großen metallbauenden Flugzeugfirmen Dornier und Rohrbach waren inzwischen ausgeschieden, so dass sich der Rest des Wettbewerbes

(322) Der Prototyp W 34, entstanden aus der F 13 *Gelbschnabel*, beim Seeflugwettbewerb in Warnemünde

zu einem Wettlauf zwischen den Firmen Heinkel und Junkers gestaltete. Unglücklicherweise musste die W 33 mit Pilot William Langanke wegen einer Motorstörung kurz nach dem Start notlanden. Sie wurde nach Warnemünde eingeschleppt, startete aber nach Auswechslung des Motors in nur vier Stunden sofort wieder und erreichte das Ziel Norderney mit Verspätung am nächsten Morgen. Langanke gelang aber in einer großartigen Leistung, die drei Tagesstrecken in nur zwei Tagen zurückzulegen und am dritten Tag zur Spitzengruppe vorzustoßen. Zu verdanken hatte er das auch der Wendigkeit seines Flugzeuges, denn es war ihm gelungen, die schwierig ausgelegten Wendemarken in so steilen Kurven zu umfliegen, dass der Zeitverlust wieder ausgleichen konnte.

Auch die W 34 mit Pilot Zimmermann am Steuer kam um eine Notlandung nicht herum. Während der ersten beiden Tage hatte er sich mit dem Heinkel-Piloten v. Dewitz einen erbitterten Kampf um den ersten und zweiten Platz geliefert, am ersten Tag lag Zimmermann vorn, am zweiten von Dewitz. Am dritten Tag setzte eine Magnetstörung des Bristol-Jupiter-Motors dem Kampf ein Ende, Zimmermann musste bei Seegang 4,5 notlanden. Da der Sturm ständig stärker wurde und eine Reparatur des Motors deshalb ausgeschlossen war, verließen Zimmermann und sein Beobachter Frantz das Flugzeug und ging an Bord eines Torpedobootes, das zu Hilfe geeilt war. Das verlassene Flugzeug trieb anschließend fast zwei Tage auf hoher See und blieb dabei völlig unbeschädigt. Erst nachdem es bei Rossitten an Land getrieben war, wurden Flügel und Rumpf durch die Brandung so beschädigt, dass das Flugzeug aus dem Wettbewerb ausscheiden musste. Auch Friedensburg mit seiner Junkers A 20, der sich bisher hervorragend geschlagen hatte und drei Tage lang mit auf den vordersten Plätzen lag, beschädigte am vierten Tag sein Flugzeug und musste aufgeben.

Noch schlimmer traf es zwei Piloten von LFG-Flugzeugen. Pilot Hasse wurde bei einer Notlandung, die er auf See vornehmen wollte, vom Schwimmer des Flugzeuges gespült und ertrank. Die zweite LFG-Maschine verunglückte bei dem stürmischen Wetter und ging in den Fluten unter, mit ihr Pilot Wesemann, der ebenfalls ertrank.

Trotz dieser Todesopfer wurde der Wettbewerb fortgesetzt. Den Abschluss bildete am 31. Juli der Seetüchtigkeitswettbewerb. Die Flugzeuge mussten nachweisen, dass sie den Anforderungen gewachsen waren, die ein schweres Wetter an ein Seeflugzeug stellt. Dazu gehörten Starts und Landungen bei Seegang 4 und der Beweis der Seewendigkeit durch Rollen von Achten. Hierbei sackte die Junkers W 33 beim zweiten Seestart infolge Aussetzens des Motors durch und es verbogen sich einige Streben. Das hinderte Langanke jedoch nicht, noch zum dritten Mal zu starten und zu landen und anschließend auch die Wendigkeitsprüfung durchzuführen. Den Seetüchtigkeitswettbewerb bestanden nur noch drei Flugzeuge: die beiden Heinkelflugzeuge HE 5 und HD 24 mit den Piloten von Gronau und Spies und die Junkers W 33 *Schildkrähe* mit Pilot Langanke. Letzterer belegte dann auch den 2. Platz des Wettbewerbs, während der 1. und 3. Preis an die beiden Heinkelflugzeuge vergeben wurde.

Beim Zusatzausschreiben für die besten Wertungen mit deutschem Motor konnte die W 33 mit ihrem L-5-Motor den ersten Platz erreichen, das brachte den Junkerswerken immerhin ein Preisgeld von 36 700 Mark ein.

Auch die weiteren Zusatzpreise konnten sich sehen lassen: so erhielt Langanke noch eine silberne Schale, einen Rauch-Likör-Tisch, einen Besteckkasten, 12 silberne Mokkalöffel mit Zuckerzange, einen Pokal, eine silberne Plakette, einen Ehrenbecher und ein Bild des Reichspräsidenten mit Unterschrift. Der Pilot der W 34 Wilhelm Zimmermann konnte sich trotz seines Missgeschicks noch an einen silbernen Becher, einen Ehrenbecher und einer Bowlenkanne erfreuen.

Wenn auch nicht alle Junkersflugzeuge bis zum Schluss durchhielten, so hatten sie doch bewiesen, dass sie zu den besten deutschen Flugzeugen gehörten. Die Frachtversionen der F 13 hatten ihre Feuertaufe bestanden.

Der Prototyp *Schildkrähe* hatte noch ein langes und erfolgreiches Leben. Nach ihrem Erfolg beim Seeflugwettbewerb 1926 stellte sie am 21. März 1927 ein Weltdauerrekord auf, wurde anschließend als Schädlingsbekämpfungsflugzeug eingesetzt, transportierte im August 1927 100 000 Ampullen Impfstoffe gegen die Cholera von Berlin nach Teheran und wurde anschließend mit Spezialärzten und Impfstoffen in die Choleragebiete gesandt. Im Winter 1927/28 übernahm die *Schildkrähe* die Aufgaben eines Verkehrsflugzeuges und transportierte eine große Anzahl Pilger in die heilige Stadt Mesched. In der Folgezeit hat die *Schildkrähe* im Dienste des Junkers-Luftverkehrs Persien bis Ende 1930 1810 Passagiere befördert und hatte insgesamt 202 634 km zurückgelegt. Temperaturunterschiede von 70° Hitze bis -20° Kälte machten ihr dabei nichts aus. Im Sommer konnte man Spiegeleier auf ihr braten, im Winter lag sie manchmal unter einer Schneedecke bis zu einem halben Meter.

Auch als Luftbildflugzeug hatte sie gedient. Ausgerüstet mit einem Luftbildvermessungsapparat und einem Maschinentelegraphen flog sie im Sommer 1928 wochenlang die Trasse der neu geplanten persischen Eisenbahn zwischen Bender Guez am Kaspischen Meer quer durch das Elbrusgebirge nach Teheran und weiter nach Jahadan ab und vermaß sie.[43] Erst 1934 wurde sie vom Junkers-Luftverkehr Persien außer Dienst gestellt.

Der Transozeanflug

Der sparsame Brennstoffverbrauch der W 33 beim Wettbewerb brachte die Junkersleute auf eine Idee, die sie zwei Jahre später zu Weltruhm bringen sollte: die erste Ost-West-Überquerung des Transatlantischen Ozeans. Der erste Schritt dazu war ein Dauerweltrekord über 65 Stunden und 25 Minuten am 5. bis 7. Juli 1927, aufgestellt von Wilhelm Zimmermann und Johann Risztics. Nachdem sich auf diese Weise herausgestellt hatte, das es möglich war, eine so lange Zeit in der Luft zu bleiben, lag es nahe, den im Mai 1927 von Lindbergh durchgeführten Rekordflug von Amerika nach Europa zu übertrumpfen, indem man die Gegenrichtung wählte. Da auf dem Atlantik Westwinde herrschten, war es weitaus schwieriger, von Ost nach West zu fliegen als umgekehrt. Das Flugzeug, das diese Strecke bewältigen wollte, musste, auch wenn es Benzin nur sparsam verbrauchte, doch eine größere

(323) Die Ozeanflieger 1927 im Hause von Hugo Junkers in Dessau (v. l. n. r.: sitzend: Frau Junkers, Frau Edzard; 1. Reihe: Hünefeld, Frau Knickerbocker, Hugo Junkers, Loose, Edzard, Frau Köhl, Knickerbocker; 2. Reihe: Köhl, Risticzs; hinter Risticzs: Herta Junkers, rechts daneben Gotthard Sachsenberg)

Menge Treibstoff an Bord haben, um den Luftwiderstand zu überwinden. Hier war die Frachtkabine von Vorteil, die genügend Platz für große Benzinkanister bot.

Am 14. August 1927 starteten zwei Junkers W 33 zu einem Nonstop-Flug über den Atlantik. An dem Flug nahmen als Passagiere der amerikanische Journalist Hubert Knickerbocker und Baron Ehrenfried Günther Freiherr von Hünefeld teil. Die erste mit dem Namen *Europa* und der Besatzung Risztics, Edzard und Knickerbocker geriet vor Bremen in einen Nebel und wurde zur Notlandung gezwungen. Dabei ging die schwer beladene Maschine zu Bruch. Die zweite W 33 namens *Bremen*, die den Nebel ohne Schaden überwinden konnte, traf an der Nordküste Irlands auf einen hef-

(324) Die W 33 *Bremen*

tigen Sturm, so daß sich die Besatzung Loose, Köhl und von Hünefeld schweren Herzens zur Umkehr entschließen musste.

Nach diesem missglückten Versuch wurde ein zweiter gewagt, der erfolgreich sein sollte. Am 12. April 1928 startete in Baldonnel (Irland) die inzwischen umgebaute W 33 *Bremen*, bis an die Belastungsgrenze mit Kraftstoff betankt, zu ihrem aufsehenerregenden Flug nach Nordamerika. Geführt wurde die Maschine von Hermann Köhl und James Fitzmaurice, als Fluggast war der Initiator des Unternehmens, Günther von Hünefeld, an Bord. Nach einem 36stündigen Flug landete die *Bremen* aber nicht wie vorgesehen in New York, sondern in St. Greenly Island an der Nordküste Neufundlands. Stürme und Nebelwände hatte das Flugzeug vom Kurs abgebracht. Bei der Landung wurde die Maschine beschädigt, so dass an einen Weiterflug nicht gedacht werden konnte. Das störte die Besatzungsmitglieder nicht. Ihr Verdienst blieb: Sie waren die ersten, die den Atlantik auf der schwierigen Ost-West-Route bezwungen hatten.

Technisch und fliegerisch gesehen war dieser Flug eine hervorragende Leistung, bahnbrechend für den Luftverkehr konnte er aber nicht sein, hatte man doch außer der Besatzung und den benötigten Kraftstoff nichts befördern können.

(325) Die W 33 *Bremen* nach der Ankunft in Greenly Island am 13. April 1928

(326) Empfang der Ozeanflieger in Dessau. V. l. n. r. Günther von Hünefeld, Hugo Junkers, Hermann Köhl, Hermann Schleissing am 29. Juli 1928

Nach dem gelungenen Transatlantikflug gab es weitere Versuche, mit einer W 33 den Atlantik in Ost-West-Richtung zu überqueren, die jedoch alle ergebnislos verliefen.

Im Jahre 1929 unternahm die schwedische Postverwaltung den Versuch, über Island, Grönland und Neufundland einen etappenweisen Luftpostverkehr nach New York einzurichten. Zur Erkundung dieser Strecke sollte ebenfalls eine W 33 verwendet werden. Geführt wurde das Flugzeug von dem schwedischen Piloten Ahrenberg, die weitere Besatzung bestand aus den Co-Piloten Flodèn und dem Bordfunker Ljunglund. Am Morgen des 9. Juni startete in Malmö die W 33 *Sverige* auf Schwimmern zur ersten Flugetappe über Bergen und Reykjavik. Hier verhinderten Motorstörungen, dass der Flug nach Grönland fortgesetzt werden konnte. Auch der Einbau eines neuen L-5-Motors half nicht. Wegen starker Vibrationserscheinungen musste die *Sverige* vor Grönland notlanden und wurde von einem Schiff in den Hafen von Ivigtut eingeschleppt. Nachdem auch weitere Startversuche erfolglos blieben, wurde der Versuch, Neufundland zu erreichen, im August 1929 aufgegeben. Eine deutsch-schwedische Kommission, die die Ursache für das Scheitern der Expedition herausfinden sollte, stellte fest, dass der erste Motor mit verunreinigtem Benzin betrieben worden war und beim Einbau des zweiten Motors die Propellernabe nicht richtig befestigt worden war.

Zwei Jahre später machte Wilhelm Rody aus Bad Ems einen weiteren Versuch. Er wollte als Passagier einer W 33 von Berlin nach New York fliegen und hatte zu diesem Zweck die W 33 *Queen of the Air* von dem amerikanischen Millionär Charles Levine erworben. Levine hatte das fabrikneue Flugzeug kurz nach dem gelungenen Ozeanflug der *Bremen* erworben, um sich damit von dem ehemaligen Larsen-Piloten Bert Acosta von London nach New York fliegen zu lassen. Der Flug war jedoch wegen Geldmangel nicht zustande gekommen.

Anfang September 1931 startete der von Rody angeheuerte Pilot Friedrich Johannsen in Berlin mit der auf den Namen *Espírito de Santo Agostinho (ESA)* umgetauften W 33 zum Flug nach Lissabon. Dort stieg am 10. September der Portugiese Fernando da Costa Veiga zu, der auf dem schwierigsten Teil der Reise, den Flug über den Transatlantik, als Copilot fungieren sollte.

Rody, Johannsen und Veiga hatten die Route über die Azoren gewählt, weil sie sich hier bessere Wetterbedingungen versprachen als auf der Strecke über Irland, die die Ozeanflieger Köhl, Fitzmaurice und v. Hünefeld im April 1928 bei ihrer ersten Ost-West-Überquerung des Atlantiks mit der

W 33 *Bremen* geflogen waren. Aber auch Rody und seine Piloten sollten von Unwettern nicht verschont bleiben. Nachdem sie ohne größere Probleme die Azoren unter hinter sich gelassen hatten, kam am Abend ein schweres Gewitter auf. Sie mussten mit dem Flieger bis auf eine Höhe von 2800 Meter ausweichen und nach den Sternen navigieren. Noch während der Nacht versagte auch noch eine Zündkerze und einer der sechs Zylinder musste wegen Brandgefahr stillgelegt werden. Die restlichen fünf Zylinder liefen nun auf Vollgas und verbrauchten mehr Brennstoff als vorgesehen.

Am darauffolgenden Morgen war schlechtes Wetter; starker Gegenwind und geringe Sicht zwangen Flugkapitän Johannsen, bis fast zur Wasseroberfläche herunterzugehen. Nach 35 Stunden Flugzeit sichtete Johannsen den Dampfer *Pennland* und umkreiste ihn mehrmals. Nach seiner Standortbestimmung mussten sie in der Nähe der amerikanischen Küste sein. Die Männer hofften jeden Augenblick auf Land zu stoßen, als der Brennstoff zu Ende ging. Johannsen blieb nichts weiter übrig, als mit dem Landflugzeug eine Landung auf dem Wasser zu versuchen und darauf zu hoffen, dass sie von einem Schiff gefunden würden. Die Ingenieure der Jfa hatten ihm für einen solchen Fall eine Überlebensdauer des Flugzeuges auf dem Wasser von 20 Stunden in Aussicht gestellt.

Die Landung selbst bereitete keine Probleme. Johannsen setzte das Flugzeug glatt gegen einen anlaufenden Wellenberg auf, aber nach kurzer Zeit verschwanden die Tragflächen unter Wasser und brachen ab. Glücklicherweise blieben dabei die leeren Tanks in den Flügelstümpfen und im Rumpf unbeschädigt und wasserdicht. Der Fassungsraum der Brennstoffbehälter und damit ihr Auftrieb im Wasser betrug 2883 kg, das Fluggewicht der leeren Maschine mit den drei Mann Besatzung aber nur 1750 kg, so dass ein reichlicher Überschuss an Auftrieb vorhanden war. Die Verteilung der Behälter über eine große Fläche gab dem Wrack die nötige Stabilität, so dass es sich längere Zeit über Wasser halten konnte.

Im Gegensatz zu den Treibstofftanks war die Kabine nicht wasserdicht. Nach kurzer Zeit drang Wasser ein und schwemmte als erstes die Lebensmittel weg. Der dreiköpfigen Besatzung blieben nur noch ein Päckchen Schokolade und neun Liter destilliertes Wasser, das für den Kühler bestimmt gewesen war. Die Besatzung bereute nun bitter, dass sie aus Gewichtsersparnisgründen keine Radio-Anlage mitgenommen hatte. Trotzdem waren alle drei voller Hoffnung, bald entdeckt und gerettet zu werden. Ihre einzige Befürchtung war, dass das Flugzeug nach Ablauf der von Junkers garantierten 20 Stunden sinken würde. Die Hoffnung auf baldige Entdeckung erfüllte sich nicht. Erst nach einer Woche wurde die W 33 *ESA* von

(327) Die Besatzung kurz vor ihrer Rettung am 18. September 1931

dem norwegischen Dampfer *Belmoira* auf 45,26 Grad nördlicher Breite und 54,31 Grad westlicher Länge gesichtet und die halbverhungerte und völlig verzweifelte Besatzung gerettet. Die W 33 konnte wegen unzureichender Krananlage nicht auf das Schiff gehoben werden, sie blieb treibend auf dem Ozean zurück. Das Versprechen der Junkersingenieure war weit übertroffen worden. Das Flugzeug hatte sich nicht nur 20, sondern 158 Stunden auf dem Wasser gehalten.[44]

Die Lufthansa ging einen anderen Weg. Sie montierte auf den Ozeandampfern Schleuderstartanlagen, mit denen Wasserflugzeuge in die Luft katapultiert werden konnten. So war es möglich, Post nach dem Auslaufen der Dampfer mit dem Flugzeug noch nachzuliefern und lange vor Ankunft des Schiffes per Luftpost zum Zielhafen zu bringen. Das brachte eine Zeitersparnis von bis zu zwei Tagen. Erste Versuche wurden 1929 mit Heinkel-Flugzeugen unternommen, die von den Dampfern *Europa* und *Bremen* aus operierten. 1932 wurden die Heinkel-Flugzeuge durch Junkers-Flugzeuge vom Typ Ju 46 abgelöst. Die Ju 46 war eine Sonderausführung der W 34, die für den Katapultstart mit geschlossener Kabine mit modernen Navigationsgeräten und vergrößertem Funkraum ausgestattet worden war.

(328) Abschuss der Ju 46 vom Dampfer *Europa*

(329) Cockpit einer W 34 / Ju 46

Der Australienflug

Die W 33 beherrschte nicht nur durch gelungene und erfolglose Transatlantikflüge die Schlagzeilen. Ein besonders spektakulärer Flug war der Australienflug von Bertram und Klausmann, der im Jahre 1985 als sechsteilige deutsch-australische Serie verfilmt wurde. Im Jahre 1932 startete Hans Bertram in Köln mit einer mit Schwimmern ausgerüsteten Junkers W 33 namens *Atlantis* zu einem Flug über Australien nach China. Zweck des Fluges war das Sammeln von Finanzmitteln für den Aufbau der chinesischen Luftwaffe. Unterwegs geriet die *Atlantis* auf dem Nachtflug von Osttimor nach Darwin (Australien) während eines Sturmes vom Kurs ab und strandete mit dem letzten Tropfen Benzin in Kimberley, einer dünn besiedelten Region im Nordwesten von Australien. Erst nach 53 Tagen wurden Hans Bertram und sein Bordmechaniker Adolf Klausmann gerettet. Die Geschichte des unfreiwilligen Abenteuers und des Rückfluges schilderte Bertram in seinem Buch »Flug in die Hölle«.

Der Welthöhenrekord

Auch die W 34 erregte internationales Aufsehen. Pilot Willy Neuenhofen stellte mit diesem Flugzeug knapp zehn Jahre nach dem Rekordflug der F 13 *Annelise* erneut einen Welthöhenrekord auf. Der Flug war Teil eines Forschungsprogrammes der Junkerswerke. Beobachtungen und Berechnungen hatten ergeben, dass eine Flughöhe von etwa 12 000 m enorme wirtschaftliche Vorteile bringen würde. Demnach ließ sich die Geschwindigkeit gegenüber einem Flug in Bodennähe fast verdoppeln beziehungsweise der Brennstoffverbrauch halbieren. Darüber hinaus wären die Wetterbedingungen in dieser Höhe wesentlich günstiger. Es gäbe kein Vereisen des Flugzeuges, auch Nebel, Gewitter und Windböen träten hier nicht auf.

Dem Rekordflug gingen zahlreiche Versuchsflüge voraus, die sich über ein halbes Jahr hinzogen. Im Herbst 1928 war der Flugversuchsingenieur der Forschungsanstalt Reginald Schinzinger bereits mit einem Beobachter in einer W 34 aufgestiegen und hatte im September Höhen von über 9000 m erreicht. Zwei Flüge davon waren ebenfalls als Rekorde registriert worden: ein Flug mit 1000 kg Nutzlast bis auf 7970 m Höhe und ein Flug mit 500 kg Nutzlast bis auf 9190 m Höhe. Damit war die Grenze festgelegt, die ein kleineres Flugzeug mit Besatzung und einer größeren Menge Treibstoff erreichen konnte.

(330) Neuenhofen mit Drägerschem Atmungsgerät vor der W 34

Die weiteren Versuchsflüge von Junkers sollten zeigen, welche Höhen mit den damaligen Mitteln maximal möglich waren und klären, wie Flugzeugzelle und Motor beschaffen sein müssen, um der Temperatur von bis zu -55°C und dem auf ein Viertel reduzierten Luftdruck in über 10 000 m Höhe zu trotzen und welche Anforderungen unter diesen Bedingungen an den menschlichen Organismus gestellt werden.

Bemerkenswert war, dass die Piloten diese Höhen mit oben offenem Cockpit erreicht hatten. Auf eine Überdachung hatte man verzichtet, da eine Vereisung die Sicht eingeschränkt hätte, auf die die Piloten bei der damaligen Instrumentenausstattung noch angewiesen waren. Auch auf eine Brille musste wegen Vereisungsgefahr verzichtet werden. Einziger Schutz bei den eisigen Temperaturen war eine dicke Pelzbekleidung.

Das größte Problem aber war die Sauerstoffversorgung. Ab einer Flughöhe von ca. 3000 m ist ein Flug in Flugzeugen ohne Druckkabine ohne zusätzliche Sauerstoffversorgung für untrainierte Menschen kaum noch möglich und auch die damals vorhandenen Sauerstoffgeräte konnten nicht zuverlässig verhindern, dass der Pilot höhenkrank wurde. Dabei wird das Denkvermögen stark verringert und selbst kleine Anstrengungen können sofortige Bewusstlosigkeit auslösen. Da Pilot Neuenhofen aus Gewichtsgründen ohne Begleiter fliegen musste, sollte auf jeden Fall verhindert werden, dass das Flugzeug in einem solchen Falle weiter steigen konnte. Dazu hatten die Junkersingenieure am Handrad einen Unterbrecherknopf so befestigt, dass bei Nachlassen der Handkraft des Führers die Zündung aussetzten musste und der Motor dadurch abgestellt wurde.

Diese sinnvolle Einrichtung rettete Neuenhofen bereits bei seinem ersten Höhenflugversuch vermutlich das Leben. In einer Höhe von 9000 m riss bei einer Bewegung der offensichtlich zu kurz gehaltene Sauerstoffschlauch, der dem Piloten, um ein Herunterfallen zu verhindern, an den Mund geklebt worden war. Neuenhofen wurde sofort bewusstlos und ließ deshalb den Unterbrecherknopf los. Als er in 5000 m Höhe wieder erwachte, glitt die W 34 dank ihrer hervorragenden Eigenstabilität in einem leichten Kurvenflug der Erde entgegen. Mit zunehmender Luftdichte verschwand auch die Müdigkeit und Neuenhofen konnte ohne Probleme landen. Der darauffolgende Flug war dann erfolgreich: Neuenhofen konnte bis zu einer Flughöhe von 12 739 m vorstoßen. Das ist so ziemlich genau die Flughöhe, die der heutige Airbus A-380 erreicht.[45]

Von der W 33 zur Ju 52

Die Verbindung der F 13 zu ihren beiden Schwestern W 33 und W 34 riss niemals ab. Nach dem erfolgreichen Ozeanflug der *Bremen* wurden die Zellen der F 13 und der W 33 möglichst weitgehend einander angeglichen. Die F 13 erhielt den Rumpf der W 33, während die W 33 mit Fenstern im Rumpf und mit Sitzen ausgestattet wurde. Es gab auch ältere F 13, die zu W 33 umgebaut wurden, so die polnischen F 13 mit den Werknummern 732 und 776.

Insgesamt wurden 312 W 33/34 bei der Jfa in Dessau gebaut, hinzu kamen sechs in der Sowjetunion unter der Typenbezeichnung PS-4 gebaute Exemplare und fünf Ju 46 als Variante der W 34. Einschließlich der Militärversion K 43 wurden in sieben anderen Unternehmen zwischen 1934 und 1938 mindestens 2 000 Exemplare in Lizenz hergestellt, genauere Angaben sind im Weltkrieg verloren gegangen.[46] Wenn man die W 33/34, K 43 und Ju 46 als Varianten der F 13 betrachtet, würde das bedeuten, dass etwa 2700 Exemplare aus dem Entwürfen der J.13 heraus gebaut worden sind.

Als sich das Frachtaufkommen im Laufe der Zeit erhöhte, wurde als Vergrößerung der W 33 das Frachtflugzeug Ju 52 entwickelt, deren dreimotorige Version Ju 52/3m als Verkehrsflugzeug wiederum zu einem weltweit bedeutsamen Erfolgsmodell wurde.

(331) Die einmotorige Ju 52

(332) Eine der ersten Ju 52/3m. Sie wurde im März 1932 mit einer Sonderausstattung als Privatreiseflugzeug an den FAI-Präsidenten Bibescu geliefert.

Anhang

Anmerkungen

Hugo Junkers und der Flugzeugbau

1 Schreiben Prof. Reissner an Prof. Junkers vom 20.10.1907 mit Anhang »Programm für die flugtechnischen Arbeiten im Jahre Okt. 1907 bis Okt. 1908« – (DMM JUARCH) 0101 T01 M01.

2 Junkers, Hugo: Entwurf eines Briefes an Prof. Reissner. Notizbuch Nr. 46, Abschrift S. 4–5. – Archiv Bernd Junkers.

3 Patent Nr. 222266 »Gleitfläche für Luft- oder Wasserflugzeuge« – DMM JUARCH 0101 T02 M31.

4 Schreiben Prof. Reissner an Prof. Junkers vom 19.5.1910 – DMM JUARCH 0101 T03 M01.

5 Schreiben Scheller an Laurenz vom 18.10.1909 – DMM JUARCH 0101 T02 M37.

6 Schreiben Junkers an Reissner vom 5.1.1910 – DMM JUARCH 0101 T03 M01.

7 Nachweis, dass Prof. Junkers auf dem Gebiet der Metallflugzeuge mit Tragflächen aus Metall früher gearbeitet hat als Dr. Huth – DMM JUARCH 0202 T03 M13.

8 Schreiben Jco an Prof. Reissner vom 12.05.1910 – DMM JUARCH 0101 T03 M04.

9 Siehe Junkers-Filmdokumente: Die »Reißner-Ente« auf YouTube.com

Der Weg zur F 13

1 Junkers, Hugo: Eigene Arbeiten auf dem Gebiete des Metall-Flugzeugbaues. – Archiv Bernd Junkers 14/01.

2 Dresel, A.: Die Junkers-Lehrschau. 2. Aufl. Dessau, 1939, S. 8.

3 Schreiben E. Wergien an Prof. Junkers Aachen vom 11. Dezember 1909. – Archiv Bernd Junkers Nr. 20/11.

4 Hugo Junkers, Notizbuch Nr. 71, Abschrift S. 9–10. – Archiv Bernd Junkers.

5 Aktennotiz, Aachen, 31. Januar 1910. – Archiv Bernd Junkers Nr. 20/11.

6 Abb. in *L'aerophile*, Heft vom 15. Jan. 1908, S. 31.

7 Schreiben Wergien an das Kaiserliche Patentamt Berlin vom 25. April 1912. – Archiv Bernd Junkers, Nr. 20/11.

8 Schreiben des Kaiserlichen Patentamtes Berlin vom 30. Mai 1912. – Archiv Bernd Junkers, Nr. 20/11.

9 Notiz Junkers vom 30. Sept. 1913, Notizbuch Nr. 23, Abschrift S. 10f. – Archiv Bernd Junkers.
10 Notiz Junkers vom 21.10.1913 Notizbuch Nr. 24, Abschrift S. 3f. – Archiv Bernd Junkers.
11 Notizen von Prof. Junkers vom 30.09./1.10.1914 – DMM JUARCH 0101 T06 M45
12 Entwurf »Schnelles Metallflugzeug« (2 x 200 PS) vom 25.3.1915 – DMM JUARCH 0201 T14 M079.
13 Junkers, Hugo: Grundsätze technisch-wirtschaftlicher Forschung. Vortrag im Haus der Technik in Essen am 11. Oktober 1932.
14 Junkers, Hugo: Grundsätze technisch-wirtschaftlicher Forschung. Vortrag im Haus der Technik in Essen am 11. Oktober 1932.
15 Schreiben Junkers an Provisorische Luftschifffahrtabt. des Kgl. Preuss. Kriegsministeriums, Berlin vom 18.5.1915 – DMM JUARCH 0201 T02 M07.
16 Prof. Junkers: Kurzer Bericht über den Stand der Arbeiten im Flugzeug- und Flugzeugmotorenbau vom 18.08.1915 – DMM JUARCH 0201 T02 M23.
17 Hermann Pohlmann, Prof. Junkers nannte es »Die Fliege«, Stuttgart, 1983, S. 39.
18 Schreiben Oschmann an die Firma Junkers & Co vom 20.07.1915 – DMM JUARCH 0201 T02 M19.
19 Schreiben Junkers an Oberst Oschmann (Kriegsministerium) betr. Antrag auf Besichtigung der Metallflugzeugbau-Werkstätte in Dessau – DMM JUARCH 0201 T02 M31.
20 Bericht Friedrich v. Mallinckrodt im »Flieger« (Zuerl: Dt. Flugzeugkonstrukteure, München 1938, S. 55ff.
21 Schreiben Junkers an das Kgl. Preuss. Kriegsministerium, Abt. A 7 L vom 30.8.1916 - DMM JUARCH 0201 T04 M31.
22 Bericht Mader an Junkers vom 5.5.1916 – DMM JUARCH 0201 T03 M17.
23 Schreiben Junkers an Mettegang vom 10.4.1916.
24 Anlage zum Schreiben von Prof. Junkers an das Königl. Kriegsministerium vom 4. Februar 1915. – DMM JUARCH 0201 T02 M04.
25 Ittner, Stefan, Dieselmotoren für die Luftfahrt, Aviatik-Verlag, 1996, S. 75.
26 Zur Biografie Otto Reuters siehe Angelika Hofmann: Otto Reuter. In: Dessauer Kalender 2013, S. 100–107.
27 Hugo Junkers: Notizbuch Nr. 40, S. 860, Abschrift S. 15.
28 Hugo Junkers: Notizbuch Nr. 42, S. 968, Abschrift S. 39.
29 Hugo Junkers: Notizbuch Nr. 43, S. 1032, Abschrift S. 36 und Nr. 44, S. 1070, Abschrift S. 17.
30 Protokoll der Verhandlungen zwischen Herrn Direktor Fokker und Herrn Prof. Junkers am 16., 18., 22. Dezember 1916 – DMM JUARCH 0201 T11 M01.

31 Hugo Junkers: Notizbuch Nr. 46 S. 1217, Abschrift S. 23. – Archiv Bernd Junkers.

32 Hugo Junkers: Notizbuch Nr. 47 S. 1276 ff., Abschrift S. 31 ff. – Archiv Bernd Junkers.

33 Schreiben Prof. Junkers an das Königliche Preußische Kriegsministerium Abt. A 7 L vom 30.8.1916 – DMM JUARCH 0201 T04 M31.

34 Protokoll der Besprechung Prof. Junkers, Dr. Mader, Brandenburg, Reuter, Steudel vom 30.10.1916 – DMM JUARCH 0201 T03 M38.

35 Entwicklung von Professor Junkers Flugzeugunternehmungen. Dessau, 7. Mai 1918 – Archiv Bernd Junkers 136/16.

36 Protokoll der Besprechung Dr. Mader, Brandenburg, Jäckel, Reuter, Steudel vom 20.12.1916 Nachm. – DMM JUARCH 0201 T03 M53.

37 Der Entwurf des »Rieseneindeckers« wurde nach Kriegsende von Ingenieur Otto Reuter überarbeitet und als Großflugzeug JG 1 gebaut, fiel aber noch vor seiner Fertigstellung 1921 dem Bauverbot zum Opfer.

38 Schreiben Hugo Junkers an Mierzinsky vom 30. Januar 1917 – DMM JUARCH 0201 T05 M10.

39 Hugo Junkers: Notizbuch Nr. 48 S. 1340, Abschrift S. 29/30 – Archiv Bernd Junkers.

40 Schreiben Dr. Mader an Prof. Junkers vom 18.07.1917 – DMM JUARCH 0201 T05 M32.

41 Siehe die von Frau Dr. Margarete Conzelmann gesammelten Mitarbeiterberichte von Otto Mader, Paul Spaleck und Rudolf Müller im Archiv Bernd Junkers; vgl. auch Günther Schmitt: Hugo Junkers; S. 138.

42 Hugo Junkers: Notizbuch Nr. 53 S. 1596, Abschrift S. 4 – Archiv Bernd Junkers.

43 Schreiben Brandenburg an Forschungsanstalt vom 11.7.1918 – DMM JUARCH 0201 T07 M31.

Das Verkehrsflugzeug F 13

1 Schreiben Prof. Junkers an Paul Spaleck vom 6.10.1918 – DMM JUARCH 0201 T07 M54.

2 Protokoll der Besprechung Junkers, Seitz, Mader, Spaleck, Lürken betr. Neugestaltung und Organisation der Junkers-Betriebe vom 15. Oktober 1918 – DMM JUARCH 0201 T08 M24.

3 Protokoll der Besprechung Direktor Dieterich, Direktor Spaleck und Major Seitz am 30.10.1918 – DMM JUARCH 0201 T08 M23.

4 Schreiben von Hugo Junkers an die Junkers-Fokker-Werke AG vom 28. November 1918 – Archiv Bernd Junkers 136/17.

5 Schreiben von Carl Seitz an Hugo Junkers vom 26. November 1918 – DMM JUARCH 0201 T08 M53.
6 Hugo Junkers: Notizbuch Nr. 60, S. 2450, Abschrift S. 8.
7 Hugo Junkers: Notizbuch Nr. 60, S. 2480 ff., Abschrift S. 16–19.
8 Protokoll über die Besprechung Junkers, Spaleck, Pfeiffer, Schleissing, Schmidt, Mader, Seitz, Sachsenberg, Lürken am 21. Dezember 1918 vom 24.12.1918 – DMM JUARCH 0201 T08 M42.
9 Bericht über die Besprechung betr. Fabrikationsangelegenheiten vom 30.12.1918 – DMM JUARCH 0201 T08 M47.
10 Otto Reuter: Bericht 33 »160 PS Junkers-Verkehrsflugzeug« vom 10.1.1919 – DMM JUARCH 0303 T01 M02.
11 Bericht Mader über die Konferenz am Kaiserplatz am 11.01.1919 vom 13.01.1919 – DMM JUARCH 0303 T01 M03.
12 Der Entwurf 2285 vom 9. Januar auf der schon erwähnten Konzernbesprechung vom 11. Januar 1919 überhaupt nicht zur Diskussion und wird in einer Typenliste vom 2. April 1919 nicht als eigener Typ erwähnt. Dort stand die J 12 noch für einen verbesserten Entwurf des Jagdflugzeuges J 9 . Erst in einer Typenliste vom 30. April 1929 taucht die Bezeichnung J 12 für einen »Entwurf aus Teilen der J 10« auf.

Der Bau der ersten beiden F 13

1 Der Einheitlichkeit halber wird in diesem Buch durchgängig die Bezeichnung F 13 verwendet (ausgenommen in Zitaten).
2 Schreiben der Jfa an die Forschungsanstalt vom 23. Februar 1923 – DMM JUARCH 0401 T01 M24.
3 Schreiben Hauptbüro an die Direktion der Forschungsanstalt Professor Junkers vom 29.6.1923 – DMM JUARCH 0401 T01 M24.
4 Die Bezeichnung Junkers-Fokker-Werke bestand zu dieser Zeit noch, obwohl Fokker seit 3. Dezember 1918 nicht mehr Teilhaber war. Erst in der Generalversammlung der Junkers-Fokker-Werke AG vom 24. April 1919 wurde der Firmenname in Junkers-Flugzeugwerk A.G. abgeändert. Die Abkürzung Jfa blieb unverändert.
5 100-PS-Motor ist wahrscheinlich ein Fehler im Protokoll. Geplant war eine Motorleistung von 160 bzw. 185 PS.
6 Protokoll Mader (Forschungsanstalt) über die Besprechung am 10. Februar 1919 bei der Inspektion, Berlin. – DMM JUARCH 0303 T01 M04.
7 Mader (Forschungsanstalt): Monatliche Übersicht über neue Probleme der Forschungsanstalt vom 1. 7.1919 – DMM JUARCH 0303 T01 M17.

8 Schreiben Hauptbüro an Hugo Junkers vom 26.6.1919 – DMM JUARCH 0303 T01 M12.
9 »E pta b a« ist eine Abkürzung für die damalige Klassifizierung dieses Flugzeugtyps: E = Erde, p = Personentransport, t = Lastentransport, a = Eindecker, b = 1 Motor, a = 1 Luftschraube.
10 Deutsche Versuchsanstalt für Luftfahrt: Vorläufiger Bescheid über Typenprüfung der J 13 vom 18.7.1919 – DMM JUARCH 0303 T01 M23.
11 Junkers Flugzeugwerk A.G.: Anleitung für den Zusammenbau des Junkers-Verkehrsflugzeuges Typ F. 1923, S. 21 – DMM JUARCH 0303 T03 M45.
12 Bericht Viehweger vom 19.7.1919.
13 Schreiben Mierzinsky (Hauptbüro) an Jfa vom 29.7.1919 – DMM JUARCH 0303 T01 M38.
14 Schreiben Hauptbüro an Jfa vom 30.7.1919 – DMM JUARCH 0303 T01 M38.
15 Monz, Emil: Bericht über den Unfall mit Flugzeug 531 vom 9. Februar 1920 – DMM JUARCH 0303 T01 M59.
16 Reparaturbericht des am 2. Februar 1920 beschädigten Flugzeuges Nr. 531 vom 11. November 1920. – DMM JUARCH 0303 T01 M59.
17 Junkers, Hugo: Bemerkungen zum Bau eines Fernflugzeuges vom 9. April 1919 – DMM JUARCH 0401 T13 M02.
18 Kurzes Ergebnis der Besprechung Junkers mit Ltn. Becht und Ltn. Osterkamp. Aktennotiz Prof. Junkers vom 27.4.1919 – DMM JUARCH 0401 T13 M03.
19 Aktennotiz von Mierzinsky vom 06.05.1919 – DMM JUARCH 0401 T13 M05.
20 Aktennotiz Fernflugzeug vom 09.05.1919 – DMM JUARCH 0401 T13 M06.
21 Mierzinsky: Protokoll über die Besprechung betr. Fernflug am 12.05.1919. Vormittag – DMM JUARCH 0401 T13 M07.
22 Überschläglicher Zeitplan für ein Fernflugzeug DMM JUARCH 0401 T13 M07.
23 *Leipziger Neueste Nachrichten* vom 20. Mai 1919. Die Nachricht war voreilig, denn Read landete erst am 27. Mai 1919 im Hafen von Lissabon. Sein Flug wurde jedoch für den Daily-Mail-Preis nicht anerkannt, da er mehr als 72 Stunden in Folge dauerte und bei dem Versuch mehr als ein Flugzeug eingesetzt wurde. Den Preis gewann der Australier Harry Hawker. Hawker war am 18. Mai in Neufundland gestartet, um nach England zu fliegen, kam aber infolge eines eisigen Sturms vom Kurs ab, musste im Atlantik notlanden und wurde von einem Dampfer gerettet. Ihm wurde trotzdem nach seiner Rettung den Daily-Mail-Preis zuerkannt, weil er der erste Pilot war, der über 1000 Meilen (1609 km) Wasser geflogen war, ohne aufzusetzen.
24 Mierzinsky: Protokoll der Besprechungen betr. Fernflug am 18. und 21.5.1919 vom 21.5.1919 – DMM JUARCH 0401 T14.

25 Abmachung vom 28.10.1919 zwischen Jfa und Oskar W. Lindblad; Geschäftsverbindung zwischen der Svenska Lufttransport AB und der Junkers-Flugzeugwerk A.G., 20.12.1919 – DMM JUARCH 0606 T01.

26 Schreiben Forschungsanstalt (Mader) an Hauptbüro vom 31.7.1919.

27 John Rozendaal hatte in der Zeitschrift *De Luchtvaart* No.1 vom 5. Juni 1909 als erster in Europa eine technische Analyse des Wright-Flugzeuges publiziert.

28 Protokoll betr. Besuch des Ingenieur Rozendaal am 28. August 1919 in Dessau.

29 Schreiben Rasch (Hauptbüro) an Carsten & Schues Assekurand-Makler, Hamburg, vom 4. Okt. 1919.

30 Am 31. Juli hatte die AEG mit einem ihrer Flugzeuge eine Höhe von 6100 m erreicht.

31 Bericht der Forschungsanstalt (Brandenburg) vom 15. Sept. 1919 betr. Erprobung J.13 mit B.M.W.-Motor. Rekordflug mit 8 Personen. (DMM JUARCH 0303 T01 M53).

32 *B.Z. am Mittag* vom 19. Sept. 1919.

33 Müller: Der Rekordflug des Junkers-Verkehrsflugzeuges am 13. September 1919 – DMM JUARCH 0303 T01 M53.

34 Telegramm der Junkerswerke an Junkers vom 30.9.1919.

35 Schreiben Seitz (Büro Berlin) an Junkers vom 13.12.1919 – DMM JUARCH 0612 T01.

36 Protokoll der Besprechung mit Maier-Haller im Büro Kaiserplatz am 24. 5.1919 – DMM JUARCH 0618 T01 M01.

37 Rasch Junkers-Werke Hauptbüro Dessau, Dessau Kaiserplatz 21 an Carsten & Schues Assekurand-Makler, Hamburg Mönckebergstraße 27.

38 Kusch Adam der Vogelmann, München: Hampp Verl., 2002. S. 118/119.

39 Rundschreiben von Seitz vom 11.10.1919 - DMM JUARCH 0612 T01.

40 Für die folgenden Schilderungen folgen im Wesentlichen dem Bericht des Junkers-Ingenieurs Abraham Fränkel, den er nach seiner Rückkehr nach Dessau verfasst hat. Eine weitere Quelle ist der Bericht des Piloten Hans Hesse, der Jahre später aus der Erinnerung heraus verfasst und in dem Buch »Kusch Adam der Vogelmann« (München: Hampp Verl., 2002) abgedruckt worden ist. Als Erzählung wurde der Hesse-Bericht von dem Schriftsteller Adolf von Hatzfeld literarisch aufbereitet unter dem Titel »Flug nach Moskau« (erschienen im 1942 im Verlag Rütten & Loening).

41 Viehweger: Bericht über meine Reise vom 2. bis 7. August 1919 (DMM JUARCH 0503 T01 M34).

42 Schreiben Hans Hesse an Prof. Junkers vom 11.10.1919 – DMM JUARCH 0612 T01.

43 Notiz Seitz über ein Telefonat mit Lange und Offermann vom 13.11.1919 – DMM JUARCH 0612 T01.

44 Notiz Seitz über die Telefonische Mitteilung des Leutnant Lange vom Kriegsministerium am 13.11.1919 – DMM JUARCH 0612 T01.
45 Bericht Leutnant Lange vom 19.11.1919 – DMM JUARCH 0606 T01.
46 Schreiben Seitz an Prof. Junkers vom 4.12.1919 – DMM JUARCH 0705 T01.
47 Schreiben Auswärtiges Amt an die Junkerswerke vom 26.04.1920 – DMM JUARCH 0705 T01.
48 Schreiben Seitz an das Auswärtige Amt vom 18.05.1920 – DMM JUARCH 0705 T01.
49 Telegramm von Rechtsanwalt Gluskin an Junkerswerke vom 15.07.1920 – DMM JUARCH 0705 T01.
50 Kusch Adam der Vogelmann, S. 140.
51 Schreiben Baltschunas an die Junkerswerke Abt. Luftverkehr vom 07.09.1923 – DMM JUARCH 0705 T01.

Die Suche nach Absatzmärkten

1 Mader: Protokoll der Besprechung am Kaiserplatz am 16.12.1918. – DMM JUARCH 0201 T08 M40.
2 Protokoll über die Besprechung Junkers, Spaleck, Pfeiffer, Schleissing, Schmidt, Mader, Seitz, Sachsenberg, Lürken am 21. Dezember 1918 vom 24.12.1918 – DMM JUARCH 0201 T08 M42.
3 Bekannt sind zum Beispiel seine Prof.-Eggerth-Romane, denen Prof. Junkers als Vorbild gedient hatte.
4 Siehe die Artikel von Hans Dominik: »Technische Forschung« in: *Die Woche* Nr. 40/1918 und »Der eherne Vogel« in: *Die Woche* Nr. 42/1918.
5 Siehe Hesse, Fritz: Erinnerungen an Dessau. Bad Pyrmont, München, um 1963. Bd. 1, S. 129–130.
6 Schreiben Mierzynski an Junkers vom 3.7.1919 – DMM JUARCH 0503 T01 M45.
7 Mierzinsky: Protokoll betr. Folgen der Bestimmungen des Friedensvertrages für Luftfahrzeuge vom 4.7.1919 – DMM JUARCH 0301 T02 M03.
8 Brief Junkers an Jfa vom 29.6.1919 – DMM JUARCH 0301 T01 M52.
9 Mierzynski: Betrifft Flugzeug-Produktion – DMM JUARCH 0301 T03 M16.
10 Mierzinsky: Zusammenstellung der Ergebnisse der Besprechung bei Jfa am 27.8.1919. 2 Uhr. – DMM JUARCH 0301 T02 M15.
11 Schreiben Mierzinsky an Junkers-Flugzeugwerk A.G. vom 8.9.1919 – DMM JUARCH 0613 T01; Schreiben Mierzinsky an Reichsluftamt vom 9.9.1919 – DMM JUARCH 0613 T01.
12 Pinkert: Reisebericht 23.9. bis 8.10 mit J.13 (531) – DMM JUARCH 0303 T01 M59.

13 Schreiben Seitz an Niederländisches Konsulat vom 30.9.1919 – DMM JUARCH 0613 T01.

14 Schreiben v. Schmidt an Junkers-Fokker-Werke vom 25.1.1919 (Bericht Nr. 11) – DMM JUARCH 0619 T01.

15 Geschäftsverbindung zwischen der Svenska Lufttransport AB und der Junkers-Flugzeugwerk A.G., 20.12.1919, Schreiben Seitz an Jfa vom 16.8.1919 – DMM JUARCH 0606 T01.

16 Schreiben Schleissing (Hauptbüro) an Svenska Lufttrafik AB vom 17.12.1919.

Abenteuer Amerika

1 Brief Seitz an Jfa vom 22.09.1919 – DMM JUARCH 0801 T01.

2 Übersetzung einer Auskunft über John M. Larsen – DMM JUARCH 0801 T01.

3 Entwurf für ein Schreiben an Dr. Junge vom 30. Dezember 1919 – DMM JUARCH 0801 T01.

4 Protokoll von Seitz über die Unterredung Prof. Junkers mit v. Rieben und Mackenthun von der DLR vom 18. Aug. 1919 – DMM JUARCH 0503 T02 M06.

5 Angebot von Gardener vom 25.10.1919 – DMM JUARCH 0801 T01.

6 Mierzinsky: Ergebnis der Besprechungen Junkers-Larsen. Entwurf vom 31. Okt. 1919 – DMM JUARCH 0801 T01.

7 Hugo Junkers: Notizbuch Nr. 65, S. 3034–3038 – Abschrift S. 3–4.

8 Vorläufige Denkschrift betr. Verwertung der Junkers-Flugzeuge in den USA vom 27.5.1924 – DMM JUARCH 0801 T13.

9 Vertrag Junkers/Larsen vom 1. November 1919 – DMM JUARCH 0801 T01.

10 Vorläufige Denkschrift betr. Verwertung der Junkers-Flugzeuge in den USA vom 27.5.1924 – DMM JUARCH 0703 T13.

11 Brief Seitz an Junkers vom 3. Nov. 1919 – DMM JUARCH 0301 T02 M37.

12 Brief Larsen an Seitz vom 7. 11 1919 – DMM JUARCH 0801 T01.

13 Brief Larsen an Seitz vom 7.11. 1919 – DMM JUARCH 0801 T01.

14 Vertrag Junkers – Larsen vom 27. Nov. 1919 – DMM JUARCH 0801 T01.

15 Brief Larsen aus London vom 14. 12.1919 an Seitz – DMM JUARCH 0801 T01.

16 Telegramm Larsen aus New York an Seitz vom 21.01.1919 – DMM JUARCH 0801 T01.

17 Schreiben Seitz an Junkers vom 26.01.1920 – DMM JUARCH 0301 T03 M04.

18 Schreiben Seitz an Junkers vom 22.01.1920 – DMM JUARCH 0301 T03 M04.

19 Schreiben Junkers an Hauptbüro vom 29.01.1920 – ABJ 149/20.

20 Schriftwechsel betr. Unfall von Schaefer, Hasselmann, Klein und Wienecke mit F 13 am 3.2.20 – DMM JUARCH 0303 T02 M04.

21 Schreiben Seitz an Dr. Junge vom 13.02.1920 –DMM JUARCH 0801 T03.
22 Schreiben Monz an Jfa vom 05.03.1920 – DMM JUARCH 0801 T03.
23 Schreiben Monz an Reuter vom 09.03.1920 – DMM JUARCH 0801 T03.
24 Schreiben Junkers an Hauptbüro vom 29.01.1920 – DMM JUARCH 0801 T03.
25 *New Yorker Herold* and *New Yorker Staats-Zeitung* v. 27. März 1920 – DMM JUARCH 0801 T03.
26 Protokoll über die Besprechung am 29.3.20 Unfall Amerika-Maschine betreffend vom 31.3.1920 – DMM JUARCH 0801 T03.
27 *New Yorker Herold* and *New Yorker Staats-Zeitung* v. 27. März 1920.
28 Schreiben Junkers an Hauptbüro vom 30.03.1920 – DMM JUARCH 0801 T03.
29 Prof. Junkers: Notizbuch Nr. 67, S. 3365 ff. – Abschrift S. 24 bis 26 – Archiv Bernd Junkers.
30 Prof. Junkers: Bemerkungen zu den Vorschlägen in dem Schreiben Monz vom 5. März betreffend neues Verhältnis zu Larsen neben dem bestehenden vom 08.04.1920 – DMM JUARCH 0801 T03.
31 Prof. Junkers: Notizbuch Nr. 67, S. 3365 ff. – Abschrift S. 24 bis 26 – Archiv Bernd Junkers.
32 Brief Larsen an Seitz vom 10.04.1920 – DMM JUARCH 0801 T03.
33 Junkers, Hugo: Notizbuch Nr. 67, S. 3294 – Archiv Bernd Junkers.
34 Bericht Madelung über die Besprechung mit Dr. Junge und Knight am 8.5. vom 10. Mai 1920 – DMM JUARCH 0801 T03.
35 Telegramm Larsen vom 28.05.1920 – DMM JUARCH 0801 T03.
36 Flugsport, Jg. 1920, Nr. 15 vom 21. Juli. – Ausführliche Berichte lieferte die *Magdeburgische Zeitung* vom 10. August 1920 und der *Anhalter Anzeiger* vom 12. August 1920 - DMM JUARCH 0801 T04.
37 Zeitung *World* vom 6. Juli 1920 – lieferte die *Magdeburgische Zeitung* vom 10. August 1920 und der *Anhalter Anzeiger* vom 12. August 1920 – DMM JUARCH 0801 T04.
38 *B.Z. am Mittag* vom 16. Juni 1920 – DMM JUARCH 0801 T04.
39 Telegramm Larsen an Junkerswerke vom 15.06.1920 – DMM JUARCH 0801.
40 *New York Times* vom 27. Juni 1920 – DMM JUARCH 0801.
41 World vom 29. Juni 1920 – DMM JUARCH 0801.
42 Abgedruckt in *Frankfurter Zeitung* vom 21. August 1920 – DMM JUARCH 0801.
43 Schreiben Dr. Junge an Seitz vom 27.07.1920 – DMM JUARCH 0801.
44 Schreiben Prof. Junkers an Seitz vom 26.06.1920.
45 Schreiben Lt. Col. Hickham, Chief, Information Group, War Departement, Office of the Direktor of Air Service, Washington an Larsen vom 22.6.20, Anlage zum Brief Larsen vom 26.9.20 – DMM JUARCH 0801.
46 Schreiben Larsen an Seitz vom 24.07.1920 – DMM JUARCH 0801.

47 Schreiben Prof. Junkers an Seitz vom 26.06.1920 – DMM JUARCH 0801.
48 Siehe auch: Jackson, Donald Dale, Die Postflieger, Amsterdam 1982, S. 59.
49 *Evening Newspaper* vom 30. Juli 1920 – DMM JUARCH 0801.
50 Monz: Betriebserfahrungen mit Flugzeug J.13 / 21. September 1920 – DMM JUARCH 0801 T05.
51 Schreiben Dr. Junge an Hugo Junkers vom 28. August 1920 – DMM JUARCH 0801.
52 Monz: Betriebserfahrungen mit Flugzeug J.13 / 21. September 1920 – DMM JUARCH 0801.
53 Aerial Age Weekly vom 9. August 1920 – DMM JUARCH 0801.
54 Telegramm Larsen an die Junkerswerke vom 27. August 1920 – DMM JUARCH 0801.
55 Schreiben Monz an Major Seitz vom 11.08.1920 – DMM JUARCH 0801.
56 *Illustrierte Flugwoche* 1921, S. 149/150.
57 Zeitschrift *Welthandel* vom 6. Aug. 1920.
58 Schreiben Seitz an Prof. Junkers vom 21.08.1920.
59 Schreiben Dr. Michaelis an Junkerswerke vom 01.09.1920 – DMM JUARCH 0801.
60 Protokoll über die Besprechung Kaiserplatz am 1.09.1920 vom 6.09.1920 – DMM JUARCH 0801 T05.
61 Presseausschnitt aus einer amerikanischen Zeitung, Titel unbekannt. – DMM JUARCH 0801.
62 Jackson, Donald Dale: Die Postflieger. Amsterdam, 1982, S. 60/61
63 Telegramm Larsen vom 4. September 1920 – DMM JUARCH 0801.
64 Telegramm Larsen vom 16.09.1920 – DMM JUARCH 0801.
65 Amtlicher Bericht des Armee-Luftdienstes der USA über JL-Ganzmetall-Flugzeug, Übersetzung vom 11. November 1920. – DMM JUARCH 0801.
66 Schreiben Hauptbüro (Mierzynski) an Direktor Scheller, Aachen, vom 03.06.1920 – DMM JUARCH 0303 T02 M11.
67 Schreiben Jfa an Larsen vom 09.06.1920 – DMM JUARCH 0801.
68 Protokoll der Verwaltungskonferenz vom 11.10.1920 – DMM JUARCH 0801.
69 Bericht von Bogart Rogers, Chefpilot der USA-Air-Mail, zum zehnjährigen Bestehen der amerikanischen Luftpost. In: *Dresdner Nachrichten* vom 23. Nov. 1932.
70 Seitz: Notizen aus den Verhandlungen mit Larsen im Haag vom 1. bis 5. Oktober 1920 vom 07.10.1920 – DMM JUARCH 0801.
71 Protokolle der Verwaltungskonferenzen vom 8.10. und 11.10.1920 – DMM JUARCH – 0301 T04 M23.
72 Bericht über die BMW-Maschine (Kopie eines amtlichen Berichtes des Armee-Luftdienstes der U.S.A.) vom 26.10.1920 – DMM JUARCH 0801.
73 Brief Dr. Junge vom 27.01.1921 – DMM JUARCH 0801.

74 Brief Dr. Junge Nr. 5 vom 18.02.1921 – DMM JUARCH 0801.
75 Brief Offermann an das Hauptbüro vom 19.02.1921 – DMM JUARCH 0801.
76 Brief Dr. Junge Nr. 5 vom 18.02.1921 – DMM JUARCH 0801.
77 Schreiben der Mercury Aviation Company, Hollywood, an Hugo Junkers und die Bayerischen Motorenwerke vom 28.09.1920 – DMM JUARCH 0801.
78 *The Times*, Los Angeles, vom 05.07.1921.
79 Schreiben Fred Praedel an Jfa vom 15.04.1921 – DMM JUARCH 0801.
80 *The Times*, Los Angeles, vom 05.07.1921.
81 Andersson, Lennart u. a.: Junkers F 13. – EAM Books, 2012, S. 218.
82 Deutsche Flugzeuge im amerikanischen Postdienst. Washington, 14.2.21. (Abschrift der Junkerswerke) – DMM JUARCH 0801.
83 *Volksblatt für Anhalt* vom 19.03.1921.
84 Brief von Ernst Bühl aus Brandon an Emil Monz vom 09.01.1921 – DMM JUARCH 0801.
85 Zeitschrift *Flugsport* 1922, Nr. 4, S. 74.
86 F.P.-Bericht Nr. 40. – Hrsg. vom Hauptbüro der Junkerswerke im Januar 1922. – *Flugsport* Jg. 1922 Nr. 3. – *Der Luftweg*, 1922. Nr. 4.
87 Zeitschrift *Flugsport* 1922, Nr. 4, S. 74.
88 *Luftfahrt* Jg. 1922, Nr. 1 vom 5. Januar 1922 S. 9.
89 Roald Amundsen: Die Jagd nach dem Nordpol. – Hamburg, 2007, S. 2 f.
90 Telegramm an die Firma Fritz von Falkenhayn & Co., GmbH, Berlin, am 28.1.22 an das Berliner Büro der Junkerswerke übergeben – DMM JUARCH 0401 T07.
91 Bericht des amerikanischen Journalisten S. Yale Beach, zitiert in einem Schreiben des Hauptbüros an Junkers vom 12. Mai 1922 – DMM JUARCH 0401 T07.
92 *B.Z. am Mittag* vom 22. April 1922.
93 Schreiben Offermann (Büro Berlin) an die Junkers-Flugzeugwerk A.-G. vom 19.04.1922 – DMM JUARCH 0401 T07.
94 Filmaufnahme des Flugzeuges siehe https://www.youtube.com/watch?v=cQB-T03zSF1k.
95 Bomann-Larsen, Tor, Amundsen. Bezwinger beider Pole, Hamburg 2007, S. 395.
96 Junkers-Luftverkehr Nachrichtenblatt, Jg. 1, Nr. 2 vom 10. Juni 1923.
97 Bomann-Larsen, Tor, Amundsen. Bezwinger beider Pole, Hamburg 2007, S. 418.
98 Junkers-Luftverkehr Nachrichtenblatt, Jg. 1, Nr. 1 vom 3. Juni 1923.
99 Die Daten von Besuch und Telegramm sind nicht mehr zu ermitteln, nur das Antworttelegramm von Amundsen aus Nome mit Datum vom 3. April 1923 ist noch erhalten. – DMM JUARCH 0401 T07 M06.
100 Schreiben Mierzinsky (Hauptbüro) an die Jfa vom 28. April 1923 mit Abschrift eines Telegramms von Hammer vom 19. April 1923. – DMM JUARCH 0401 T07.

101 Bomann-Larsen, Tor, Amundsen. Bezwinger beider Pole, Hamburg 2007, S. 421.
102 Junkers-Luftverkehr Nachrichtenblatt, Jg. 1, Nr. 16 vom 15. Dezember 1923.
103 Bomann-Larsen, Tor, Amundsen. Bezwinger beider Pole, Hamburg 2007, S. 421.
104 Roald Amundsen, Die Jagd nach dem Nordpol, Hamburg, 2007, S. 4.
105 Bomann-Larsen, Tor, Amundsen. Bezwinger beider Pole, Hamburg 2007, S. 422 f.
106 Schreiben Schleissing (Jfa) an Junkers-Werke, Hauptbüro, vom 15. Juli 1924 – DMM JUARCH 0901 T02.
107 Seitz: Notizen aus den Verhandlungen mit Larsen im Haag vom 1. bis 5. Oktober 1920 – DMM JUARCH 0801.
108 *Berliner Lokalanzeiger* vom 22.1. 1922.
109 Rundschreiben Mierzinsky (Hauptbüro) vom 12.11.1921 DMM JUARCH 0801.
110 Brief Dr. Junge vom 1. Nov. 1921 – DMM JUARCH 0801.
111 *Les Ailes* vom 4. Mai 1922.
112 Vorläufige Denkschrift betr. Verwertung der Junkers-Flugzeuge in den USA vom 27.5.1924 – DMM JUARCH 0801 T13.
113 Brief Larsen an Seitz vom 16.02.1922 – DMM JUARCH 0801 T10.
114 John M. Larsens Luftfahrt-Großtaten mit Ganzmetallflugzeugen. Prospekt von 1922. – DMM JUARCH 0801 T 10.
115 Brief Larsen an Seitz vom 16.02.1922 DMM – JUARCH 0801 T10.
116 *Nachrichten für Luftfahrer* 1922/46.9
117 Brief Wadhams an Prof. Junkers vom 15.04.1922 – DMM JUARCH 0801 T10
118 *Aviation* vom 29.05.1922.
119 Niederschrift Mierzinsky vom 26.04.1923 – DMM JUARCH 0801 T12
120 *New York Times* vom 07.03.1923.
121 Lent, L. B.: Änderungen an den Junkers-Flugzeugen. Anhang zum Brief von Dr. Junge an Jfa vom 28. April 1921 – DMM JUARHC 0801.
122 Brief Lent an Jfa vom 23.2.23 – DMM JUARCH 0801 T12.
123 Brief Wadhams an Hauptbüro vom 20.4.23 – DMM JUARCH 0801 T12.
124 RUSA – 1. Gesamtbericht vom 11. Juni 1924. – DMM JUARCH 0801 T16.
125 RUSA. Vorläufiger Tagebuchauszug. Dessau, 22. Juli 1924 – DMM JUARCH 0801 T16.
126 *The Detroiter* vom 7. Juli 1924.
127 Schreiben William Knight (Jucoram) an die Junkerswerke vom 29.09.1924 – DMM JUARCH 0801 T16.
128 Brief Knight an Madelung vom 23.10.24 – DMM JUARCH 0801 T17.
129 Brief Madelung an Knight vom 14.10.24 – DMM JUARCH 0801 T17.
130 Brief Madelung an Knight vom 16.10.24 – DMM JUARCH 0801 T17.
131 Brief Edward Stinson an Knight (Jucoram) vom 7.10.24 – DMM JUARCH 0801 T16.

132 *Junkers-Nachrichten* 1926, S. 6.

133 Schreiben Schleissing an Prof. Junkers vom 13.04.1920 – DMM JUARCH 0907.

134 Schreiben Albert Tietjen (Scadta) an die Deutsche Gesandtschaft zu Bogotà vom 12.08.1920 – DMM JUARCH 0907.

135 Zeitung *El Dia*, Bogotá, Kolumbien, vom 6. September 1920.

136 Zeitung *El Dia*, Bogotá, Kolumbien, vom 15. September 1920.

137 Schreiben Hammer an Jfa vom 22.11.1920 – DMM JUARCH 0907.

138 Schreiben Hammer an Jfa vom 22.11.1920 – DMM JUARCH 0907.

139 Schreiben Hammer an Jfa vom 22.11.1920 – DMM JUARCH 0907.

140 Schreiben Hammer an die Jfa vom 29.12.1920 – DMM JUARCH 0907.

141 Schreiben v. Krohn an Hugo Junkers vom 22.7.1921 – DMM JUARCH 0907.

142 Besprechung Kaiserplatz am 7.5.1921 betr. Columbien – DMM JUARCH 0907.

143 Schreiben Jfa an Scadta (Hammer) vom 25.05.1921 – DMM JUARCH 0907.

144 Schreiben Hellmut v. Krohn an Hugo Junkers vom 22. Juli 1921 – DMM JUARCH 0907.

145 Dr. Peter v. Bauer: Gründung und Entwicklung der Sociedad Colombo-Alamana de Transportes Aeros in: *Illustrierte Flugwoche* 1922, S. 288.

146 *Nachrichten für Luftfahrer* 22/29.29

147 Mitteilungen der Scadta vom 26. Januar 1923 – DMM JUARCH 0907.

148 Bericht des Flugzeugführers Schütz über den Unfall der 557 *Columbia* in Girardot am 4.2.1923 – DMM JUARCH 0907.

149 Schreiben Jfa an die Firma Staudt vom 26. August 1924 und Bericht in der *Diario Nacional*, Bogotá, vom 8. Juni 1924 – DMM JUARCH 0907.

150 Weserzeitung vom 17. Juli 1924.

151 Schreiben Dr. P. P. v. Bauer (SCADTA) an die Jfa vom 02.03.1920 – DMM JUARCH 0907.

152 Dr. Peter Paul v. Bauer: Handelsluftverkehr in Columbien. Aus: *National Aeronautic Association Review* Nr. 4 April 1925.

Die Lloyd Ostflug GmbH

1 Eichler: Bericht über den Flug mit Junkers-Flugzeug D 8 von Warnemünde nach Stockholm – DMM JUARCH 0619 T01.

2 Schreiben Hans Eichler (Svenska Lufttrafik A.B.) an Hans Sachsenberg vom 24.11.1920 – DMM JUARCH 619.

3 Bericht H. Sachsenberg über Reise nach Schweden vom 17.Juni bis 16. Juli 1920 – DMM JUARCH 0619 T01.

4 Bericht H. Sachsenberg über Reise nach Schweden vom 17.Juni bis 16. Juli 1920 – DMM JUARCH 0619 T01.
5 Brief von Lenn Jacobsen an Larsen vom 4.11. 1920 – DMM JUARCH 0619.
6 Brief Seitz an Junkers v. 03.01.1920 – DMM JUARCH 0301 T03 M04.
7 Brief Seitz an Junkers v. 03.01.1920 (DMM JUARCH 0503 T03 M02).
8 Bericht Madelung vom 25.02.1920 mit Anlage: Unfallbericht der Versicherung – DMM JUARCH 0503 T03 M17.
9 Schreiben Seitz an Jfa vom 01.04.1920 – DMM JUARCH 0301 T03 M26.
10 Schreiben Seitz an Jfa vom 01.04.1920 – DMM JUARCH 0301 T03 M26.
11 Schreiben Hugo Junkers an Carl Seitz vom 15.04.1920 – DMM JUARCH 0503 T03 M02.
12 Aktennotiz Seitz vom 10.04.1920 – DMM JUARCH 0301 T03 M26.
13 Hugo Junkers: Notizbuch Nr. 67 S. 3302 – Abschrift S. 11.
14 Die Gründung der Lloyd Ostflug GmbH, S. A. 20-22 – DM JUARCH 0503 T35.
15 Gesuch an den Oberpräsidenten der Provinz Ostpreußen, eingereicht von Gotthard Sachsenberg vom 18.05.1920 – DM JUARCH 0503.
16 Schreiben Abramson an Jfa vom 19.05.1920 – DM JUARCH 0612 T01.
17 Protokoll der Verwaltungskonferenz in der Jfa am 20. Juni 1920 vom 11.06.1920 – DMM JUARCH 0301 T03 M45.
18 Schreiben Seitz an Gotthard Sachsenberg vom 11.06.1920 (abgedruckt in Schriftsatz der Beklagten … vom 19.08.1935) – ABJ 29/06.
19 Schreiben Seitz an Junkers-Flugzeugwerk A.G. vom 05.06.1920.
20 Aktennotiz der Junkerswerke, Hauptbüro, vom 24.08.1921 – DMM JUARCH 0503 T05.
21 Exposé G. Sachsenberg »Errichtung eines Luftverkehrsunternehmens auf der Strecke Berlin-Königsberg« – DMM JUARCH 0503 T05.
22 Bericht über eine Sitzung zum Zweck der Gründung eines Luftverkehrsunternehmens durch den Norddeutschen Lloyd, die Junkers-Werke in Dessau und die Ostdeutschen Landwerkstätten, Seerappen bei Königsberg vom 5.8.1920 – DMM JUARCH 0503 T05.
23 Brief von Lenn Jacobson an John M. Larsen vom 4. November 1920 – DMM JUARCH 0619 T01.
24 Dr. Rasch: Niederschrift über die Besprechung bei Justizrat Loewenfeld am 06.11.1920 – DMM JUARCH 00801.
25 Protokoll der Verwaltungskonferenz vom 08.10.1920.
26 Protokoll der Verwaltungskonferenz vom 11.10.1920 – DMM JUARCH 0301 T04 M21.
27 Schreiben G. Sachsenberg an Prof. Junkers vom 19.10.1920. In: Die Gründung der Lloyd Ostflug GmbH, S. 45 – DMM JUARCH 0503 T35.

28 Aktennotiz der Jfa betr. Luftverkehr in Polen in Verbindung mit der Lloyd Ostflug GmbH vom 11.12.1920 – DMM JUARCH 0615 T01.
29 Schreiben Seitz an Prof. Junkers vom 07.01.1921 – DMM JUARCH 0301 T05 M01.
30 Bericht von Seubüchler u. Thiedemann vom 22.2.21 mit 1 Handskizze und 4 Fotografien – DMM JUARCH 0503 T05.
31 Schreiben Lloyd Ostflug GmbH (G. Sachsenberg) an Junkers-Flugzeugwerk A.G. vom 19.02.1921.
32 *Anhalter Anzeiger* vom 24.2.1921.
33 Mierzinsky: Niederschrift über Verwaltungskonferenz vom 11.01.1921 – DMM JUARCH 0301 T05 M03.
34 Seitz: Protokoll der Besprechung vom 15.01.1921 vom 18.01.1921 – DMM JUARCH 0301 T05 M03.
35 Kurzer Überblick über die Entwicklung der OLA-Angelegenheit vom 6.3.33, S. 14–15 – DM JUARCH 0503.
36 Bericht der vom Aufsichtsrat zur Untersuchung des Streites zwischen den Geschäftsführer der Lloyd Ostflug bestimmten Kommission – DMM JUARCH 0503.
37 Weißenfels, R.: Protokoll über die Besprechung am 17. März 1921 – DMM JUARCH 0302 T07 M08.
38 Irving, Die Tragödie der Deutschen Luftwaffe, S. 30.
39 G. Sachsenberg: Entwicklung und Ziele der Lloyd Ostflug GmbH in: *Der Luftweg*, Jg. 1921, Nr. 13/14, S. 101–103.
40 Protokoll von Hermann Schleissing (Jfa) vom 11.12.1920 – DMM JUARCH 0615 T01.
41 G. Sachsenberg: Entwicklung und Ziele der Lloyd Ostflug GmbH in: *Der Luftweg*, Jg. 1921, Nr. 13/14, S. 101–103.
42 Irving, Die Tragödie der Deutschen Luftwaffe, S. 32.
43 Karg, Günter: Junkers-Flugzeuge im polnischen Luftverkehr, Dessau 1981, Ms.
44 *Anhalter Anzeiger* vom 20. August 1921.
45 Schreiben E. Milch (Danziger Luftpost) an Prof. Junkers vom 10.6.21 – DMM JUARCH 0615 T01.
46 Karg, Günter: Junkers-Flugzeuge im polnischen Luftverkehr, Dessau 1981, Ms.
47 Bericht der vom Aufsichtsrat zur Untersuchung des Streites zwischen den Geschäftsführern der Lloyd-Ostflug G.m.b.H. bestellten Kommission – DMM JUARCH 0503.
48 Schreiben Mierzinsky an Seitz in New York vom 02.06.1921.
49 Die Junkerswerke, Abt. Luftverkehr, S. 310 – DMM JUARCH 0503 T 35.

50 Gotthard Sachsenberg: Vorschlag zur Umgründung der Lloyd Ostflug vom 15. Juli 1921 – DMM JUARCH 0503 T05.
51 Schreiben Bruno Rodschinka an Hans Sachsenberg vom 29.12.1921.
52 Schreiben Gotthard Sachsenberg an Dr. Schurig (Norddeutscher Lloyd) von Anfang August 1921.
53 Die Gründung der Lloyd Ostflug GmbH, Teil B, S. 78 – DMM JUARCH 0503 T05.
54 Die Gründung der Lloyd Ostflug GmbH, S. A.83–84 – DMM JUARCH 0503 T35.
55 Die Gründung der Lloyd Ostflug GmbH, S. A.81 – DMM JUARCH 0503 T35.
56 Hugo Junkers: Notizbuch Nr. 80 S. 4877 – 4880 – Abschrift S. 8–9.
57 Die Junkerswerke, Abt. Luftverkehr, S. 308, 310.
58 Müller, Niederschrift über die Besprechung am 9.8.21 wegen Reichsdarlehn II. vom 10.1.1921. DMM JUARCH 0301 T06 M16.
59 Hugo Junkers: Notizbuch Nr. 81 S. 5078 – Abschrift S. 7–9.
60 Vertrag zwischen Jfa (Schleissing und Justizrat Dr. Loewenfeld) und dem Deutschen Reich (Reichsschatzministerium) – ABJ 160/28.
61 Besprechung Dr. Veiel mit Dr. Landauer am 8. Aug. im Reichsschatzministerium – DMM JUARCH 0301 T06 M14.
62 Müller, Niederschrift über die Besprechung am 9.8.21 wegen Reichsdarlehn II. vom 10.1.1921. Anwesend: Direktor Schleissing, Dr. Veiel, Hitzigrath, Müller. – DMM JUARCH 0301 T06 M16.
63 Die Gründung der Lloyd Ostflug GmbH, S. 88–89 – DMM JUARCH 0503 T35.
64 Schreiben Dr. Sonder an Landgericht Dessau in Sachen OLA gegen Junkers-Flugzeugwerk A.G. vom 11.3.35, Anl. 7 + 8.
65 Die Gründung der Lloyd Ostflug GmbH, S. 103–104 – Schreiben Dr. Sonder an Landgericht Dessau in Sachen OLA gegen Junkers-Flugzeugwerk A.G. vom 11.3.35, Anl. 9 – DMM JUARCH 0503 T05.

Die Abteilung Luftverkehr 1922

1 Hugo Junkers: Notizbuch Nr. 78, S. 4607–4609, Abschrift S. 2–3 – Archiv Bernd Junkers.
2 Gotthard Sachsenberg: Entwicklung und Ziele der Lloyd Ostflug G.m.b.H. In: *Der Luftweg*, Jg. 1921, Nr. 13/14, S. 101–103.
3 Schreiben Gotthard Sachsenberg an Nikolai Krestinski vom 9.6.1922 – DMMM JUARCH 0618 T01 M29a.
4 Besprechung über rumänische Angelegenheit am 25.11. in Dessau …/ Protokoll von Gotthard Sachsenberg vom 26.11.1921.

5 Das Bauverbot wurde erst am 5. Mai 192 nach einjähriger Dauer aufgehoben.
6 Niederschrift Seitz (streng vertraulich) über die Besprechung Junkers, Schleissing, Offermann, Seitz vom 25.10. 1925.
7 Schreiben Prof. Junkers (Dessau) an Spaleck (Den Haag) vom 20.1.1921 – DMM JUARCH 0618 T01 M21.
8 Schreiben G. Sachsenberg an Krestinski vom 9.6.1922 – DMM JUARCH 0618 T01 M29a.
9 Schreiben G. Sachsenberg an Krestinski vom 9.6.1922 – DMM JUARCH 0618 T01 M29a.
10 Kurzer Überblick über die Entwicklung der OLA-Angelegenheit vom 6.3.1933 – DMM JUARCH 0503 T35.
11 Schreiben G. Sachsenberg an Krestinski vom 9.6.1922 – DMM JUARCH 0618 T01 M29a.
12 Schreiben der Aero-Union A.G. an Rosenholz, Russische Botschaft, Berlin W 8, vom 8. Januar 1923.
13 Schreiben Reichsverkehrsminister vom 5. März 1923 betr. Interessenkonflikt zwischen Aero-Lloyd AG und Junkers-Gruppe mit Anlage: Ergebnis der Besprechung mit Herrn Professor Junkers in Dessau am 18. Januar 1923.
14 Schreiben Reichsverkehrsminister vom 5. März 1923 betr. Interessenkonflikt zwischen Aero-Lloyd AG und Junkers-Gruppe.
15 *Luftfahrt* Nr. 4/1924, S. 61.
16 Hugo Junkers: Notiz vom 13. März 1923. Notizbuch Nr. 98, S. 7082 – Abschrift S. 30.
17 Bericht über den Flug nach Petersburg. Ohne Datum und Unterschrift – DMM JUARCH 0618 T01 M31.
18 *Iswestija* Nr. 134 vom 18.6.1922 [Übersetzung der Junkerswerke] – DMM JUARCH 0618 T01 M31.
19 Schreiben von Walter aus Moskau an die Junkerswerke vom 8. Juli 1922.
20 Bericht von Alfred Gothe in dem Schreiben Hauptbüro an *Anhalter Anzeiger* vom 22.9.22.
21 *Flugsport*, 1922 Nr. 16/17 vom 23. August u. Nr. 21 von 25. Oktober 1922.
22 http://airliner.narod.ru/airliners1913-22/junkers-f-13-airlines.htm.
23 Am 30. Dezember 1922 wurde die Sowjetunion gegründet.
24 Aufhebung des Flugzeugbauverbotes am 6. Mai 1922.
25 Stenogramme Hugo Junkers vom 13.7.22 – Archiv Bernd Junkers.
26 Sobolew, D. A.: Deutsche Spuren in der sowjetischen Luftfahrtgeschichte. Hamburg, 2000, S. 10.
27 Sachsenberg: Protokoll der Besprechung vom 19.7.1922 zwischen Sondergruppe und Junkers – DMM JUARCH 0618.

28 Schreiben Deutsche Botschaft Moskau vom 5. Febr. 1923 betr. Abschluss eines Konzessionsvertrages Junkers mit der Russischen Regierung. Schreiben Reichswehrministerium/Heereswaffenamt (Senftleben) an Reichsgerichtspräsidenten Dr. Simons vom 13.1.1926.
29 Schreiben Aero-Union A.G. (v. Rieben) an Hugo Junkers vom 8.1.1923 mit Anlage: Schreiben Aero-Union an Rosenholz vom 28.12.1923.
30 Niederschrift über Besprechung betr. Flugplatzfrage vom 15.12.1922.
31 Schreiben Reichswehrministerium/Heereswaffenamt (Senftleben) an Reichsgerichtspräsidenten Dr. Simons vom 13.1.1926.
32 Die Junkerswerke, Abt. Luftverkehr, S. 304 – DMM JUARCH 0503 T35.
33 Aktennotiz aus drei zur Verfügung gestellten Polen-Akten vom 29.10.27 – DMM JUARCH 0615.
34 Schreiben Sachsenberg (Abt. Luftverkehr) an Wygard und Dunin-Rzuchowski vom 20.8.1922 – DMM JUARCH 0615.
35 Arbeitsgemeinschaftsvertrag vom 27.8.1922 – DMM JUARCH 0615.
36 Schreiben Milch (Danziger Luftpost) an Junkers-Flugzeugwerk A.G. vom 1.11.1922 – DMM JUARCH 0615.
37 *Illustrierte Flugwoche* 1922, S. 281.
38 Schreiben Milch (Danziger Luftpost) an Junkers-Flugzeugwerk A.G. vom 1.11.1922 – DMM JUARCH 0615.
39 Schreiben Gotthard Sachsenberg an Hugo Junkers vom 22.11.21 in: Schriftsatz der Beklagten vom 19.8.1935 – DMM JUARCH 0503 T37.
40 *München-Augsburger Abendzeitung* vom 13. April 1922.
41 Die Junkerswerke, Abt. Luftverkehr, S. 317 – DMM JUARCH 0503 T35.
42 *München-Augsburger Abendzeitung* vom 1. Juni 1922.
43 Flugkapitän Hans Baur: Ich flog mächtige der Erde. Kempten: Verl. A. Pröpster, 1956, S. 31.
44 *Bayr. Kurier*, München, und *Bayer. Staats-Ztg.*, München, vom 9.8.1922.
45 Der Luftverkehr in Bayern 1922. In: *Leipziger Neuste Nachrichten* vom 11.10.1922.
46 Bericht von Lampel in der *München-Augsburger Abendzeitung* vom 17. Oktober 1922.
47 Der Bericht von Rudolf Brandt wurde im *Berliner Lokal-Anzeiger* vom 3. November 1922 veröffentlicht.
48 Aufnahme aus der Zeitschrift *Die Woche*, 1922, Nr. 46.
49 Bericht über Junkers-Luftverkehr 1922. In: Schriftsatz der Beklagten vom 19.8.1935 – DMM JUARCH 0503 T37.
50 Anton Schnack: Flug über den Bodensee. – In: *Neue Badische Landeszeitung*, Mannheim, 16.8.1922.

51 Auszug aus dem Bericht über Junkers-Luftverkehr 1922. In: Schriftsatz der Beklagten vom 19.08.1935 – DMM JUARCH 0503 T37.

52 *Hofer Anzeiger* vom 17. 10.1922.

53 Seitz: Flüchtige Notizen aus der Besprechung vom 12.3.1921 mit Junkers, Drexler, Jablonsky, Spaleck, Schleissing, Seitz – DMM JUARCH 0305 T10 M12.

54 Schreiben Spaleck (Zürich) an Hugo Junkers vom 23.2.1921 – DMM JUARCH 0620 T01.

55 Schreiben H. Sachsenberg aus Mailand an Hugo Junkers vom 3.7.1921 – DMM JUARCH 0620 T01.

56 Reisebericht Direktor Sachsenberg nach der Schweiz und Italien in der Zeit vom 19.7. bis 8.8.21 vom 22.8.1921 – DMM JUARCH 0609 T01.

57 Wilhelm Zimmermann: Bericht über den Flug Dübendorf (Schweiz) – Cziraki (Ungarn) mit dem ungarischen Königspaar am 20.10.1921. – Datiert vom 1. Februar 1922 – DMM JUARCH 0620 T01.

58 Reisebericht Direktor Sachsenberg nach der Schweiz und Italien in der Zeit vom 19.7. bis 8.8.21 vom 22.08.1921 – DMM JUARCH 0609 T01.

59 Schreiben Bayerische Motorenwerke an Junkerswerke vom 16.8.22 – DMM JUARCH 0609 T01.

60 *Illustrierte Flugwoche* 1922, S. 257–260.

61 Berichte in: *Flugsport*, 1922, Nr. 16/17; *Anhalter Anzeiger* vom 02.08.1922; *Volksblatt für Anhalt* vom 29.07.1922; Junkerswerke: F.-P.-Bericht Nr. 42.

62 Schreiben v. Tschudi an Prof. Junkers vom 14.8.1922 – DMM JUARCH 0609 T01.

63 Mierzinsky: Protokoll der Verwaltungskonferenz am 20.09.1922 vom 12.10.1922 – DMM JUARCH 0609 T01.

64 Besprechungs-Protokoll über Flugzeugbau u. Luftverkehr in Italien mit Oberst Scelzo, Sago, Poturzyn, Berner v. 17.12.1923 und Schreiben M. Frantz an Abt. Luftverkehr vom 26.6.1923 – DMM JUARCH 0609 T01.

65 Notiz über die Besprechung bei Ministerialdirektor Dr. Köpke am 28. März 1923 mit Vertretern der Firma Junkers betr. Bau- und Verkehrspläne Junkers in Italien und Osteuropa.

66 Übersetzung eines Schreibens vom Luftfahrtkommissariat Rom vom 30. Juni 1923 – DMM JUARCH 0609 T01.

67 Schreiben Jfa an v. Petroczy vom 10.11.1921 – DMM JUARCH 0623 T01.

68 Schreiben v. Petroczy an Jfa vom 16.11.1921 – DMM JUARCH 0623 T01.

69 *Fliegernachrichtenblatt*, 1923, Nr. 1.

70 Entwicklungsgeschichte der Aeroexpress-AG, Budapest, 1922–1928 – DMM JUARCH 0623 T01.

71 *Hamburger Fremdenblatt* Nr. 545 vom 25. Dez. 1922.

Ein europäisches Luftverkehrsnetz

1 Loose, Fritz: Zu Wasser, zu Lande und in der Luft.
2 Anleitung für den Luftverkehrsdienst. – Junkers-Luftverkehr AG. Dessau – Frühjahr 1924. – DMM JUARCH 0503 T16.
3 Schreiben Hugo Junkers an den Vors. des Hauptausschusses des Reichstages vom 16.1.1923 – DMM JUARCH 0301 T08 M04.
4 *Deutsche Allgemeine Zeitung*, Berlin, Nr. 106/107.
5 Dankschreiben des Präsidenten des Reichstages Löbe zum Besuch bei den Junkerswerken – DMM JUARCH 0301 T08 M13.
6 Mierzinsky: Rundschreiben an die einzelnen Konzernstellen vom 16. Febr. 1922 betr. Besuch des Hauptausschusses des Reichstages, Anlage: G. Sachsenberg: Besichtigung der Junkerswerke durch die Mitglieder des Hauptausschusses. – DMM JUARCH 0301 T08.
7 Wagner, Wolfgang: Hugo Junkers, S. 230.
8 *Luftfahrt*, 1923, Nr. 4, S. 45.
9 Schriftwechsel zum Flugverkehr Leipziger Messe – DMM JUARCH 0503 T07.
10 *Luftfahrt*, 1923, Nr. 4, S. 45.
11 Sachsenberg, Wilhelm: »Aus der Fliegerei der zwanziger Jahre, die Junkers F 13 erobert sich die Welt«. Vortrag am 17.3.1981 vor dem Club der Luftfahrt e. V. in Bonn, S. 26.
12 *Anhalter Anzeiger* vom 22.03.1924.
13 Vortrag Hugo Junkers über die Bedeutung der deutschen Luftschifffahrt und Aufgaben der Forschungsanstalt und der ihr angegliederten Werke – DMM JUARCH 0301 T08 M21.
14 Schreiben der Junkerswerke Abt. Luftverkehr Berlin (Patze) vom 3. April 1923 an Ministerialdirektor Köpke mit Anlage: Die Luftverkehrspolitik des Junkers-Konzerns. – Archiv Bernd Junkers 160/51 (Kopie aus Akten des Auswärtigen Amtes).
15 Aktennotiz aus drei zur Verfügung gestellten Polen-Akten vom 29.10.1927. – DMM JUARCH 0615 T02.
16 Schreiben Aero-Union an Rosenholz vom 8.1.23 (Anlage zum Schreiben Aero-Union (v. Rieben) an Hugo Junkers vom 8.1.23) – DMM JUARCH 0618 T02 M01.
17 Notiz über die Besprechung bei Ministerialdirektor Dr. Köpke am 28. März 1923 mit Vertretern der Firma Junkers betr. Bau- und Verkehrspläne Junkers in Italien und Osteuropa. – ABJ 160/42 und 162/33 (Kopien aus Akten des Auswärtigen Amtes).
18 *Junkers-Nachrichten* Nr. 4/1923 u. Nr. 16/1923.

19 Britisches Aufklärungsflugzeug der Firma Royal Aircraft Factory. Das Bezeichnungskürzel B.E. stand für Blériot Experimental.

20 Schreiben Hans Müller an Dr. Kaumann vom 29.1.1923 – DMM JUARCH 0618 T02 M04.

21 Schreiben Zentrale für Russland (Schubert, Schmidt) an Hugo Junkers vom 1.3.1923 (Hauptbericht 6) – DMM JUARCH 0618 T02 M13.

22 Schmidt: Im Flugzeug über den Kaukasus. – *Junkers-Luftverkehr Nachrichtenblatt* 1923 Nr. 2.

23 Schreiben Schmidt an Abt. Luftverkehr vom 17.5.1923. – DMM JUARCH 0618 T02 M20.

24 *Junkers-Luftverkehr Nachrichtenblatt* 1923 Nr. 5.

25 Schreiben Schubert (Zentrale für Russland, Moskau) an Hugo Junkers mit Hauptbericht Nr. 13 vom 29.4.1923 und Junkers-Nachrichtenblatt 1923 Nr. 6.

26 *Junkers-Luftverkehr Nachrichtenblatt* 1923 Nr. 1 und 6.

27 *Junkers-Luftverkehr Nachrichtenblatt* 1923 Nr. 6.

28 *Junkers-Luftverkehr Nachrichtenblatt* 1923 Nr. 6.

29 Hugo Junkers: Notizbuch Nr. 101 S. 7399 - Abschrift S. 3–4.

30 Schreiben Schubert, Flemming (Zentrale für Russland) an Jfa vom 6.8.1923. – DMM JUARCH 0618 T02 M25.

31 *Junkers-Luftverkehr Nachrichtenblatt* 1923, Nr. 13.

32 *Nachrichten für Luftfahrer* 1924/10.5.

33 *Junkers-Nachrichten* 1924, Nr. 12 vom 11.10.1924.

34 Junkers-Nachrichtendienst vom 30.3.1932.

35 Archiv Oranienbaum, Bestand Junkerswerke, Nr. 98, Bl. 93.

36 Zimmermann: Flüge mit Flugzeug »Meise«, D 192, 616, als Wasserflugzeug auf der Elbe und Donau. Dezember 22 bis März 23. – Dessau, den 6. April 1923.

37 *Junkers-Luftverkehr Nachrichtenblatt* 1923 Nr. 1.

38 Die Junkerswerke, Abt. Luftverkehr, S. 304. – DMM JUARCH 0503 T35.

39 Maaß, Max: Die Unternehmungen im Luftverkehr, ihre Entstehung, Entwicklung sowie ihre Formen, Verbände und Zusammenschlüsse bis zum Jahr 1926 unter der besonderen Berücksichtigung der deutschen Verhältnisse. Diss., Göttingen, 1927, S. 29.

40 Artikel »Die Flugzeuge unserer Luftverkehrslinien« II. Bern, Der Bund, 27.8.1923.

41 Hugo Junkers: Notizbuch Nr. 105 S. 7891 – Abschrift S. 16–17

42 *Junkers-Luftverkehr Nachrichtenblatt* 1924 Nr. 1.

43 Landesarchiv Sachsen-Anhalt, Junkerswerke 95.

44 Die Junkerswerke, Abteilung Luftverkehr, S. 307. – DMM JUARCH 0503 T35.

45 Junkers-Ganzmetall-Flugzeuge. Das 6sitzige Verkehrs-Flugzeug Type F. – Hrsg. von den Junkerswerken. – 1924.

46 *Junkers-Luftverkehr Nachrichtenblatt* 1924, Nr. 3.

47 Luftfahrt 1924, Nr. 4, S. 61.

48 Protokoll der 1. Ordentliche Generalversammlung der Trans-Europa-Union am 28. Februar 1924 im Hotel »Königshof« in München. – *Junkers-Luftverkehr Nachrichtenblatt* 1924 Nr. 1, *Anhalter Anzeiger* vom 10.2. und 6.3.1924.

49 Schreiben Sachsenberg, Abt. Luftverkehr, an Hauptbüro vom 26. Mai 1924; In: Schriftsatz der Beklagten … vom 19.8.35, S. 89–90

50 *Junkers-Luftverkehr Nachrichtenblatt* 1924 Nr. 10, S. 2.

51 Hier entwarf Friedrich Drömmer später auch durch das Markenzeichen der Junkerswerke: den stilisierten fliegenden Menschen.

52 Margarete Conzelmann: Beiträge von Architekt Friedrich Drömmer. Beitrag 1 vom 07.01.1942.

53 *Anhalter Anzeiger* vom 13.3.1924.

54 *Anhalter Anzeiger* vom 11.3., 14.03 und 8.04.1924.

55 Der Funker, April 124. In: Ill. Flugwoche 1924, S. 130.

56 Schreiben Rundfunk Vertriebs-A.G., Berlin an die Abt. Luftverkehr, Dessau-Ziebigk vom 7.3.1924 – DMM JUARCH 0503 T08.

57 Schreiben des Messamtes für die Mustermessen in Leipzig an Hugo Junkers vom 5.3.24 – DMM JUARCH 0503 T08.

58 Übersicht über die für Forschungsanstalt und Flugzeugbau (Konstruktionsbüro und Versuchsbau) vorliegenden Arbeiten. vom Juni 1923. – DMM JUARCH 0302 T07 M14.

59 Denkschrift über die Bedeutung der Junkers-Werke vom 14.08.1924 - In: *Junkers-Nachrichten*, Jg. 19, 1977, Nr. 3 / 4.

60 *Svenska Dagbladet*, 26.08.1924 in: *Nachrichten für Luftfahrer* 1924/43.9.

61 *Junkers-Luftverkehr Nachrichtenblatt* 1924, Nr. 8.

62 *Junkers Luftverkehr Nachrichtenblatt* 1924,Nr. 11.

63 Budraß, Lutz: Adler und Kranich, München 2016, S. 75

64 »Bukarest – Konstantinopel – Angora.« Übersetzung aus »L'Aéronautique« Nr. 66 vom Nov. 1924, S. 269.

65 Max Maaß: Die Unternehmungen im Luftverkehr, ihre Entstehung, Entwicklung sowie ihre Formen, Verbände und Zusammenschlüsse bis zum Jahr 1926 unter besonderer Berücksichtigung der deutschen Verhältnisse. Diss. Göttingen 1927, S. 38–40.

66 *Anhalter Anzeiger* vom 03.01.1926.

67 Budraß, Lutz: Adler und Kranich, München 2016. S. 76.

68 *Junkers-Nachrichten*, 1924, Nr. 13.

69 *Junkers-Nachrichten* 1924, Nr. 12 vom 11. Okt. 1924.
70 Jahrbuch für Luftverkehr, 1925, S. 15–30.
71 Schmitt, Günter: Hugo Junkers, S. 244 f.
72 Hugo Junkers. Notizbuch Nr. 127 S. 10553 ff. – Abschrift S. 19 ff.
73 Siehe Max Maaß: Die Unternehmungen im Luftverkehr, ihre Entstehung, Entwicklung sowie ihre Formen, Verbände und Zusammenschlüsse bis zum Jahr 1926 unter besonderer Berücksichtigung der deutschen Verhältnisse. Diss. Göttingen 1927.

Ein Flugzeug erobert die Welt

1 Siehe Schreiben von Prof. Junkers an H. Hammer vom 22. März 1924 – DMM JUARCH 0401 T07.
2 Ewald Thoms: Eine Prise Arktis. In: Fliegerrevue, Jg. 1970, Nr. 9, S. 364.
3 Schreiben Löwe an Eberhard Cranz, Flugleitung Kiel-Holtenau, vom 2. Juni 1923 – DMM JUARCH 0401 T07.
4 Schreiben Hergesell (Preußisches Aeronaut. Observatorium Lindenberg) an Prof. Junkers vom 13.6.23 – DMM JUARCH 0901 T02.
5 Junkers-Luftverkehr Nachrichtenblatt, Jg. 1, Nr. 2 vom 10. Juni 1923.
6 Pütz, Heinz und Südbröker: Bericht über den Unfall des Flugzeuges D 193 *Meise* bei Hesnaes auf Falster am 10. Juni 1923 – DMM JUARCH 0901 T02.
7 Mittelholzer: Die ersten Flüge in der Arktis. In: Im Flugzeug dem Nordpol entgegen. Hrsg. von Walter Mittelholzer. 2. Aufl. Zürich, Leipzig: Orell Füssli, 1925, S. 73 ff.
8 Brief G. Sachsenberg an den norwegischen Gesandten. In: *Junkers-Luftverkehr Nachrichtenblatt* Jg. 1 Nr. 5 vom 1. Juli 1923.
9 Niederschrift von Mierzinsky (Hauptbüro) vom 20. Juni 1923 – DMM JUARCH 0901 T02.
10 Niederschrift von Mierzinsky (Hauptbüro) vom 26. Juni 1923 – DMM JUARCH 0901 T02.
11 Aktennotiz des Hauptbüros vom 27. Juni 1923 - DMM JUARCH 0901 T02.
12 Schreiben Prof. Junkers an Geheimrat Hergesell vom 29. Jun i 1923 – DMM JUARCH 0901 T02.
13 Brief G. Sachsenberg an den norwegischen Gesandten. In: Junkers-Luftverkehr Nachrichtenblatt Jg. 1 Nr. 5 vom 1. Juli 1923.
14 Schreiben Abt. Luftverkehr (Sachsenberg) an Hauptbüro und Jfa vom 18.07.1923 – DMM JUARCH 0901 T02.
15 Ewald Thoms: Eine Prise Arktis. In: Fliegerrevue, Jg. 1970, Nr. 9, S. 364 ff.

16 Mittelholzer: Die ersten Flüge in der Arktis. In: Im Flugzeug dem Nordpol entgegen. Hrsg. von Walter Mittelholzer. 2. Aufl. Zürich, Leipzig: Orell Füssli, 1925, S. 53 ff.

17 H. Boykow: Die Bilderausbeute der Junkersschen Spitzbergenexpedition vom geographisch-vermessungstechnischen Standpunkt aus. In: Im Flugzeug dem Nordpol entgegen. Hrsg. von Walter Mittelholzer. 2. Aufl. Zürich, Leipzig: Orell Füssli, 1925, S. 42 ff.

18 Schreiben von Prof. Junkers an Konsul H. H. Hammer vom 22. März 1924 – DMM JUARCH 0901 T02.

19 Junkers, Hugo: Lose Blätter vom 16.11.1921 – Archiv Bernd Junkers.

20 Ergebnisse aus der Besprechung zwischen Herrn Oberst Gibbs und Herrn Professor Junkers über Einrichtung eines Luftverkehrs auf Cuba. – September 1922. – DMM JUARCH 0901 T01.

21 Hugo Junkers: Notizbuch Nr. 93 S. 6441 – Abschrift S. 7.

22 Schreiben Jastram an Jfa und Abt. Luftverkehr vom 15. Mai 1923 – DMM JUARCH 0901 T02.

23 Jastram: Erfahrungsbericht über die Reise der beiden Junkers Limousinen *Flamingo* und *Birkhahn* von Habana bis Para vom 15. Mai 1923. – DMM JUARCH 0901 T02.

24 Jastram: Erfahrungsbericht über die Reise der beiden Junkers Limousinen *Flamingo* und *Birkhahn* von Habana bis Para vom 15. Mai 1923. – DMM JUARCH 0901 T02.

25 Jastram: Erfahrungsbericht über die Reise der beiden Junkers Limousinen *Flamingo* und *Birkhahn* von Habana bis Para vom 15. Mai 1923. – DMM JUARCH 0901 T02.

26 Schreiben Stahl aus Pernambuco an Junkers-Werke Abt. Luftverkehr vom 14.5.1923 – DMM JUARCH 0901 T02.

27 Schreiben Stahl an Abt. Luftverkehr vom 14. Mai 1923 – DMM JUARCH 0901 T02.

28 Schreiben Petersen an Junkerswerke, Abt. Luftverkehr vom 26. Juni 1923 – DMM JUARCH 0901 T02.

29 Bericht Nr. 11 von Stahl an die Abt. Luftverkehr vom 1. Juni 1923 – DMM JUARCH 0901 T02.

30 Aussagen des Flugzeugführers Carl Hense zu der Verunglückung der Junkers Limousine D 218 in Aracaty am 25. Juni 1923 – DMM JUARCH 0901 T04.

31 Hugo Junkers: Notizbuch Nr. 101 S. 7363 – Abschrift S. 1–2.

32 Zimmermann, Heinrich: Bemerkungen von Herrn Zimmermann zu dem Buch von Blunck, Hugo Junkers, vom 25.11.1940. – Archiv Bernd Junkers.

33 Brief Heinrich Zimmermann an Ilse Junkers vom 29.06.1923.

34 Hugo Junkers: Notizbuch Nr. 102 S. 7521 – Abschrift S. 11.
35 Schreiben Höpken an die Abt. Luftverkehr vom 25. Juli 1923 – DMM JUARCH 0901 T02.
36 Schreiben Milch und Jastram (ESA) an die Abt. Luftverkehr vom 17. April 1924. – DMM JUARCH 0901 T05.
37 Schreiben Abt. Luftverkehr an die Jfa vom 21.12.1923. – DMM JUARCH 0901 T05.
38 Sitzungs-Protokoll der Firma Coarico vom 10.03.24. – DMM JUARCH 0901 T05.
39 Schreiben Erhard Milch (Junkers-Südamerika-Expedition) an Abt. Luftverkehr vom 5. März 1924. – DMM JUARCH 0901 T05.
40 Schreiben Erhard Milch (Junkers-Südamerika-Expedition) an Abt. Luftverkehr vom 5. März 1924. – DMM JUARCH 0901 T05.
41 Schreiben Milch und Jastram (ESA) an die Abt. Luftverkehr vom 17. Juni 1924. – DMM JUARCH 0901 T05.
42 Schreiben Jastram (ESA) an die Abt. Luftverkehr vom 26. Juli 1924. – DMM JUARCH 0901 T05.
43 *Illustrierte Flugwoche*, Nr. 6, 1924, S. 373.
44 *Junkers-Luftverkehr Nachrichtenblatt*. Jg. 3 Nr. 8 vom 2. Juni 1925.
45 *Luftwacht* 1930, S. 150.
46 *Luftfahrt* 1927, Nr. 23, S. 358.
47 Schroth, Hermann: Im Reiche des Kondor, S. 33 ff.
48 *Foreign Aeronautical News* Nr. 145 vom 31.05.1929.
49 Junkerswerke: Versuch zur Darstellung der Absatzkrise und ihrer Behebung. Dessau, den 22. August 1929. – Archiv Bernd Junkers 137/17.
50 Ausgestellt im Museum of Modern Art New York (abgebildet auf www.moma.org/collection/works/7269).
51 Ausgestellt im Tate Museum oft Modern Art in London (abgebildet auf www.tate.org.uk/whats-on/tate-modern/exhibition/rodchenko-popova/rodchenko-and-popova-defining-constructivism-8).
52 *Luftweg* 1926, Nr. 24 vom 25. Dez.
53 *Junkers-Luftverkehr Nachrichtenblatt* 1923 Nr. 6.
54 *Luftweg*, Jg. 1923, Nr. 10 vom 12. Oktober.
55 *Junkers-Luftverkehr Nachrichtenblatt* 1923 Nr. 12.
56 *Junkers-Luftverkehr Nachrichtenblatt* 1923 Nr. 16. Im Original steht fälschlicherweise »Cidpebkall«.
57 *Luftweg*, Jg. 1923, Nr. 10 vom 12. Oktober.
58 Auszug aus dem Bericht des Flugzeugführers Wieprich, Moskau, vom 23.7.1924. – DMM JUARCH 0618 T03 M22.

59 Schreiben der Junkers-Luftverkehr A.-G. an die Zentrale für Russland, Flugzeugwerk, Moskau, vom 23.09.1924. – DMM JUARCH 0618 T03.
60 *Nachrichten für Luftfahrer* 1925/21.7.
61 *Nachrichten für Luftfahrer* 25/21.7.
62 *Nachrichten für Luftfahrer* 25/21.7.
63 *Der Flieger*, 1925, Nr. 8, S. 24f.
64 *Luftweg* 1925, Nr. 20 vom 27. Oktober.
65 *Luftweg*, 1925, Nr. 20, S. 253ff.
66 Nachrichten aus Japan: Ein Sowjet-Flugzeug beschlagnahmt. Übersetzung aus The China Express and Telegraph 3240; 10.IX. Supplement S. 199 vom, 17.9.1925. The China Express and Telegraph 3240, 10.11., Supl., S. 199.
67 Pelletier d'Oisy flog am 12. Mai 1924 von Paris nach Tokio.
68 Siehe auch *Junkers Nachrichten* 1928 Nr. 4.
69 Schriftwechsel zwischen Anna Behounek und den Junkerswerken betr. Hilfsexpedition für Nobile mit Junkersflugzeugen – DMM JUARCH 0401 T07 M24.
70 Anerkennungsschreiben von Hugo Junkers für Michael Sergejewitsch Babuschkin vom 11.8.1928. – DMM JUARCH 0401 T07 M33.
71 *Anhalter Anzeiger* vom 6.3.1930.
72 Aufstellung der mit silbernen Fliegernadeln ausgezeichneten Piloten und Bordmonteure vom 26. Juli 1926. – DMM JUARCH 0503 T48.

Bilanz eines Verkehrsflugzeuges

1 Aufstellung über verkaufte, eingebrachte u. im Jfa-Besitz befindliche Flugzeuge (Stand v. 15. Dez.1925) – DMM JUARCH 0503 T12.
2 *Junkers Nachrichten*, 1926, S. 1ff.
3 Streckenverteilung der Deutschen Luft-Hansa für den Sommer 1927. In: *Illustrierte Flugwoche* 1927, S. 38.
4 Schmitt, Günter: Flugzeuge im Dienste der Lufthansa (vergleichende Tabelle). – Archiv Bernd Junkers 145/02.
5 *Junkers Nachrichten* 1925, Nr. 12, S. 1.
6 Typenbesprechung vom 1. Dezember 1927.
7 Jfa, Konstruktionsbüro: Werdegang der F 13 (W 33/34). Dessau, den 1. Juni 1931.
8 Aktennotiz von Böhm (Hauptbüro) vom 16.01.1930.
9 *Anhalter Anzeiger* vom 23.6.1929.
10 Bericht über die Bruchprüfung eines Junkers-F 13-Flugzeuges nach achtjährigem Flugbetrieb. In: *Junkers-Nachrichten*. Jg. 1929 Nr. 5.

Die F 13 – ein vielseitig verwendbares Flugzeug

1 Siehe Kurt Weil und Hans M. Bongers: Betrachtungen über die Möglichkeiten eines eigenwirtschaftlichen Luftverkehrs. Dessau, Nov. 1925. – DMM JUARCH 0503 T11.
2 Siehe Gotthard Sachsenberg: Die deutsche Luftfahrt-Wirtschaft als Gesamtproblem. Denkschrift über den Luftfahrt-Konflikt mit dem Reichsverkehrsministerium und der Deutschen Lufthansa A.G. – Leipzig, 1929.
3 *Gazetta dell'Aviazione* Nr. 20 vom 12.03.1925, S. 2.
4 Aufstellung von historischen Daten der Junkers-Werke (Junkers-Nachrichtendienst vom 17.10.1927).
5 Vertriebsbericht Nr. 10 (Spanien) vom 22.10.1925. – DMM JUARCH 0621 T01.
6 Bericht von G. Greger (Jfa, Konstruktionsbüro) vom 27.09.1925. – DMM JUARCH 0621 T01M.
7 Fritz Loose: Zu Wasser, zu Lande und in der Luft, S. 77 ff.
8 *Luftweg*, 1925, Nr. 22 vom 27.11.
9 *Anhalter Anzeiger* vom 23.04.1929 und 31.05.1929.
10 Schreiben Walter (Moskau) an Junkerswerke vom 8.7.1922. – DMM JUARCH 0618 T01 M30.
11 Siehe Beiträge in *Junkers Nachrichten* 1926 S. 49 ff. und 1929 Nr. 3 S. 11.
12 Patent (D.R.P. 247028) vom 17. Dezember 1912.
13 *Junkers Nachrichten* 1926 S. 62.
14 Notizen von Hugo Junkers über die Besprechung mit Herrn Blochmann vom Konstruktionsbüro der Jfa über den Umbau der T-23 und F 13 für Bildflugzwecke vom 17. April 1923. – Sammlung Hofmann.
15 *Junkers Nachrichten* 1927, S. 109 f.
16 Angebot an die Firma Caravel Company Inc., New York, vom 26.9.1919.
17 Fritz Loose: »Ich fliege den Chef«. Heitere Erinnerungen eines Chefpiloten. In: *Junkers-Nachrichten* Jg. 1968. Nr. 3, S. 7.
18 *Anhalter Anzeiger* vom 31. Mai 1929.
19 Prospekt Privatreiseflugzeug Junkers F 13. Dessau, Junkers-Flugzeugwerk A.-G., ca. 1929. – Archiv Bernd Junkers.
20 Aktennotiz Jfa-Vertrieb vom 6. Februar 1929. – DMM JUARCH 0608 T06M.
21 Wolfgang Wagner: Hugo Junkers – Pionier der Luftfahrt. – Bonn 1996. – S. 154 f.
22 *Junkers Nachrichten* 1931 H. 2, S. 19.
23 Paul Schulte: Der fliegende Pater in Afrika – Paderborn, o. J.
24 Deutsches Kolonial-Lexikon (1920), Band II, S. 629.
25 Fritz Loose: Flugerlebnisse in Neuguinea. – Junkers Nachrichten, Jg. 1967, Nr. 5.
26 *Anhalter Anzeiger* vom 25.3.1927, *Junkers Nachrichten*, 1927, Nr. 2, S. 64 und *Dessauer Zeitung* vom 24.2.1927.

27 *Luftweg*, Nr. 7 vom 12.07.1923.

28 Schreiben R. A. Reiber an List vom 26. März 1926. – DMM JUARCH 0303 T02 M39.

29 Nach einer Information von Luc Wittemans (Belgian Aviation History Association).

30 Sobolew, Dimitri Alexejewitsch: Deutsche Spuren in der sowjetischen Luftfahrtgeschichte. – Hamburg, 2000, S. 26 f. und Jefim Gordon, Sergej Komissarov, Dmitrij Komissarov: German Aircraft in the Soviet Union and Russia.- Midland Publishing, 2008, S. 32 ff.

31 Auszug aus dem Bericht des Flugzeugführers Wieprich, Moskau 23.7.1924 – Tagebuch Nr. 12626 – DMM JUARCH 0618 T03 M22.

32 Otto Wieprich: »Wie wir die russischen Bomben ausluden« in *Neueste Zeitung, Frankfurt a. Main*, vom 1. Mai 1938

33 *Junkers-Luftverkehr Nachrichtenblatt* Jg. 2, Nr. 3 vom 17. April 1924.

34 Brandes, Walter: Die Geschichte der Deutsch-Kolumbianischen Luftfahrtgesellschaft SCADTA und ihre Luftpost. Berlin, 2000. S. 127 f.

35 Junkerswerke, Hauptbüro; F.P.33: Allgemeines über die Vorzüge des sechssitzigen Junkers-Verkehrs-Flugzeuges. Oktober 1919 – DMM JUARCH 0302 T02 M33.

36 Brief Seitz an Prof. Junkers v. 03.01.1920. – DMM JUARCH 0503 T03 M02.

37 Schreiben Industrie- und Handelskammer zu Essen an Hauptbüro vom 14.12.1925 – DMM JUARCH 0503 T13.

38 Übersicht über die für Forschungsanstalt und Flugzeugbau (Konstruktionsbüro und Versuchsbau) vorliegenden Arbeiten. vom Juni 1923. – DMM JUARCH 0302 T07 M14.

39 Plauth: Niederschrift zur Aussprache in Jfa am 18.12.25 nachmittags über »Typenfrage« vom 21. Dezember 1925. – DMM JUARCH 0302 T07 M25.

40 Fortschritte der Luftfahrt 1927(28, S. 5–7).

41 Hermann Pohlmann: Professor Junkers nannte es »Die Fliege«. Stuttgart 1983, S. 76 ff.

42 *Luftweg* vom 25.07.1926.

43 Aus der Chronik der W 33 »Schildkrähe«. *Junkers-Nachrichten* 1931, Nr. 1. S. 47 ff.

44 Ausführliche Beschreibung siehe https://www.junkers.de/blog/der-ozeanflug-versuch-der-w-33-esa/.

45 Schilderung des Fluges nach *Junkers-Nachrichten* 1930 Nr. 1 und 2.

46 Andersson, Endres, Mulder: Junkers W 33, W 34 and K 43. EAM Books, 2015, S. 174.

Archive

Deutsches Museum München, Junkersarchiv (DMM JUARCH)

Archiv Bernd Junkers Coswig/Anhalt

Archiv der Gotthard Sachsenberg-Stiftung, Lich

Technische Daten der F 13 von 1919 bis 1930*

Baujahr F 13	1919	1920	1923	1926	1930
Triebwerk	Mercedes D IIIa	BMW IIIa	L 2	L5	Jupiter VI
Leistung (PS)	160	185	265	310	485
Besatzung + Reisende	2 + 4	2 + 4	2 + 4	2 + 4	2 + 4
Länge (m)	9,59	9,60	9,60	9,60	10,50
Höhe (m)	3,50	4,10	4,10	4,10	4,10
Spannweite (m)	14,80	17,75	17,75	17,75	17,75
Flügelfläche (m^2)	34,50	43,00	43,00	43,00	45,00
Rüstmasse (kg)	951	1160	1170	1225	1425
Zuladung (kg)	689	740	830	775	1275
Flugmasse (kg)	1640	1900	2000	2000	2700
Flächenbelastung (kg/m^2)	47,54	44,19	46,51	46,51	60,00
Höchstgeschwindigkeit (km/h)	173	170	180	185	210
Reisegeschwindigkeit (km/h)	160	140	160	170	175
Dienstgipfelhöhe (m)	5000	4300	4000	5000	3800
Reichweite (km)	1400	1200	950	980	525
Startrollstrecke (m)	150	200	190	190	245
Landerollstrecke (m)	150	150	150	150	320
Landegeschwindigkeit (km/h)	87	80	85	90	110

* Wagner, Wolfgang: Hugo Junkers Pionier der Luftfahrt – seine Flugzeuge, Bonn 1996, S. 155

Personenregister

Wegen der häufigen Erwähnung wird Hugo Junkers nicht gesondert nachgewiesen.

Danksagung

Mein Dank gilt dem Leiter der Abteilung Archive Dr. Wilhelm Füßl und den Archivmitarbeiterinnen Marlinde Schwarzenau und Irene Püttner im Deutschen Museum München sowie Leonore Wienstrath von der Gotthard Sachsenberg Stiftung in Lich und Herrn Lennart Andersson für ihre hilfreiche Unterstützung. Besonders danke ich Herrn Dipl.-Ing. Bernd Junkers und Herrn Thomas Hofmann, ohne die dieses Buch nicht entstanden worden wäre, und meinem Sohn Jan Christiansen für das Vorwort.

Bildnachweis

Archiv Bernd Junkers, Coswig/Anhalt: Abb. 2–10, 14, 15, 17, 26, 31, 32, 34, 37–41, 44, 46–52, 56, 62, 66, 67, 77, 81, 83, 85, 86, 93, 96, 99–103, 105–107, 109, 112, 113, 115, 118, 119, 123, 125, 130, 135, 137, 140, 148, 149, 151, 152, 154–156, 158, 160, 162, 168, 172, 173, 180, 181, 183, 189–191, 193–200, 207, 208, 215–223, 226–242, 245, 248, 254, 256, 257, 259, 261, 262, 265, 268–273, 275–281, 283, 284, 286, 287, 289–298, 300–313, 315–317, 319–330, 332

Deutsches Museum, München: Abb. 1, 11–13, 16, 21–25, 27–30, 33, 35, 36, 42, 43, 45, 53–55, 57–60, 63–65, 68–73, 75, 76, 78–80, 82, 84, 87–92, 94, 95, 97, 98, 108, 114, 116, 117, 120–122, 124, 126, 127, 129, 131–134, 136, 139, 141–147, 150, 153, 157, 159, 161, 163, 164–167, 169–171, 174–179, 182, 184, 185, 187, 188, 192, 201, 202–206, 209–214, 224, 225, 243, 244, 246, 247, 249, 250–253, 255, 258, 260, 263, 264, 266, 267, 274, 282, 285, 299, 318, 331

Lennart Andersson: Abb. 110, 11, 138

Oakland Public Library: Abb. 104

Gotthard Sachsenberg-Stiftung, Lich: Abb. 128

Sammlung Angelika Hofmann: Abb. 18–20, 61, 74, 186, 288, 314

Umschlagabbildung: © Alexander M. Kaiser alias A. M. Cay, Archiv Bernd Junkers, Coswig/Anhalt